Mosaik

W0297260

Joachim Herrmann

Die Sterne

Ein Führer zur Himmelsbeobachtung in Europa

Herausgegeben von Gunter Steinbach
Illustriert von
Sabine Herrmann-Ikram

Mosaik Verlag

Der Mosaik Verlag ist ein Unternehmen
der Verlagsgruppe Bertelsmann

Neue, bearbeitete Sonderausgabe

© 1985 Mosaik Verlag GmbH, München, 1997 / 5 4 3 2 1
Druck und Bindung: Graphischer Großbetrieb Pößneck GmbH
Printed in Germany · ISBN 3-576-10760-6

Inhalt

Im Buch verwendete Abkürzungen und Zeichen Begriffserklärungen stehen auf Seite 282

Abk. = Abkürzung
g = Gramm
Gen. = Genitiv
h = Stunde
K = Grad Kelvin
m = hochgestelltes m innerhalb einer Zahl: magnitudo, z. B. $1^{m}_{,}6$ = Größenklasse eines Sterns

N = Nord
O = Ost
S = Süd
W = West
Sek. = Sekunde(n)
Std. = Stunde(n)
Tg. = Tag(e)

Zum Buch

Zu den wichtigsten Grundlagen des Hobby-Astronomen gehört es, Sterne und Sternbilder zu kennen, die Planeten aufsuchen und einfache Himmelsbeobachtungen mit Feldstecher und kleinem Fernrohr machen zu können. Zu diesem Basiswissen soll das vorliegende Buch verhelfen. Sein Hauptteil widmet sich der Bestimmung der Sterne und Sternbilder, er zeigt aber auch, wie und wo man die Planeten aufsuchen kann, und was wir mit kleinen Instrumenten bei unseren Himmelsbeobachtungen erwarten dürfen. Es soll ein Buch für die Praxis sein. Theorien über die Entstehung des Weltalls oder über den Aufbau der Sterne enthält es nicht.

Zum Gebrauch des Bestimmungsteils auf den Seiten 20 bis 181: Wer sich überhaupt noch nicht am Himmel auskennt, sollte am Anfang mit Hilfe der Monatskarten die wichtigsten Sterne und Sternbilder aufsuchen. Sie gelten zunächst für den betreffenden Monat für eine bestimmte Standard-Beobachtungszeit, also z. B. die erste Januarhälfte um 21 Uhr, die zweite Januarhälfte um 20 Uhr. (Genaugenommen ist die Mitte der ersten bzw. zweiten Monatshälfte gemeint, also der 7. und 23. Januar). Entsprechendes gilt für die anderen Monatskarten. Neben diesen Standard-Beobachtungszeiten wird aber auch angegeben, für welche anderen Zeitpunkte die Karten gelten. So kann man auch eine Karte finden, die für Anfang April, 2 Uhr morgens gültig ist. Die angegebenen Zeiten sind Mitteleuropäische Zeit (MEZ). Während der Gültigkeit der Mitteleuropäischen Sommerzeit (MESZ) müssen wir jeweils eine Stunde dazuzählen. Außerdem gelten die angegebenen Zeitpunkte streng-genommen für 15 Grad östliche Länge. Befinden wir uns westlich davon, dann müssen wir für jeweils 1 Grad Länge 4 Minuten dazuzählen. Auf 9 Grad östlicher Länge beispielsweise wäre unsere Standard-Beobachtungszeit in der ersten Januarhälfte nicht 21 Uhr, sondern 6 × 4 Minuten = 24 Minuten später, also 21.24 Uhr. Umgekehrt wäre es für einen Beobachtungsort östlich des 15. Längengrades. Der Anfänger braucht sich aber dadurch nicht verwirren zu lassen. Die Unterschiede sind meist unerheblich.

Damit die Monatskarten auch in anderen Teilen Europas verwendet werden können, wurde nicht nur der Horizont für 50 Grad nördliche Breite (entsprechend der Linie Mainz–Prag) eingezeichnet, sondern auch für 40 Grad nördliche Breite (etwa Madrid–Süditalien). Je weiter südlich wir uns befinden, desto mehr Sterne treten neu über den Südhorizont. Wandern wir dagegen nach Norden, werden weniger Sternbilder sichtbar. Um die Karten nicht unübersichtlich zu machen, wurde darauf verzichtet, auch für eine nördlichere Breite den Horizont einzutragen. Wir müssen nur bei einer Beobachtung z. B. von Skandinavien aus bedenken, daß die Sterne, die für 50 Grad nördlicher Breite gerade noch über dem Südhorizont stehen, nicht mehr erkennbar sind. Andererseits stehen die Sterne im Norden etwas höher über dem Horizont.

Zur Benutzung der Monatskarten drehen wir diese so, daß die Himmelsrichtung, in die wir blicken wollen, unten liegt. Der gesamte Himmelsbereich, der dann oberhalb der Horizontlinie bis etwa zur Kartenmitte (Zenit) zu sehen ist, steht in der betreffenden Himmelsrichtung.

Erst wenn wir mit Hilfe der Monatskarten

die Sternbilder einigermaßen gut kennen, studieren wir mit dem folgenden Sternbilderteil die einzelnen Sterne und Objekte genauer.

Die bildhaften Darstellungen der einzelnen Sternbilder spielen in der heutigen Astronomie keine große Rolle mehr. Deshalb wurden nur die Umrisse der Sternbilder in die Monatskarten eingezeichnet. Im Sternbilderteil finden sich aber noch kleine Vignetten, die uns wenigstens erahnen lassen, wie man sich früher die Figuren vorstellte. Die Überschriften der einzelnen Sternbilder ab Seite 44 enthalten zunächst den deutschen Namen des Sternbildes. Ihm folgt der lateinische Name sowie dessen Genitiv (2. Fall) und zuletzt die international gebräuchliche Abkürzung.

Übersicht der Bildsymbole

Monats-Sternkarten

Zirkumpolar-Sternbilder

Frühlings-Sternbilder

Sommer-Sternbilder

Herbst-Sternbilder

Winter-Sternbilder

Südliche Sternbilder

Sonne

Mond

Planeten

Sterne, Sternsysteme

Künstl. Satelliten

Fernrohre

Wir beobachten den Himmel

Stehen wir auf einer Ebene oder auf einem hohen Berg, so erscheint uns der Himmel als ein riesiges Gewölbe, das einer Käseglocke ähnelt. Kein Wunder, daß die Menschen vergangener Zeiten sich wirklich vorstellten, über die Erdscheibe sei eine solche Halbkugel gestülpt, aus welchem Material sie auch bestehen mochte. Obwohl wir längst wissen, daß es ein solches Gewölbe natürlich nicht gibt, spielt es bei der praktischen Beobachtung und Aufsuchung von Himmelskörpern noch heute eine Rolle. Auch im 20. Jahrhundert können wir vom Himmelsgewölbe sprechen, das um uns herum am Horizont die Erdoberfläche zu berühren scheint.

Betrachten wir das Himmelsgewölbe etwas genauer, dann scheint es, als sei es in der Nähe des Horizonts weiter von uns entfernt als über unserem Kopf. Es wölbt sich wie eine flache Schale über uns. Dieser seltsame Umstand führt zu einer Reihe weiterer Fehleinschätzungen. Will man z. B. die Winkelhöhe eines Gestirns über dem Horizont einschätzen, so sind wir geneigt, einen etwas zu kleinen Wert dafür anzugeben. Und noch eine andere Erscheinung dürfte mit dem abgeflachten Himmelsgewölbe zusammenhängen: Jeder hat schon einmal beobachtet, daß der Mond in der Nähe des Horizonts viel größer erscheint als bei einem höheren Stand am Himmel. Manche Beobachter meinen, der Mond sei am Horizont 2- bis 3mal größer! Eigentlich müßte es genau umgekehrt sein: In der Nähe des Horizonts steht der Mond tatsächlich etwas weiter von uns entfernt. Doch ist dieser Unterschied sehr gering und mit freiem Auge nicht erkennbar. Auf jeden Fall ist der »große Mond« am Horizont eine optische Täuschung.

Trotz des Eindrucks eines abgeflachten Himmelsgewölbes wollen wir uns hier eine Halbkugel vorstellen. Wenn wir uns zur Ergänzung unterhalb der Horizontebene noch eine weitere Halbkugel denken, so scheint uns insgesamt ein großes kugelförmiges Gewölbe zu umhüllen. Die Stelle, die sich genau über uns befindet, nennen wir den Zenit. Ihm genau gegenüber, für uns unsichtbar, befindet sich das Nadir, der »Fußpunkt«.

Die Himmelsrichtungen

Den Horizont um uns herum teilen wir in die verschiedenen Himmelsrichtungen ein: Norden (N), Osten (O), Süden (S) und Westen (W). Daneben gibt es noch Zwischen-Himmelsrichtungen: Nordost (NO), Südost (SO), Südwest (SW), Nordwest (NW). Diese Zwischenrichtungen liegen genau in der Mitte zwischen den vier Haupt-Himmelsrichtungen. Wir können noch feiner unterteilen: So befindet sich Nordnordosten (NNO) genau in der Mitte zwischen Norden und Nordosten, Ostnordosten (ONO) genau zwischen Osten und Nordosten. Die anderen Zwischenrichtungen nennen wir Ostsüdost (OSO), Südsüdost (SSO), Südsüdwest (SSW), Westsüdwest (WSW), Westnordwest (WNW) und Nordnordwest (NNW).

Die Himmelsrichtungen können leicht mit Hilfe der Gestirne ausfindig gemacht werden. Die einfachste Möglichkeit bietet während der Nachtstunden der Große Wagen (Himmelswagen), zumal er das ganze Jahr hindurch beobachtet werden kann, gleich ob wir Sommer oder Herbst, Winter oder Frühling haben, gleich ob wir in den Abendstunden oder gegen Morgen beobachten. Dieses Sternbild sinkt nämlich für Europa niemals unter den Horizont ab. Lediglich im äußersten Süden, z. B. in Südspanien oder auf Sizilien, können einzelne Sterne des Großen Wagens gelegentlich

Kreisende Sterne um den nördlichen Himmelspol und eine Gruppe von Amateurbeobachtern mit tragbaren Fernrohren

den Nordhorizont erreichen. Haben wir den Großen Wagen gefunden, so verbinden wir die beiden hinteren Sterne des Wagen-Vierecks durch eine gerade Linie. Diese Strecke verlängern wir fünfmal und stoßen auf einen ähnlich hellen Stern, den Polarstern oder Nordstern. Gehen wir vom Polarstern aus senkrecht zum Horizont, haben wir den Nordpunkt gefunden. Die Festlegung der anderen Himmelsrichtungen ist dann ganz einfach: Blicken wir nach Norden, ist rechts Osten, links Westen und hinter uns Süden.
Bei dieser Gelegenheit sei noch etwas hervorgehoben, das gelegentlich Verwirrung stiften kann: Auf einer Landkarte unserer Erde ist natürlich immer oben Norden, unten Süden, rechts Osten und links Westen. Davon gingen wir auch soeben beim Aufsuchen der Himmelsrichtungen mit Hilfe des Polarsterns aus. Drehen wir uns aber um einen Halbkreis und blicken genau nach Süden, dann ist plötzlich links Osten und rechts Westen. Süden ist eine ganz wichtige Himmelsrichtung für die Beobachtung vieler Sternbilder. Dort erreichen nämlich die jahreszeitlich gebundenen Sternbilder ihren höchsten Stand. Deswegen heißt es bei der Ortsangabe bestimmter Sterne oder Objekte oft: »Links (bzw. rechts) oder östlich (bzw. westlich) des Sterns X befindet sich das Objekt Y«.
Ganz genau können wir aber mit Hilfe des Polarsterns die Nordrichtung doch nicht auffinden. Daß es immerhin recht gut klappt, liegt daran, daß unsere Erdachse – über den Nordpol hinaus verlängert – fast genau auf diesen Stern zeigt. Zur Zeit beträgt die Distanz zwischen dem exakten nördlichen Himmelspol und dem Polarstern etwa 0,8 Winkelgrad. Dreht sich die Erde um ihre Achse, so scheinen sämtliche Sterne um den nördlichen Himmelspol zu laufen. Auch der Polarstern beschreibt damit einen winzigen Kreis mit einem Halbmesser von 0,8 Grad. Diese kleine Ungenauigkeit müssen wir also in Kauf nehmen. Der größte Fehler, den wir beim Aufsuchen der Nordrichtung begehen, beträgt also 0,8 Grad. Häufig steht aber der Polarstern eher oberhalb oder unterhalb des nördlichen Himmelspols. In diesen Fällen schrumpft der Fehler bis auf Null zusammen.
Unsere Erdachse zeigt nicht immer in die gleiche Richtung im Raum. Innerhalb von knapp 26 000 Jahren beschreibt sie einen Kegelmantel um die Senkrechte auf der Erdbahn-Ebene. So kommt es, daß bis zum Jahre 2100 der nördliche Himmelspol sogar noch etwas näher an den Polarstern heranrückt. Dann wird der Fehler nur noch höchstens 0,4 Grad betragen. Erst danach vergrößert sich der Abstand allmählich wieder. Der nördliche Himmelspol wandert dann in ganz andere Bereiche des Himmels. Zwischen den Jahren 9000 und 10 000 n. Chr. ist Deneb im Schwan als (allerdings nicht ganz so günstiger) Polarstern brauchbar. Etwa 13 000 n. Chr.

Winkelmaß-Angaben

Häufig werden in diesem Buch Winkelmaß-Angaben von Distanzen am Himmelsgewölbe gegeben. Ein Vollkreis wird in 360 Winkelgrad oder Bogengrad (360°) eingeteilt, ein Viertelkreis umfaßt 90 Grad (90°) usw. 1° wird weiter unterteilt in 60 Bogenminuten (60'); 1' enthält 60 Bogensekunden (60").
Zur Veranschaulichung: Die Sonnen- oder Mondscheibe hat einen Durchmesser von etwa 0,5°. Strecken wir unseren Arm voll aus, so umfaßt eine Handspanne etwa 20°, die Breite des Daumens etwa 2°.

Aufsuchen der Himmelsrichtungen mit Hilfe des Polarsterns und einer normalen Analoguhr. Rechts: Ungenauigkeit beim Aufsuchen der Nordrichtung mit Hilfe des Polarsterns (schematisch)

Großer Wagen
Polarstern
N

Süden
Sonne

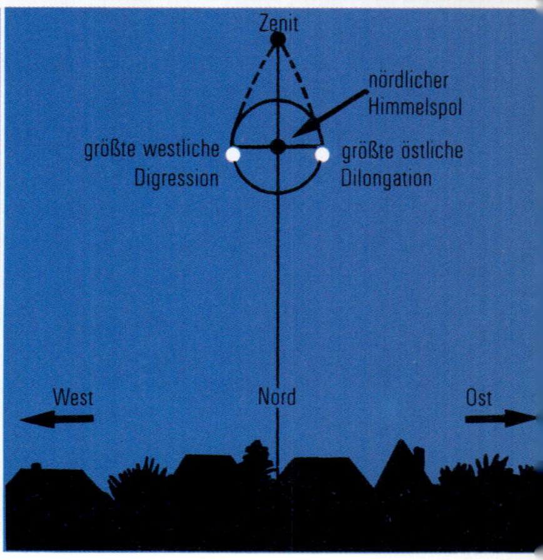
Zenit
nördlicher
Himmelspol
größte westliche
Digression
größte östliche
Dilongation
West
Nord
Ost

wandert der nördliche Himmelspol nahe Wega in der Leier vorbei.
Wir können die Himmelsrichtungen auch mit Hilfe anderer Sterne auffinden. Jeder kann sich unter Zuhilfenahme unserer Monats-Sternkarten Beispiele zurechtlegen. Betrachten wir beispielsweise die Gürtellinie des Orion kurz nach ihrem Aufgang, so liegt knapp links davon Osten. Steht die Gürtellinie des Himmelsjägers Orion kurz vor ihrem Untergang, liegt knapp rechts davon Westen.
Bei Tage können wir auf anderem Wege die Himmelsrichtungen auffinden: Dazu benutzen wir die Sonne und eine Uhr, die noch richtige Zeiger hat (Analoguhr). Wir drehen unsere (natürlich richtig gehende) Uhr so, daß der Stundenzeiger zur Sonne weist. Halbieren wir nun den Winkel, der von der Zahl 12 und dem Stundenzeiger gebildet wird, so haben wir die Südrichtung gefunden. Allerdings gilt diese Regel nur, wenn unsere Uhr mitteleuropäische Zeit (MEZ) anzeigt. Zeigt unsere Uhr Sommerzeit, so müssen wir den Stundenzeiger um eine Stunde zurückdrehen. Lesen wir also z. B. 5 Uhr (nachmittags) Sommerzeit ab, so muß die Ziffer 4 zur Sonne zeigen. Ein weiterer Fehler tritt auf, wenn wir uns nicht auf 15 Grad östlicher Länge befinden. Für einen Längengrad weiter westlich geht nämlich die Sonne 4 Minuten später auf, 4 Minuten später durch die Südrichtung und 4 Minuten später unter. Unsere »Ortszeit« hinkt also gegenüber der MEZ nach. Wir müssen in diesem Falle unsere Uhr ebenfalls ein wenig zurückdrehen, z. B. auf 7½° östlicher Länge um 7½ × 4 = 30 Minuten. Umgekehrt ist es bei einer Abweichung nach Osten. Dort geht die Sonne früher auf, steht früher im Süden und geht früher unter. Unsere Uhr muß entsprechend vorgedreht werden.

Die Sterne zeigen die Zeit an

So wie wir mit Hilfe der Gestirne die Himmelsrichtungen auffinden können, so zeigen uns umgekehrt die Sterne auch die Uhrzeit an. Wieder benutzen wir dazu die Hilfslinie, die uns zuvor zum Polarstern führte. Diese Linie denken wir uns als einen riesigen Uhrzeiger, der innerhalb von 24 Stunden entgegengesetzt zum Zeiger echter Uhren um den Polarstern läuft. Unser Zifferblatt muß entsprechend in 24 Stunden eingeteilt werden. Weist der Zeiger nach oben, dann sei 0 Uhr, nach links 9 Uhr, nach unten 12 Uhr und nach rechts 18 Uhr. Allerdings gilt dies nur für den 6. März. An allen anderen Tagen müssen wir an der am Himmel abgelesenen Uhrzeit noch eine Korrektur anbringen, die in unserer Tabelle verzeichnet ist. Wir können ihr entnehmen, wieviel Stunden wir dazuzählen oder abziehen müssen.

Datum	Korrektur in Stunden	Datum	Korrektur in Stunden
5. Januar	+ 4	20. Januar	+ 3
3. Februar	+ 2	19. Februar	+ 1
6. März	0	21. März	− 1
5. April	− 2	21. April	− 3
7. Mai	− 4	22. Mai	− 5
6. Juni	− 6	21. Juni	− 7
7. Juli	− 8	22. Juli	− 9
6. August	−10	21. August	−11
6. September	−12	21. September	+11
6. Oktober	+10	21. Oktober	+ 9
6. November	+ 8	21. November	+ 7
5. Dezember	+ 6	21. Dezember	+ 5

Beobachten wir z. B. unseren Himmelszeiger am 5. Januar in der 15-Uhr-Stellung (also schräg nach rechts unten), dann müssen wir 4 Stunden dazuzählen und erhalten die tatsächliche Zeit, nämlich 19 Uhr. Natürlich handelt es sich auch hier um Ortszeit. Wollen wir mitteleuropäische

Himmelsgewölbe mit Himmelsrichtungen, Himmelsäquator, Himmelsachse und Koordinaten der Sterne (siehe S. 14)

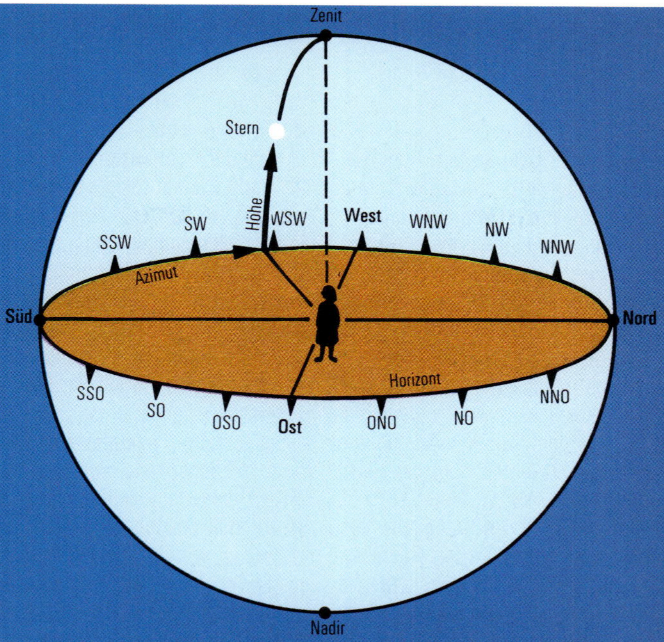
Zenit
Stern
Höhe
SSW
SW
WSW
West
WNW
NW
NNW
Azimut
Süd
Nord
Horizont
SSO
SO
OSO
Ost
ONO
NO
NNO
Nadir

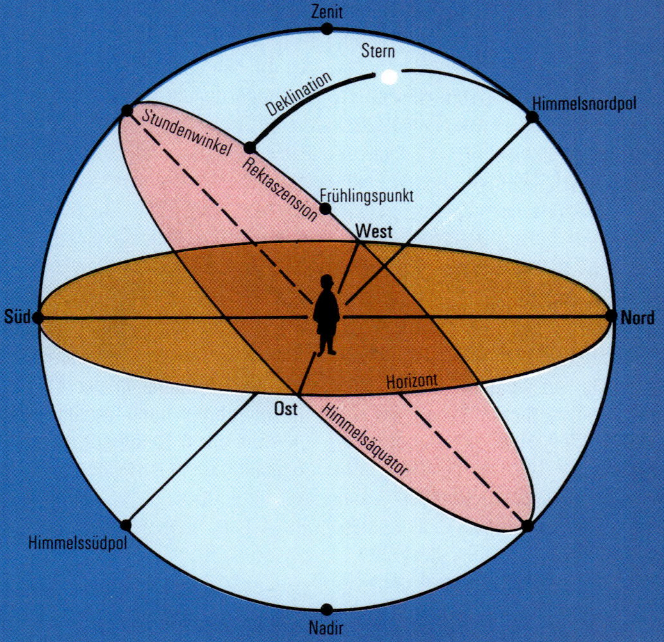
Zenit
Stern
Deklination
Himmelsnordpol
Stundenwinkel
Rektaszension
Frühlingspunkt
West
Süd
Nord
Horizont
Ost
Himmelsäquator
Himmelssüdpol
Nadir

Zeit, so müssen wir wieder ein wenig umrechnen. Doch wollen wir diese Feinheiten einmal außer Betracht lassen.

Das Himmelsgewölbe

Um die Lage eines Gestirns am Himmelsgewölbe festzulegen, benötigen wir zwei Angaben (Koordinaten). Zunächst ist es erforderlich, die Winkelhöhe eines Sterns über dem Horizont mitzuteilen, kurz Höhe (h) genannt. Steht ein Stern am Horizont, hat er die Höhe 0°, befindet er sich im Zenit, 90°. Ferner geben wir seine Himmelsrichtung etwas genauer an. Dazu messen wir seinen Winkelabstand von der Südrichtung, das Azimut (a). Ein Azimut von 90° würde z. B. bedeuten, daß der Stern genau im Westen steht, bei 135° im Nordwesten, bei 270° im Osten. Die Verlängerung der Erdachse in den Raum ergibt die Himmelsachse. Sie erreicht das Himmelsgewölbe am Himmels-Nordpol und (für Bewohner der Nordhalbkugel unsichtbar) am Himmels-Südpol. Verlängern wir den Erdäquator hinaus in den Raum, erhalten wir den Himmelsäquator. Dieser Großkreis geht genau im Osten auf und im Westen unter. Dreht sich das Himmelsgewölbe um die Himmelsachse, so muß es um den Himmels-Nordpol herum eine Zone mit mehreren Sternbildern geben, die niemals untergehen, die Zirkumpolar-Sterne. Dieses Gebiet ist um so kleiner, je mehr wir uns dem Erdäquator nähern, aber um so größer, je weiter wir nach Norden gehen. Der Himmelspol steht genau um soviel Winkelgrade über dem Nordhorizont, wie es der jeweiligen geographischen Breite entspricht. So beträgt die Polhöhe z. B. auf 50° nördlicher Breite 50°, auf 40° nördlicher Breite 40°. Der Halbmesser der Zone der Zirkumpolar-Sterne ist durch die Polhöhe bestimmt.

Unsere Koordinaten Höhe und Azimut für die Position eines Gestirns haben aber einen entscheidenden Nachteil. Dreht sich die Erde um ihre Achse, so wandern ja alle Gestirne von Ost nach West über das Himmelsgewölbe. Deshalb ändern sich die Werte für Höhe und Azimut laufend. Könnte man nicht ein System einführen, bei dem die Positionsangaben unveränderlich sind? Das ist möglich, setzt aber voraus, daß wir erstens den Winkelabstand eines Himmelsobjekts vom Himmelsäquator angeben, die Deklination (δ). Auf unserer Erdkugel entspräche diese Koordinate der geographischen Breite (Abstand vom Erdäquator). Zweitens benötigen wir eine Koordinate, die auf der Erde der geographischen Länge entspricht, also dem Winkelabstand irgendeines Erdpunktes von dem Längenkreis, der durch die Sternwarte Greenwich (Nullmeridian) verläuft. Am Himmel ist das der sogenannte Frühlingspunkt, von dem aus wir rechnen wollen. Es ist die Stelle, an der sich unsere Sonne zur Zeit der Frühlings-Tagundnachtgleiche der Nordhalbkugel, also am 21. März, aufhält. Von dort aus rechnen wir nach Osten die Rektaszension (AR oder α). In den größeren Sternkatalogen und -atlanten dienen Rektaszension und Deklination zur Positionsangabe der Sterne. Auch die Örter der Sonne, des Mondes und der Planeten werden in den astronomischen Jahrbüchern und Kalendern meist in diesen Koordinaten angegeben.

Bei der scheinbaren Bewegung von Ost nach West erreichen viele, aber nicht alle Gestirne im Süden ihren höchsten Stand über dem Horizont. Man bezeichnet dies auch als Kulmination. Gestirne, die sich in der Nähe des nördlichen Himmelspols aufhalten, können aber auch im Norden ihren höchsten Stand erreichen. Die Zirkumpolar-Sterne sind sogar bei ihrem tiefsten Stand über dem Nordhorizont beobacht-

Verschwinden der Sternbilder am westlichen Abendhimmel

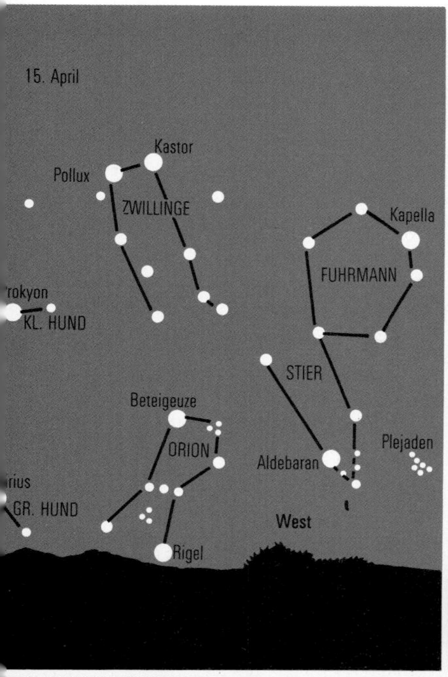
15. April
Kastor
Pollux
ZWILLINGE
Kapella
FUHRMANN
KL. HUND
STIER
Beteigeuze
ORION
Plejaden
Aldebaran
GR. HUND
West
Rigel

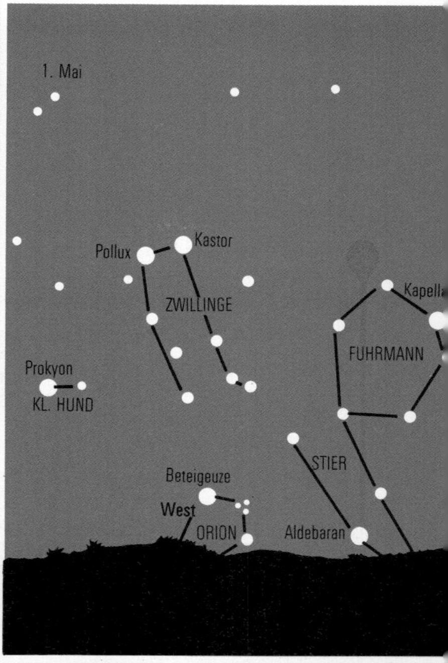
1. Mai
Pollux
Kastor
ZWILLINGE
FUHRMANN
Prokyon
KL. HUND
STIER
Beteigeuze
West
ORION
Aldebaran

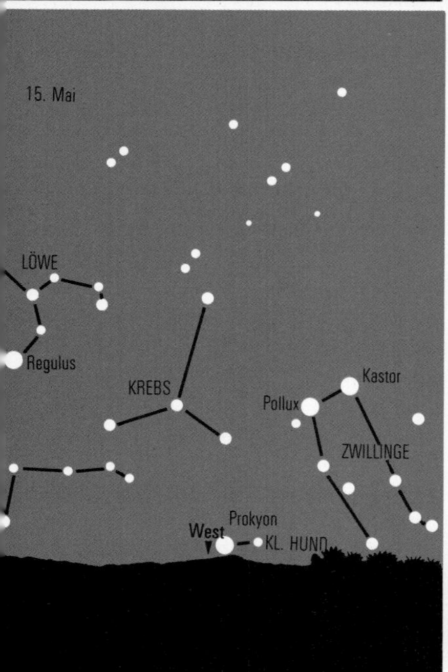
15. Mai
LÖWE
Regulus
KREBS
Kastor
Pollux
ZWILLINGE
Prokyon
West
KL. HUND

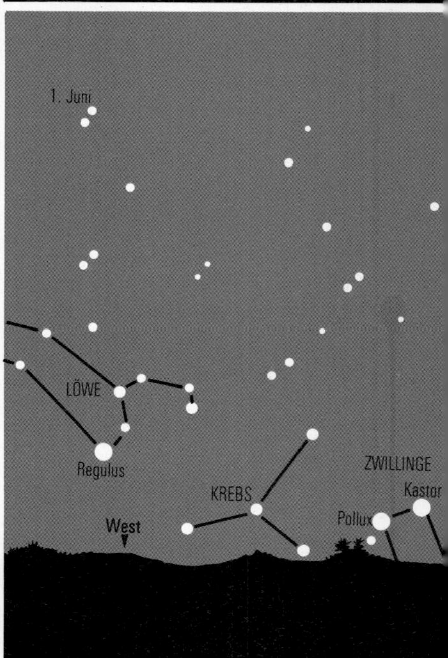
1. Juni
LÖWE
Regulus
ZWILLINGE
KREBS
Kastor
Pollux
West

bar. So unterscheidet man hier zwischen oberer und unterer Kulmination.

Jahreszeiten und Sternbilder

Sehen wir einmal von den Zirkumpolar-Sternen ab, so sind die anderen Sternbilder, sofern sie überhaupt von unserer geographischen Breite aus sichtbar sind, in bestimmten Jahreszeiten sehr gut beobachtbar, in anderen überhaupt nicht. Dies hängt nun wiederum damit zusammen, daß sich die Sonne innerhalb eines Jahres als Spiegelbild der Erdwanderung um die Sonne scheinbar durch die zwölf Tierkreis-Sternbilder bewegt. Verständlicherweise kann das Sternbild, vor dem die Sonne sich gerade befindet, in der Nacht nicht gesehen werden. Dasselbe gilt aber weitgehend auch für alle Sternbilder in der Nachbarschaft. Am besten wird man aber diese Sternbilder sehen können, wenn sie der Sonne auf dem Tierkreis gegenüberstehen.

Den Lauf der Sonne durch den Tierkreis können wir mittelbar gut verfolgen, wenn wir jeweils in den frühen Abendstunden, gleich bei Einbruch der Dunkelheit, beobachten, welche Sterne und Sternbilder über dem Westhorizont stehen. Wir beginnen z. B. unsere Beobachtung am Abend eines 15. April. Die Sonne soll 18° unter den Horizont getaucht sein. Zu dieser Zeit ist das Ende der astronomischen Dämmerung erreicht: es herrscht völlige Dunkelheit. Etwas links von der genauen Westrichtung sehen wir gerade noch vollständig den Himmelsjäger Orion. Sein rechter Fußstern Rigel steht aber schon sehr nahe am Horizont. Vielleicht kann er von manchen Orten aus wegen des Dunstes oder weil er etwa durch einen Berg verdeckt ist, schon nicht mehr gesehen werden. Schräg rechts darüber finden wir den Stier mit seinem Hauptstern Aldebaran. Weiter rechts stehen die Plejaden, das Siebengestirn. Auf der linken Seite des Orions erkennen wir noch Sirius, den Hauptstern im Großen Hund, links darüber befindet sich der Kleine Hund mit Prokyon. Besonders gut können noch die Zwillinge gesehen werden. Ihre beiden Hauptsterne Kastor und Pollux leuchten noch hoch vom Himmel herunter. Nun beobachten wir den Westhimmel an jedem klaren Abend. Zur festgesetzten Beobachtungszeit rücken die Sterne immer näher zum Horizont oder sind bereits unter ihn getaucht. Am 1. Mai können vom Orion nur noch Beteigeuze und Bellatrix gesehen werden. Aldebaran im Stier steht nahe dem Horizont, Sirius sogar schon darunter. Auch die Plejaden sind verschwunden. Am 15. Mai steht Prokyon dicht am Horizont. Die Zwillinge sind aber noch gut sichtbar. Am 1. Juni verschwinden die Fußsterne der Zwillinge im Dunst des Horizonts. Lediglich Kastor und Pollux bleiben noch sichtbar. Erst im Laufe des Juni verschwinden die Zwillinge ganz vom Abendhimmel.

So wie sich die genannten Sternbilder im Frühling nach und nach verabschieden, tauchen sie im Sommer wieder am Morgenhimmel auf. Diesmal beobachten wir zu Beginn der Morgendämmerung. Am 15. Juli können wir von den genannten Sternbildern noch kaum etwas entdecken. Lediglich die Plejaden stehen tief im Nordosten. Am 1. August sind schon einige Sterne der Zwillinge über den mathematischen Horizont aufgegangen. Orion ist noch gänzlich unsichtbar. Erst am 15. August sind die Zwillinge voll über den Horizont gerückt. Auch der Orion ist sichtbar. Nur seine südlichsten Teile stehen noch sehr nahe am Horizont. Wieder zwei Wochen später, am 1. September, ist Prokyon aufgegangen. Nahe dem ONO-Horizont steht der größte Teil des Krebses. Auf den weit südlich gelegenen Sirius müssen

Wiederauftauchen der Sternbilder am östlichen Morgenhimmel

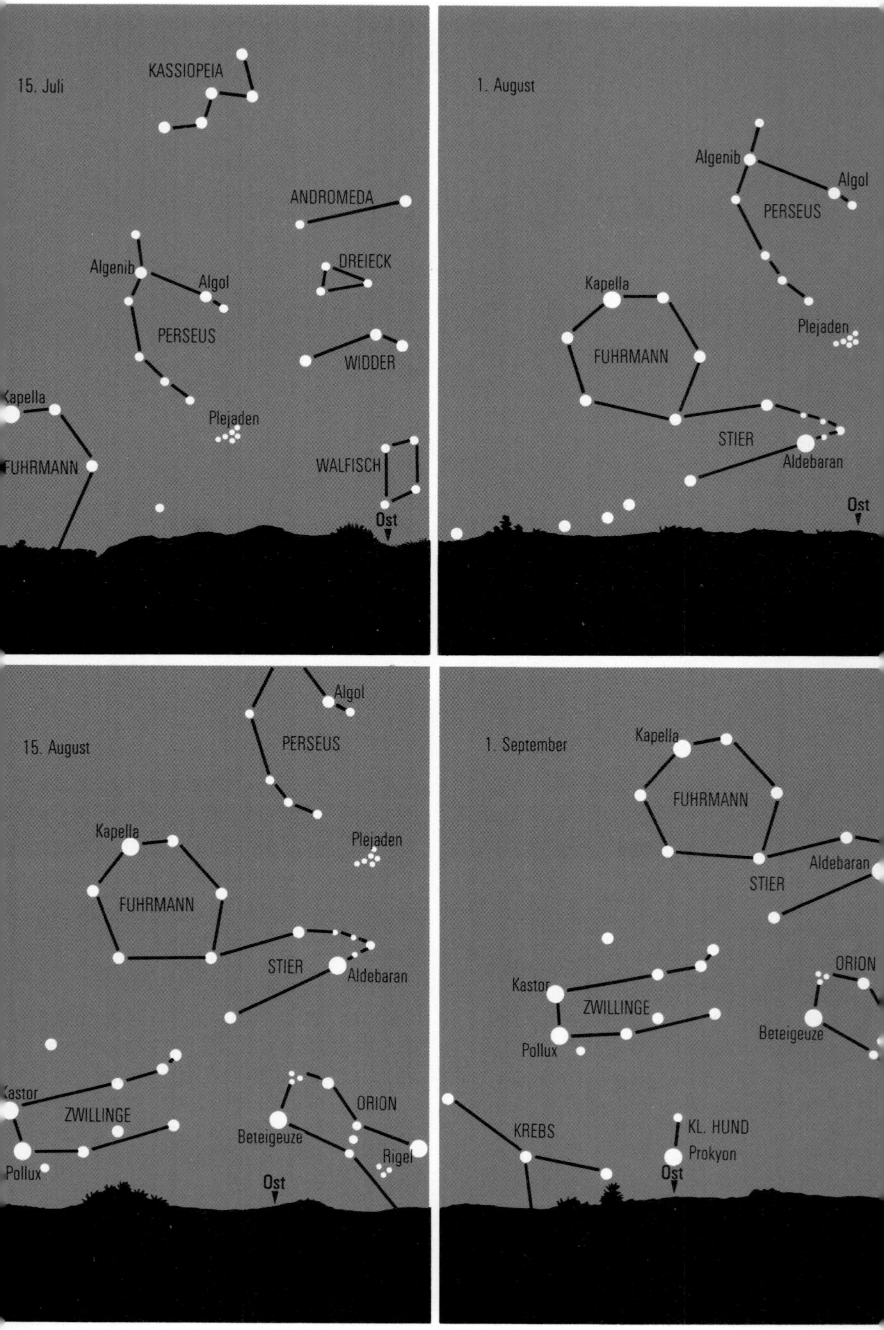
15. Juli
KASSIOPEIA
ANDROMEDA
DREIECK
Algenib
Algol
PERSEUS
WIDDER
Kapella
Plejaden
FUHRMANN
WALFISCH
Ost
1. August
Algenib
Algol
PERSEUS
Kapella
Plejaden
FUHRMANN
STIER
Aldebaran
Ost
15. August
Algol
PERSEUS
Kapella
Plejaden
FUHRMANN
STIER
Aldebaran
Kastor
ZWILLINGE
ORION
Beteigeuze
Rigel
Pollux
Ost
1. September
Kapella
FUHRMANN
Aldebaran
STIER
ORION
Kastor
ZWILLINGE
Beteigeuze
Pollux
KREBS
KL. HUND
Prokyon
Ost

wir dagegen noch einige weitere Tage warten, bis wir ihn vor der Morgendämmerung entdecken können. Bei seiner großen Helligkeit dürfte das nicht schwierig sein.

Die Bewegung der Sonne durch die zwölf Tierkreis-Sternbilder Fische, Widder, Stier, Zwillinge, Krebs, Löwe, Jungfrau, Waage, Skorpion, Schütze, Steinbock und Wassermann ist auf dem Bild Seite 19 wiedergegeben. Übrigens läuft unsere Sonne Anfang bis Mitte Dezember noch durch ein »13. Tierkreis-Sternbild«, den Schlangenträger oder Ophiuchus. Je nach den Sichtbarkeitsverhältnissen unterscheiden wir in unserem Buch sechs Gruppen von Sternbildern: Die Zirkumpolar-Sternbilder, die von einer gegebenen geographischen Breite aus ganzjährig zu beobachten sind. Die Gruppe der Süd-Sternbilder um den südlichen Himmelspol, die für eine bestimmte geographische Breite niemals über den Horizont heraufgehen und daher dauernd unsichtbar bleiben. Schließlich die vier Gruppen von Sternbildern, die als Folge der Sonnenbewegung durch die Tierkreis-Sternbilder in einer bestimmten Jahreszeit optimal sichtbar sind, während sie in der entgegengesetzten Jahreszeit völlig unsichtbar sind oder nur teilweise gesehen werden können: Es sind die Frühlings-, Sommer-, Herbst- und Winter-Sternbilder. Diese Einteilung darf aber nicht streng aufgefaßt werden, denn in der Praxis gibt es Überschneidungen. An dieser Stelle muß noch auf den Unterschied zwischen Tierkreissternbildern und Tierkreiszeichen eingegangen werden. Die Tierkreiszeichen spielen vor allem in der Astrologie oder Sterndeutung und damit also auch in den Horoskopen eine Rolle. Infolge der Anziehung von Sonne und Mond auf den Äquatorwulst unserer Erde beschreibt die Erdachse eine Taumelbewegung um die Senkrechte auf der Erdbahnebene, ganz ähnlich wie wir es auch beim Spielen mit einem Kinderkreisel beobachten können. Diesen Vorgang nennt man auch Präzession. Er wurde bereits auf Seite 10 beschrieben. Neben der dort beschriebenen Folge der Präzession gibt es aber noch eine andere: Der Frühlingspunkt verlagert sich längs des Tierkreises in ost-westlicher Richtung. Da die Periode der Präzession fast 26 000 Jahre beträgt und der Tierkreis 12 Sternbilder umfaßt, verschiebt sich der Frühlingspunkt in etwa 2000 Jahren im Durchschnitt um jeweils ein Tierkreissternbild.

In der Gegenwart liegt der Frühlingspunkt im westlichen (rechten) Teil des Sternbilds Fische, fast schon an der Grenze zum Wassermann. Vor 2000 Jahren lag er aber etwa an der Grenze der Sternbilder Fische und Widder. Die Sonne zog also nach der Frühlings-Tagundnachtgleiche in das Sternbild Widder. Deswegen wurde der Frühlingspunkt oft auch als Widderpunkt bezeichnet. Die Astrologen ließen aber unter Nichtbeachtung der Präzession »ihren« Widder weiterhin am Frühlingspunkt beginnen, so daß also der astrologische Widder in den letzten 2000 Jahren sich nach Westen verlagerte und heute fast genau mit dem Tierkreissternbild Fische zusammenfällt. Und weiter: Der astrologische Stier fällt mit dem tatsächlich am Himmel beobachtbaren Sternbild Widder zusammen usw. Diese astrologischen Abschnitte nennt man auch Tierkreiszeichen. Da sie nichts mit den wirklichen Sternbildern zu tun haben, finden sie auch in diesem Buch keinen Niederschlag. Die Tierkreiszeichen sind übrigens immer genau 30 Grad lang, während die Tierkreissternbilder unterschiedlich lang sind. Hinzu kommt noch der bereits erwähnte Fall des »13. Tierkreissternbilds« Schlangenträger.

Bewegung der Sonne durch die zwölf Tierkreissternbilder

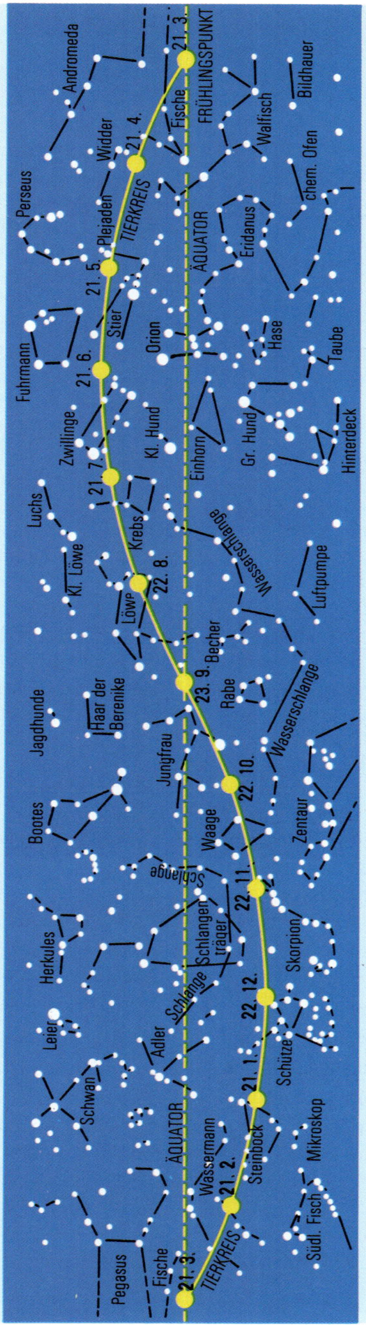

Andromeda
Perseus
Widder
Plejaden
Fische
FRÜHLINGSPUNKT
21. 3.
21. 4.
21. 5.
21. 6.
21. 7.
22. 8.
23. 9.
22. 10.
22. 11.
22. 12.
21. 1.
21. 2.
TIERKREIS
ÄQUATOR
Walfisch
Bildhauer
chem. Ofen
Eridanus
Stier
Orion
Hase
Taube
Fuhrmann
Zwillinge
Kl. Hund
Einhorn
Gr. Hund
Hinterdeck
Luchs
Krebs
Wasserschlange
Kl. Löwe
Löwe
Luftpumpe
Becher
Rabe
Jagdhunde
Haar der Berenike
Jungfrau
Bootes
Waage
Zentaur
Schlange
Herkules
Schlangenträger
Skorpion
Leier
Adler
Schütze
Schwan
Wassermann
Steinbock
Mikroskop
Pegasus
Südl. Fisch

Der Sternhimmel im Januar

Die Winter-Sternbilder gehören zu den schönsten Himmelsfiguren, die wir beobachten können. Zu unserer Standard-Beobachtungszeit befinden sich die wichtigsten Sternbilder im Bereich zwischen Süden und Südosten. Im Mittelpunkt steht der Himmelsjäger Orion mit seinen Hauptsternen Beteigeuze und Rigel. Verlängern wir die Gürtellinie des Orions, die durch drei nahezu gleich helle Sterne gebildet wird, nach rechts oben, so erreichen wir Aldebaran, den Hauptstern im Stier. Rechts daneben sehen wir den V-förmigen Sternhaufen der Hyaden und noch weiter rechts die Plejaden oder das Siebengestirn. Fast senkrecht über uns erkennen wir den Fuhrmann mit Kapella. Darunter stehen die Zwillinge mit ihren beiden Hauptsternen Kastor und Pollux. Noch etwas tiefer sehen wir Prokyon, den Hauptstern im Kleinen Hund. Sirius, den Hauptstern im Großen Hund, können wir leicht entdecken, wenn wir die Gürtellinie des Orions nach links unten verlängern. Die Sterne Kapella–Aldebaran–Rigel–Sirius–Prokyon–Pollux–Kapella bilden zusammen das sogenannte Wintersechseck.

Durch dieses verläuft auch die Milchstraße. Sie ist allerdings in diesen Bereichen verhältnismäßig lichtschwach und erreicht in den Sternbildern Stier und Fuhrmann ihre geringste Helligkeit. Weitere kleinere Winter-Sternbilder sind der Hase, knapp unterhalb des Orions, das Einhorn im Raum zwischen Orion, Zwillinge, Großer und Kleiner Hund sowie der »Fluß der Unterwelt« Eridanus, der sich rechts unterhalb des Orions zum Horizont hinschlängelt. Der Hauptstern dieses Sternbilds, Achernar, kann allerdings von Europa aus nicht beobachtet werden, da er sich zu weit südlich befindet. Beobachter in Südeuropa werden knapp über dem SSO-Horizont noch die Taube und den Grabstichel ausfindig machen. Tief am SSW-Horizont steht der chemische Ofen (Fornax).

Etwas links (östlich) des Sternbilds Zwillinge, und damit etwas näher zum Horizont hin, erkennen wir den Krebs, der allerdings nur aus schwächeren Sternen besteht. Der Sternhaufen Präsepe (»Krippe«) kann darin gerade noch mit bloßem Auge als blasser Nebelfleck erkannt werden. Erst mit einem Feldstecher oder Fernrohr löst er sich in einzelne Sterne auf. Im Westen stehen die restlichen Ausläufer des herbstlichen Himmels. Dazu gehört insbesondere das große Quadrat des Pegasus, an das sich nach links oben, Richtung Zenit, die Andromeda anschließt. Verlängern wir die Sternenkette der Andromeda weiter, so finden wir in der Zenitgegend den Perseus. Links neben der Andromeda stehen die Fische, die sich nur aus schwächeren Sternen zusammensetzen, sowie die kleineren Bilder Nördliches Dreieck und Widder. Etwas hellere Sterne enthält dagegen der Walfisch im Südwesten. Im Nordwesten sehen wir, verhältnismäßig nahe am Horizont, den Schwan. Vor allem sein Hauptstern Deneb kann dort noch gut beobachtet werden. Dagegen ist die Wega in der Leier nur von mitteleuropäischen oder nördlicheren Breiten aus gerade noch tief im NNW erkennbar.

Der Große Wagen (Großer Bär) steht im NNO in ungewöhnlicher Stellung: Seine Deichsel zeigt nach unten. Die Kassiopeia befindet sich links oberhalb des Polarsterns ziemlich hoch am Himmel und zeigt jetzt eine M-Gestalt. Darunter steht der Kepheus. In der Nähe des Nordhorizonts zieht sich der Drache hin.

Im Osten erscheinen schon die ersten Vorboten des Frühlings. Dazu gehören insbesondere der Vorderteil des Löwen, dessen Hauptstern Regulus bereits gut zu beobachten ist. Dasselbe gilt für den Vorderleib der Hydra, der Wasserschlange. Ihr Hauptstern Alphard ist für Südeuropa jetzt über den Horizont heraufgezogen. Tief im Nordosten steht das Sternbild Jagdhunde. Über den Verlauf der Milchstraße innerhalb der Winter-Sternbilder wurde schon berichtet. Verfolgen wir das zarte Band der Milchstraße über den Fuhrmann hinaus, so zieht sie weiter über die Sternbilder Perseus, Kassiopeia, Kepheus und Schwan bis zum Nordwest-Horizont. In den zuletzt genannten Sternbildern wird die Milchstraße allmählich heller und besser sichtbar. Allerdings ist zu sagen, daß die Milchstraße an einem Winterabend nicht so eindrucksvoll beobachtet werden kann wie z. B. an einem Abend im Spätsommer. Von ungünstigen Beobachtungsplätzen aus wird man die winterliche Milchstraße zumindest streckenweise »verlieren«.

1. Januarhälfte 21 Uhr
2. Januarhälfte 20 Uhr
1. Februarhälfte 19 Uhr
2. Februarhälfte 18 Uhr

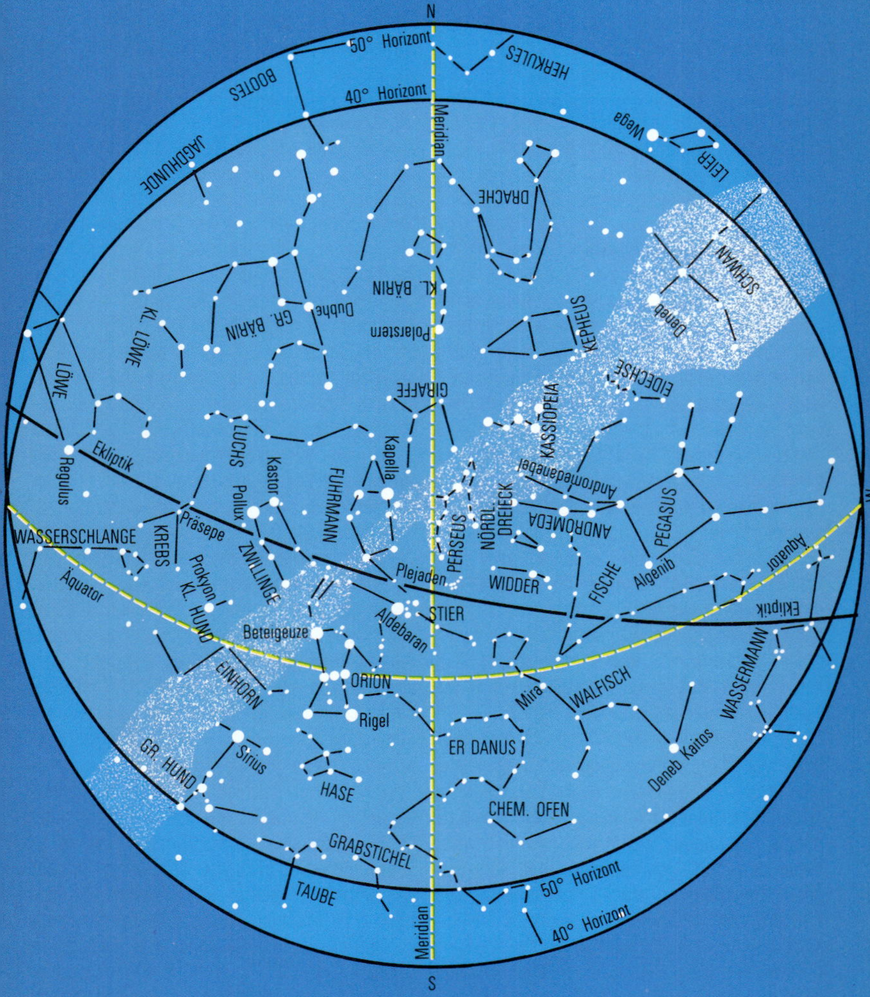

1. Septemberhälfte 5 Uhr
2. Septemberhälfte 4 Uhr
1. Oktoberhälfte 3 Uhr
2. Oktoberhälfte 2 Uhr

1. Novemberhälfte 1 Uhr
2. Novemberhälfte 0 Uhr
1. Dezemberhälfte 23 Uhr
2. Dezemberhälfte 22 Uhr

Der Sternhimmel im Februar

Obwohl die Jahreszeit im Februar schon weit vorangeschritten ist, können wir erst jetzt die Winterfiguren in ihrer Höchststellung im Süden beobachten. Zu unserer Standard-Beobachtungszeit hat der Himmelsjäger Orion gerade den Meridian im Süden überschritten. Die Gürtellinie des Himmelsjägers markiert etwa die Lage des Himmelsäquators. Oberhalb der drei Gürtelsterne befinden sich die beiden Schultersterne Beteigeuze und Bellatrix, darunter die beiden Fußsterne, von denen der rechte Rigel heißt. Rechts oberhalb des Orions liegt der Stier, dessen Hauptstern Aldebaran wir erkennen können, wenn wir die Gürtellinie des Orions nach rechts aufwärts verlängern. Dicht neben Aldebaran stehen die Hyaden und noch weiter rechts die Plejaden, das Siebengestirn. Links unterhalb des Orions sehen wir den Großen Hund. Sein Hauptstern Sirius steht in der Verlängerung des Orions nach links unten. Er ist der hellste Stern des ganzen Himmels. Tief im SSO finden wir auch das Hinterdeck des Schiffes, Puppis. Ein Teil dieses Sternbilds ist nur von Südeuropa aus sichtbar.

Die Zwillinge mit den beiden Hauptsternen Kastor und Pollux haben den Meridian nicht ganz erreicht. Zwischen den Zwillingen und dem Großen Hund steht auch der Kleine Hund mit Prokyon als Hauptstern. Fast senkrecht über uns leuchtet Kapella, der Hauptstern im Fuhrmann. Damit stehen drei Sterne des Wintersechsecks bereits jenseits des südlichen Meridians: Kapella, Aldebaran und Rigel.

Sirius, Prokyon und Pollux müssen dagegen auf ihren Meridiandurchgang noch ein wenig warten.

Winterliche Rand-Sternbilder sind der Hase unterhalb des Orions, der »Fluß der Unterwelt«, Eridanus, rechts unterhalb von Orion, und das Einhorn im Bereich zwischen Orion, Zwillinge, Kleinem und Großem Hund. Auch der Krebs kann gerade noch als Winter-Sternbild aufgefaßt werden. Er steht hoch im Osten, besteht aber nur aus schwächeren Sternen. Bemerkenswert ist in ihm der Sternhaufen Präsepe oder »Krippe«. Mit bloßem Auge zeigt er sich nur als Nebelfleck.

Im Osten stehen bereits einige Frühlings-Sternbilder. So ist der Löwe vollständig aufgegangen. Sein Hauptstern heißt Regulus, sein Schwanzstern Derebola. Auch die Wasserschlange (Hydra) steht schon zu einem großen Teil über dem OSO-Horizont. Ihr Hauptstern heißt Alphard. Tief im Osten liegen die ersten Sterne der Jungfrau. Im Westen sind noch einige Herbst-Sternbilder erkennbar: Das Pegasusquadrat, das aber nur noch von Mitteleuropa aus vollständig beobachtet werden kann. Die Andromeda, die sich an das Pegasusquadrat nach links anschließt, ist dagegen weiterhin günstig sichtbar. Ebenfalls noch fast vollständig stehen die Fische knapp über dem Westhorizont, während der Walfisch nur noch teilweise zu sehen ist. Besser sieht man das Sternbild Widder und das Nördliche Dreieck.

Die Zirkumpolar-Sternbilder haben an einem Februarabend folgende Stellung: Zunächst fällt uns im Nordosten der Große Wagen auf, dessen Deichsel nach unten zeigt. Zusammen mit einigen Sternen, die sich weiter zum Zenit erstrecken, ergibt sich der Große Bär. Etwas rechts von der Wagendeichsel stehen die Jagdhunde. Tief im Nordosten erkennt man einige nördliche Sterne des Bärenhüters (Bootes). Vom Polarstern aus breitet sich der Kleine Wagen nach rechts unten aus. Tief über dem Nordhorizont befindet sich der Kopf des Drachen, der sich im übrigen zwischen Kleinem und Großem Wagen (Bär) hindurchschlängelt. Auch Deneb, der Hauptstern des Schwans, kann gerade noch über dem NNW-Horizont aufgefunden werden. Etwas darüber sehen wir den Kepheus und noch etwas höher die Kassiopeia, die zu dieser Zeit einen etwas nach links gedrehten Buchstaben M abgibt. Zur Beobachtung der Milchstraße ist ein Winterabend im allgemeinen nicht so günstig. Die Milchstraße erstreckt sich vom SSO-Horizont über das Wintersechseck zu den Zirkumpolar-Sternbildern Perseus, Kassiopeia und Kepheus, um schließlich in der Gegend von Deneb im Schwan am NNW-Horizont zu verschwinden. Sie ist aber vor allem im Bereich der Winter-Sternbilder verhältnismäßig lichtschwach und kann mit freiem Auge, zumal von etwas erhellten städtischen Gebieten aus, nicht erkannt werden. Dies gilt vor allem für die Bereiche Stier–Fuhrmann.

1. Februarhälfte 21 Uhr
2. Februarhälfte 20 Uhr
1. Märzhälfte 19 Uhr
2. Märzhälfte 18 Uhr

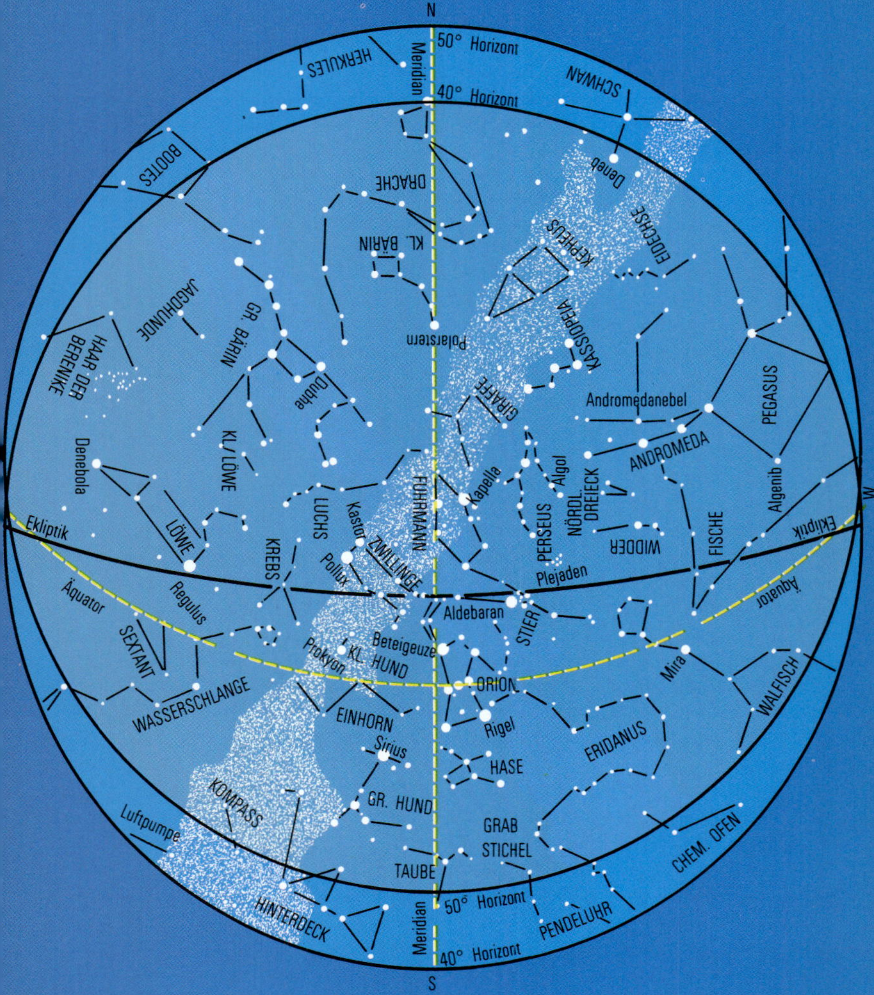

1. Oktoberhälfte 5 Uhr
2. Oktoberhälfte 4 Uhr
1. Novemberhälfte 3 Uhr
2. Novemberhälfte 2 Uhr

1. Dezemberhälfte 1 Uhr
2. Dezemberhälfte 0 Uhr
1. Januarhälfte 23 Uhr
2. Januarhälfte 22 Uhr

Der Sternhimmel im März

Die Winter-Sternbilder haben zu unserer Standard-Beobachtungszeit im März nunmehr vollständig den südlichen Meridian überschritten und wenden sich dem westlichen Untergangshorizont zu. Trotzdem sind sie immer noch vollzählig. Kastor und Pollux, die beiden Hauptsterne der Zwillinge, liegen erst knapp hinter dem Meridian. Etwas darunter steht Prokyon im Kleinen Hund. Noch etwas tiefer leuchtet Sirius im Großen Hund. Das wichtigste Wintersternbild, der Himmelsjäger Orion, liegt nun aber schon im Südwesten. Seine beiden Schultersterne heißen Beteigeuze und Bellatrix. Von den beiden Fußsternen ist nur der Name des rechten Sterns, Rigel, bekannter. Dazwischen leuchten die drei Gürtelsterne. Rechts darüber sehen wir den Stier mit Aldebaran. Rechts unterhalb von ihm befinden sich die Sterne der Hyaden und noch etwas weiter rechts das Siebengestirn, die Plejaden. Ziemlich hoch im Westen steht Kapella im Fuhrmann. Die Sterne Sirius–Prokyon–Pollux–Kapella–Aldebaran–Rigel bilden das Wintersechseck. Weniger auffällig sind der Hase unterhalb des Orions, das Einhorn zwischen Zwillinge, Orion, Großem und Kleinem Hund sowie Eridanus, der »Fluß der Unterwelt«, der nur noch teilweise über dem WSW-Horizont erkennbar ist. Hoch im Süden steht der Krebs, der auch nur schwächere Sterne, dafür aber den Sternhaufen Präsepe (»Krippe«) enthält. Er kann mit bloßem Auge als Nebelfleckchen beobachtet werden. Tief über dem Südhorizont steht auch noch das Hinterdeck des Schiffes (Puppis).

Im Osten können wir schon den größten Teil der Frühlings-Sternbilder bewundern. Die meisten stehen allerdings noch sehr nahe am Horizont. Spika, der Hauptstern der Jungfrau, ist erst für Südeuropa knapp aufgegangen. Vollständig und eindrucksvoll zu beobachten ist dagegen der Löwe, der bereits hoch im Osten bis Südosten steht. Auch der Bärenhüter (Bootes) liegt schon tief über dem ONO-Horizont. Seinen Hauptstern Arktur können wir leicht erkennen, wenn wir die Deichsel des Großen Wagens nach unten verlängern. Der Große Wagen steht jetzt hoch im Nordosten. Zu ergänzen wäre noch die Wasserschlange (Hydra), deren Kopf knapp unterhalb des Krebses und damit fast in der Südrichtung steht. Hauptstern der Hydra ist Alphard. Im übrigen schlängelt sich die Wasserschlange bis zum OSO-Horizont herab. Ihr Schwanz ist noch nicht aufgegangen. Ganz knapp über dem OSO-Horizont kann von Südeuropa aus auch schon der Rabe gesehen werden. Gleichfalls sichtbar sind die Jagdhunde in mittlerer Höhe zwischen ONO-Horizont und dem Zenit sowie das Haar der Berenike zwischen Löwe und Bärenhüter.

Reste der Herbst-Sternbilder sind noch in Gestalt der Andromeda über dem Nordwest-Horizont sichtbar. Dasselbe gilt für das Nördliche Dreieck, den Widder und den nordöstlichen Teil des Walfischs.

Bei einem Blick nach NNO fällt uns auf, daß hoch am Himmel der Große Wagen gewissermaßen mit seinen Rädern nach oben ragt. Bald wird er seinen höchsten Stand fast senkrecht über uns erreicht haben. Einige Sterne des Großen Bären, zu denen bekanntlich der Große Wagen zählt, haben den Meridian bereits erreicht. Der Kleine Wagen (Kleiner Bär) findet sich jetzt auf der rechten Seite des Polarsterns. Rechts darunter schlängelt sich der Drache hin. Ganz knapp über dem Nordhorizont kann von Mittel- und Nordeuropa aus noch Deneb im Schwan gesehen werden. Für südeuropäische Beobachter ist dieser Stern aber schon untergegangen. Von ganz Europa aus kann man dagegen den Kepheus sehen, der nun fast seine tiefste Stelle über dem Nordhorizont erreicht hat; etwas weiter links daneben Kassiopeia. Auch Perseus ist gut sichtbar. Er steht im Nordwesten in halber Höhe zwischen Horizont und Zenit.

Die Milchstraße geht im Süden über den Horizont herauf und erstreckt sich über das Feld der Winter-Sternbilder hinweg. Dort ist sie allerdings verhältnismäßig unscheinbar. Die geringste Helligkeit zeigt die Milchstraße im Bereich der beiden Sternbilder Stier und Fuhrmann. Gehen wir von hier aus weiter bis zum Nordhorizont in die Gegend von Deneb im Schwan, nimmt ihre Helligkeit aber allmählich zu. Um die hellsten Teile der Milchstraße zu beobachten, müssen wir einen anderen Zeitpunkt wählen (siehe Sternhimmel im August).

1. Märzhälfte	21 Uhr
2. Märzhälfte	20 Uhr
1. Aprilhälfte	19 Uhr
2. Oktoberhälfte	6 Uhr

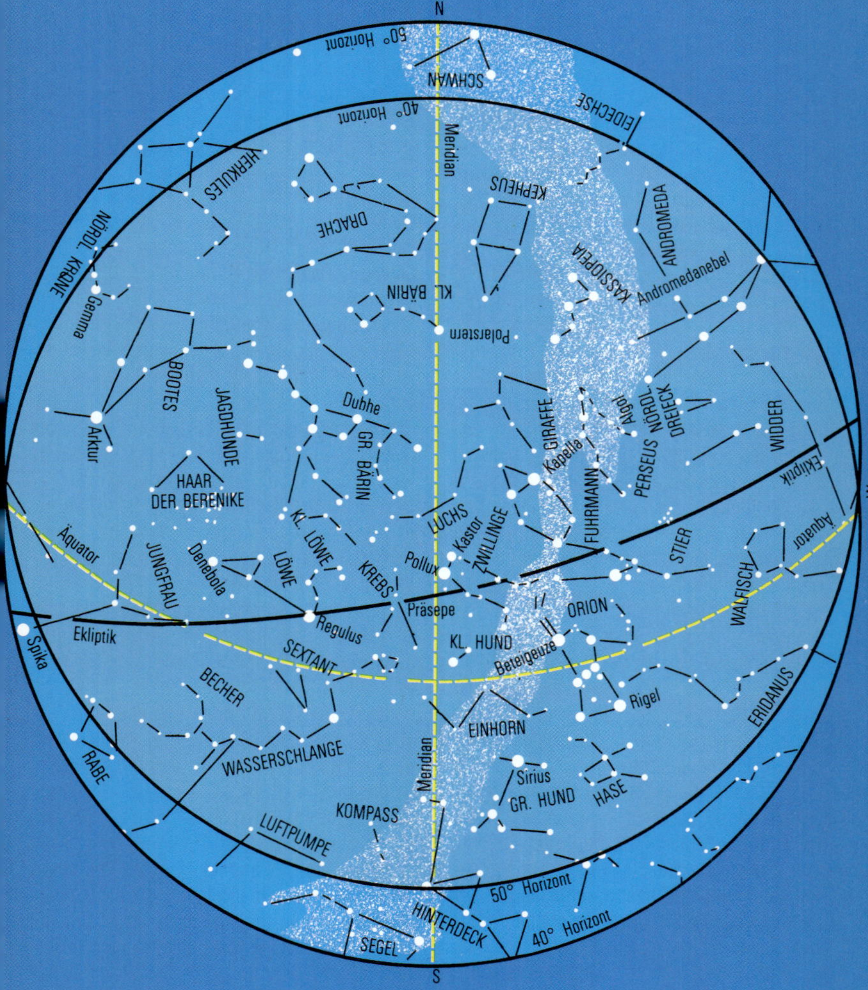

1. Novemberhälfte	5 Uhr
2. Novemberhälfte	4 Uhr
1. Dezemberhälfte	3 Uhr
2. Dezemberhälfte	2 Uhr

1. Januarhälfte	1 Uhr
2. Januarhälfte	0 Uhr
1. Februarhälfte	23 Uhr
2. Februarhälfte	22 Uhr

Der Sternhimmel im April

Zu unserer Standard-Beobachtungszeit sind die wichtigsten Frühlings-Sternbilder etwa im Bereich zwischen Süden und Osten vollständig versammelt. Regulus, der Hauptstern des Löwen, hat fast genau den Meridian erreicht. Sein Schwanzstern heißt Denebola. Links darunter, mehr im Südosten, erstreckt sich die Jungfrau. Ihre wichtigsten Sterne können auch zu einem Y zusammengefaßt werden, das sich ein wenig nach rechts neigt. Am Fuße des Y befindet sich der Hauptstern Spika. Im Osten, nicht ganz in der Mitte zwischen Horizont und Zenit, steht Arktur, der hellste Stern im Bärenhüter oder Bootes. Dieses Sternbild bildet von Arktur aus nach links ein V, das aber an seinen äußersten Enden durch einen weiteren Stern abgeschlossen ist. Die drei Sterne Regulus, Spika und Arktur formen das Frühlingsdreieck. Etwa in der Mitte zwischen Regulus und Arktur liegt das kleine unscheinbare Sternbild Haar der Berenike. Es besteht aus einer Ansammlung schwächerer Sterne, die man unter schlechten Sichtbedingungen kaum erkennt. Etwas darüber liegen in Richtung Großer Bär die Jagdhunde. Ein anderes Frühlings-Sternbild ist die Wasserschlange (Hydra). Ihr Kopf hat bereits den Meridian überschritten und liegt rechts unterhalb von Regulus. Hauptstern der Wasserschlange ist Alphard, der sich gleichfalls nahe am Kopf befindet. Von dort aus schlängelt sich die Hydra weiter nach links unten und verliert sich am südöstlichen Horizont. Zwischen Hydra, Löwe und Jungfrau liegen die winzigen Sternbilder Sextant, Becher und Rabe. Knapp über dem OSO-Horizont stehen für südeuropäische Beobachter schon die ersten Sterne der Waage. Unterhalb des Bärenhüters liegt die Nördliche Krone. Ihr Hauptstern heißt Gemma.

Im horizontnahen östlichen und nordöstlichen Himmelsbereich sind jetzt die ersten Vorboten des Sommerhimmels erkennbar. Dazu gehört etwa der Vorderleib der Schlange sowie der Herkules. Dicht über dem NO-Horizont ist bereits die Wega, Hauptstern in der Leier, zu beobachten. Für mittel- und nordeuropäische Beobachter steht Deneb im Schwan über dem NNO-Horizont.

Andererseits müssen wir nun vom Wintersternhimmel allmählich Abschied nehmen. Zwar stehen diese Figuren zu unserer Standard-Beobachtungszeit gerade noch im Westen, gehen aber schon kurze Zeit später unter. Der Himmelsjäger Orion befindet sich im WSW, ein wenig auf die rechte Seite gedreht, so als stolpere die Jägersfigur über ihre eigenen Füße. Die drei Gürtelsterne zeigen die Lage des Himmelsäquators an. Darüber stehen die Schultersterne Beteigeuze und Bellatrix, darunter die Fußsterne. Der rechte Stern heißt Rigel. Tief im Südwesten steht noch der größte Teil des Großen Hunds mit Sirius als Hauptstern. Darüber leuchtet Prokyon im Kleinen Hund. Noch sehr hoch im Westen sehen wir die Zwillinge mit Kastor und Pollux. Zwischen den beiden Zwillings-Hauptsternen und dem Frühlings-Sternbild Löwe steht der Krebs. In etwas mehr als halber Höhe zwischen dem WNW-Horizont und dem Zenit finden wir Kapella im Fuhrmann; etwas tiefer den Stier mit Aldebaran. Rechts unterhalb dieses Sterns folgen die Hyaden. Auch die Plejaden können gerade noch tief im WNW beobachtet werden.

Der Große Bär (Großer Wagen) steht fast genau senkrecht über uns. Verlängern wir die Deichsel des Großen Wagens über ihr Ende hinaus in Richtung Osthorizont, so erreichen wir den schon beschriebenen Stern Arktur im Bärenhüter. Der Kleine Bär (Kleiner Wagen) steht jetzt auf der rechten, östlichen Seite des Polarsterns. Zwischen den beiden zuletzt genannten Sternbildern schlängelt sich der Drache. Kepheus hat seine tiefste Stellung über dem Nordhorizont erreicht. Gleich links daneben befindet sich das W-förmige Sternbild der Kassiopeia. Im Nordwesten können wir den Perseus aufsuchen. Über den nordwestlichen Horizont ragen gerade noch einige Sterne der Andromeda herauf. Die Milchstraße hat einen ungünstigen Verlauf: Sie geht im Süden auf und zieht über die im Westen befindlichen Winter-Sternbilder hinweg. Sodann verliert sie sich im Norden. Es liegen nur schwache Teile der Milchstraße über dem Horizont. Die geringste Helligkeit der Milchstraße wird in der Gegend der Sternbilder Stier und Fuhrmann erreicht. Die hellsten Teile liegen jetzt unterhalb des Horizonts.

1. Aprilhälfte	21 Uhr
2. Aprilhälfte	20 Uhr
1. Maihälfte	19 Uhr
2. Novemberhälfte	6 Uhr

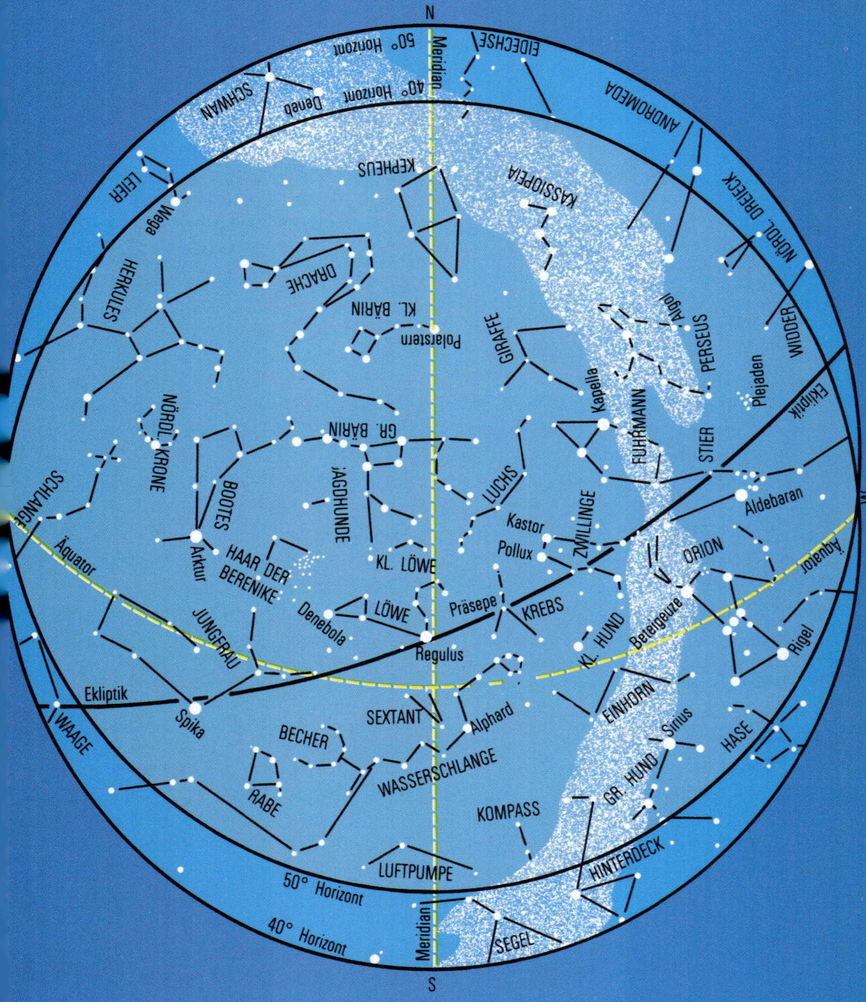

1. Dezemberhälfte	5 Uhr
2. Dezemberhälfte	4 Uhr
1. Januarhälfte	3 Uhr
2. Januarhälfte	2 Uhr

1. Februarhälfte	1 Uhr
2. Februarhälfte	0 Uhr
1. Märzhälfte	23 Uhr
2. Märzhälfte	22 Uhr

Der Sternhimmel im Mai

Vor allem in der zweiten Monatshälfte ist der Himmel zu unserer Standard-Beobachtungszeit noch sehr hell. In diesem Falle müssen wir zwei Stunden zugeben und die Juni-Karte benutzen. Dies gilt vor allem für Beobachter in nördlicheren Breiten, in denen es später dunkel wird. Nehmen wir aber unsere Standard-Beobachtungszeit zur Grundlage, so befindet sich das bekannte Frühlingsdreieck Regulus–Spika–Arktur gerade im Süden. Der Löwe mit seinem Hauptstern Regulus hat den Meridian schon überschritten. Noch vor seinem Meridiandurchgang steht Spika, der Hauptstern der Jungfrau. Die Jungfrau kann auch als ein Y aufgefaßt werden, das ein wenig nach rechts gedreht ist. Arktur, der Hauptstern im Bärenhüter (Bootes), steht hoch im Südosten. Gleich links unterhalb des Bärenhüters sehen wir die Nördliche Krone. Ihr Hauptstern, der allerdings nicht allzu deutlich herausragt, heißt Gemma. Unterhalb von Löwe und Jungfrau befinden sich die unscheinbaren Sternbilder Sextant und Becher sowie der Rabe. Noch etwas tiefer schlängelt sich die Wasserschlange (Hydra) dahin. Ihr Kopf steht schon weit im Südwesten. Darauf folgt nach links (Osten) ihr Hauptstern Alphard. Der übrige Leib der Wasserschlange verliert sich knapp über dem Südhorizont. Die Wasserschlange ist ein ziemlich langgestrecktes Sternbild. Links unterhalb der Jungfrau erkennen wir die Waage. Knapp über dem SSO-Horizont sehen wir, vor allem von Südeuropa aus, einen Teil des Zentauren. Am höheren Südhimmel finden wir in der Mitte zwischen Löwe und Bärenhüter das Sternbild Haar der Berenike, das nur aus schwächeren Sternen zusammengesetzt ist. Noch etwas höher, fast im Zenit, stehen die Jagdhunde. Im Westen können noch einige Reste des Winterhimmels beobachtet werden. Dazu zählen vor allem die Zwillinge mit Kastor und Pollux, die noch etwa in der Mitte zwischen Westhorizont und Zenit leuchten. Zwischen den Zwillingen und dem Löwen steht auch der Krebs, etwas tiefer im WSW Prokyon im Kleinen Hund. Vom Himmelsjäger Orion können wir allenfalls noch den linken oberen Schulterstern, Beteigeuze, knapp über dem WNW-Horizont erkennen. Kapella, der Hauptstern des Fuhrmanns, steht dagegen noch deutlich über dem NW-Horizont. Der tiefere Osthimmel ist von einigen Sommer-Sternbildern belebt. Vollständig kann man dort bereits den Herkules beobachten. Der Vorderleib der Schlange steht hoch über dem OSO-Horizont, während ihr Hinterleib noch nicht aufgegangen ist. Auch einen großen Teil des Schlangenträgers oder Ophiuchus können wir ausmachen. Von dem bekannten Sommerdreieck Wega–Deneb–Atair stehen die beiden ersten Sterne über dem Nordost-Horizont. Wega ist Hauptstern der Leier, Deneb hellster Stern im Schwan. Zumindest für mittel- und nordeuropäische Beobachter sind auch die übrigen Teile des Schwans aufgegangen. Sie können als ein großes Kreuz aufgefaßt werden, das jetzt auf die linke Seite gelegt ist: der Kopf des Kreuzes (Deneb) steht links, der Fuß des Kreuzes (Albireo) rechts. Ein anderes wichtiges Sommer-Sternbild ist der Skorpion. Von ihm können wir vorläufig nur von Südeuropa aus die vordersten Teile (Scheren) tief im Südosten beobachten.

Der Große Bär (Großer Wagen) steht nahezu senkrecht über uns. Die Verlängerung der Wagendeichsel weist auf Arktur im Bärenhüter hin. Der Kleine Bär (Kleiner Wagen) befindet sich rechts oberhalb des Polarsterns. Der Kopf des Drachens steht im Nordosten etwas oberhalb von Wega. Von dort aus schlängelt sich dieses Fabelwesen zwischen Kleinem und Großem Bär hindurch. Tief im Norden sehen wir die Kassiopeia in deutlicher W-Gestalt. Rechts oberhalb von ihr befindet sich der Kepheus. Auf der linken Seite der Kassiopeia erkennen wir den Perseus gerade noch über dem NW-Horizont. Von Südeuropa aus können einige Perseussterne nicht mehr gesehen werden. Die Milchstraße ist in den Abendstunden des Mai so gut wie nicht zu beobachten. Sie zieht sich vom Südwest-Horizont über Westen und Norden zum Nordost-Horizont, verläuft aber so tief am Himmel, daß wir sie nur unter günstigsten Beobachtungsbedingungen entdecken. Wir haben jetzt den ungünstigsten Zeitpunkt zur Beobachtung der Milchstraße im ganzen Jahr. Um die Milchstraße optimal verfolgen zu können, wählen wir die Zeiten, die im »Sternhimmel im August« angegeben sind.

1. Maihälfte	21 Uhr
2. Maihälfte	20 Uhr

Für 23 bzw. 22 Uhr
siehe Juni-Karte

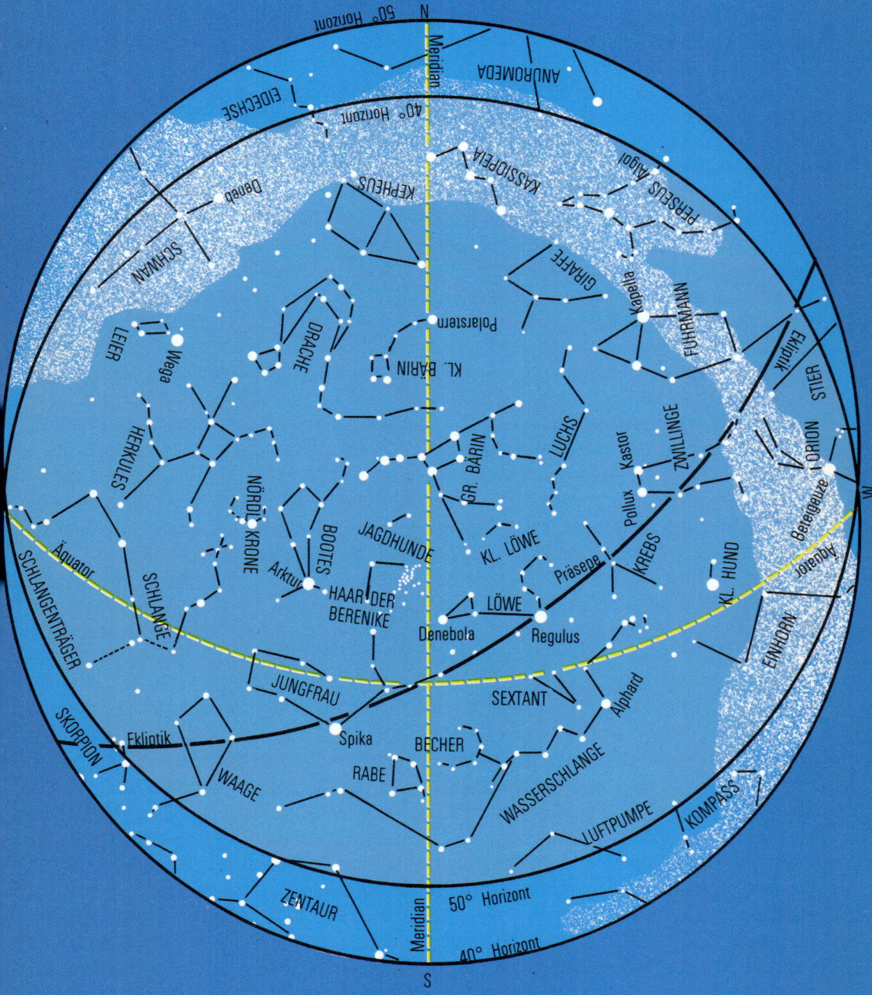

1. Januarhälfte	5 Uhr
2. Januarhälfte	4 Uhr
1. Februarhälfte	3 Uhr
2. Februarhälfte	2 Uhr

1. Märzhälfte	1 Uhr
2. Märzhälfte	0 Uhr
1. Aprilhälfte	23 Uhr
2. Aprilhälfte	22 Uhr

Der Sternhimmel im Juni

Während der Sonnenuntergang in Südeuropa auch in diesem Monat noch so früh erfolgt, daß wir den Himmel zu unserer Standard-Beobachtungszeit betrachten können, ist dies in Mitteleuropa kaum möglich. Deswegen benutzen wir in diesem geographischen Bereich die Juli-Karte zu einer späteren Beobachtungszeit. Für Bewohner Nordeuropas müssen die Sternbeobachtungen während der Zeit der hellen Nächte im Juni vielerorts vollständig ausfallen.

Im Juni stehen zunächst die Frühlings-Sternbilder im Zentrum der Betrachtung. Das Sternbild Löwe mit seinem Hauptstern Regulus befindet sich im WSW. Auch Spika, der Hauptstern der Jungfrau, hat bereits den Meridian im Süden überschritten. Nur Arktur im Bärenhüter oder Bootes steht knapp vor dem Meridiandurchgang. Die drei Sterne Arktur, Spika und Regulus bilden zusammen das Frühlingsdreieck. Etwa auf der Verbindungslinie Regulus–Arktur liegen die schwachen Sterne des Haares der Berenike. Unterhalb von Löwe und Jungfrau sehen wir die langgestreckte Wasserschlange (Hydra) sowie die kleineren Sternbilder Sextant, Becher und das wieder etwas auffälligere Bild des Raben. Der Hauptstern der Wasserschlange, Alphard, steht schon nahe dem WSW-Horizont. Tief im Westen erkennen wir den Krebs. Selbst die Hauptsterne der Zwillinge, Kastor und Pollux, liegen gerade noch über dem WNW-Horizont. Tief über dem Südhorizont können vor allem Beobachter Südeuropas Teile des Zentauren sowie den Wolf beobachten. Die Waage steht im SSO. Gleich nach links schließt sich der Skorpion an, ein Sternbild, das für Mittel- und Nordeuropa ein wenig problematisch zu beobachten ist, da es nur knapp über den Horizont steigt oder überhaupt nicht mehr gesehen werden kann. Für Mitteleuropa erhebt sich jedoch der Vorderleib des Skorpion mit seinem Hauptstern Antares noch einigermaßen deutlich über den Horizont. Gegenwärtig sehen wir Antares noch tief im Südosten. Dagegen können die drei Hauptsterne des sogenannten Sommerdreiecks gut beobachtet werden. Wega, der Hauptstern der Leier, steht ziemlich hoch im Osten. Etwas tiefer im ONO finden wir Deneb, den Hauptstern im Schwan, während wir den dritten Stern des Sommerdreiecks, Atair im Adler, noch etwas näher am Osthorizont auffinden können. Der Schwan kann auch als ein großes Kreuz gedeutet werden (»Kreuz des Nordens«), das im Augenblick jedoch auf seine linke Seite gelegt scheint. Der Raum zwischen dem Sommerdreieck und den früher beschriebenen Frühlings-Sternbildern, aber auch dem Skorpion, wird durch einige weitverzweigte Sternbilder ausgefüllt. An erster Stelle ist Herkules zu erwähnen, der bereits sehr hoch im Osten steht. Sein Hauptstern heißt Rasalgethi. Gleich neben diesem Stern befindet sich Rasalhague, der Hauptstern des Schlangenträgers oder Ophiuchus. Er ragt in die Schlange hinein, die dadurch in zwei Teile aufgespalten ist, den Kopf und den Schwanz. Der Hauptstern der Schlange heißt Unuk und befindet sich schon hoch im SSO. Noch etwas oberhalb des Schlangenkopfes sehen wir das Halbrund der nördlichen Krone mit Gemma als Hauptstern. Zwischen Schwan und Adler entdecken wir auch die winzigen Sternbilder Pfeil und Füchschen. Tief im NNO sehen wir zunächst das W der Kassiopeia, im NNW von Mitteleuropa aus gerade noch den Perseus. Tief im Nordwesten steht der Fuhrmann mit Kapella als Hauptstern. Der Große Bär (Großer Wagen) hat seinen Höchststand, der fast genau in der Gegend des Zenits erfolgt, überschritten und steht jetzt hoch im NNW. Der Kleine Bär (Kleiner Wagen) steht rechts oberhalb des Polarsterns. Wie üblich schlängelt sich der Drache zwischen dem Großen und dem Kleinen Bären hindurch. Der Kopf des Drachens befindet sich nicht allzuweit von Wega, dem Hauptstern der Leier, entfernt. Fast genau auf dem Meridian, hoch im Norden, steht jetzt Thuban, der Hauptstern des Drachens. Kepheus befindet sich zwischen Kassiopeia und Schwan im NNO.

Auch in diesem Monat ist die Beobachtung der Milchstraße sehr erschwert – nicht nur wegen der Zeit der »hellen Nächte«, sondern auch wegen des horizontnahen Verlaufs der Milchstraße. Sie erstreckt sich vom NW-Horizont über N, NO, O bis zum SO-Horizont. Doch nur zwei Monate vergehen, bis wir im August besonders gut auch die hellsten Teile der Milchstraße beobachten können.

1. Junihälfte 21 Uhr
2. Junihälfte 20 Uhr
Für 23 bzw. 22 Uhr
siehe Juli-Karte

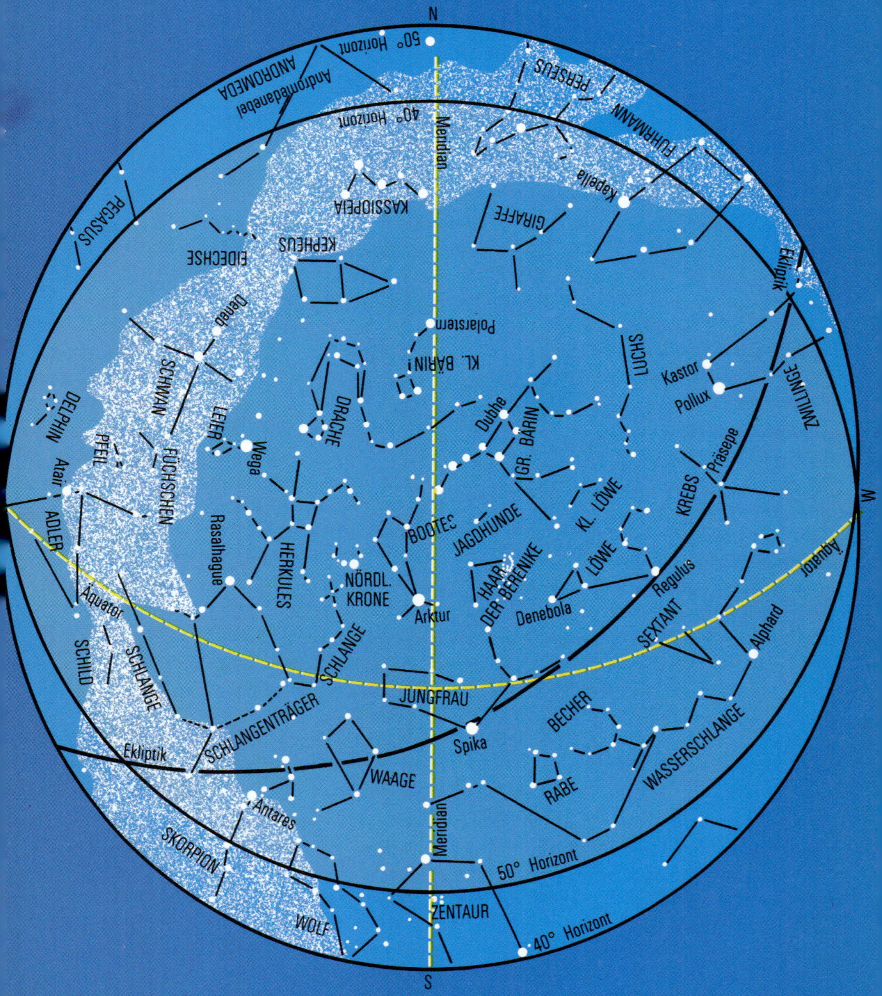

1. Februarhälfte 5 Uhr
2. Februarhälfte 4 Uhr
1. Märzhälfte 3 Uhr
2. Märzhälfte 2 Uhr

1. Aprilhälfte 1 Uhr
2. Aprilhälfte 0 Uhr
1. Maihälfte 23 Uhr
2. Maihälfte 22 Uhr

Der Sternhimmel im Juli

Hinsichtlich der Beobachtungszeit gilt in diesem Monat ähnliches wie für den Juni. In Mittel- und Nordeuropa wird man die August-Karte mit entsprechend späterer Beobachtungszeit bevorzugen. Zu unserer Standard-Beobachtungszeit sehen wir von den Frühlings-Sternbildern gerade noch das Frühlingsdreieck Regulus im Löwen, Spika in der Jungfrau und Arktur im Bärenhüter (Bootes) im Westen bis Südwesten. Bald wird aber Regulus im Dunst des Horizonts verschwinden, so daß das Frühlingsdreieck nicht mehr vollständig ist. Von den anderen Frühlings-Sternbildern können vielleicht noch das Haar der Berenike rechts oder westlich Arktur sowie der Rabe unterhalb der Jungfrau gesehen werden. Alle anderen Frühlings-Sternbilder sind bereits untergegangen. Dies trifft allerdings nicht für das »Übergangs-Sternbild« Waage zu, das im SSW gesehen werden kann. Tief über dem SSW-Horizont sehen wir von Südeuropa aus auch noch Teile des Zentauren und des Wolfs. Drei Sterne bilden das Sommerdreieck: Wega in der Leier, Deneb im Schwan und Atair im Adler. Es befindet sich jetzt hoch im Osten. Der Adler kann als ein nach links aufwärts fliegender Vogel gesehen werden, während der Schwan in seiner gegenwärtigen Stellung nach rechts fliegt. Deneb, der Hauptstern dieses Bildes, befindet sich am Schwanz des Schwans. Der Schwan kann auch als »Kreuz des Nordens« aufgefaßt werden, das gegenwärtig auf die linke Seite gelegt ist. Ein anderes wichtiges Sternbild, der Skorpion, kann tief im Süden bis SSO aufgefunden werden. Sein Hauptstern Antares gelangt selbst für mitteleuropäische Verhältnisse nur etwa 15 Winkelgrad über den Horizont herauf. In Nordeuropa müssen wir vollständig auf dieses Sternbild verzichten. Der Schwanz des Skorpions, der einige ziemlich helle Sterne enthält, ist nur von Südeuropa aus zu beobachten. Links oder östlich des Skorpions befindet sich der Schütze. Für Mitteleuropa ist er zu unserer vereinbarten Beobachtungszeit gerade im Südosten aufgegangen. Für Südeuropäer steht er dagegen schon deutlicher über dem Horizont. Der Schütze wird auch als »Teekanne« dargestellt. Zwischen Schütze und Adler steht das Sternbild des Sobieskischen Schildes.

Die Sommer-Sternbilder Herkules, Schlangenträger (Ophiuchus) und Schlange greifen weiter aus. Wir finden sie jetzt im Süden bis Südosten. Der Herkules erreicht mit Teilen seiner Figur den zenitnahen Bereich. Sein Hauptstern heißt Rasalgethi. Etwas tiefer steht der Schlangenträger mit seinem Hauptstern Rasalhague. Die Schlange wird durch den Schlangenträger getrennt. Ihr Kopf hat bereits den Meridian im Süden überschritten. Dasselbe gilt für seinen Hauptstern Unuk. Der Schwanz der Schlange steht dagegen noch etwas weiter im Südosten Richtung Adler. Zwischen Schwan und Adler liegen die winzigen Sternbilder Füchschen und Pfeil. Links unterhalb des Adlers sehen wir noch die kleine hübsche Figur des Delphins.

Der Kleine Bär (Kleiner Wagen) erreicht jetzt seine höchste Stellung über dem Horizont oberhalb des Polarsterns. Der Große Bär (Großer Wagen) mit der nach oben weisenden Deichsel und den abwärts zeigenden Kastensternen kann links oberhalb des Polarsterns entdeckt werden. Tief im Norden sehen wir, zumindest von Mitteleuropa aus, noch Teile der Sternbilder Fuhrmann mit Kapella und Perseus. Von Südeuropa aus betrachtet stehen diese Bilder aber fast durchweg unter dem Horizont. Besser zu sehen ist dagegen die Kassiopeia im NNW. Sie kann als ein Buchstabe W aufgefaßt werden. Etwas darüber sehen wir den Kepheus. Zwischen Kleinem und Großem Wagen schlängelt sich der Drache hindurch. Die Milchstraße geht im Norden über den Horizont herauf und erreicht im Osten im Bereich der Sternbilder Schwan und Adler ihren höchsten Stand über dem Horizont. Von dort aus geht sie über Schild, Schütze und Skorpion zum Südhorizont herab. Wegen der Zeit der »hellen Nächte« kann die Milchstraße in diesem Monat von Mittel- und Nordeuropa aus noch nicht so eindrucksvoll gesehen werden, obwohl die hellsten Teile der Milchstraße jetzt über dem Südhorizont stehen. Im August werden wir mit ihr mehr Glück haben. Halten wir uns aber im Mittelmeerraum, also weiter südlich, auf, so ist der Juli ebenfalls schon gut zur Beobachtung der Milchstraße geeignet. Dort wird es nämlich zeitiger dunkel.

1. Julihälfte	21 Uhr
2. Julihälfte	20 Uhr

Für 23 bzw. 22 Uhr
siehe August-Karte

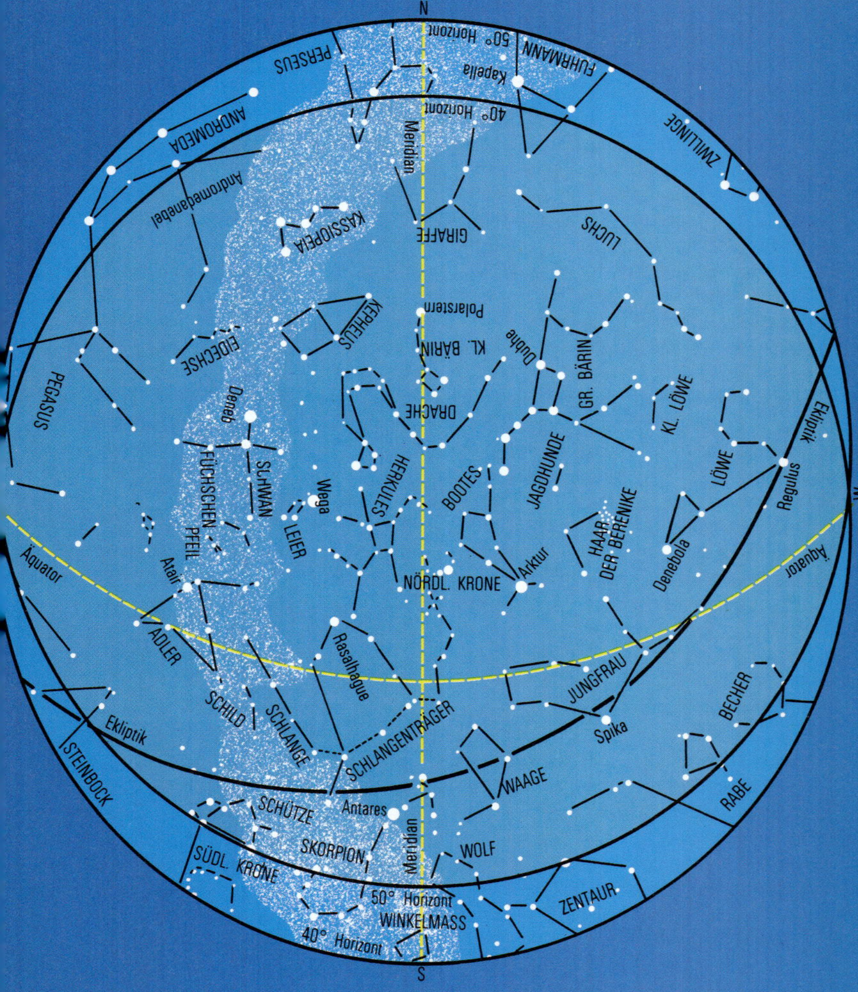

1. Märzhälfte	5 Uhr
2. Märzhälfte	4 Uhr
1. Aprilhälfte	3 Uhr
2. Aprilhälfte	2 Uhr

1. Maihälfte	1 Uhr
2. Maihälfte	0 Uhr
1. Junihälfte	23 Uhr
2. Junihälfte	22 Uhr

Der Sternhimmel im August

Wegen des früheren Eintritts der Dunkelheit eignet sich der August, zumindest für Beobachter, die abends nicht allzulang aufbleiben wollen, am besten zum Aufsuchen der Sommer-Sternbilder. Zu unserer Standard-Beobachtungszeit ist es bereits genügend dunkel geworden. Das Sommerdreieck, gebildet durch die Sterne Wega in der Leier, Deneb im Schwan und Atair im Adler, liegt jetzt hoch im SSO. Wega steht schon dicht vor dem Meridiandurchgang im Süden. Der Adler ist ein nach links aufwärts fliegender Vogel. Auch den Schwan muß man sich fliegend vorstellen, doch zielt er nahezu in die entgegengesetzte Richtung. Deneb steht nämlich am Schwanz des Schwans. Fast noch besser kann man den Schwan als ein großes Kreuz deuten, weshalb man dieses Sternbild oft auch als »Kreuz des Nordens« bezeichnet. Deneb findet sich dann am Kopf, der Stern Albireo am Fuße des Kreuzes. Bei Albireo müßte man sich übrigens den Kopf des Schwans denken. Zwischen Schwan und Adler stehen die kleinen Figuren Pfeil und Füchschen. Auf der linken Seite des Adlers können auch noch die Sterne des Delphins gesehen werden. Der Bereich zwischen Süden und Südwesten wird durch einige großflächige Sommer-Sternbilder eingenommen. Sehr hoch oben erkennen wir den Herkules mit seinem Hauptstern Rasalgethi, darunter den Schlangenträger (Ophiuchus) und seinen Hauptstern Rasalhague. Der Ophiuchus trägt die Schlange, die von ihm in zwei Teile gegliedert wird. Der Schlangenkopf steht schon im Südwesten. Dort befindet sich auch der Hauptstern dieses Bildes, Unuk. Der Schwanz der Schlange steht im Süden und zielt in Richtung Adler. Tief im SSW sehen wir den Skorpion mit Antares. Von Mitteleuropa aus können die Schwanzsterne des Skorpions nicht mehr über dem Horizont gesehen werden. Dies ist nur von Südeuropa aus möglich. Knapp vor seinem Meridiandurchgang im Süden steht der Schütze, oft auch als »Teekanne« gedeutet. Für Mitteleuropäer ertrinkt er häufig im Dunst und von Nordeuropa aus ist er überhaupt nicht sichtbar. Größere Freude an diesem Sternbild haben dagegen Südeuropäer. Sie können unterhalb des Schützen die Südliche Krone sehen.

Im Westen sind noch einige Reste des Frühlingshimmels sichtbar. Ganz knapp über dem WSW-Horizont erkennt man Spika, den Hauptstern der Jungfrau. Höher im Westen leuchtet Arktur im Bärenhüter (Bootes). Auch die Nördliche Krone mit Gemma als Hauptstern ist zwischen Bärenhüter und Herkules zu erkennen. Die Waage kann zwischen Jungfrau und Skorpion tief im Südwesten gerade noch aufgesucht werden.

Vom Osten her kommen jetzt schon die ersten Boten des Herbsthimmels heraufgezogen. Tief im Südosten steht der Steinbock, auf seiner linken Seite sind Teile des Wassermanns erkennbar. Vollständig ist dagegen bereits der Pegasus über den Osthorizont getreten. Er besteht aus einem großen Quadrat, an das sich nach links die Andromeda anschließt. Im Nordwesten sehen wir etwa in halber Höhe den Großen Bären (Großer Wagen). Die Deichsel des Wagens zeigt nach oben. Der Kleine Bär (Kleiner Wagen) steht links oberhalb des Polarsterns. Ganz tief im Norden sehen wir von Mitteleuropa aus noch die Kapella im Fuhrmann. Für Südeuropäer liegt sie allerdings unter dem Horizont. Im NNO kann auch Perseus betrachtet werden. Etwas darüber im Nordosten steht das W der Kassiopeia und noch etwas höher in Richtung Schwan der Kepheus.

Es gibt keinen Monat im ganzen Jahr, in dem man am frühen Abend, gleich bei Einbruch der Dunkelheit, die Milchstraße so gut beobachten kann wie im August. Sie geht etwa im NNO über den Horizont herauf und verläuft quer über die Sternbilder Kassiopeia, Kepheus, Schwan und Adler in Richtung Süden, in den Bereichen der Sternbilder Skorpion und Schütze. Gerade in den Zonen, die sich knapp über dem Südhorizont befinden, ist die Milchstraße am hellsten. Dies gilt auch für das kleine Sommer-Sternbild des Sobieskischen Schildes, das zwischen Schütze und Adler liegt. Leider sind die zuletzt genannten Sternbilder von Nordeuropa aus praktisch unbeobachtbar. Die volle Schönheit der Milchstraße wird man also erst von südlicheren Teilen Mitteleuropas aus oder vom Mittelmeerraum her genießen können. Achten wir bei einem Urlaub im Süden darauf!

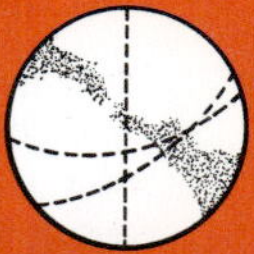

1. Augusthälfte 21 Uhr
2. Augusthälfte 20 Uhr
1. Septemberhälfte 19 Uhr
2. Septemberhälfte 18 Uhr

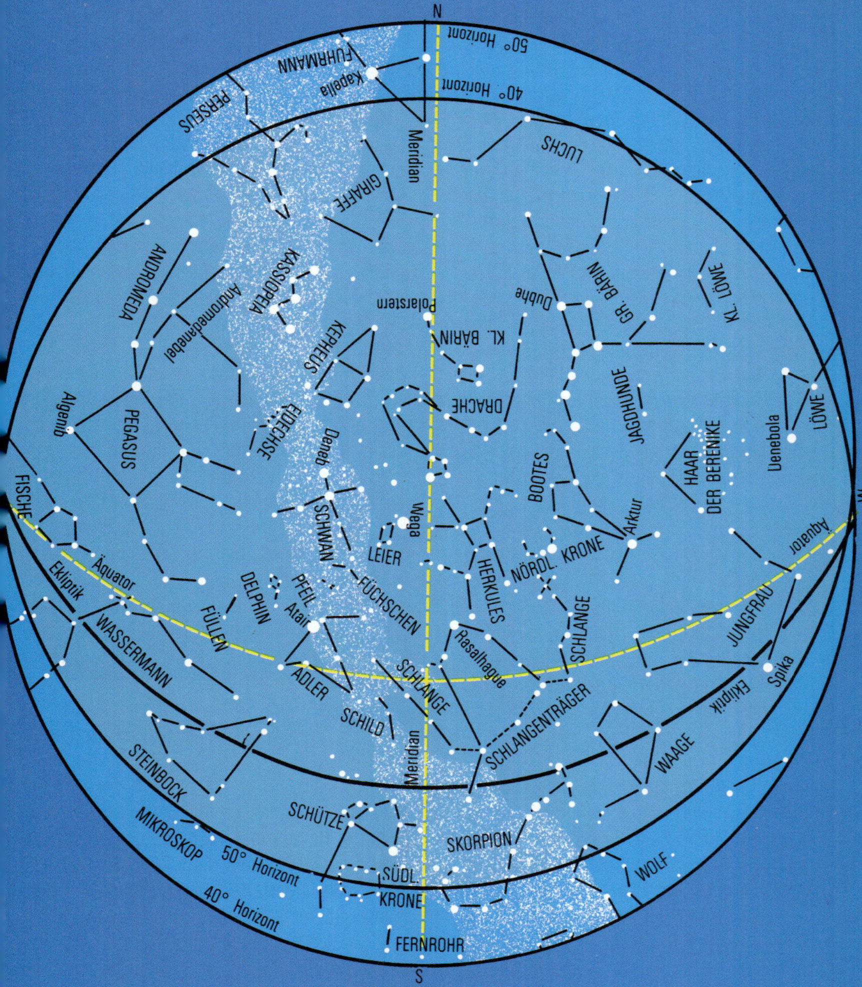

1. Aprilhälfte 5 Uhr
2. Aprilhälfte 4 Uhr
1. Maihälfte 3 Uhr
2. Maihälfte 2 Uhr

1. Junihälfte 1 Uhr
2. Junihälfte 0 Uhr
1. Julihälfte 23 Uhr
2. Julihälfte 22 Uhr

Der Sternhimmel im September

Auch im September können wir zu unserer Standard-Beobachtungszeit die Sommer-Sternbilder noch sehr gut sehen. Das Sommerdreieck, das durch die drei Sterne Wega in der Leier, Deneb im Schwan und Atair im Adler gebildet wird, befindet sich jetzt hoch im Süden. Der Schwan kann auch als ein großes Kreuz aufgefaßt werden (»Kreuz des Nordens«). Am Kopf des Kreuzes sitzt Deneb, am Fuß Albireo. Umgekehrt stellt Deneb den Schwanz und Albireo den Kopf des Schwans dar. Zwischen Schwan und Adler befinden sich die kleineren Sternbilder Pfeil und Füchschen. Der Delphin steht links oder östlich des Atairs. Tief im SSW liegt der Schütze, ein Sternbild, das auch als »Teekanne« bezeichnet wird. Der Skorpion kann dagegen nur noch von Südeuropa aus über dem Südwest-Horizont gesehen werden. Sein Hauptstern heißt Antares. Auch die Südliche Krone ist nur von Südeuropa aus tief im SSW sichtbar. Der südwestliche bis westliche Himmel wird von den umfangreichen Sommer-Sternbildern Herkules, Schlangenträger (Ophiuchus) und Schlange eingenommen. Der Hauptstern des Herkules heißt Rasalgethi. Der hellste Stern im Ophiuchus ist Rasalhague. Der Schlangenträger teilt die Schlange in Vorderleib und Hinterleib. Im Vorderleib befindet sich der Hauptstern dieses Bildes, Unuk.

Im Westen sehen wir noch einige Reste des Frühlingshimmels in Gestalt des Bärenhüters (Bootes) mit seinem Hauptstern Arktur. Am linken oberen Rand des Sternbildes finden wir das Halbrund der Nördlichen Krone mit Gemma.

Im Osten und Südosten sind schon zahlreiche Herbst-Sternbilder versammelt. Besonders fällt das sogenannte Pegasusquadrat auf, das wir im Osten etwa halbwegs zwischen Horizont und Zenit erkennen. Die restlichen Sterne dieses Bildes schließen sich westlich der beiden rechten (westlichen) Sterne dieses Quadrats an. Gehen wir dagegen vom linken oberen Stern des Pegasusquadrats weiter nach links, so folgt die Sternenkette der Andromeda, in der wir als schwachen länglichen Nebel gerade noch mit bloßem Auge den Andromedanebel beobachten können. Unterhalb von Pegasus und Andromeda stehen die Fische, die nur sehr schwache Sterne enthalten, der Widder und das Nördliche Dreieck. Ein anderes wichtiges Herbst-Sternbild ist der Steinbock, der kurz vor seinem Meridiandurchgang im SSO steht. Zwischen ihm und den Bildern Pegasus und Fische liegt der Wassermann – auch er eine nicht sehr übersichtliche Figur. Ganz tief im Südosten steht Fomalhaut, der Hauptstern im Südlichen Fisch. Er kann allerdings nur von Südeuropa aus gesehen werden.

Wenden wir uns nun dem Nordhimmel und damit den Zirkumpolar-Sternbildern zu. Den Großen Bären oder Großen Wagen finden wir in dem Bereich zwischen Norden und Nordwesten. Die Wagendeichsel zeigt in ihrer Verlängerung auf den vorher bereits beschriebenen Stern Arktur im Bärenhüter (Bootes). Unterhalb der Wagendeichsel, näher zum Horizont hin, können wir die Jagdhunde verfolgen. Der Kleine Bär oder Kleine Wagen steht auf der linken Seite des Polarsterns. Der Drache schlängelt sich, von einem Punkt in der Nachbarschaft des Sterns Wega in der Leier ausgehend, zwischen Kleinem und Großem Bär hindurch. Tief im NNO sehen wir Kapella, den Hauptstern im Fuhrmann. An ihn schließt sich nach rechts oben im Nordosten der Perseus an. Noch etwas höher in dieser Himmelsrichtung sehen wir den auf die linke Seite gedrehten Buchstaben W der Kassiopeia sowie den Kepheus. Mit etwas Glück können wir von Mittel- und Nordeuropa aus dicht über dem Nordost-Horizont bereits das bekannte Siebengestirn, die Plejaden, am Rande des Sternbilds Stier erkennen. Gegebenenfalls warten wir noch einige Minuten.

Auch im September kann die Milchstraße noch ganz gut beobachtet werden. Am schönsten entfaltet sie sich über dem SSW-Horizont im Bereich des Sternbilds Schütze und dem darüberliegenden kleineren Bild des Sobieskischen Schildes. Von dort aus zieht die Milchstraße weiter über das Sommerdreieck, Kepheus, Kassiopeia, Perseus, Fuhrmann zum NNO-Horizont. Der September steht dem August im Hinblick auf die Sichtbarkeit der Milchstraße also kaum nach. Allerdings kann sie vom Mittelmeerraum noch eindrucksvoller gesehen werden als in Mitteleuropa.

1. Septemberhälfte	21 Uhr
2. Septemberhälfte	20 Uhr
1. Oktoberhälfte	19 Uhr
2. Oktoberhälfte	18 Uhr

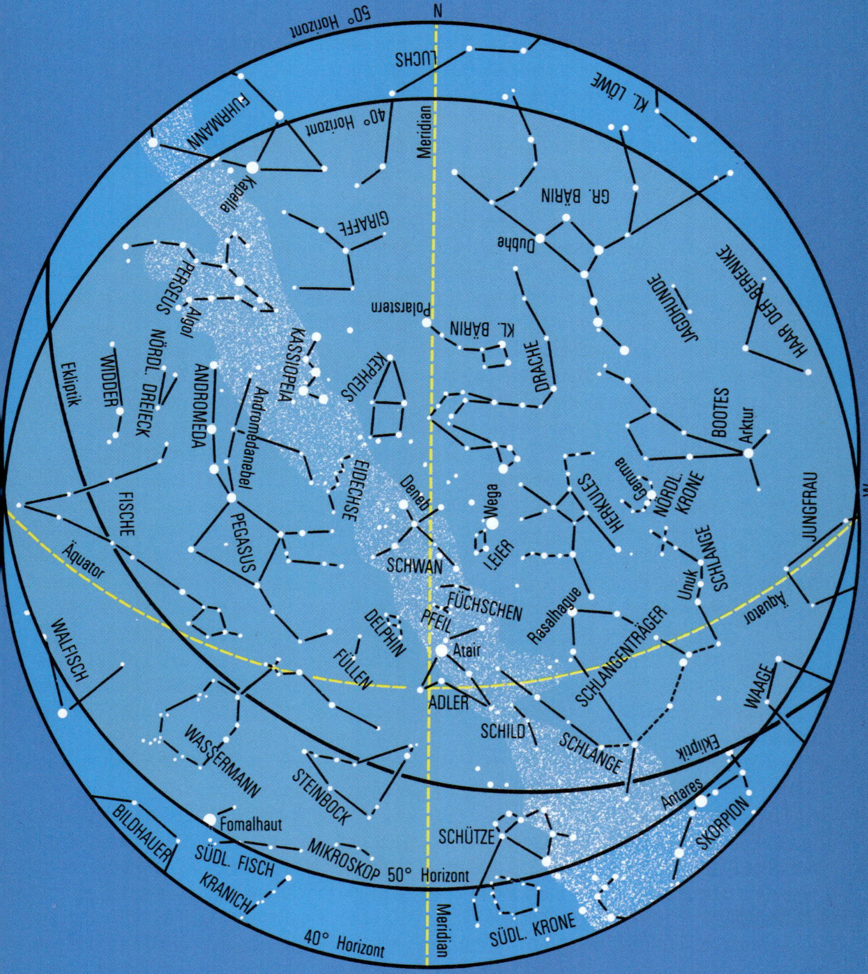

1. Maihälfte	5 Uhr
2. Maihälfte	4 Uhr
1. Junihälfte	3 Uhr
2. Junihälfte	2 Uhr

1. Julihälfte	1 Uhr
2. Julihälfte	0 Uhr
1. Augusthälfte	23 Uhr
2. Augusthälfte	22 Uhr

Der Sternhimmel im Oktober

Die Sommer-Sternbilder haben sich zu unserer Standard-Beobachtungszeit im Oktober bereits an den westlichen und südwestlichen Himmel verschoben. Dort sehen wir, allerdings noch verhältnismäßig hoch über dem Horizont, das Sommerdreieck Wega in der Leier, Deneb im Schwan und Atair im Adler. Das »Kreuz des Nordens«, wie wir auch den Schwan bezeichneten, steht jetzt fast senkrecht – im Gegensatz zur Situation im Juli, in der sich das Sternbild kurz nach seinem abendlichen Aufgang im Nordosten liegend zeigte. Zwischen Schwan und Adler stehen Füchschen und Pfeil, auf der linken Seite des Adlers auch der Delphin. Von den anderen Sommer-Sternbildern ist der Skorpion nun endgültig verschwunden. Auch der Schütze kann nur noch von Südeuropa aus gesehen werden. Günstiger, etwa in halber Höhe zwischen Horizont und Zenit, hält sich Herkules mit Rasalgethi als Hauptstern im Westen. Der Schlangenträger (Ophiuchus) mit Rasalhague ist dagegen nur noch teilweise tief im WSW sichtbar. Näher dem WNW-Horizont sehen wir noch die Krone mit Gemma sowie die nördlichsten Teile des Bärenhüters (Bootes).

Die Herbst-Sternbilder nehmen jetzt den Raum zwischen Süden und Südosten ein. Viele dieser Figuren sind allerdings verhältnismäßig unscheinbar und enthalten schwächere Sterne.

Beobachten wir vor allem von den lichterfüllten Großstädten aus, erscheint der Himmel in südlicher und südöstlicher Richtung geradezu »sternleer«.

Am auffälligsten erscheint noch das Pegasusquadrat, das jetzt fast den Meridiandurchgang im Süden erreicht hat. Die anderen Sterne des Pegasus befinden sich auf der rechten Seite dieses Quadrats. Vom linken oberen Stern des Pegasusquadrats aus schließt sich nach links die Andromeda in einer langgestreckten Sternenkette an. In ihr sehen wir in einer dunklen, klaren Nacht auch mit bloßem Auge den Andromedanebel. Bedeutend weniger eindrucksvoll sind dagegen die Tierkreis-Sternbilder Steinbock, Wassermann und Fische zwischen SSW und Südosten. Etwas hellere Sterne enthält der Widder, der sich derzeit im Osten befindet. Zwischen dem Widder und der Andromeda liegt das winzige Sternbild Nördliches Dreieck. Der etwas auffälligere Walfisch ist jetzt vollständig über den Südost-Horizont heraufgegangen. Fomalhaut, der Hauptstern im Südlichen Fisch, steigt für Mitteleuropa nur wenige Grad über den Horizont. Nordeuropäische Beobachter müssen vollständig auf ihn verzichten. Um so günstiger ist er derzeit für südeuropäische Beobachter über dem SSO-Horizont zu sehen. Von dort aus können auch noch Teile des Sternbilds Kranich tief im Süden und der Bildhauer im SSO beobachtet werden.

Tief im Nordosten werden schon die ersten Vorboten des Winterhimmels sichtbar, insbesondere in Gestalt des Sternbilds Stier, das zumindest für Mittel- und Nordeuropa bereits vollständig aufgegangen ist. Sein Hauptstern heißt Aldebaran. An ihn schließt sich nach rechts der Sternhaufen der Hyaden an. Ein wenig darüber finden wir die Plejaden oder das Siebengestirn. Links oberhalb des Stiers erblikken wir den Fuhrmann mit Kapella. Noch etwas höher im Nordosten steht der Perseus. Sein Hauptstern Algenib liegt übrigens genau auf der Verlängerung der Sternenkette der Andromeda in Richtung Horizont. Noch etwas höher im NNO steht die Kassiopeia. Ihre Figur ist bereits zur M-Gestalt gedreht. Fast senkrecht über uns erkennen wir den Kepheus. Der Große Bär (Großer Wagen) steht tief im Norden, der Kleine Bär (Kleiner Wagen) auf der linken Seite des Polarsterns. Zwischen Kleinem und Großem Bären schlängelt sich der Drache hindurch. Ganz tief im Nordosten steht auch ein Teil des Sternbilds Luchs.

Die Milchstraße kann im Oktober nicht mehr ganz so gut wie in den beiden letzten Monaten beobachtet werden, da ihre hellsten Teile bereits im Südwesten untergegangen sind oder zu nahe dem Horizont stehen. Von dort aus zieht die Milchstraße zum Sommerdreieck hinauf, wo sie sich noch einigermaßen eindrucksvoll vom Nachthimmel abhebt. Schließlich führt die Milchstraße etwa über den Zenit hinweg weiter in Richtung Kassiopeia, Perseus, Fuhrmann bis zum Nordost-Horizont. In dieser Gegend wird die Milchstraße aber ausgesprochen blaß.

1. Oktoberhälfte	21 Uhr
2. Oktoberhälfte	20 Uhr
1. Novemberhälfte	19 Uhr
2. Novemberhälfte	18 Uhr

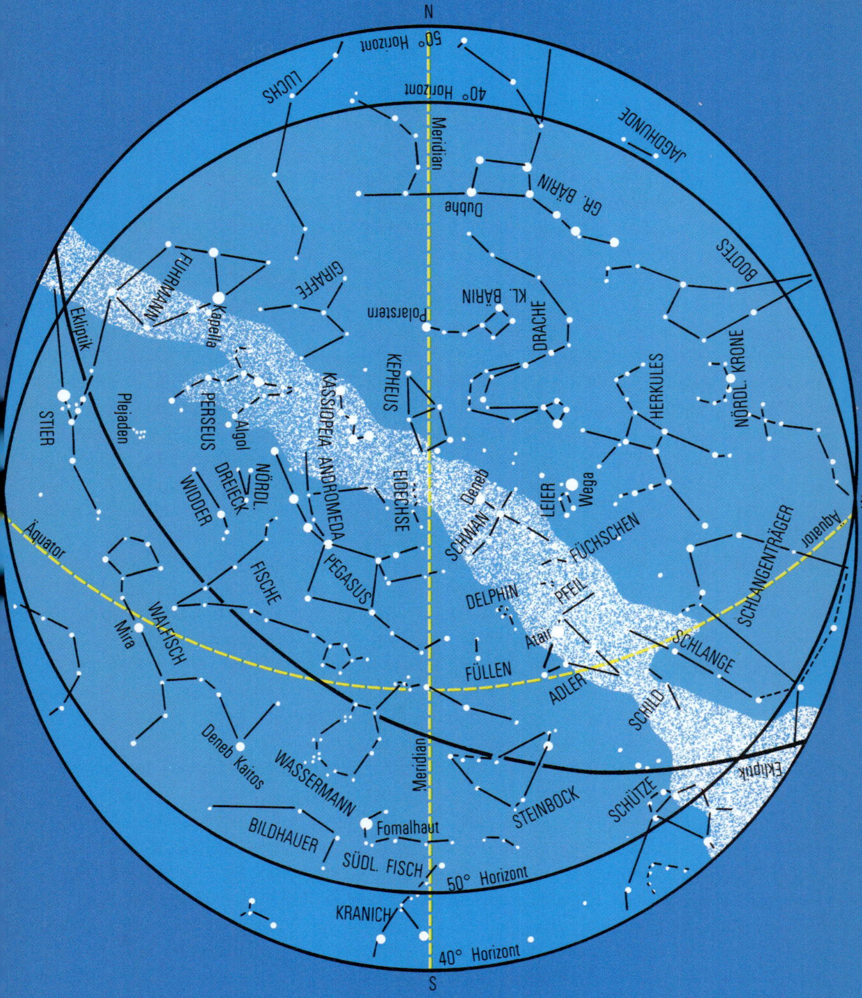

1. Dezemberhälfte	17 Uhr
2. Dezemberhälfte	16 Uhr
1. Julihälfte	3 Uhr
2. Julihälfte	2 Uhr

1. Augusthälfte	1 Uhr
2. Augusthälfte	0 Uhr
1. Septemberhälfte	23 Uhr
2. Septemberhälfte	22 Uhr

Der Sternhimmel im November

Die Herbst-Sternbilder befinden sich zu unserer Standard-Beobachtungszeit in dem Bereich zwischen Südwesten und Südosten. Die markanteste Figur, das Pegasusquadrat, hat den Meridian im Süden schon teilweise überschritten. Die linken beiden Sterne dieses Quadrats liegen fast genau in der Südrichtung. Verdoppeln wir diese Verbindungslinie nach unten, erreichen wir etwa die Stelle, an der sich der Frühlingspunkt befindet. Dort steht die Sonne am Frühlingsanfang, und von hier aus wird die Rektaszension gerechnet. Vom linken oberen Stern des Pegasusquadrats schließt sich weiter nach Osten hin die Andromeda an, in der sich bei klarer Nacht der Andromedanebel als schwacher Fleck mit bloßem Auge aufsuchen läßt. Unterhalb der Andromeda stehen das Nördliche Dreieck und der Widder. Der mittlere Bereich in dieser Himmelsrichtung wird von den drei Tierkreis-Sternbildern Fische, Wassermann und Steinbock eingenommen, die allerdings meist nur schwächere Sterne enthalten. Ihre Figuren sind zudem ziemlich unübersichtlich. Der Steinbock steht schon – vor allem für Beobachter in Mittel- und Nordeuropa – sehr nahe dem Südwest-Horizont. Tief im SSW sehen wir von Mittel- und Südeuropa aus noch Fomalhaut, den Hauptstern im Südlichen Fisch. Knapp über dem Horizont sehen Südeuropäer in derselben Himmelsrichtung noch Teile des Kranichs. Tief im Süden steht auch der Bildhauer. Ein etwas auffälligeres Herbst-Sternbild ist wieder der Walfisch im Südosten. Einer seiner hellsten Sterne heißt Deneb Kaitos.

Über den OSO-Horizont ragen Teile des Sternbilds Eridanus, des »Flusses der Unterwelt«, herauf. An ihn schließt sich nach links ein Teil der Winter-Sternbilder an, von denen einige bereits aufgegangen sind. Dicht über dem Osthorizont steht der Orion. Die Lage seiner drei Gürtelsterne kennzeichnet den Verlauf des Himmelsäquators. Seine südlichsten Sterne können allerdings von Mittel- und Nordeuropa aus noch nicht gesehen werden. Deutlich erkennen wir dagegen Beteigeuze und Bellatrix, die beiden Schultersterne. Darüber stehen der Stier mit Aldebaran sowie die Sternhaufen Hyaden und Plejaden. Etwas höher im ONO liegt der Perseus. Knapp darunter sehen wir den hellen Stern Kapella im Fuhrmann. Knapp über dem Nordost-Horizont können wir bereits die Zwillinge mit Kastor und Pollux entdecken.

Im Westen sind noch einige Sommerbilder auffindbar. Das gilt besonders für das Sommerdreieck, das durch die Sterne Wega in der Leier, Deneb im Schwan und Atair im Adler gebildet wird. Es steht jetzt etwa in halber Höhe zwischen Westhorizont und Zenit. Zwischen Schwan und Adler liegen die Mini-Sternbilder Pfeil und Füchschen, auf der linken Seite des Adlers erkennen wir den Delphin. Im Nordwesten steht höher am Horizont noch der Herkules. Sein Hauptstern Rasalgethi befindet sich allerdings schon sehr nahe am Horizont. Dasselbe gilt für Rasalhague, den hellsten Stern im Schlangenträger oder Ophiuchus.

Es ist im ersten Augenblick seltsam, daß man bis in den Spätherbst hinein die Sommersternbilder noch gut am Abendhimmel auffinden kann. Der Grund liegt darin, daß es jetzt zeitiger dunkelt und wir die Verschiebung der Sterne sozusagen »aufholen«.

Der Große Bär (Großer Wagen) hat nun seine tiefste Stellung über dem Nordhorizont erreicht. Vor allem für Beobachter Südeuropas schleifen einige Wagensterne dicht über den Horizont hinweg. Manche Sterne des Großen Bären gehen sogar vollständig unter.

Der Kleine Bär (Kleiner Wagen) befindet sich auf der linken unteren Seite des Polarsterns. Im Nordwesten und Norden schlängelt sich der Drache dahin. Als weitere Zirkumpolar-Sternbilder sind die Kassiopeia und der Kepheus zu erwähnen. Beide befinden sich knapp senkrecht über uns. Blicken wir nach Norden und gleichzeitig hoch nach oben, so erscheint uns die Kassiopeia jetzt als ein Buchstabe M. Die Milchstraße hat im November eine sehr steile Lage zum Horizont. Fast genau senkrecht erhebt sie sich vom Westhorizont aufwärts, durchläuft den Zenit und geht senkrecht zum Osthorizont wieder herunter. Am eindrucksvollsten ist sie dabei auf der westlichen, weniger eindrucksvoll auf der östlichen Seite. Die gegenwärtige Stellung der Milchstraße erlaubt uns immerhin zu verfolgen, wie diese von West nach Ost hin immer lichtschwächer wird.

1. Novemberhälfte	21 Uhr
2. Novemberhälfte	20 Uhr
1. Dezemberhälfte	19 Uhr
2. Dezemberhälfte	18 Uhr

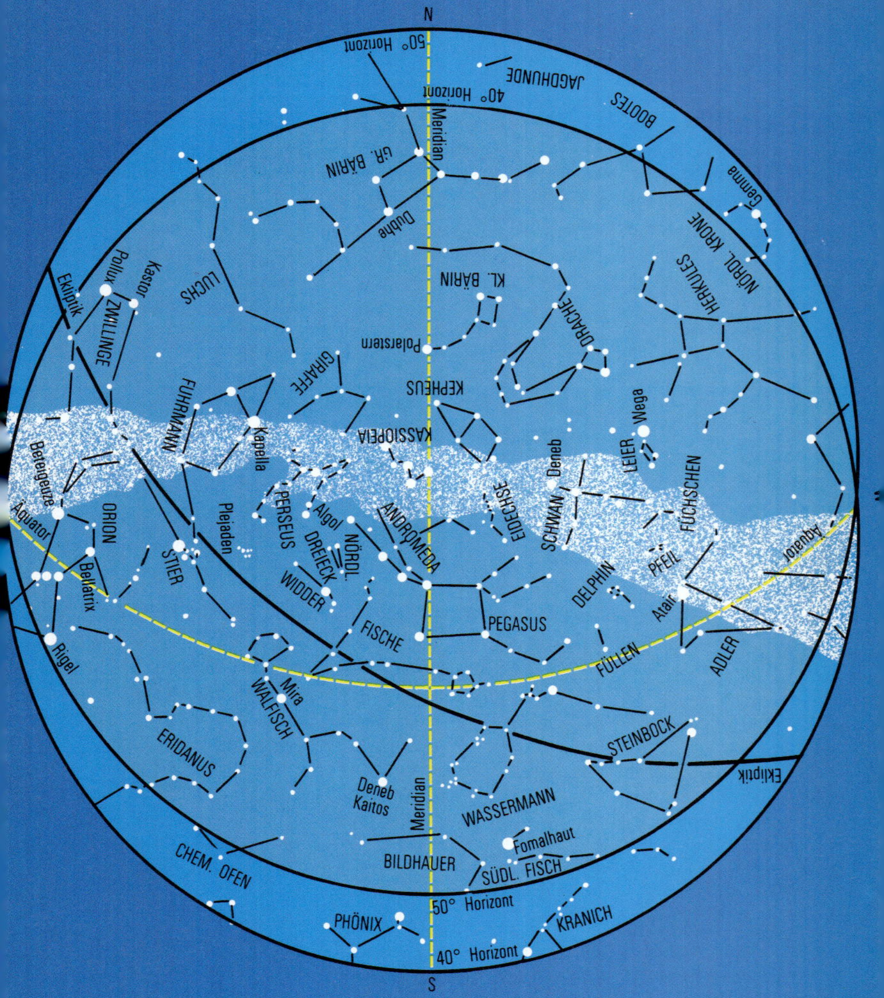

1. Januarhälfte	17 Uhr
2. Julihälfte	4 Uhr
1. Augusthälfte	3 Uhr
2. Augusthälfte	2 Uhr

1. Septemberhälfte	1 Uhr
2. Septemberhälfte	0 Uhr
1. Oktoberhälfte	23 Uhr
2. Oktoberhälfte	22 Uhr

Der Sternhimmel im Dezember

Der Dezember gehört eigentlich noch zum Herbst. Deswegen spielen die Winter-Sternbilder in diesem Monat zu unserer Standard-Beobachtungszeit noch keine beherrschende Rolle. Blicken wir nach Süden oder Südwesten, so sehen wir dort noch immer die Herbst-Sternbilder versammelt. Hoch im SSW erkennen wir das Quadrat des Pegasus, an das sich nach links oben die Andromeda als langgestreckte Sternkette anschließt. Der letzte Stern der Andromeda, Alamak, steht gerade auf dem südlichen Meridian. Im oberen Teil der Andromeda sehen wir einen länglichen Nebelfleck, den Andromedanebel. Wegen seiner zenitnahen Stellung ist jetzt fast die beste Zeit, ihn aufzusuchen. Unterhalb der Andromeda stehen das Nördliche Dreieck und der Widder. Unauffällig sind die Fische und der Wassermann. Sie enthalten schwache Sterne in recht unübersichtlichen Figuren. Vom Steinbock, einem frühen Herbst-Sternbild, ragt nur noch der Schwanz über den WSW-Horizont herauf. Deutlicher ist dagegen der Walfisch im Süden sichtbar. Er enthält wieder etwas hellere Sterne, besonders Deneb Kaitos. Vor allem für Bewohner Südeuropas fallen knapp über dem Südhorizont noch der Chemische Ofen und der Bildhauer auf. Tief im Südwesten kann von dort aus auch noch Fomalhaut, der Hauptstern im Südlichen Fisch, entdeckt werden. Auch den Phoenix kann man teilweise noch tief im SSW sehen. Der tiefere Teil des SSO-Himmels wird vom »Fluß der Unterwelt«, Eridanus, eingenommen.

Im Westen und Nordwesten finden wir noch einige Sommer-Sternbilder versammelt. Das sogenannte Sommerdreieck ist allerdings nicht mehr vollständig zu erkennen. Während Atair im Adler inzwischen untergegangen ist, lassen sich dort nur noch die beiden Sterne Wega in der Leier und Deneb im Schwan erkennen. Der Schwan kann auch als »Nördliches Kreuz« dargestellt werden, das in seiner gegenwärtigen Stellung aufrecht steht. Am Kopf des Kreuzes befindet sich Deneb, am Fuß Albireo.

Im Osten stehen die Winter-Sternbilder. Am auffälligsten ist der Himmelsjäger Orion mit seinen Schultersternen Beteigeuze und Bellatrix, den drei fast gleich hellen Gürtelsternen und den beiden Fußsternen, von denen der rechte Rigel heißt. Die Gürtellinie liegt fast genau auf dem Himmelsäquator. Verlängern wir die Gürtellinie des Orions aufwärts, so stoßen wir auf Aldebaran, den hellsten Stern im Stier, in dessen Nachbarschaft sich die beiden Sternhaufen Hyaden und Plejaden aufhalten. Links daneben steht der Fuhrmann mit Kapella als Hauptstern. Etwas tiefer im ONO liegen die Zwillinge mit Kastor und Pollux. Dicht über dem Osthorizont sehen wir noch Prokyon im Kleinen Hund. Der Große Hund ist dagegen noch nicht sichtbar. Sein Hauptstern Sirius kann ausgemacht werden, wenn wir die Gürtellinie des Orions nach links abwärts verlängern. Nur für südeuropäische Beobachter steht dieser Stern bereits knapp über dem OSO-Horizont. Für Mittel- und Nordeuropa geht er etwas später auf.

Von den Zirkumpolar-Sternbildern im Norden befindet sich der Große Bär (Großer Wagen) tief im ONO. Die Deichsel des Großen Wagens zeigt dabei ein wenig nach links unten. Von Südeuropa aus gesehen ist es sogar möglich, daß der letzte Deichselstern bereits unter dem Horizont steht. Der Kleine Bär (Kleiner Wagen) befindet sich links unterhalb des Polarsterns. Im Bereich zwischen den beiden zuletzt genannten Sternbildern befindet sich der Drache. Sehr hoch im Norden steht Kassiopeia, die sich in ihrer gegenwärtigen Lage als ein Buchstabe M zeigt. Links darunter finden wir Kepheus, auf der rechten Seite der Kassiopeia Perseus mit seinem Hauptstern Algenib. In halber Höhe zwischen Horizont und Zenit liegt im Nordosten auch das Sternbild Luchs, das allerdings nur recht schwache Sterne enthält.

Die Milchstraße zieht über den WNW-Horizont aufwärts durch das Sternbild Schwan und geht von dort aus weiter über Kepheus, Kassiopeia, Perseus, Fuhrmann, Stier und Orion zum OSO-Horizont herab. Lediglich im westlichen Teil, vor allem im Schwan, ist die Milchstraße einigermaßen deutlich erkennbar. Im Osten zeigt sie sich ziemlich blaß. Die geringste Helligkeit erreicht die Milchstraße im Bereich der Sternbilder Fuhrmann und Stier. Die hellsten Teile in den Sternbildern Schütze, Schild und Skorpion liegen unter dem Horizont.

1. Dezemberhälfte	21 Uhr
2. Dezemberhälfte	20 Uhr
1. Januarhälfte	19 Uhr
2. Januarhälfte	18 Uhr

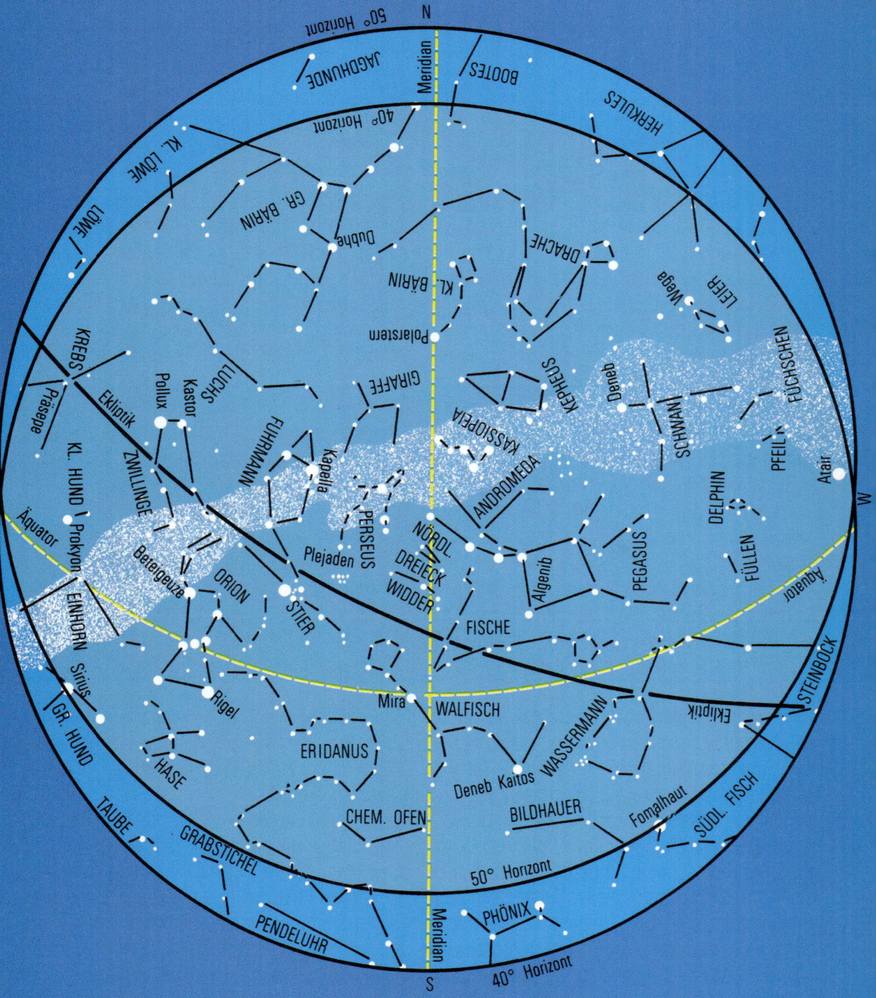

1. Augusthälfte	5 Uhr	1. Oktoberhälfte	1 Uhr
2. Augusthälfte	4 Uhr	2. Oktoberhälfte	0 Uhr
1. Septemberhälfte	3 Uhr	1. Novemberhälfte	23 Uhr
2. Septemberhälfte	2 Uhr	2. Novemberhälfte	22 Uhr

Großer Bär *Ursa maior* (Gen.: *Ursae maioris*) Abk.: UMa

Der Große Bär ist das wohl bekannteste Sternbild des Himmels. Es dient zum Aufsuchen einiger weiterer wichtiger Sterne, vor allem des Polarsterns (siehe Seite 12/13). Ein Teil des Sternbilds wird als Großer Wagen bezeichnet. Darunter versteht man die sieben Hauptsterne α, β, γ, δ, ε, ζ und η. Nach der griechischen Sage handelt es sich um eine Bärin, in welche die Prinzessin Kallisto verwandelt wurde, nachdem Hera, die Gemahlin des Gottes Zeus, das Liebesverhältnis zwischen Zeus und Kallisto entdeckte. In den Darstellungen des Altertums und Mittelalters besitzt die Himmelsbärin nicht ganz korrekt einen langen Schwanz, der mit den drei Deichselsternen des Großen Wagens identisch ist. Bei den Römern galten die sieben Sterne des Großen Wagens als Dreschochsen, die um den Himmelspol wandern. Die nordamerikanischen Indianer sahen in dieser Figur einen Schöpflöffel, in Mittelamerika galten sie als einbeiniger Mann (Hunrakan). Während der Unsichtbarkeit dieses Sternbilds toben in der Karibik oft heftige Stürme, die davon abgeleitet als Hurrikans oder Orkane bezeichnet werden. Bei den Arabern galt der Wagenkasten als ein Sarg, hinter dem drei Klageweiber laufen.

Die sieben Hauptsterne des Großen Wagens tragen arabische Bezeichnungen, die auch heute noch geläufig sind. Dubhe bedeutet einfach Bär, Merak Lende, Phachd oder Phekda Schenkel, Megrez Schwanzansatz, Alioth Schwanz, Mizar (ursprünglich vermutlich Merak) Lende und Benetnasch Klageweib. Der Kopf des Großen Bären befindet sich weit rechts, also westlich, während Vorder- und Hinterpranken durch die Sternenketten nach Südwesten (rechts unten) und Süden wiedergegeben werden.

Alle Sterne des Großen Wagens, mit Ausnahme von α und η, haben mit 74 bis 80 Lichtjahren nahezu dieselbe Entfernung von uns. Sie alle gehören zum »Bärenstrom«, einer Sternansammlung mit gemeinsamer Bewegungsrichtung durch den Raum. Zu diesem Strom zählen neben einigen schwächeren Sternen im gleichen Himmelsbereich aber auch einige Sterne, die sich an ganz anderen Stellen des Himmelsgewölbes aufhalten, darunter auch Sirius im Großen Hund. Offenbar befindet sich unser Sonnensystem inmitten des Bärenstroms, ohne an dessen Bewegung teilzunehmen. Der Bärenstrom bewegt sich in bezug auf die Sonne mit einer Geschwindigkeit von etwa 15 km/sek auf einen Punkt etwa an der Grenze der Sternbilder Schütze und Steinbock hin.

Dubhe oder α Ursae maioris ist ein roter Riesenstern und 150mal heller als die Sonne. Mit sehr großen Fernrohren entdeckt man einen Begleiter, der sich in 44 Jahren einmal um seinen Hauptstern bewegt. Alioth oder ε Ursae maioris ist ein kurzperiodischer Veränderlicher und gleichzeitig ein Doppelstern, der allerdings nur mit spektroskopischen Mitteln erkannt werden kann. Die Umlaufszeit beträgt 4,15 Jahre. Die Helligkeitsschwankung umfaßt nur 0,1 Größenklassen und wird daher mit bloßem Auge nicht wahrgenommen. Sie erfolgt innerhalb von 5,09 Tagen. Der Stern gehört zum Typ der α^2 Canum venaticorum-Sterne, die auch Schwankungen ihres Magnetfeldes aufweisen.

Knapp links oberhalb oder nordöstlich des Sterns Mizar entdecken wir bereits mit bloßem Auge einen Stern 4. Größe, der von den Arabern Alkor bezeichnet wurde. Wir sprechen auch vom »Reiter ein« oder vom »Augenprüfer«, weil er angeblich nur schwierig zu beobachten sei. Dies ist allerdings erheblich übertrieben. Lediglich unter den erschwerten Beobachtungsbedingungen in Städten wird Alkor gelegentlich etwas undeutlich oder überhaupt nicht sichtbar sein. Mizar und Alkor sind fast

Karte Großer Bär

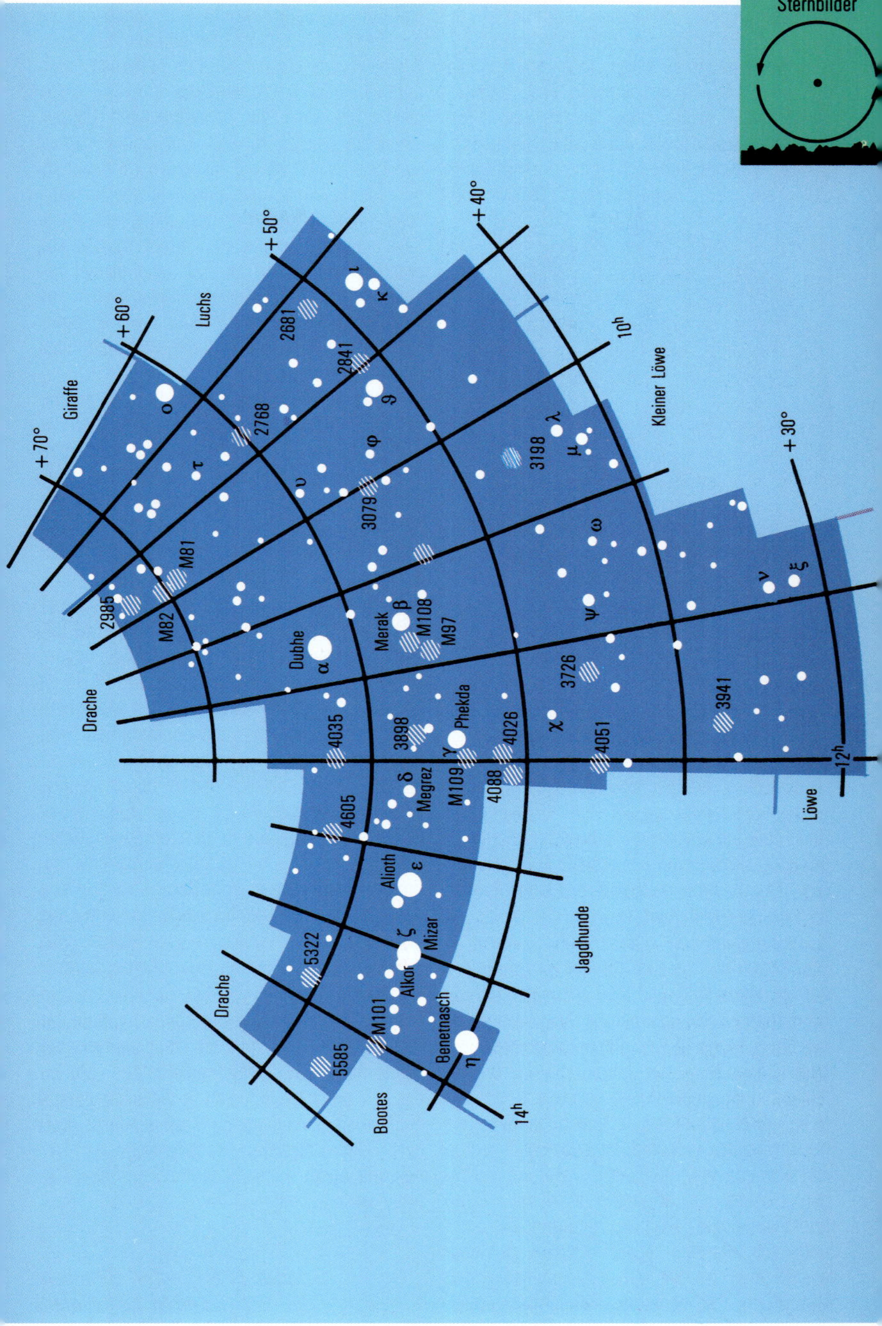
+70°
+60°
+50°
+40°
+30°
10h
12h
14h
Giraffe
Luchs
Kleiner Löwe
Drache
Löwe
Jagdhunde
Drache
Bootes
Dubhe
Merak
Phekda
Megrez
Alioth
Mizar
Alkor
Benetnasch
2681
2841
2768
3079
3198
2985
M81
M82
M108
M97
3726
3941
4035
3898
4026
4051
4605
M109
4088
5322
M101
5585

12 Bogenminuten voneinander entfernt. Mit einem Fernrohr von 5 cm Öffnung erkennen wir aber noch näher an Mizar, in einem Abstand von nur 14,5 Bogensekunden, ein anderes Sternchen 4. Größe. Diese beiden Sterne Mizar A und B sind ihrerseits wieder spektroskopische Doppelsterne, deren Umlaufszeiten 20,5 bzw. 182,3 Tage betragen. Wahrschein-

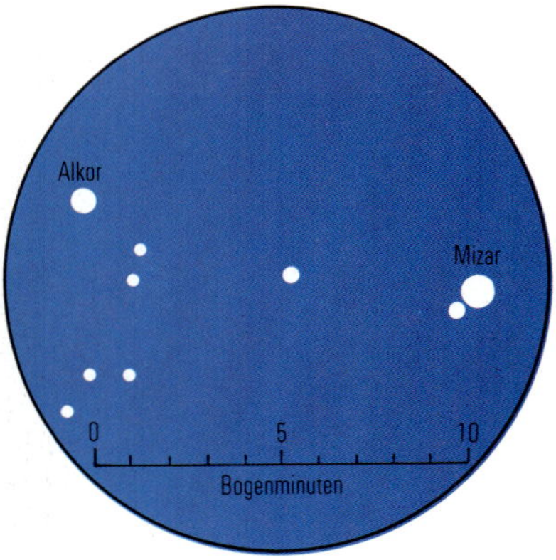

Mizar/Alkor

lich gehört auch Alkor zu dem System Mizar. Seine Umlaufszeit könnte 800 000 Jahre und mehr ausmachen. Auch Alkor ist ein spektroskopischer Doppelstern. So haben wir es vermutlich mit einem sechsfachen System zu tun. Messungen haben gezeigt, daß vielleicht Mizar B über einen weiteren schwachen Begleiter mit einer Umlaufszeit von etwa 3,7 Jahren verfügt. Damit wäre es sogar ein siebenfaches System. Im südlichen Teil des Sternbilds ist ξ Ursae maioris ein bekannter Doppelstern in 25 Lichtjahren Abstand. Die beiden Sterne mit der Helligkeit $4^{m}_{,}4$ und $4^{m}_{,}9$ bewegen sich in 60 Jahren einmal umeinander. Mit 3 Bogensekunden gegenseitigem Abstand konnten die beiden Sterne in den Jahren um 1970 sehr leicht mit einem Fernrohr ab etwa 5 cm Öffnung getrennt werden. In den folgenden Jahren verringerte sich allerdings der gegenseitige Abstand und wird 1992 mit 0,8 Bogensekunden Distanz ein Minimum erreichen. Dann reicht ein kleines Fernrohr zur Auflösung nicht mehr aus. Bis zum Jahr 2000 wird sich aber die Distanz wieder auf 1,8 Bogensekunden vergrößern. Das bedeutet, daß dieser Doppelstern um die Jahrtausendwende wieder mit einem Fernrohr aufgelöst werden kann, das etwa 7 bis 8 cm Objektivöffnung aufweist, also durchaus noch ein Amateurinstrument. ξ Ursae maioris ist einer der besterforschten Doppelsterne am ganzen Himmel. Die beiden Partner stehen im Mittel etwa 3 Milliarden km auseinander. Beide Sterne sind aber, wie spektroskopische Untersuchungen zeigten, ihrerseits nochmals doppelt. Der hellere Partner besteht aus zwei Sternen, die sich in 669 Tagen einmal umkreisen. Der lichtschwächere Partner besteht aus zwei Sternen mit einer Umlaufzeit von 4 Tagen. Spektroskopische Doppelsterne sind aber nicht direkt im Fernrohr sichtbar.

Im östlichen Teil des Sternbilds, hart an der Grenze zum Sternbild Drache, befindet sich der Spiralnebel M 101. Er ist 12 Millionen Lichtjahre entfernt. Seine Gesamthelligkeit liegt allerdings nur zwischen der 9. und der 10. Größenklasse, so daß er wahrscheinlich erst mit einem Fernrohr ab etwa 8 cm Öffnung gesehen werden kann. Bei M 101 sehen wir übrigens fast genau senkrecht auf die Ebene der Spiralen. Die beiden Galaxien M 81 und M 82, die im nördlichen Teil des Sternbilds liegen, sind 12 Millionen Lichtjahre entfernt. M 81 ist 8^{m} hell, so daß er vielleicht schon mit einem 5-cm-Rohr oder einem sehr lichtstarken Feldstecher entdeckt werden kann. M 82 erreicht nur die 9. Größenklasse und ist etwas schwieriger zu erkennen. M 81 ist ein Spiralnebel. M 82 wird dagegen zu den unregelmäßigen Galaxien gezählt und ist gleichzeitig eine berühmte Radiogalaxie. Vom Kern dieser Galaxie weg strömen mit Geschwindigkeiten von etwa 1000 km/Sek. Gasmassen nach außen, was man allerdings erst mit spezielleren Geräten ausmachen kann.

Mehr zum Zentrum des Sternbilds hin liegt der »Eulennebel« M 97. Es ist ein planetarischer Nebel in 12 000 Lichtjahren Abstand. Mit einer Helligkeit von 9^{m} kann er vielleicht gerade noch mit einem 6-cm-Fernrohr entdeckt werden. Sein Zentralstern ist allerdings nur 14^{m} hell und bleibt daher bedeutend größeren Geräten vorbehalten.

Galaxien M 81 und M 82 (oben) und M 101 (unten)

Kleiner Bär *Ursa minor* (Gen.: *Ursae minoris*) Abk.: UMi

Der Kleine Bär wird auch als ein Kleiner Wagen dargestellt und bezeichnet. Der Hauptstern dieses Sternbilds, Polaris, der Polarstern, befindet sich am Ende der Wagendeichsel. Er ist augenblicklich etwa 0,8 Grad vom genauen nördlichen Himmelspol entfernt. Die arabische Bezeichnung Alrukaba bedeutet »Knie«. Die Entfernung des Polarsterns von der Erde beträgt etwa 470 Lichtjahre. Es handelt sich um einen gelblichen Stern mit einer Oberflächentemperatur von 6300 K und der 8fachen Sonnenmasse. Absolut genommen leuchtet der Polarstern 2000mal heller als unsere Sonne. Polaris ist zudem der uns am nächsten stehende Delta-Cephei-Stern. Seine Helligkeitsschwankung macht aber nur 0,1 Größenklassen aus, so daß sie ohne meßtechnische Hilfsmittel kaum feststellbar ist. Die mittlere Helligkeit beträgt $2^{m}\!,1$, die Periode 3,97 Tage. Mit einem kleinen Fernrohr von etwa 6 cm Öffnung sehen wir neben dem Polarstern einen Begleiter 9. Größe in 18 Bogensekunden Abstand. Vermutlich ist es ein optischer Doppelstern.

Die meisten Sterne des Kleinen Wagens sind verhältnismäßig lichtschwach. Lediglich die hinteren beiden Kastensterne β und γ Ursae minoris fallen wieder etwas deutlicher auf. β Ursae Minoris heißt arabisch auch Kochab, was vermutlich »Bock« bedeutet. γ Ursae minoris trägt die Bezeichnung Pherkad (»die beiden Kälber«). Der 105 Lichtjahre entfernte Kochab ist etwa gleich hell wie der Polarstern.

Giraffe *Camelopardalis* (Gen.: *Camelopardalis*) Abk.: Cam

Die Giraffe gehört zu den Sternbildern, die in der Antike und im Mittelalter noch nicht bekannt waren. Das Bild wurde erst im 17. Jahrhundert von Jacob Bartsch, einem Schwiegersohn des Johannes Kepler, eingeführt. Es liegt zwischen den Sternbildern Kleiner Bär, Drache, Luchs, Fuhrmann, Perseus, Kassiopeia und Kepheus, enthält aber nur sehr schwache Sterne und stellt damit ein ausgesprochenes »Füllsternbild« dar. In die verwirrende Ansammlung schwacher Sterne eine Giraffe hineinzudeuten, ist schier unmöglich. Es gibt in diesem Sternbild auch keine Einzelsterne, die besondere Namen tragen.

Herauszuheben sind dagegen einige Sternhaufen und Nebel, die bereits mit einem kleinen Fernrohr beobachtet werden können. Dazu gehört vor allem der offene Sternhaufen NGC 1502, der ungefähr 3000 Lichtjahre von uns entfernt ist. Mit einer Gesamthelligkeit von etwa 9^{m} ist NGC 2403 ein Spiralnebel in ungefähr 11 Millionen Lichtjahren Entfernung.

Karten Kleiner Bär und Giraffe

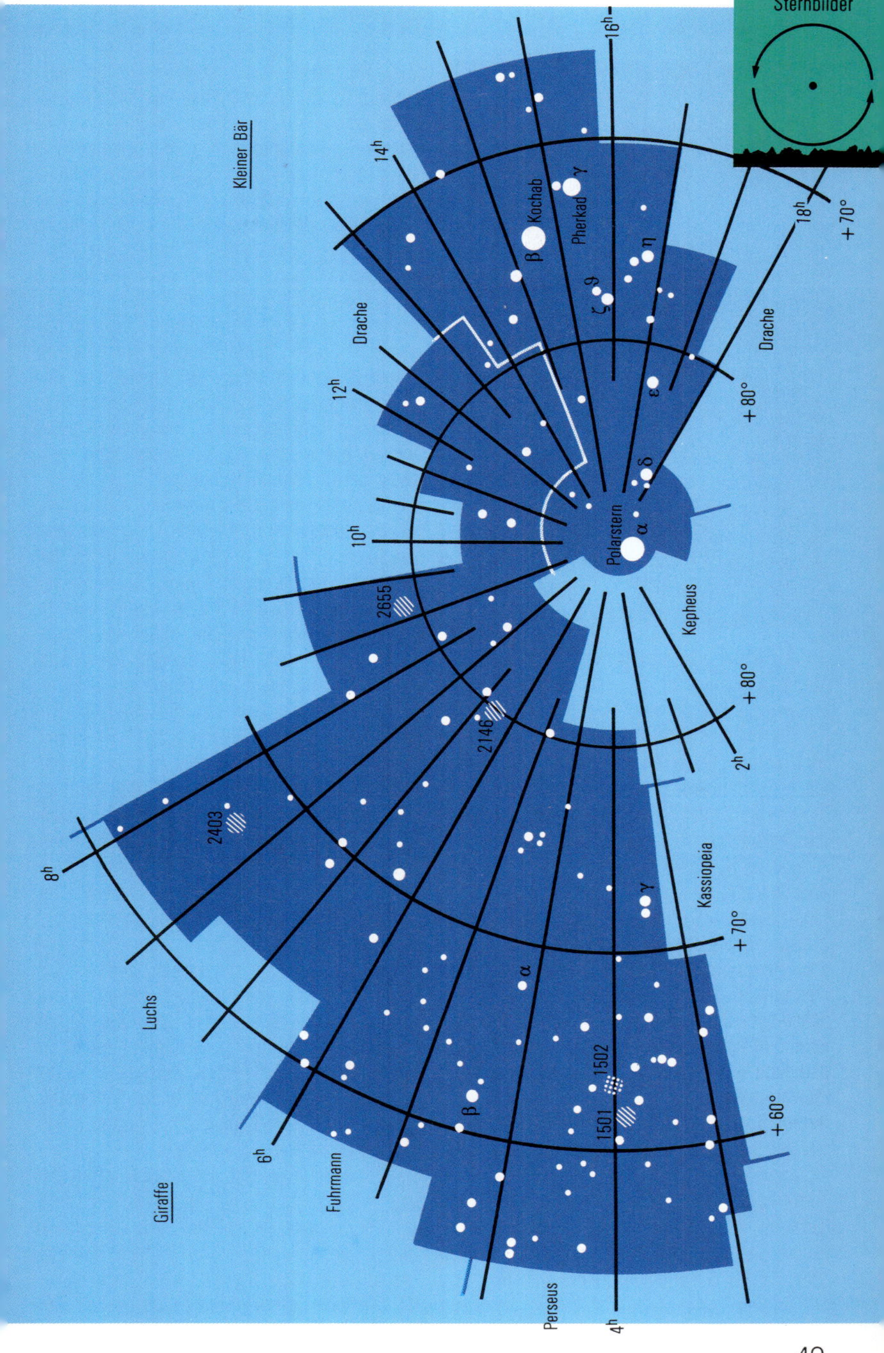
Kleiner Bär
Drache
Kochab
Pherkad
Polarstern
Kepheus
Kassiopeia
Luchs
Giraffe
Fuhrmann
Perseus
2655
2146
2403
1501
1502
16h
14h
12h
10h
8h
6h
4h
2h
18h
+70°
+80°
+60°

Kepheus *Cepheus* (Gen.: *Cephei*) Abk.: Cep

▷ *Karte Kepheus*

In der alten griechischen Sage war Kepheus der König von Äthiopien, Gemahl der Kassiopeia und Vater der Andromeda. Als Zirkumpolar-Sternbild erreicht der Kepheus seine beste Beobachtungsstellung in Zenitnähe während der Abendstunden des Oktobers oder Novembers. Das Sternbild verfügt nicht über einen besonders hellen Hauptstern, doch bilden die Sterne α, β, δ und ι ungefähr ein rautenförmiges Viereck, in dessen Mitte der Stern ξ Cephei steht. Außerhalb der Raute, in Richtung Polaris, befindet sich noch γ Cephei.

Der Hauptstern Alderamin (arabisch »rechter Arm«) oder α Cephei ist nur $2^{\mathrm{m}},6$ hell. Infolge der Präzession der Erdachse wird er etwa im Jahre 7500 n. Chr. als Polarstern benutzt werden können. Alderamin ist ein gelblichweißer Stern in 49 Lichtjahren Abstand, seine Leuchtkraft 17mal größer als die der Sonne. Alfirk (arabisch »Schafherde« oder vielleicht auch »Scheitel«) ist β Cephei in 740 Lichtjahren Entfernung. Mit kleinen Geräten ab etwa 6 cm Öffnung kann dieser Doppelstern leicht getrennt werden. Neben dem Hauptstern, dessen Helligkeit $3^{\mathrm{m}},3$ beträgt, befindet sich in knapp 14 Bogensekunden Abstand ein Begleiter mit $7^{\mathrm{m}},9$. Den Hauptstern erkannte man mit spektroskopischen Mitteln abermals als Doppelstern mit einer Umlaufperiode von nur 4¾ Stunden. Außerdem zeigt er mit derselben Periode auch eine geringfügige Helligkeitsänderung zwischen $3^{\mathrm{m}},3$ und $3^{\mathrm{m}},4$. Damit ist dieser Stern sogar der Hauptvertreter einer besonderen Klasse veränderlicher Sterne, der sogenannten β Cephei-Sterne, die gelegentlich nach einem anderen Stern aber auch β Canis-maioris-Sterne bezeichnet werden. Es sind pulsierende Sterne, deren Perioden nur zwischen 3 und 6 Stunden liegen. Ihre Lichtkurven sind meist sehr regelmäßig und sinusförmig. Ihre durchweg geringfügigen Helligkeitsschwankungen lassen sich nur mit besonderen meßtechnischen Mitteln feststellen.

Der bemerkenswerteste Stern des Kepheus ist aber δ Cephei, ein Stern, der keinen besonderen Namen trägt. Er gilt als der wichtigste Vertreter der pulsierenden Sterne, die man seit langem als δ Cephei-Sterne bezeichnet. Im Falle von δ Cephei sind die Helligkeitsschwankungen so deutlich, daß sie bereits mit bloßem Auge festgestellt werden können. Die Schwankungen verlaufen zwischen der Helligkeit $3^{\mathrm{m}},7$ und $4^{\mathrm{m}},6$, und die Periode liegt bei 5,37 Tagen. Farblich erscheint δ Cephei als ein gelber Stern. Doch verändert sich auch in geringfügigem Ausmaß die Farbe im Rhythmus der Helligkeitsschwankungen. Im Lichtmaximum leuchtet der Stern etwas weißlicher als im Lichtminimum. Der Abstand von δ Cephei beträgt 950 Lichtjahre. Im Mittel ist der Stern 33mal größer als unsere Sonne, während seine Masse 9 Sonnenmassen beträgt. Die Leuchtkraft ist durchschnittlich sogar 500mal größer als die der Sonne. Benutzen wir ein kleines Fernrohr – unter Umständen reicht sogar ein lichtstarker Feldstecher aus –, so erkennen wir in 41 Bogensekunden Entfernung einen Stern der Helligkeit $7^{\mathrm{m}},5$, dessen bläuliche Farbe besonders auffällt.

δ Cephei befindet sich im südlichen Teil des Sternbilds. Nicht allzuweit davon entfernt steht μ Cephei, etwa auf halbem Weg zwischen δ und α Cephei. Der Astronom Wilhelm Herschel bezeichnete ihn gelegentlich als »Granatstern«, da er zu den rötesten Sternen am ganzen Him-

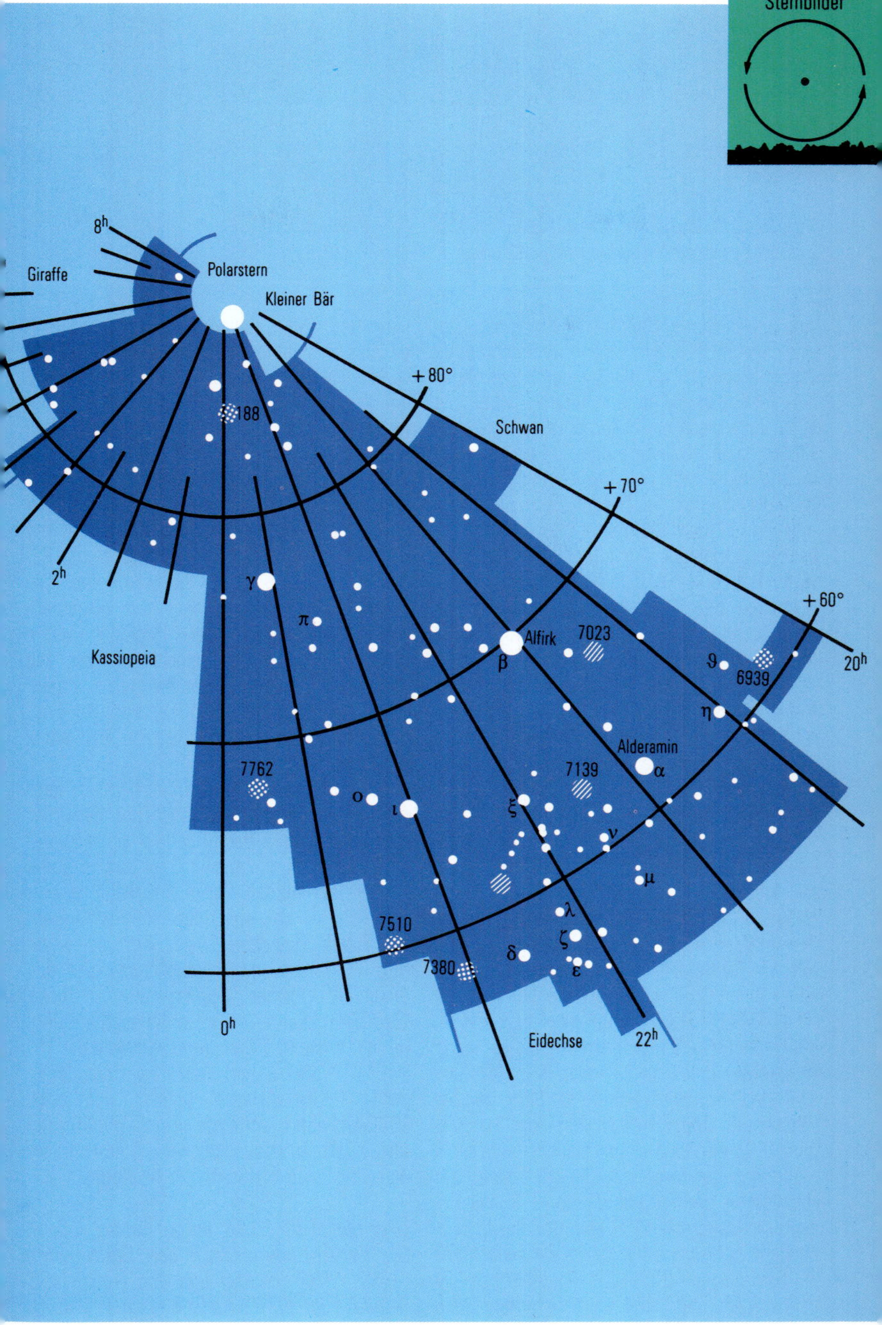
8h
Giraffe
Polarstern
Kleiner Bär
+80°
188
Schwan
+70°
2h
γ
π
Kassiopeia
Alfirk
β
7023
ϑ
6939
+60°
20h
η
Alderamin
α
7762
7139
ο
ι
ξ
ν
μ
λ
7510
ζ
δ
7380
ε
0h
Eidechse
22h

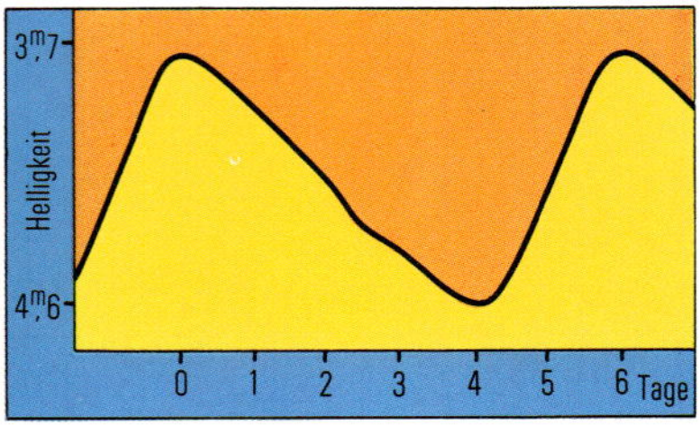

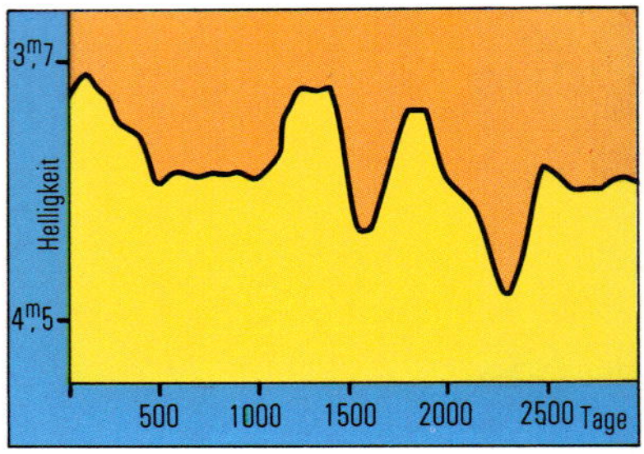

Lichtkurven von δ Cephei und μ Cephei

mel zählt. Seine Oberflächentemperatur beträgt nur 3500 K, während sein Durchmesser 70mal größer ist als der unserer Sonne. Auch der »Granatstern« ist ein Veränderlicher und bildet zusammen mit vielen anderen ähnlichen Sternen eine besondere Klasse der sogenannten unregelmäßigen Veränderlichen oder μ Cephei-Sterne. Es handelt sich dabei um rote Riesen und Überriesen, die ihre Helligkeitsveränderungen vor allem einer Pulsation verdanken. Diese verläuft im Gegensatz zu den δ Cephei- oder Mira-Sternen meist ziemlich unregelmäßig oder »halbregelmäßig«. Die Schwankungen sind meist nicht allzu kräftig und erreichen häufig nur eine halbe Größenklasse. Selten werden zwei Größenklassen erreicht. μ Cephei schwankt zwischen $3^{m},6$ und $5^{m},1$, was für seine Klasse verhältnismäßig kräftig ist.

Neben Alderamin und Alfirk fällt auch γ Cephei mit einer Helligkeit von $3^{m},4$ noch einigermaßen auf. Dieser Stern ist 50 Lichtjahre entfernt und erscheint in deutlich orangeroter Farbe.

Neben β Cephei und δ Cephei enthält dieses Sternbild aber noch eine Reihe anderer berühmter Doppelsterne. Mit einem Fernrohr ab etwa 6 cm Öffnung kann ξ Cephei getrennt werden. Der Hauptstern hat die Helligkeit $4^{m},6$, der Begleiter $6^{m},5$. Beide Sterne stehen knapp 8 Bogensekunden auseinander. Von der Erde sind sie 90 Lichtjahre entfernt. Einer der berühmtesten Doppelsterne überhaupt ist Krüger 60. Leider kann er mit bloßem Auge nicht mehr gesehen werden. Die Helligkeit des Hauptsterns beträgt nämlich nur $9^{m},9$. Der Begleiter ist sogar nur $11^{m},4$ hell. Um diesen Doppelstern zu trennen, benötigen wir wenigstens ein Fernrohr von 8 cm Öffnung. Aber erst gilt es natürlich überhaupt einmal, diesen Stern unter den vielen anderen schwachen Sternen auszukundschaften. Dies wird für Anfänger verhältnismäßig schwierig sein. Trotzdem soll auf Krüger 60 noch ein wenig eingegangen werden. Der nur 13,1 Lichtjahre entfernte Doppelstern hat nämlich nur eine Umlaufszeit von 44,5 Jahren. Deswegen konnte er seit seiner Entdeckung schon über mehr als einen Umlauf hinweg verfolgt werden. Der Hauptstern hat eine Masse von 0,26 Sonnenmassen, der Begleiter sogar nur 0,16 Sonnenmassen. Die Leuchtkraft ist noch geringer. Der Hauptstern weist 1,3 Promille, der Begleiter ganze 0,33 Promille der Sonnenleuchtkraft auf. Die mittlere Entfernung der beiden Sterne voneinander mißt 1,4 Milliarden km. Von der Erde aus gesehen beträgt die große Halbachse 2,4 Bogensekunden.

Vor allem der südliche Teil des Kepheus liegt inmitten der Milchstraße. Doch hat diese hier eher eine mittlere Helligkeit und einen mittleren Sternreichtum. Trotzdem gibt es eine Reihe offener Sternhaufen, deren Beobachtung sich auch schon in kleineren oder mittleren Fernrohren lohnt. Erwähnenswert ist vor allem NGC 6939 hart am südwestlichen Rand des Sternbilds. Dieser Sternhaufen ist etwa 16 000 Lichtjahre von uns entfernt. Die Helligkeit der etwa 80 Einzelsterne zwischen der 10. und 12. Größenklasse. Sterne zwischen der 8. und 11. Größenklasse enthält der etwa 2600 Lichtjahre entfernte offene Sternhaufen NGC 7380 am südöstlichen Sternbildrand. Hier sind etwa 50 Sterne zu beobachten.

Der Nebel IC 1396 bei μ Cephei (oben). Die Farbaufnahme zeigt den Sternhaufen NGC 7762 (rechts) und den Nebel NGC 7822 im SO-Teil des Kepheus (unten).

Kassiopeia *Cassiopeia* (Gen.: *Cassiopeiae*) Abk.: Cas ▷ ***Karte Kassiopeia***

Die Kassiopeia ist neben dem Großen Bären das wohl bekannteste Zirkumpolar-Sternbild. Seine fünf Hauptsterne bilden den lateinischen Buchstaben W. Steht das Sternbild in der Nähe des Zenits und wird es von Norden aus beobachtet, so erscheint es auch als ein großes M. In der antiken Sage ist Kassiopeia die Gemahlin des Königs Kepheus von Äthiopien und Mutter der Andromeda. Die Königin Kassiopeia rühmte sich, die schönste Frau zu sein. Zur Strafe sandte der Meeresgott Neptun bzw. Poseidon einen gewaltigen Walfisch an die Küste Äthiopiens, der auch als Sternbild am Himmel vertreten ist. Der Walfisch sollte das Land verwüsten, indem er eine gewaltige Sturmflut aufwühlte. Darauf befragte man das Orakel. Der Spruch lautete: Man könne das Land nur dadurch retten, daß man die Prinzessin Andromeda dem Walfisch zum Fraß vorwirft, um das gewaltige Tier zu besänftigen. Tatsächlich brachte man alsbald die Andromeda an die Küste. Doch wurde sie zuletzt von dem Helden Perseus gerettet. Dieser hatte nämlich zuvor das Medusenhaupt für sich erobert. Ein Blick auf dieses ungewöhnlich scheußliche Antlitz der Meduse erschreckte den jeweiligen Betrachter so stark, daß dieser in einen Steinklotz verwandelt wurde. Mit dieser »Geheimwaffe« konnte Perseus den Walfisch besiegen. Perseus erhielt zum Dank die Andromeda zur Frau. Von dieser berühmten Sage sind mehrere Beteiligte als Sternbilder am Himmel vertreten: Kepheus, Kassiopeia, Andromeda, Perseus, Walfisch und indirekt der Pegasus.

Der hellste Stern der Kassiopeia α Cassiopeiae trägt auch die altarabische Bezeichnung Schedir oder »Brust«. Dieser Stern ist 160 Lichtjahre entfernt. Die absolute Leuchtkraft ist 200mal größer als die der Sonne. Mit einer scheinbaren Helligkeit von $2\overset{m}{.}2$ ähnelt Schedir der Helligkeit des Polarsterns oder auch der wichtigsten Sterne im Großen Bären. Seine Farbe ist orange. β Cassiopeiae wird gelegentlich auch mit der arabischen Bezeichnung Caph oder Cheph versehen, was vermutlich »die gefärbte Hand« bedeuten dürfte. Die Entfernung beträgt 47 Lichtjahre, die Leuchtkraft ist 16mal größer als die unserer eigenen Sonne.

Eine besondere Rolle spielt seit vielen Jahrzehnten der Stern γ Cassiopeiae, der sich in der Mitte des Buchstabens W befindet. Es handelt sich hier um einen sehr merkwürdigen veränderlichen Stern. Im vergangenen Jahrhundert lag die Helligkeit knapp über der 3. Größenklasse. In der Zeit zwischen 1932 und 1937 stieg aber seine Helligkeit bis auf immerhin $1\overset{m}{.}6$ an. Danach sank sie bis 1940 wieder auf 3^{m} ab und stieg seither, von kleineren Schwankungen abgesehen, etwa wieder bis $2\overset{m}{.}2$ an. Hier handelt es sich um einen sogenannten Hüllenstern. Vermutlich dreht sich γ Cassiopeiae so schnell um seine Achse, daß infolge hoher Fliehkraft am Äquator Gasmassen abströmen. Diese Vorgänge führen zu starken spektralen Veränderungen, aber auch zu den beschriebenen Helligkeitsschwankungen. Der Stern ist 100 Lichtjahre entfernt und heute etwa 100mal heller als unsere Sonne. Alle Hüllensterne sind extrem weiße bis bläuliche Sterne mit hohen Oberflächentemperaturen zwischen 10 000 und 50 000 K. γ Cassiopeiae ist lediglich eines der augenfälligsten Beispiele für diese Klasse von Sternen.

δ Cassiopeiae wird auch arabisch Ruchbah oder »Knie der Frau auf dem Thron« bezeichnet. Die Entfernung dieses Algol-Veränderlichen beträgt 45 Lichtjahre. Seine Periode ist mit 759 Tagen verhältnismäßig lang. Die Schwankungen vollziehen sich aber nur zwischen $2\overset{m}{.}7$ und $2\overset{m}{.}8$, so daß sie mit bloßem Auge nicht feststellbar sind. ε Cassiopeiae ist 500 Lichtjahre entfernt und 1000mal heller als die Sonne. Von der Erde aus erscheint dieser Stern mit der Helligkeit $3\overset{m}{.}3$.

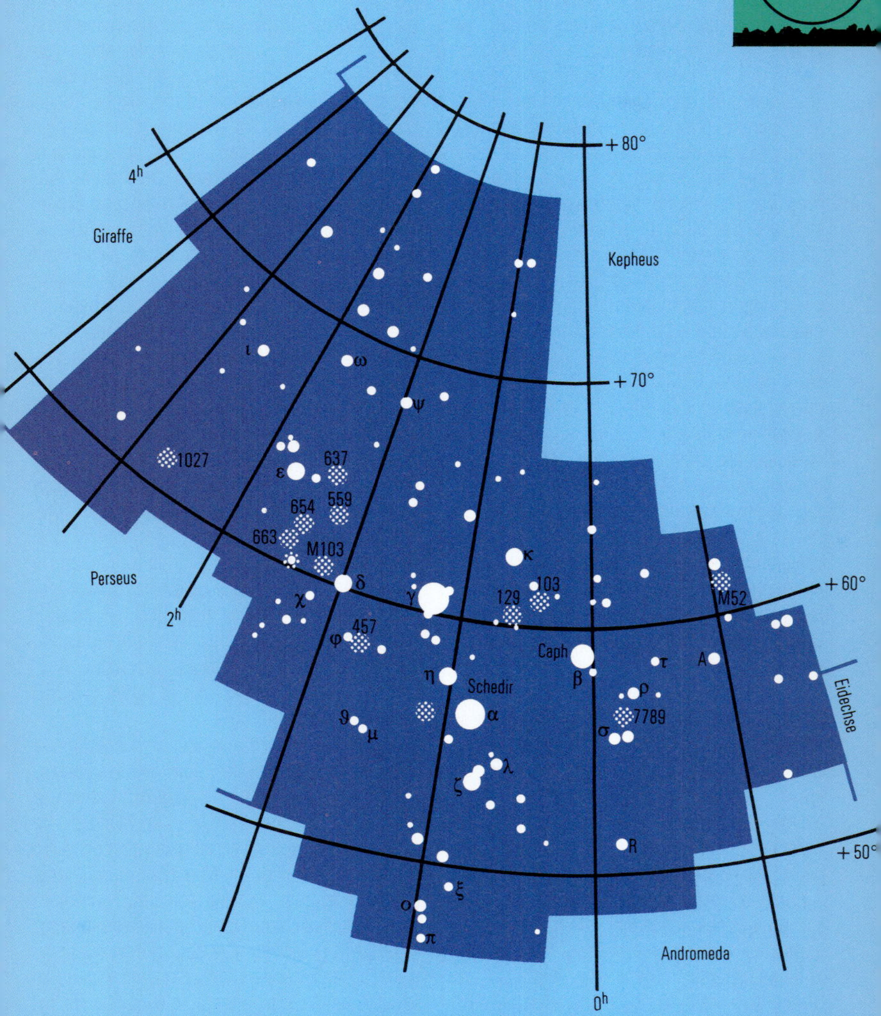
+80°
+70°
+60°
+50°
4h
2h
0h
Giraffe
Kepheus
Perseus
Eidechse
Andromeda
1027
637
559
654
663
M103
457
129
103
M52
7789
Caph
Schedir
A
R
ι
ω
ψ
ε
δ
χ
γ
κ
φ
η
α
β
τ
ρ
σ
ϑ
μ
λ
ζ
ξ
ο
π

Innerhalb der Kassiopeia liegen nur wenige Doppelsterne, die bereits mit kleinen Fernrohren einen schönen Anblick bieten. γ Cassiopeiae hat in 2 Bogensekunden Abstand einen Begleitstern 11. Größe. Er kann nur in größeren Amateurfernrohren gesehen werden. Günstiger liegen die Verhältnisse bei η Cassiopeiae. Der $3^m.7$ helle Stern besitzt in 13 Bogensekunden Abstand einen Begleiter $7^m.4$. Er kann bereits mit einem Fernrohr von 6 cm Öffnung gesehen werden. Die Umlaufszeit beträgt 526 Jahre, die Entfernung 18 Lichtjahre. Während der Hauptstern gelblich erscheint, zeigt sich der Begleiter in rötlicher Farbe. Da die Umlaufsbewegung schon recht gut verfolgt werden konnte, lassen sich auch Massenbestimmungen durchführen. So erhielt man für den Hauptstern eine Masse von 1,1, für den Begleiter 0,6 Sonnenmassen. Die Durchmesser betragen 80% bzw. 60% des Sonnendurchmessers. Die Oberflächentemperaturen erreichen 6000 K bzw. 3900 K. ι Cassiopeiae ist sogar ein dreifacher Stern. Der Hauptstern hat die Helligkeit $4^m.7$. Zunächst sehen wir in 2,3 Bogensekunden Distanz einen Begleiter mit $7^m.0$, der sich in etwa 900 Jahren um den Hauptstern bewegt. In 7,2 Bogensekunden Distanz steht ein weiterer Begleitstern mit der Helligkeit $8^m.4$.

Die Kassiopeia liegt innerhalb der Milchstraße und zeigt deswegen einen verhältnismäßig großen Sternreichtum, obwohl die Milchstraße in dieser Gegend nicht besonders hell ist. Es gibt innerhalb der Kassiopeia eine Reihe offener Sternhaufen, die auch schon für kleinere Fernrohre interessant sind. Im westlichen Teil des Sternbilds, hart an der Grenze zum Kepheus, befindet sich M 52. Dieser rund 6000 Lichtjahre entfernte Sternhaufen enthält etwa 120 Sterne zwischen der 9. und 13. Größenklasse. Der Durchmesser beträgt etwa 13 Bogenminuten oder etwas weniger als eine halbe Vollmondscheibe. Mehr im Mittelteil des Sternbildes steht M 103. Der Abstand dürfte etwa 7000 Lichtjahre betragen. M 103 enthält nur etwa 60 bis 70 Sterne, von denen die hellsten aber bis zur 7. Größenklasse heraufragen. Ein anderer Sternhaufen, NGC 663, enthält etwa 80 Sterne. Ungefähr 25 Sterne zählt NGC 1027; auch hier kommen die hellsten immerhin bis zur 8. Größenklasse. Der Sternhaufen Mel 15 liegt nur wenig westlich von NGC 1027 und ist von hellen Nebeln umgeben, die allerdings in der Regel nur fotografisch zu erfassen sind.

Im Jahre 1572 leuchtete in der Kassiopeia ein neuer Stern auf, der heute als Supernova klassifiziert wird. Er wurde damals vor allem von dem dänischen Astronomen Tycho Brahe beobachtet und deswegen als »Tychonische Supernova« bezeichnet. Sie erreichte immerhin eine maximale Helligkeit von $-4^m.0$, entsprechend etwa der Helligkeit von Venus. Der Ort des Aufleuchtens lag knapp nordwestlich des Sterns κ Cassiopeiae. Heute kann man an dieser Stelle nur noch einen schwachen Nebel und eine Radioquelle feststellen. Eine viel stärkere Radioquelle aber ist Cassiopeia A. Sie befindet sich knapp südlich von M 52, hat jedoch mit diesem Sternhaufen nichts zu tun. Cassiopeia A ist die stärkste stellare Radioquelle am ganzen Himmel und vermutlich ebenfalls der Überrest einer Supernova. An der Stelle des Radioobjekts kann man filamentartige Nebel feststellen, die sich mit einer Geschwindigkeit von 900 km/Sek. auseinanderbewegen. Außerdem zeigen diese Nebel eine seitliche Bewegung von immerhin 5 Bogensekunden in 10 Jahren. Daraus muß geschlossen werden, daß die Supernova vor etwa 300 Jahren aufleuchtete. Leider gibt es keine historischen Aufzeichnungen über einen etwaigen Ausbruch. Die Entfernung dürfte etwa 10 000 Lichtjahre betragen.

Näher an der Grenze zum Sternbild Andromeda liegt der veränderliche Stern R Cassiopeiae. Dieser langperiodische Veränderliche ähnelt in vieler Hinsicht dem Stern Mira im Walfisch. Im Maximum zeigt er eine Helligkeit von etwa 5^m bis 6^m, während er im Minimum auf 12^m bis 13^m kommt und daher in kleineren Fernrohren nicht mehr sichtbar ist. Die Periode beträgt 431 Tage. ρ Cassiopeiae dagegen ist ein unregelmäßiger Veränderlicher, der dem Typ R Coronae borealis zuzugehören scheint. Die Helligkeit schwankt zwischen $4^m.1$ und $6^m.2$. Der Abstand von der Erde beläuft sich auf 200 Lichtjahre.

Umgebung von γ Cassiopeiae (oben), Sternhaufen NGC 1027 und Nebel Mel 15 (unten)

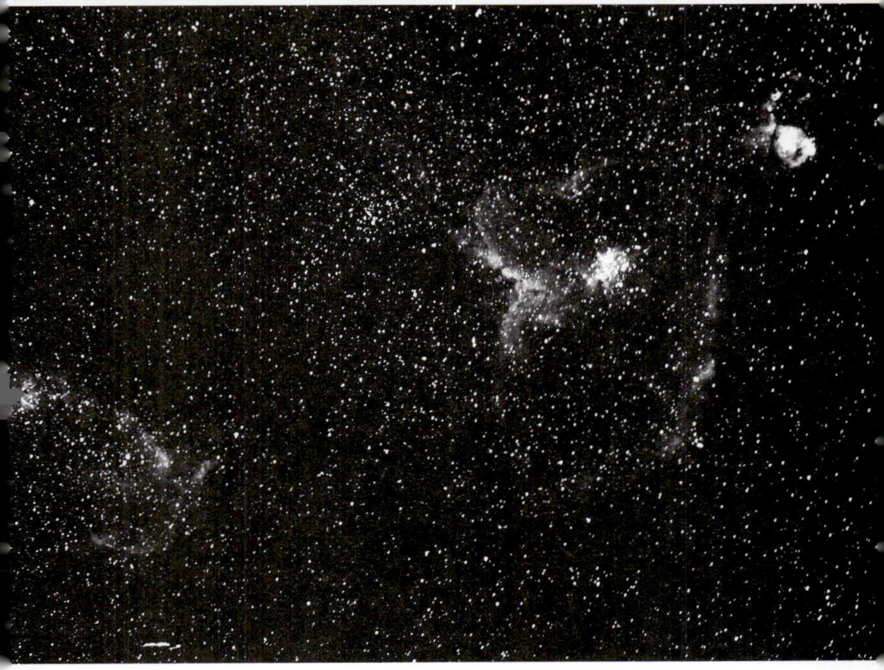

Drache *Draco* (Gen.: *Draconis*) Abk.: Dra

▷ ***Karte Drache***

Der Drache verläuft vor allem zwischen den beiden Sternbildern Kleiner und Großer Bär, enthält aber größtenteils nur mittelhelle und schwächere Sterne. In der antiken Sage spielte der Drache als Hüter der goldenen Äpfel eine Rolle und konnte nur von Herkules besiegt werden.

Der Hauptstern α Draconis – oder nach der altarabischen Bezeichnung Thuban (»Drache«) – hat nur eine Helligkeit von $3\overset{\mathrm{m}}{,}6$. Er ist 215 Lichtjahre entfernt und 135mal heller als die Sonne. Thuban war vor etwa 4800 Jahren als Polarstern gut zu gebrauchen. Die kleinste Distanz zum genauen nördlichen Himmelspol wurde etwa 2830 v. Chr. mit 10 Bogenminuten erreicht. Aus vielen alten Überlieferungen geht eindeutig hervor, daß Thuban tatsächlich seinerzeit als Polarstern benutzt wurde.

Mit $2\overset{\mathrm{m}}{,}2$ ist γ Draconis bedeutend heller als Thuban. Seine Entfernung beträgt 110 Lichtjahre. Er ist 145mal heller als die Sonne. In der Gegend von γ Draconis befindet sich auch bildhaft gesprochen der Kopf des Drachen. Gelegentlich trägt er auch die altarabische Bezeichnung Eltanin.

β Draconis ist $2\overset{\mathrm{m}}{,}8$ hell und 300 Lichtjahre entfernt. δ Draconis, der auch oft Al Tais (»Drache«) genannt wurde, hat eine Helligkeit von $3\overset{\mathrm{m}}{,}2$ und ist etwa 120 Lichtjahre von uns entfernt.

Ein berühmter Doppelstern ist μ Draconis. Beide Komponenten haben eine Helligkeit von etwa $5\overset{\mathrm{m}}{,}8$, so daß die Gesamthelligkeit des Sterns für das bloße Auge etwa 5^{m} ausmacht. Die Umlaufszeit der beiden Sterne umeinander beträgt etwas über 1000 Jahre, konnte aber bisher noch nicht exakt bestimmt werden. Gegen Ende des 20. Jahrhunderts werden die beiden Sterne etwa 1,9 Bogensekunden voneinander entfernt sein. Der Abstand von der Erde beträgt etwa 100 Lichtjahre. Die angegebenen Daten zeigen, daß μ Draconis für ein Fernrohr von 6 cm Öffnung ein ausgesprochenes Testobjekt darstellt. Unter günstigen atmosphärischen Bedingungen und mit guten Augen müßte dieses Sternpaar damit gerade noch zu trennen sein.

Ganz leicht, vielleicht sogar mit einem lichtstarken Feldstecher, kann o Draconis getrennt werden. Die beiden Sterne sind etwa 34 Bogensekunden voneinander entfernt und haben eine Helligkeit von $4\overset{\mathrm{m}}{,}8$ und $8\overset{\mathrm{m}}{,}2$. Allerdings handelt es sich hier um einen optischen Doppelstern, die beiden Sterne haben also räumlich nichts miteinander zu tun. Der hellere Stern ist 140 Lichtjahre von der Erde entfernt.

Wieder etwas schwieriger ist ε Draconis zu trennen. Die beiden Sterne weisen eine Helligkeit von $4\overset{\mathrm{m}}{,}0$ bzw. $7\overset{\mathrm{m}}{,}1$ und eine Winkeldistanz von 3,3 Bogensekunden auf. Hier wird erst ein Fernrohr von etwa 10 cm Öffnung an ausreichen, um die beiden Sterne voneinander zu trennen.

Am Südrand des Sternbilds befindet sich die Galaxie M 102, die allerdings mit kleinen Fernrohren kaum aufgefunden werden kann. Sie ist ein Spiralnebel, der auf größeren Aufnahmen nahezu von der Kante her erscheint. Auch bei NGC 5907 handelt es sich um eine spindelförmige Galaxie. NGC 6543, etwa in der Mitte des Sternbilds gelegen, ist dagegen ein planetarischer Nebel, der bei einer Gesamthelligkeit von $8\overset{\mathrm{m}}{,}8$ vielleicht schon mit einem Fernrohr von 7 bis 8 cm Öffnung entdeckt werden kann. Der Zentralstern hat immerhin eine Helligkeit von etwa 10^{m}. Trotzdem läßt er sich innerhalb des recht verschmierten Nebels nur sehr schwer ausmachen. Die Entfernung von der Erde beträgt etwa 1700 Lichtjahre.

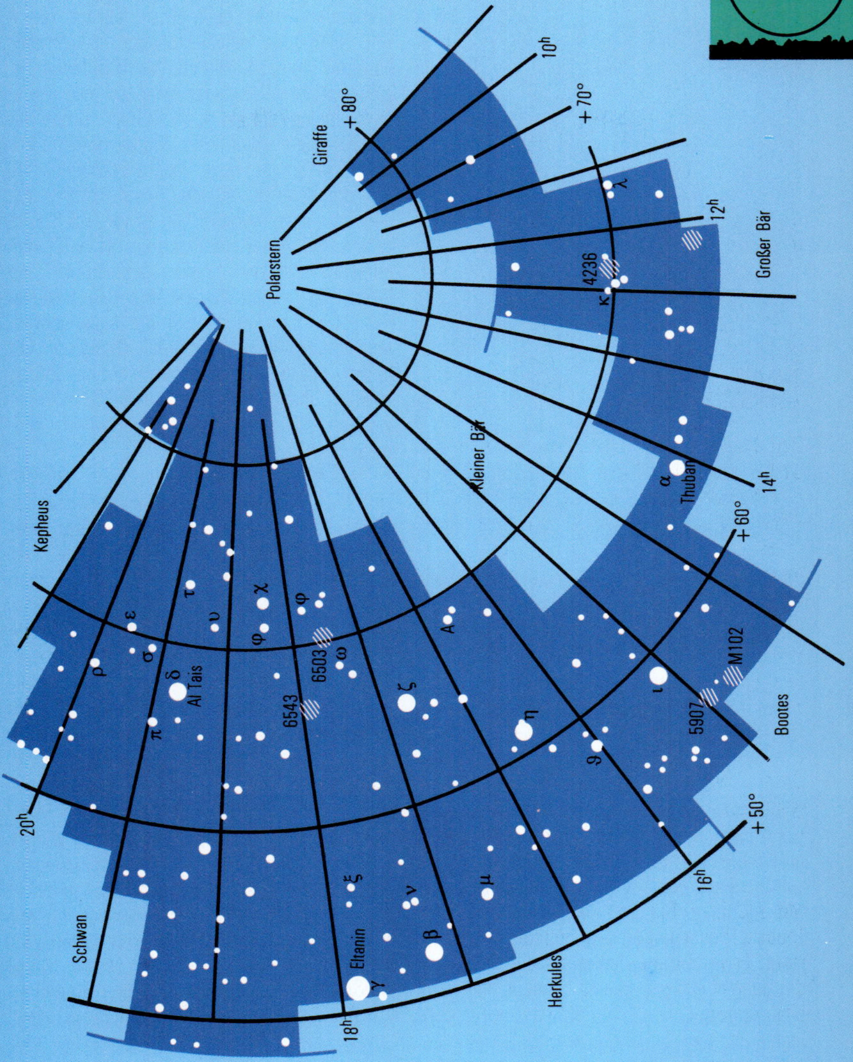
Giraffe
+80°
10h
+70°
Polarstern
λ
12h
4236
κ
Großer Bär
Kleiner Bär
α
Thuban
14h
+60°
M102
5907
Bootes
ι
η
ϑ
+50°
16h
Herkules
μ
β
ν
ξ
Eltanin
γ
18h
Schwan
20h
Kepheus
ε
ρ
α
δ
Al Tais
π
τ
υ
χ
φ
φ
6503
ω
6543
ζ
A

Perseus *Perseus* (Gen.: *Persei*) Abk.: Per

▷ ***Karte Perseus***

Neben dem Großen und Kleinen Bären sowie der Kassiopeia ist der Perseus das wohl bekannteste Zirkumpolar-Sternbild. Zwar erreichen seine südlichsten Teile schon nahezu den Horizont oder gehen, vor allem für Südeuropa, sogar darunter. Trotzdem kann der größere Teil des Sternbilds fast das ganze Jahr hindurch gesehen werden. Seinen höchsten Stand, nahezu im Zenit, erreicht das Sternbild für die Abendstunden vor allem im Spätherbst. Perseus ist der antike Held, der unter anderem das Haupt der Medusa einfing. Dieses Fabelwesen hatte die Eigenschaft, andere Lebewesen bei ihrem Anblick in einen toten Stein zu verwandeln. Perseus errettete mit Hilfe der Medusa die in Ketten gelegte Prinzessin Andromeda. Er spielte daher die zentrale Figur der »Perseus-Sage«, die am Himmel auch noch durch die Sternbilder Kepheus, Kassiopeia, Andromeda, Walfisch und Pegasus vertreten ist.

Der Hauptstern α Persei ist $1\overset{m}{,}9$ hell und wird gelegentlich auch Algenib genannt. Dieser arabische Name bedeutet »auf der rechten Seite«. Algenib befindet sich im Kreuzungspunkt einer geometrischen Figur, die auch als K gedeutet werden kann. Andere, gelegentlich auftretende Bezeichnungen sind Mirfak oder Marfak. Seine Entfernung von der Erde beträgt etwa 560 Lichtjahre, seine absolute Leuchtkraft übertrifft die der Sonne um das 4000fache. Algenib ist der Mittelpunkt einer lockeren Sternansammlung, die einige recht helle, schon mit bloßem Auge erkennbare Sterne enthält. Vor allem im Fernglas bietet dieses Sternenfeld einen prachtvollen Anblick. Heute wissen wir, daß zu dieser Ansammlung etwa 106 Sterne zählen. Bei vielen von ihnen konnte auch eine gemeinschaftliche Bewegungsrichtung im Weltall festgestellt werden. Es spricht also vieles dafür, daß wir es hier mit einer echten, räumlich zusammenhängenden Gruppe zu tun haben, die sich in die gleiche Raumrichtung bewegt. Innerhalb von etwa 90 000 Jahren wandert sie um etwa 1 Winkelgrad am Himmelsgewölbe weiter.

Im südlicheren Teil des Sternbilds befindet sich Algol oder β Persei. Die altarabische Bezeichnung leitet sich von Al Ra's al Ghul oder »Dämonenhaupt« ab. Dieser Stern befindet sich an der Stelle des Perseus, wo auf alten Darstellungen der antike Held gewöhnlich das Medusenhaupt in der Hand hielt. Algol wurde 1667 von dem italienischen Astronauten Geminiano Montanari in Bologna als veränderlicher Stern entdeckt. Seine Normalhelligkeit beträgt etwa $2\overset{m}{,}2$. In Abständen von etwa 2 Tg. 20 Std. 48 Min. 56 Sek. aber sinkt die Helligkeit innerhalb von knapp 5 Stunden auf $3\overset{m}{,}4$ ab, verbleibt etwa 20 Minuten im Minimum, um dann abermals in 5 Stunden wieder auf die ursprüngliche Helligkeit anzusteigen. Zwischen diesen beiden »Hauptminima« befindet sich ein kleineres Nebenminimum, das nur etwa eine Zehntel Größenklasse ausmacht. Während die Hauptminima mit bloßem Auge sehr deutlich zu verfolgen sind, lassen sich die Nebenminima ohne genauere Messungen nicht ausmachen. Algol wurde zum wichtigsten Vertreter der sogenannten Bedeckungsveränderlichen und ihrer Untergruppe der Algol-Sterne. Erst John Goodricke vermutete 1782, daß diese Helligkeitsschwankungen darauf zurückzuführen sind, daß ein schwächerer Körper regelmäßig vor den helleren tritt und ihn be-

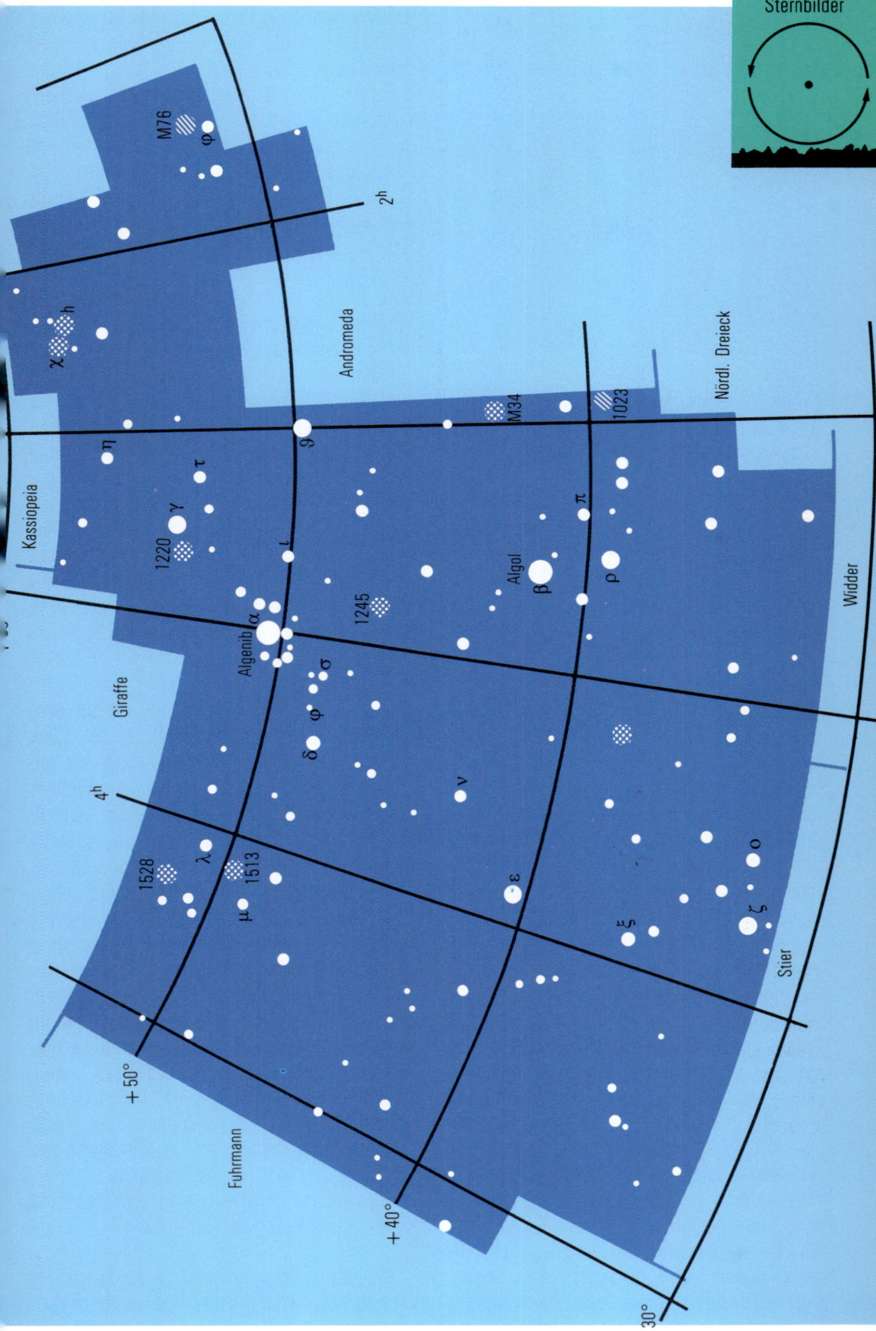
Kassiopeia
Giraffe
Fuhrmann
Andromeda
Nördl. Dreieck
Widder
Stier
Algol
Algenib
M76
M34
1023
1220
1245
1513
1528
2h
4h
+ 50°
+ 40°
+ 30°

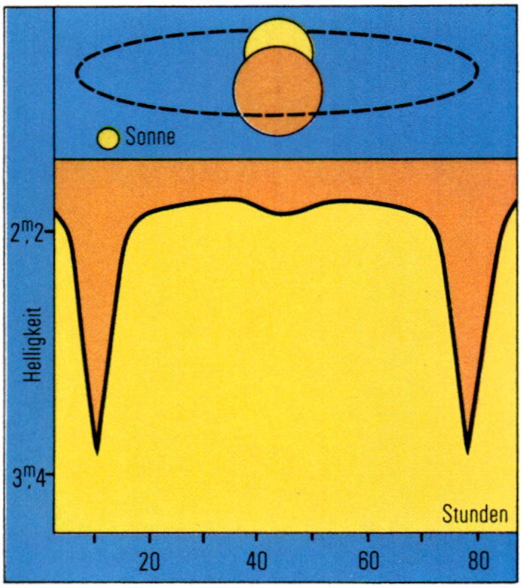

Lichtkurve und Schema von Algol

deckt. Tatsächlich handelt es sich bei Algol um einen engen Doppelstern, dessen Umlaufsperiode mit der Helligkeitsperiode übereinstimmt. Der Begleiter ist aber nicht vollständig dunkel: Er dürfte etwa doppelt so hell sein wie unsere Sonne. Der Hauptstern hat dagegen die 100fache Sonnenleuchtkraft. Beim Durchmesser ist es genau umgekehrt: Der hellere Stern ist etwa 3mal größer, der schwächere Stern immerhin 3,5mal größer als die Sonne. Leichte Veränderungen der Lichtwechselperiode deuten darauf hin, daß Algol tatsächlich sogar noch einen oder zwei weitere Begleiter besitzt. Algol ist 96 Lichtjahre von uns entfernt.

Ein anderer Veränderlicher ist ρ Persei. Hier handelt es sich um einen roten Riesen, der seine Helligkeit zwischen etwa $3^m,2$ und $3^m,8$ regelmäßig bis unregelmäßig verändert. Gelegentlich wird von einer Periode von 33 oder 40 Tagen, aber auch von etwa 1100 Tagen gesprochen. ε Persei ist ein Doppelstern, der bereits mit einem Fernrohr ab 6 cm Öffnung getrennt werden kann. Der etwa 680 Lichtjahre entfernte Stern besteht aus einem Hauptstern der Helligkeit $2^m,9$ und einem Begleiter von 8^m in 9 Bogensekunden Distanz. Der Hauptstern ist etwa 2500mal heller als die Sonne. Auch ζ Persei besteht eigentlich aus zwei Sternen mit der Helligkeit $2^m,9$ und $9^m,4$. Hier beträgt die gegenseitige Distanz 12,9 Bogensekunden. Von der Erde ist dieses Sternenpaar 800 Lichtjahre entfernt. Ganz leicht zu trennen ist auch η Persei mit zwei Sternen der Helligkeit $3^m,9$ und $8^m,5$ in 28 Bogensekunden Distanz.

ζ Persei gehört zu einer besonderen Sternansammlung, die nur etwa 8 Winkelgrad nördlich der Plejaden im Sternbild Stier liegt, hart an der Grenze der beiden Sternbilder Perseus und Stier. Hier handelt es sich im Gegensatz zu dem Sternhaufen bei Algenib um eine mit einer Geschwindigkeit von etwa 12 km/Sek. expandierende sogenannte Stern-Assoziation. Sie trägt auch die Bezeichnung II Perseus. Alle Mitglieder dieser Assoziation sind extrem weiße und blauweiße, leuchtmächtige Sterne. ζ Persei ist z. B. etwa 6000mal heller als unsere Sonne. Innerhalb dieser Gruppe gibt es auch einige bemerkenswerte Nebel. Von ihnen sei vor allem der sogenannte California-Nebel hervorgehoben, der auch die Katalog-Bezeichnung NGC 1499 trägt. Er ist allerdings nur auf langbelichteten fotografischen Aufnahmen erkennbar. Viel bemerkenswerter ist ein Doppelsternhaufen, der sich hart an der Grenze zur Kassiopeia befindet: h/χ Persei. Er gehört zu den schönsten offenen Sternhaufen überhaupt. Bereits mit bloßem Auge sehen wir an dieser Stelle einen nebeligen Fleck. Mit einem lichtstarken Feldstecher zeigt sich ein reiches, enggedrängtes Sternenfeld. Dabei ist der Blick durch einen Feldstecher dem durch ein leistungsfähigeres Fernrohr sogar vorzuziehen; wegen seines engeren Gesichtsfeldes erscheinen die beiden Sternhaufen im Fernrohr meist nicht gleichzeitig. Die Entfernung von unserer Erde beträgt etwa 7000 bis 8000 Lichtjahre. Die hellsten Mitglieder der beiden Haufen kommen bis nahe an die 6. Größenklasse heran. Sie besitzen in Wirklichkeit eine Leuchtkraft, die 60 000mal größer ist als die der Sonne. Mit kleineren Fernrohren können wir in beiden Haufen rund 300 bis 400 Sterne erkennen bis etwa zur 12. Größenklasse herab.

M 34, an der Grenze zur Andromeda, ist ein weiterer schöner Sternhaufen, etwa 1400 Lichtjahre entfernt mit ungefähr 80 Sterne zwischen der 7. und 10. Größenklasse.

M 76 ist dagegen ein planetarischer Nebel mit einer Gesamthelligkeit von etwa 11^m.

Der Doppelsternhaufen h/χ Persei (oben) und die Umgebung von Algenib (unten)

Jagdhunde *Canes venatici* (Gen.: *Canum venaticorum*) Abk.: CVn

Die Jagdhunde waren als Sternbild im Altertum noch nicht bekannt. Sie wurden erst von J. Hevelius im 17. Jahrhundert an den Himmel »gesetzt«. Das Sternbild liegt südlich der Deichsel des Großen Wagens. Strenggenommen ist für Mitteleuropa nur der nördliche Teil des Sternbilds zirkumpolar. Für Südeuropa ist nahezu das gesamte Sternbild nicht mehr zirkumpolar. Für nordeuropäische Beobachter bleibt dagegen das Sternbild stets oberhalb des Horizonts.
Der Hauptstern der Jagdhunde hat nur eine Helligkeit von $2^{m}9$. Er trägt die Bezeichnung Cor Caroli oder »Herz Karls«. Dieser Name geht bereits auf den Astronomen E. Halley zurück, der damit König Karl II. von England ehren wollte. Eigentlich war dies ein Vorschlag des Hofphysikers Sir Charles Scarborough, der behauptete, dieser Stern habe bei der Rückkehr des Königs nach London, am 29. Mai 1660, besonders hell geleuchtet. Die Ehrung Karls II. bezog sich aber vermutlich auch auf die Gründung der Sternwarte Greenwich durch den König, die im Jahre 1675 stattfand. Cor Caroli ist 120 Lichtjahre von uns entfernt und damit etwa 65mal heller als die Sonne. In einem Abstand von 19,5 Bogensekunden sieht man bereits mit einem 6-cm-Fernrohr einen Begleiter der Helligkeit $5^{m}4$. Der Hauptstern zeigt darüber hinaus geringfügige Helligkeitsschwankungen von etwa einer Zehntel Größenklasse und einer Periode von 5,47 Tagen. In der gleichen Zeitspanne bewegt sich ein weiterer Stern um ihn, der allerdings nur spektroskopisch nachgewiesen werden kann. Mit dieser Umlaufsperiode ändert sich auch das Magnetfeld von Cor Caroli stark, nämlich zwischen + 50 Mill. und — 40 Mill. Tesla Feldstärke. Die Umpolung rührt daher, daß der Stern sich um seine Achse dreht und uns einmal den magnetischen Nordpol und dann wieder den Südpol zukehrt. Ähnlich wie bei der Erde, aber auch bei vielen anderen Himmelskörpern, fallen hier die Rotationsachse und die magnetische Achse nicht zusammen.
Im südöstlichsten Teil des Sternbilds, Richtung Bootes, befindet sich der Kugelsternhaufen M 3. Seine Gesamthelligkeit beträgt etwa $6^{m}6$, so daß er bereits im Feldstecher als Nebelfleck zu erkennen ist. Die hellsten Sterne erreichen etwa die 13. Größenklasse und können daher nur in etwas größeren Fernrohren erkannt werden. Die Entfernung von uns beträgt etwa 40 000 Lichtjahre. M 3 gehört zu den eindrucksvollsten kugelförmigen Sternhaufen, die wir von Europa aus am ganzen Himmel sehen können.
Die Jagdhunde sind reich an weit entfernten Galaxien. Aber nur M 51, an der Grenze zur Deichsel des Großen Wagens, ist davon bemerkenswert. Mit einer Entfernung von etwa 13 Millionen Lichtjahren gehört M 51 noch zu unseren »Nachbargalaxien«. Trotzdem kann sie in kleinen Fernrohren nicht so leicht beobachtet werden, da sie nur auf eine Helligkeit von $8^{m}4$ kommt. Am besten versucht man es mit einem sehr lichtstarken Feldstecher. Die beiden Sterne Mizar und Benetnasch im Großen Wagen bilden zusammen mit M 51 ungefähr ein rechtwinkliges Dreieck, mit dem rechten Winkel bei Benetnasch. Wir können aber auch eine Verbindungslinie zwischen Benetnasch und Cor Caroli ziehen. M 51 liegt dann auf einem Viertel dieser Strecke von Benetnasch Richtung Cor Caroli entfernt.
Etwa zwei Drittel der genannten Wegstrecke von Benetnasch entfernt liegt der Spiralnebel M 63 in etwa 25 Millionen Lichtjahren Abstand. Seine Helligkeit beträgt etwa 10^{m}. Auch M 94 und M 106 sind in Fernrohren zu beobachtende Galaxien. Bei M 94 handelt es sich um einen Spiralnebel mit der Helligkeit 8^{m}, der damit noch in einem Fernrohr ab etwa 6 cm Öffnung erkennbar ist. M 106 ist sogar noch etwas heller.

Karte Jagdhunde
Der Spiralnebel M 51 (unten)

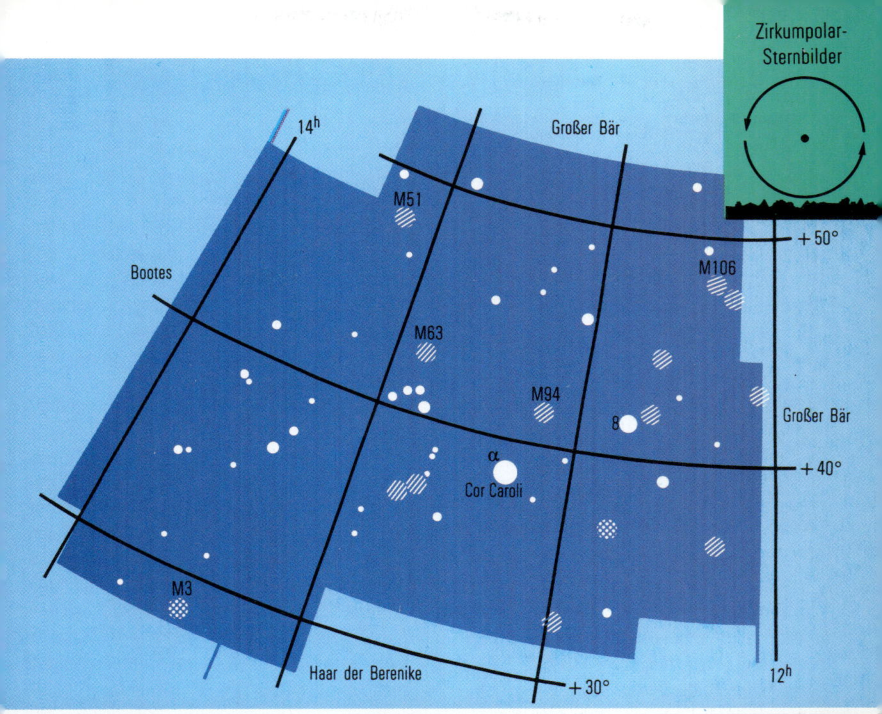
Zirkumpolar-
Sternbilder
14h
Großer Bär
M51
+50°
M106
Bootes
M63
M94
8
Großer Bär
α
Cor Caroli
+40°
M3
Haar der Berenike
+30°
12h

Eidechse *Lacerta* (Gen.: *Lacertae*) Abk.: Lac

Dieses kleine, zwischen Schwan, Kepheus, Andromeda und Pegasus gelegene Sternbild ist im südlichsten Teil nur für Nordeuropa zirkumpolar. J. Hevelius führte es 1690 an. Es besteht nur aus schwachen Sternen. Diese tragen meist arabische Ziffern.

Die Eidechse liegt noch fast innerhalb der Milchstraße und enthält einige offene Sternhaufen, die auch mit kleineren Fernrohren beobachtet werden können. Dazu gehört NGC 7209, an der Grenze zum Schwan, mit etwa 50 Sternen zwischen der Helligkeit $8\overset{m}{,}5$ und $10\overset{m}{,}5$ und einer Entfernung von 4300 Lichtjahren. Das Objekt ist für Fernrohre ab etwa 6 cm Öffnung interessant. NGC 7243 weist ungefähr 40 Sterne auf und ist etwa 2600 Lichtjahre entfernt.

Im nördlichsten Teil des Sternbilds leuchtete einst eine berühmte Nova auf, die Nova Lacertae 1936. Am 20. 6. 1936 erreichte dieser Stern eine Helligkeit von $2\overset{m}{,}2$ und wurde damit innerhalb von 3 Tagen etwa 175 000mal heller, 300 000mal heller als die Sonne. Diese Nova ist ein typisches Beispiel für eine sogenannte schnelle Nova. Sie war 5400 Lichtjahre entfernt und stellt heute einen schwachen weißen Zwergstern mit der Helligkeit $14\overset{m}{,}8$ dar. Er kann also jetzt in kleinen Fernrohren nicht mehr gesehen werden.

Luchs *Lynx* (Gen.: *Lyncis*) Abk.: Lyn

▷ *Karte Eidechse und Luchs*

Mit Ausnahme der südlichsten Teile ist der Luchs auch von Mittel- und Südeuropa aus zirkumpolar und wurde ähnlich wie das Sternbild Eidechse erst von J. Hevelius in die Sternbilderkunde eingeführt.

Der Hauptstern α oder 40 Lyncis hat eine Helligkeit von $3\overset{m}{,}3$. Er ist ein roter Riesenstern in einer Entfernung von etwa 170 Lichtjahren. Seine absolute Leuchtkraft ist etwa 120mal größer als die der Sonne.

Etwa an der Grenze zu dem Nachbarsternbild Kleiner Löwe liegt der Doppelstern 38 Lyncis. Der Hauptstern hat eine Helligkeit von $4\overset{m}{,}0$, der Begleiter kommt auf $6\overset{m}{,}0$. Beide sind 2,9 Bogensekunden voneinander entfernt. Der Abstand von der Erde beträgt etwa 110 Lichtjahre. Der Hauptstern besitzt etwa die 25fache Sonnenleuchtkraft. In etwa 88 Bogensekunden Distanz von diesem Stern sehen wir noch einen anderen Begleiter 11. Größe, der jedoch räumlich nicht mehr zu dem anderen System gehört.

Ein weiterer physischer und damit echter Doppelstern ist 12 Lyncis. Die beiden Sterne haben mit etwa $5\overset{m}{,}4$ und $6\overset{m}{,}0$ nahezu die gleiche Helligkeit. Die Distanz beträgt etwa 1,8 Bogensekunden. Die Umlaufszeit dürfte knapp 700 Jahre betragen. In etwa 8,5 Bogensekunden Abstand steht noch ein Begleiter mit der Helligkeit $7\overset{m}{,}5$. Auch 19 Lyncis kann mit einem kleineren Fernrohr gut getrennt werden. Die Sterne $5\overset{m}{,}6$ und $6\overset{m}{,}5$ haben 14,7 Bogensekunden Distanz. 5 Lyncis hat einen Begleiter $8\overset{m}{,}2$ in 96 Bogensekunden Distanz.

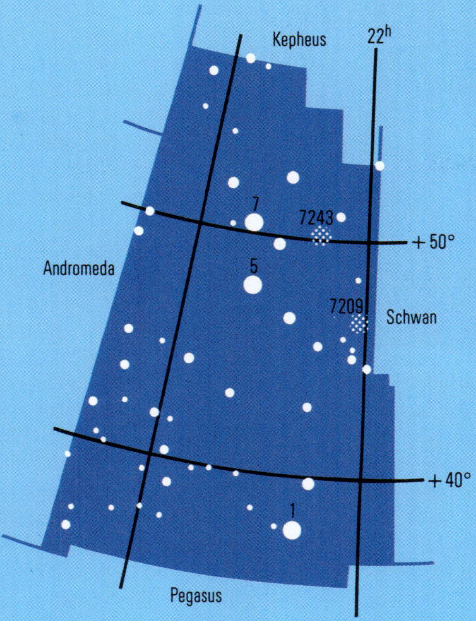
Kepheus
22h
Eidechse
7
7243
+ 50°
Andromeda
5
7209
Schwan
+ 40°
1
Pegasus

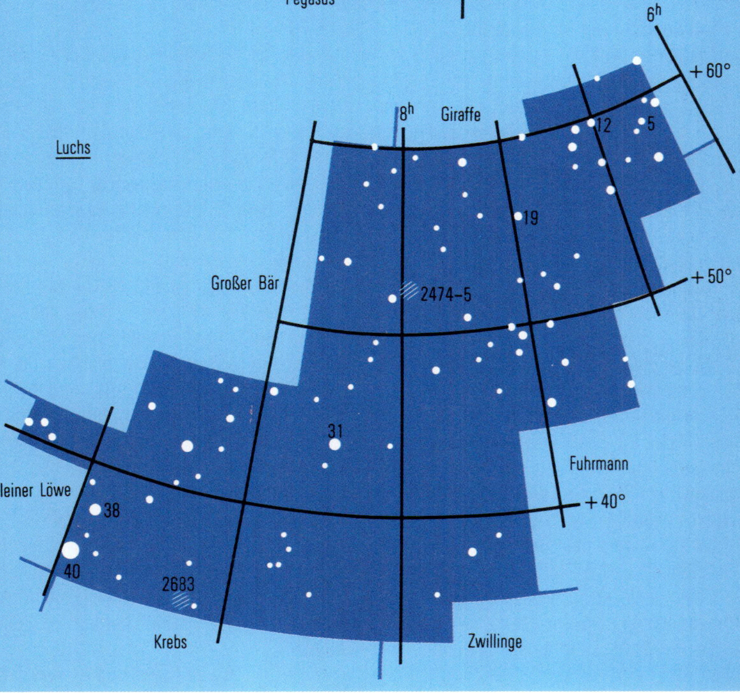
6h
+ 60°
8h
Giraffe
12
5
Luchs
19
Großer Bär
2474–5
+ 50°
31
Fuhrmann
Kleiner Löwe
38
+ 40°
40
2683
Krebs
Zwillinge

Löwe *Leo* (Gen.: *Leonis*) Abk.: Leo

Zusammen mit dem Sternbild Bärenhüter und Jungfrau ist der Löwe das bekannteste Frühlings-Sternbild. Sein Hauptstern Regulus bildet mit den Hauptsternen der beiden anderen genannten Sternbilder das sogenannte Frühlingsdreieck. Es fällt nicht schwer, in die Anordnung der Sterne einen liegenden Löwen hineinzudenken. Der Kopf des Löwen liegt bei den Sternen ε, μ und ζ, die Vorderpranken bei Regulus und der Schwanz bei Denebola. Mythologisch handelt es sich um den Nemeischen Löwen, an dessen metallenem Körper die Speere des Herkules abprallten. So mußte dieser den Löwen mit seinen eigenen Händen erwürgen. Der Name Regulus für den Hauptstern ist lateinisch und bedeutet »kleiner König«. Seltener wurde der Stern auch Cor Leonis, also »Herz des Löwen«, genannt. Die Helligkeit beträgt $1^{m}.3$. Regulus ist 85 Lichtjahre entfernt und absolut 160mal heller als die Sonne. Der Durchmesser ist 4mal größer als der der Sonne. In knapp 3 Bogenminuten Abstand befindet sich ein Stern der Helligkeit $7^{m}.6$, der bereits mit einem Feldstecher zu beobachten ist. In nur 4 Bogensekunden Distanz steht aber noch ein weiterer Stern 13. Größe, den man allerdings nur in größeren Fernrohren sehen kann. Die Umgebung von Regulus, wie sie sich einem Fernrohr darbietet, ist auf Seite 71 dargestellt.
Denebola (»Schwanz des Löwen«) oder β Leonis ist $2^{m}.2$ hell und 42 Lichtjahre entfernt. Er ist fast 20mal heller als die Sonne. In knapp 19 Bogenminuten Distanz steht ein Stern 6. Größe, der bereits mit einem Opernglas erkennbar ist.
γ Leonis wird gelegentlich auch Algieba bezeichnet, was vermutlich »Stirn des Löwen« bedeuten soll. Hier handelt es sich um einen der bekanntesten Doppelsterne des Himmels. Die Helligkeiten der beiden Partner betragen $2^{m}.2$ und $3^{m}.5$. Ihre Farbe wird oft als gelb und grün eingestuft. Dies liegt aber mehr oder weniger an einem Kontrastphänomen der beiden verhältnismäßig nahe beieinanderstehenden Sterne. Die Umlaufszeit der beiden Partner umeinander beträgt etwa 619 Jahre, ist aber noch nicht exakt bestimmt. Jedenfalls vergrößerte sich im Laufe der letzten Jahrzehnte ihre Winkeldistanz beachtlich. Gegen Ende des 20. Jahrhunderts wird sie fast 4,4 Bogensekunden betragen, während sie bei der Entdekkung des Doppelsterns 1782 durch Wilhelm Herschel weniger als 2 Bogensekunden betrug. γ Leonis ist deswegen bereits für ein Fernrohr von 4 bis 5 cm Öffnung ein leicht zu trennender Doppelstern. Von der Erde ist γ Leonis 90 Lichtjahre entfernt. Zwei Grafiken über den Doppelstern γ Leonis stehen auf Seite 70 und 71.
Doch gibt es im Sternbild Löwe noch einige andere erwähnenswerte Doppelsterne. So besitzt der Stern 54 Leonis, hart an der Grenze zum Kleinen Löwen, zwei Partner mit der Helligkeit $4^{m}.5$ und $6^{m}.3$. Beide Sterne stehen 6,4 Bogensekunden auseinander, so daß die Trennung ebenfalls mit einem Fernrohr ab etwa 5 cm Öffnung gelingen müßte. Von der Erde sind diese Sterne 2000 Lichtjahre entfernt.
Bemerkenswert ist ι Leonis. Die beiden Sterne mit der Helligkeit $4^{m}.1$ und $7^{m}.0$ bewegen sich in etwa 180 Jahren einmal umeinander. Gegenwärtig vergrößert sich allmählich die Distanz der beiden Partner. 1985 wird sie 1,3 Bogensekunden betragen, im Jahre 2000 1,7 Bogensekunden. So gelangt dieser Doppelstern allmählich in die Reichweite von Amateur-Fernrohren ab etwa 10 cm Öffnung. Ein ganz leicht zu trennendes Objekt stellt τ Leonis dar. Hier reicht bereits ein guter Feldstecher aus. Der Hauptstern hat eine Helligkeit von $5^{m}.4$, der Begleiter ist $7^{m}.0$ hell. Die Winkeldistanz der beiden Partner beträgt 90 Bogensekunden.

Karte Löwe und Kleiner Löwe

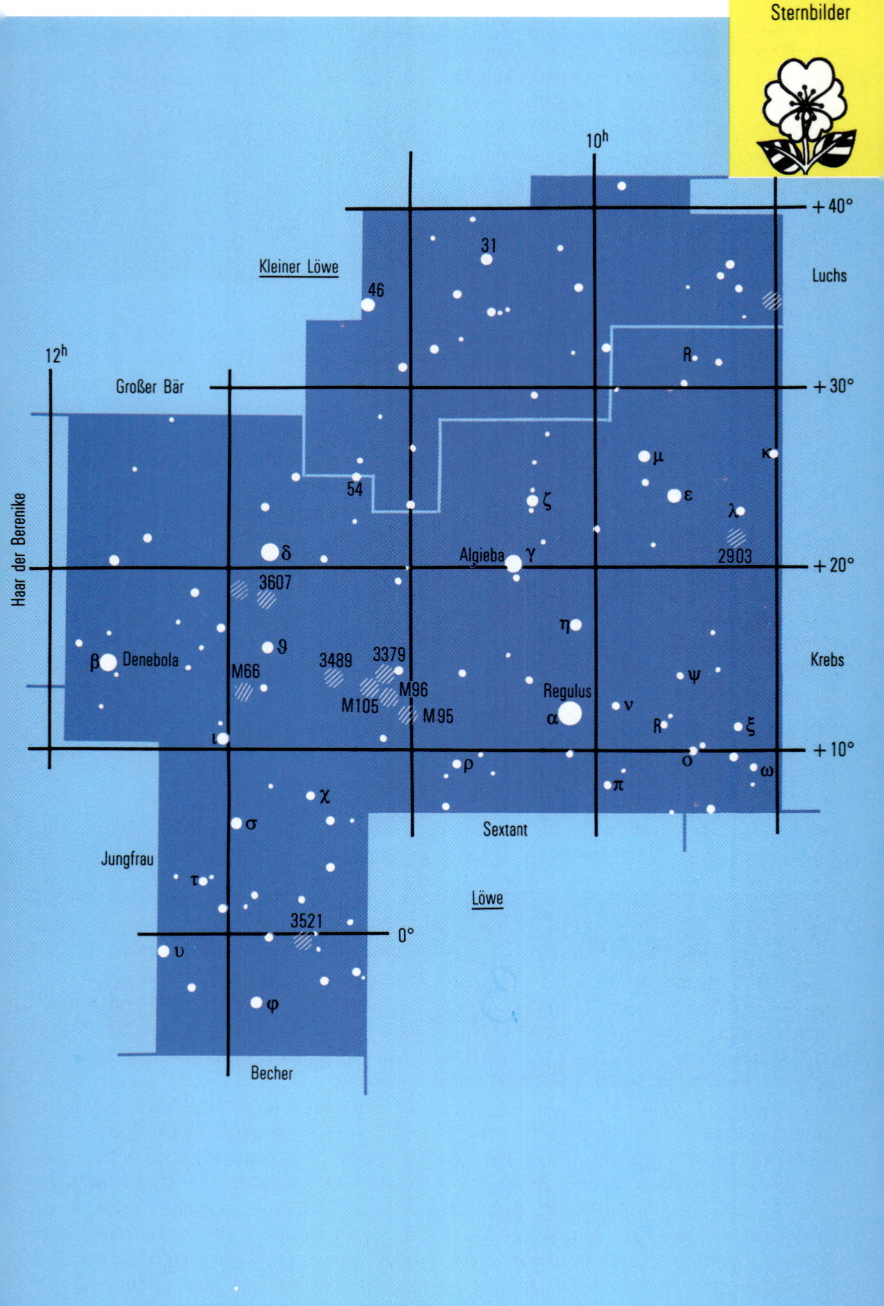
10h
12h
+40°
+30°
+20°
+10°
0°
Kleiner Löwe
Luchs
Großer Bär
Haar der Berenike
Krebs
Jungfrau
Sextant
Löwe
Becher
31
46
54
R
μ
κ
ε
ζ
λ
δ
Algieba
γ
2903
3607
η
ϑ
β
Denebola
3489
3379
M66
M96
ψ
Regulus
M105
M95
α
ν
R
ξ
ι
ρ
ο
ω
π
χ
σ
τ
3521
υ
φ

Der wichtigste veränderliche Stern im Löwen ist R Leonis im westlichen Teil des Sternbilds. Der Stern gehört zu den sogenannten Mira-Veränderlichen und zeigt damit eine lange Periode von ungefähr 313 Tagen. Der tiefrote Stern ist 600 Lichtjahre von uns entfernt und erreicht im Maximum eine Helligkeit von etwa 5^{m}, gelegentlich auch etwas darüber. Im Minimum sinkt er auf etwa 10^{m}, manchmal sogar auf 11^{m} bis 12^{m} herunter. Das Sternbild Löwe ist für eine große Zahl von Galaxien bekannt. Allerdings erreicht keines dieser Objekte eine besonders große Helligkeit, so daß man auch in den günstigsten Fällen wenigstens einen sehr lichtstarken Feldstecher heranziehen muß. Herausragend sind die beiden, nahe beieinanderstehenden Objekte M 65 und M 66. Sie sind am Himmelsgewölbe 21 Bogenminuten voneinander entfernt und zeigen eine Helligkeit von $9^{m}.3$ und $8^{m}.4$. Die tatsächliche Entfernung von der Erde liegt zwischen etwa 27 und 34 Millionen Lichtjahren. Der Form nach ähneln die Objekte sehr stark unserem eigenen Milchstraßensystem, sind aber vermutlich nur etwa halb so groß. Auch M 95 und M 96 sind nahe beieinander befindliche Spiralnebel. Ihre Helligkeit beträgt $10^{m}.4$ und $9^{m}.1$. M 95/96 sind ähnlich weit von der Erde entfernt wie M 65/66. Überhaupt bilden offenbar alle genannten vier Galaxien zusammen mit noch einigen weiteren schwächeren Objekten einen eigenen Galaxienhaufen oder vielleicht besser eine »Galaxien-Gruppe«, da man in der Regel nur dann von einem Haufen spricht, wenn die Mitgliederzahl etwa 50 bis 100 beträgt.

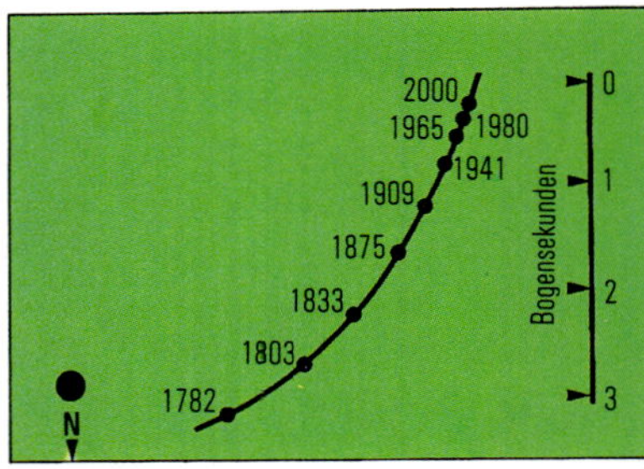

Bahn γ Leonis

Ganz weit im südlichsten Zipfel des Löwen liegt etwas vereinzelter noch eine Galaxie mit der Katalogbezeichnung NGC 3521. Der Spiralnebel ist 9^{m} bis 10^{m} hell und kann damit erst mit einem Fernrohr ab etwa 8 oder 10 cm Durchmesser aufgefunden werden.

Ein anderer schwacher Spiralnebel der 9. Größenklasse liegt weit im westlichen Teil des Löwen, fast an der Grenze zum Sternbild Krebs. Seine Katalognummer ist NGC 2903.

Kleiner Löwe *Leo minor* (Gen.: *Leonis minoris*) Abk.: LMi

Dieses Sternbild füllt den Bereich zwischen dem eigentlichen (großen) Löwen und dem Sternbild des Großen Bären aus. Es wurde erst von J. Hevel im 17. Jahrhundert eingeführt. Allerdings enthält es nur schwächere Sterne, die keine griechischen Bezeichnungen tragen.

Im Grunde genommen ist der kleine Löwe ein typisches »Füll-Sternbild«, denn – im Gegensatz zur Sternbildkunde des Altertums und Mittelalters – muß heute jeder Stern zu irgendeinem Sternbild gerechnet werden. Es darf keine »Leer-Stellen« am Himmel geben.

Der hellste Stern ist 46 Leonis minoris am Ostrand des Sternbilds. Seine Helligkeit beträgt $3^{m}.9$, die Entfernung von der Erde etwa 100 Lichtjahre.

Der Stern R Leonis minoris ähnelt in vieler Hinsicht R Leonis. In beiden Fällen handelt es sich um einen langperiodischen Mira-Veränderlichen. R Leonis minoris hat eine Periode von etwa 372 Tagen. Im Maximum kommt er auf die 6. Größenklasse, ist also mit freiem Auge unter günstigsten Bedingungen gerade noch sichtbar; im Minimum sinkt er auf etwa 13^{m} ab.

Die beiden Spiralnebel M 65/66

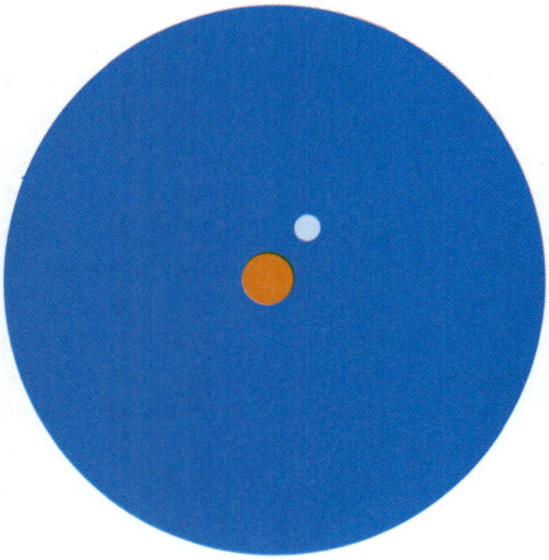

Der Doppelstern γ Leonis

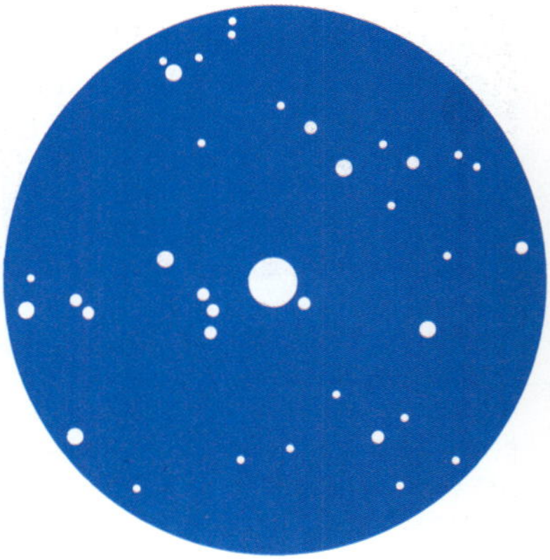

Die Umgebung von Regulus

Jungfrau *Virgo* (Gen.: *Virginis*) Abk.: Vir

▷ ***Karte Jungfrau***

Der Hauptstern der Jungfrau, Spika, bildet zusammen mit Regulus im Löwen und Arktur im Bärenhüter das sogenannte Frühlingsdreieck. Damit gehört die Jungfrau zu den wichtigsten Frühlings-Sternbildern. In der antiken Sage gilt die Jungfrau als Tochter der Morgenröte, Aurora.

Der Hauptstern Spika trägt eine lateinische Bezeichnung, was »Kornähre« bedeutet. Das hängt damit zusammen, daß das Sternbild Jungfrau vom Abendhimmel verschwindet, wenn die Erntezeit beginnt. Dies galt noch mehr vor etwa 2000 Jahren, weil damals infolge der Präzession der Erdachse das Sternbild Jungfrau etwa einen Monat früher verschwand als heute. Gegenwärtig kann die Jungfrau am frühen Abendhimmel noch bis Anfang September beobachtet werden. Gelegentlich wird Spika aber auch mit der arabischen Bezeichnung Azimech oder Alaazel versehen, was eigentlich »Hinterbein des Löwen« bedeutet. In dieser Vorstellung reicht also das nachbarliche Sternbild Löwe noch bis in diese Sterngegend hinein.

Spika hat eine Helligkeit von $1^{m}{,}0$ und erscheint rein weiß. Die Entfernung beträgt etwa 275 Lichtjahre, die Leuchtkraft ist 2300mal größer als die der Sonne. Tatsächlich handelt es sich bei Spika um einen engen spektroskopischen Doppelstern mit einer Periode von 4,014 Tagen. Bei diesem Umlauf kommt es zu regelmäßigen geringfügigen partiellen Verfinsterungen. Spika ist also ein sogenannter Bedeckungsveränderlicher. Die darauf zurückzuführenden Helligkeitsschwankungen sind aber mit bloßem Auge nicht auszumachen. Darüber hinaus ist der Hauptstern des Sternpaares ein schwach pulsierender Stern mit einer Periode von 0,174 Tagen.

In γ Virginis oder Porrima haben wir einen der bemerkenswertesten Doppelsterne vor uns, die bereits mit kleineren Fernrohren getrennt werden können. Die beiden Partner weisen eine Helligkeit von $3^{m}{,}5$ auf. Beide Sterne sind weißlichgelb. Die Umlaufszeit beträgt 171,85 Jahre. Die Entfernung von der Erde beläuft sich auf 32 Lichtjahre. Die scheinbare Distanz der beiden Partner voneinander unterliegt während des Umlaufs einer sehr starken Schwankung. Im Jahre 1836 waren die beiden Sterne 0,3 Bogensekunden voneinander entfernt und konnten deswegen nur in größeren Fernrohren getrennt werden. 1920 kam es mit 6,2 Bogensekunden zum größten Abstand. Zu diesem Zeitpunkt reichte bereits ein Fernrohr von 4 oder 5 cm Öffnung aus, um die beiden Sterne voneinander zu trennen. Jetzt verkleinert sich ihre Entfernung wieder rasch. 1985 beträgt sie noch 3,5 Bogensekunden, im Jahre 2000 nur noch 1,8 Bogensekunden. Damit können wir γ Virginis zunächst noch mit einem Fernrohr von 6 cm Öffnung trennen. Im Jahre 2007 wird die Distanz auf nur 0,3 Bogensekunden abgesunken sein. Die Trennung bedarf dann eines etwas größeren Fernrohrs.

Der zweithellste Stern in der Jungfrau ist ε Virginis oder Vindemiatrix, gelegentlich auch als Almuredin oder »Winzer« bezeichnet. Dieser Stern hat eine Helligkeit von $2^{m}{,}8$ und ist 90 Lichtjahre von uns entfernt. Die Leuchtkraft übertrifft die der Sonne 50mal.

Ein anderer bemerkenswerter Doppelstern ist ϑ Virginis in 200 Lichtjahren Abstand. Die

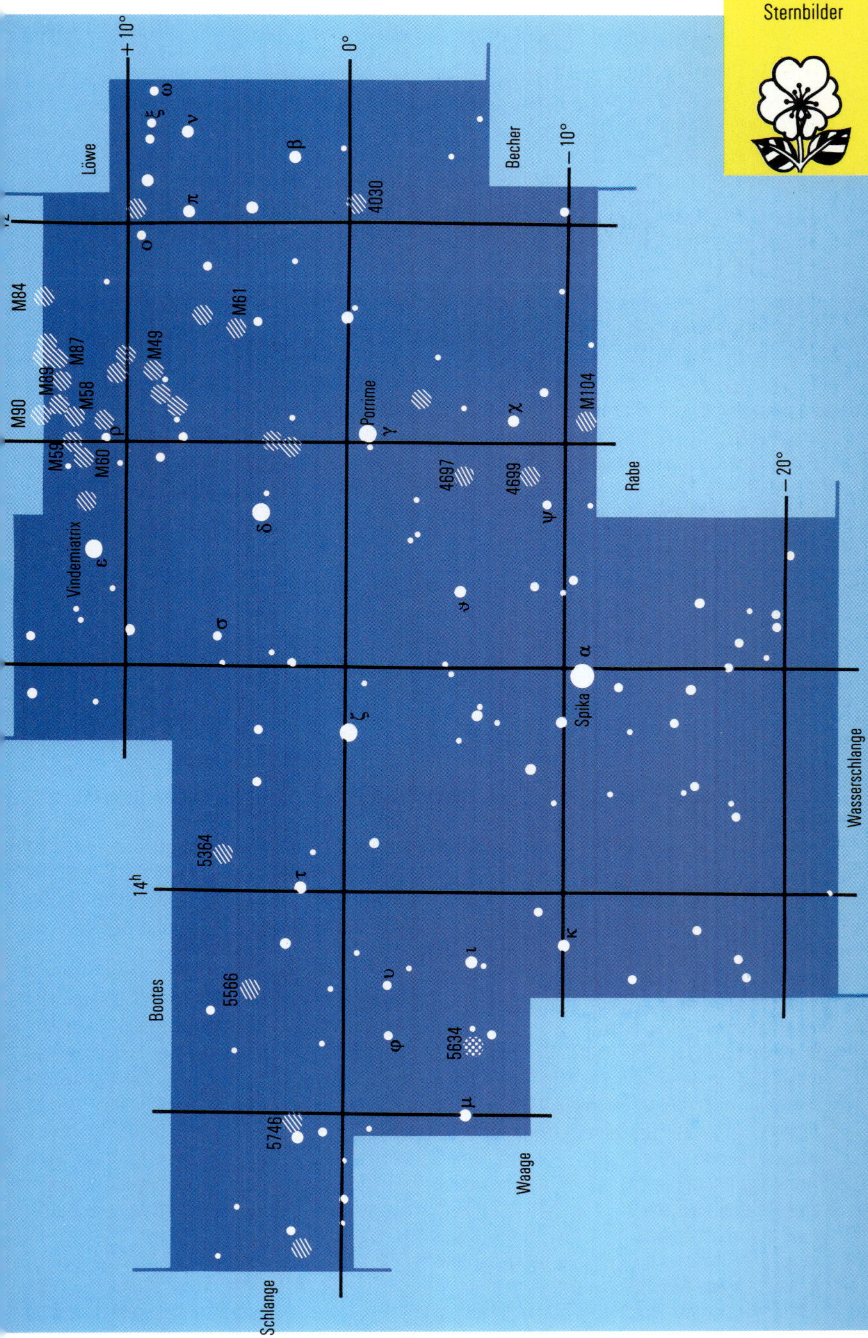
Löwe
Becher
Rabe
Wasserschlange
Bootes
Waage
Schlange
Vindemiatrix
Porrime
Spika
M84
M87
M89
M90
M58
M59
M60
M49
M61
M104
4030
4697
4699
5364
5566
5634
5746
+10°
0°
−10°
−20°
14h

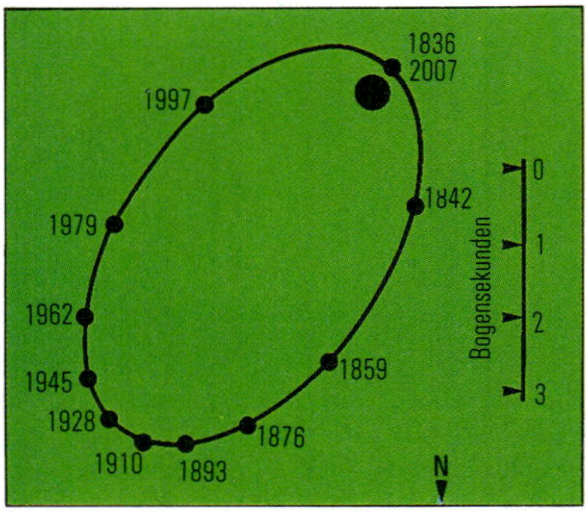

Bahn des Doppelsterns γ Virginis

beiden Komponenten haben hier eine Helligkeit von $4^{m}\!,4$ und $8^{m}\!,6$ und stehen 7,2 Bogensekunden auseinander. Zur Trennung dieses Doppelsterns ist ein Fernrohr zwischen 6 und 8 cm Öffnung erforderlich. Ein nur optischer Doppelstern ist τ Virginis. Die beiden Sterne ($4^{m}\!,3$ und $9^{m}\!,5$ Helligkeit) stehen 80 Bogensekunden auseinander. φ Virginis ist ein Doppelstern, der aus zwei Sternen um $5^{m}\!,0$ und $9^{m}\!,2$ Helligkeit besteht, die 4,7 Bogensekunden Distanz haben.

Im allgemeinen können am Himmel um so mehr ferne Galaxien beobachtet werden, je weiter das betreffende Sternfeld vom Milchstraßenband, unserer Galaxis, entfernt ist. Auch das Sternbild Jungfrau steht verhältnismäßig weit von der Milchstraße entfernt. Deswegen können wir vor allem in seinem nördlichen Teil eine sehr große Zahl von Galaxien beobachten. Die Jungfrau ist sogar Sitz eines der berühmtesten Galaxienhaufen, des sogenannten Virgo-Haufens. Er enthält rund 3000 Galaxien, von denen über 100 schon mit einem Fernrohr von etwa 20 cm Öffnung gesehen werden können. Die Entfernung von der Erde beträgt etwa 42 Millionen Lichtjahre. Der Virgo-Haufen befindet sich nahe der Grenze zum Sternbild Haar der Berenike, in dem ein anderer berühmter Galaxienhaufen, der Coma-Haufen, liegt.

Der Virgo-Haufen umfaßt am Himmelsgewölbe eine Fläche von etwa 12 × 10 Winkelgrad. Sein tatsächlicher Durchmesser dürfte damit mehr als 5 Millionen Lichtjahre betragen. Vermutlich ist der Virgo-Haufen das Zentrum einer größeren Ansammlung von Galaxienhaufen. Dieser »Superhaufen« hat vielleicht 40 Millionen Lichtjahre Halbmesser und dürfte auch unser eigenes Milchstraßensystem sowie die sogenannte lokale Nebelgruppe umfassen.

Vom eigentlichen Virgo-Haufen seien hier die wichtigsten Mitglieder erwähnt: M 49 ist ein elliptischer Nebel. Lediglich in der Nähe des Zentrums könnten einige Spiralarme erkannt werden. Die Gesamthelligkeit beträgt etwa 9^{m}. Eine vergleichbare Helligkeit zeigen die beiden elliptischen Nebel M 84 und M 87. M 87 bietet jedoch noch eine Besonderheit: Auf hochempfindlichen fotografischen Aufnahmen entdeckt man ein pfeilartiges Gebilde, das aus dem Kern dieser Galaxie wegzustreben scheint (»Jet-Nebel«). Außerdem ist M 87 eine starke Radioquelle (Virgo A). Der »Jet« dürfte über 4000 Lichtjahre lang und 400 Lichtjahre breit sein. M 84 ist eine der bekanntesten Radiogalaxien. Außerdem gehört dieses Objekt zu den massereichsten Galaxien. Berechnungen haben ergeben, daß die Gesamtmasse etwa 790 Milliarden Sonnenmassen umfaßt.

Etwa 4,7 Grad nordwestlich von γ Virginis liegt, nicht mehr zum Virgo-Haufen gehörend, einer der berühmtesten Quasare mit der Katalogbezeichnung 3 C 273. Auf Fotografien sieht er ähnlich aus wie M 87. Auch hier zeigt sich ein jet-artiges Gebilde. Radioastronomische Messungen ergaben noch andere expansive Bewegungen vom Kern dieses Objektes weg. Die Helligkeit von 3 C 273 erreicht allerdings nur $12^{m}\!,8$, so daß man wenigstens ein Fernrohr von 25 cm Öffnung heranziehen muß, um diesen uns nächsten Quasar gerade noch zu sehen. Seine Entfernung beträgt 3 Milliarden Lichtjahre.

Am Südrand des Sternbilds Jungfrau, an der Grenze zum Raben, liegt der »Sombrero-Nebel«, ein Spiralnebel, der uns nahezu von der Kante her erscheint und auf langbelichteten fotografischen Aufnahmen wie ein Sombrero-Hut aussieht. Die Katalogbezeichnung heißt M 104, die Entfernung mißt etwa 40 Millionen Lichtjahre, die scheinbare Helligkeit liegt bei $8^{m}\!,7$. Dieser Nebel kann vielleicht schon mit einem 8-cm-Rohr aufgefunden werden.

Sombrero-Nebel M 104 (oben), M 87 (unten links), Ausschnitt des Virgo-Haufens (unten rechts)

Bärenhüter *Bootes* (Gen.: *Bootis*) Abk.: Boo

▷ ***Karte Bootes***

Die griechische Bezeichnung Bootes bedeutet eigentlich Ochsentreiber. Sinnvoller ist der Name Bärenhüter. Befinden sich doch in der Nachbarschaft dieses Sternbilds der Kleine und der Große Bär. Der Schwanz des Großen Bären bzw. die Deichsel des Großen Wagens zeigt über ihr Ende hinaus direkt auf den Hauptstern des Bärenhüters, Arktur. Geht man von ihm aus nach links aufwärts, also nach Nordosten, so erhalten wir zwei Sternenketten, die ein V bilden, das oben durch einen weiteren Stern (β Bootis) abgeschlossen ist.
Die Bezeichnung Arktur bedeutet »Jäger, der die Bärin im Auge behält«. Die Helligkeit beträgt $0\overset{\mathrm{m}}{.}0$. Arktur ist trotz seiner Entfernung von 35 Lichtjahren der uns am nächsten gelegene rote Riesenstern. Sein Durchmesser ist etwa 22mal größer als der unserer Sonne. Die Leuchtkraft übertrifft die unseres eigenen Sterns sogar um das 100fache. Von den helleren Sternen zeigt Arktur mit 2,28 Bogensekunden pro Jahr eine besonders starke Eigenbewegung. In 1570 Jahren legt dieser Stern 1 Winkelgrad am Himmelsgewölbe zurück.
Der zweithellste Stern im Bärenhüter ist ε Bootis, auch Mirak oder »Schurz« genannt. Der $2\overset{\mathrm{m}}{.}7$ helle Stern ist etwa 200 Lichtjahre entfernt und besitzt in etwa 2,9 Bogensekunden Distanz einen physischen Begleiter 5. Größe, der in einem Fernrohr ab etwa 10 cm Öffnung gesehen werden kann. β Bootis hat dagegen nur eine Helligkeit von $3\overset{\mathrm{m}}{.}5$ und ist 140 Lichtjahre entfernt.
Fernrohrbeobachter werden sich besonders dem Stern ξ Bootis widmen. Hierbei handelt es sich um einen bemerkenswerten Doppelstern mit einer Umlaufsperiode von nur 149 Jahren. Die beiden Partner haben eine Helligkeit von $4\overset{\mathrm{m}}{.}8$ und $6\overset{\mathrm{m}}{.}9$. Im Jahre 1912 waren die beiden Sterne von der Erde aus gesehen mit 1,8 Bogensekunden Distanz einander am nächsten. In den Jahren um 1980 wurde mit etwa 7,2 Bogensekunden die größte scheinbare Winkeldistanz erreicht. So haben wir gegen Ende des 20. Jahrhunderts eine sehr gute Möglichkeit, die beiden Sterne voneinander zu trennen. Selbst im Jahre 2000 ist die Distanz erst auf 6,6 Bogensekunden abgesunken. Die Entfernung von der Erde beträgt etwa 22 Lichtjahre.
Wer auch einmal einen Doppelstern sucht, der mit bloßem Auge aufgelöst werden kann, der sei auf ν_1 und ν_2 Bootis verwiesen. Diese beiden Sterne sind orange und weißgelb und haben 14 Bogenminuten Distanz voneinander, entsprechend etwa einer halben Mondscheibe. Mit dem Feldstecher können wir ι Bootis trennen. Hier stehen zwei Sterne der Helligkeit $4\overset{\mathrm{m}}{.}8$ und $8\overset{\mathrm{m}}{.}3$ in 38,4 Bogensekunden auseinander. Auch δ Bootis ist gut zu trennen. Hier stehen die beiden Sterne der Helligkeit $3\overset{\mathrm{m}}{.}5$ und $7\overset{\mathrm{m}}{.}8$ in 105 Bogensekunden voneinander entfernt.
NGC 5466 an der Grenze zu den Jagdhunden ist ein Kugelsternhaufen der Größenklasse 9^{m} in 50 000 Lichtjahren Entfernung. NGC 5676 ist dagegen ein Spiralnebel der 11. Größenklasse. Auch in μ Bootis haben wir einen einfach zu trennender Doppelstern. Neben dem Hauptstern $4\overset{\mathrm{m}}{.}5$ steht ein Begleiter 7. Größe in 109 Bogensekunden Abstand. Dieser zweite Stern kann ab 8 cm Öffnung in zwei Sterne von $7\overset{\mathrm{m}}{.}1$ und $7\overset{\mathrm{m}}{.}8$ Helligkeit in 2,2 Bogensekunden Distanz getrennt werden.

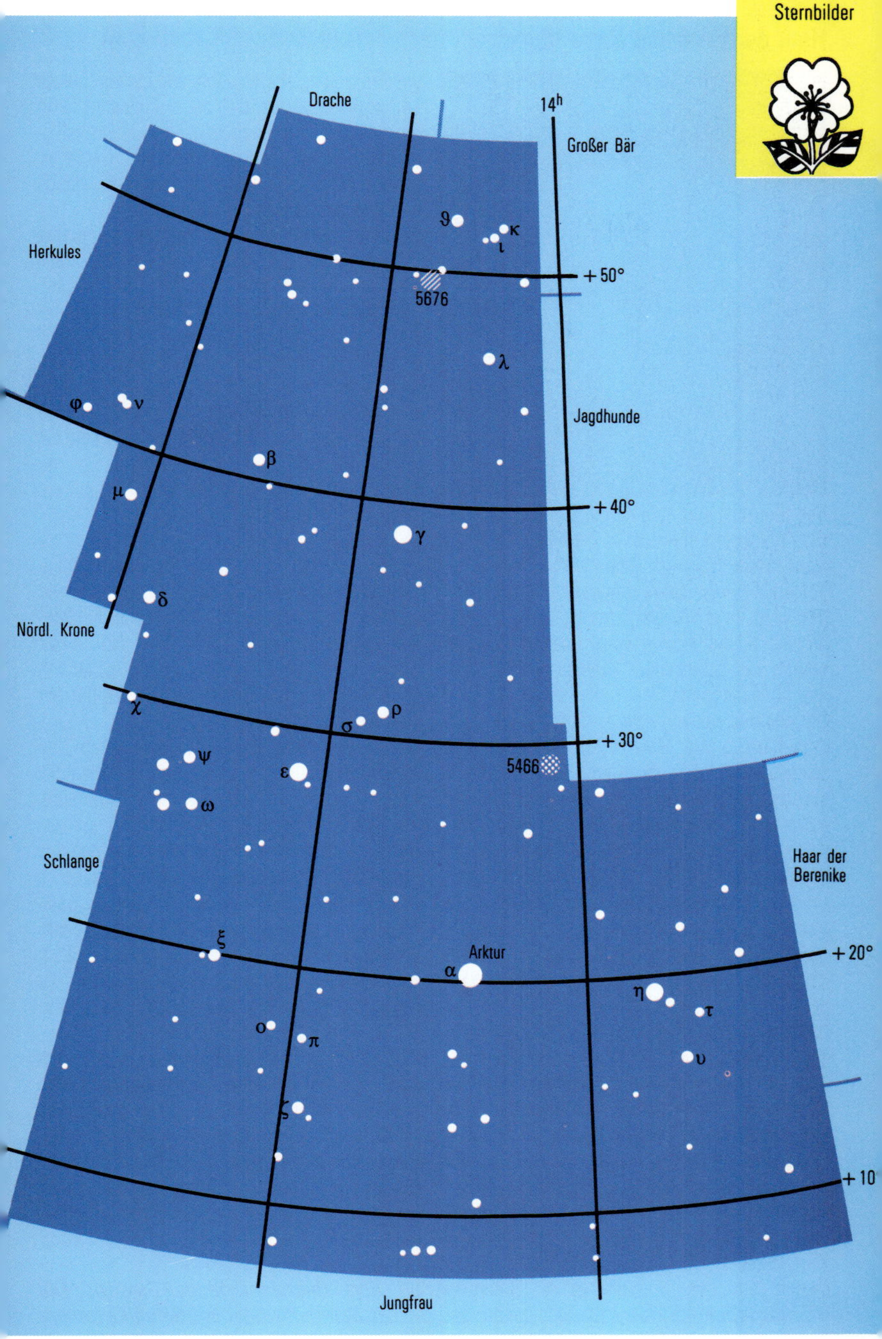
Drache
14h
Großer Bär
Herkules
+50°
5676
Jagdhunde
+40°
Nördl. Krone
+30°
5466
Schlange
Haar der
Berenike
Arktur
+20°
+10
Jungfrau

Haar der Berenike *Coma Berenices* (Gen.: *Comae Berenicis*) Abk.: Com

Das Sternbild war bereits im Altertum bekannt. Die ägyptische Prinzessin Berenike soll den Göttern ein Opfer in Gestalt ihres angeblich goldenen Haupthaares dargebracht haben, um den Sieg ihres Heeres zu erbitten. Das Sternbild ist flächenmäßig wenig ausgedehnt und enthält nur schwächere Sterne, die teilweise eng beieinanderstehen und einen offenen Sternhaufen bilden. Gelegentlich wird er nach dem Katalog von Melotte mit der Katalogbezeichnung Mel 111 versehen. Sein Durchmesser beträgt etwa 5 Grad. Der hellste Stern darin ist 12 Comae mit $4^{m}8$. Die Gesamtzahl beträgt mindestens 30 Sterne, seine Entfernung von der Erde etwa 260 Lichtjahre. Damit zählt der Coma-Sternhaufen zu den nächsten offenen Sternhaufen überhaupt. Es handelt sich gleichzeitig um einen Sternstrom, der sich in bezug auf die Sonne mit einer Geschwindigkeit von etwa 8 km/Sek. in Richtung auf das Sternbild Segel zubewegt. Am besten beobachten wir den Sternhaufen mit einem lichtstarken Feldstecher, da er für ein Fernrohr zu zerstreut ist und dort nur teilweise im Gesichtsfeld erscheint. Die schwächsten Sterne des Coma-Sternhaufens reichen bis etwa zur 10. Größenklasse herab.

Der hellste Stern im gesamten Sternbild ist 43 oder β Comae, der auf $4^{m}3$ kommt und 27 Lichtjahre entfernt ist. 42 oder α Comae besteht aus zwei Sternen mit der Helligkeit $5^{m}1$, die sich in 25,85 Jahren umeinander bewegen. Leider stehen aber die beiden Sterne so eng beieinander, daß sie in kleineren Fernrohren nicht zu trennen sind. Die Gesamthelligkeit von 42 Comae macht $4^{m}3$ aus. Damit erscheint 42 Comae von uns aus sogar gleich hell wie 43 Comae.

Leicht zu trennen sind dagegen einige andere Doppelsterne. 17 Comae besteht aus zwei Sternen von etwa $5^{m}4$ und $6^{m}7$ in 145 Bogensekunden Distanz. Dies ist schon ein Objekt für einen Feldstecher. 24 Comae mit $5^{m}2$ und $6^{m}7$ in 20,3 Bogensekunden Distanz könnte ebenfalls gerade noch mit einem sehr guten Feldstecher aufgelöst werden. Schwieriger ist es bei 12 Comae mit $4^{m}7$ und $8^{m}5$ Helligkeit bei 66,1 Bogensekunden Distanz. Wegen der großen Helligkeitsdifferenz werden wir hier ein 6-cm-Fernrohr benötigen.

M 53 ist ein kugelförmiger Sternhaufen in 60 000 Lichtjahren Abstand. Die Gesamthelligkeit beträgt $7^{m}8$, so daß dieser Sternhaufen als nebliger Fleck mit einem lichtstarken Feldstecher gesehen werden kann. Auch NGC 4147 ist ein kugelförmiger Sternhaufen. Er ist jedoch 85 000 Lichtjahre entfernt und kommt nur auf eine Helligkeit von 10^{m}.

Wie in den Nachbarsternbildern Löwe und Jungfrau, so gibt es auch im Haar der Berenike einige bemerkenswerte Galaxien. Der Spiralnebel M 64, in etwa 20 Millionen Lichtjahren Abstand, zeigt in seinem Inneren ein dunkles Staubband, das auf fotografischen Aufnahmen sichtbar wird. M 85 ist eine elliptische Galaxie, die zu dem Virgo-Galaxienhaufen zählt. Überhaupt befinden sich in der Nähe des Südrandes dieses Sternbilds einige Galaxien, die noch zu diesem Haufen zählen, so M 88, M 98, M 99 und M 100.

Das Sternbild Haar der Berenike enthält noch einen anderen bekannten Galaxienhaufen, den sogenannten Coma-Haufen. Er umfaßt etwa 1000 Mitglieder, ist aber mit etwa 220 Millionen Lichtjahren rund 5mal weiter entfernt als der Virgo-Haufen. Deswegen kommen selbst die hellsten Galaxien dieses Haufens nur auf etwa die 14. Größenklasse.

Karte Haar der Berenike. Südlicher Teil des Sternbilds Haar der Berenike (unten)

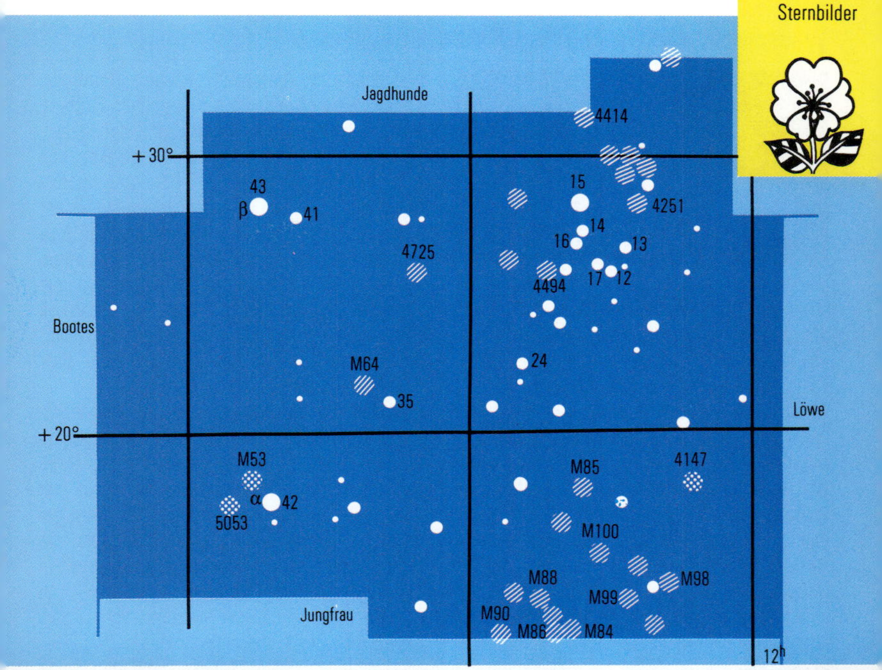
Jagdhunde
+30°
4414
43
β
41
15
4251
14
16
13
4725
4494
17
12
Bootes
M64
24
35
Löwe
+20°
M53
M85
4147
α
42
5053
M100
M88
M98
M99
Jungfrau
M90
M86
M84
12h

Wasserschlange *Hydra* (Gen.: *Hydrae*) Abk.: Hya

Die Wasserschlange ist ein extrem langgestrecktes Sternbild, dessen Westrand an den Kleinen Hund angrenzt und das deshalb bereits an einem Winterabend beobachtet werden kann. Sein Ostrand reicht bis zum Sternbild Waage, einem Grenzsternbild zwischen Frühlings- und Sommerhimmel. Fast könnte man sagen: Wenn der Kopf der Wasserschlange im Westen untergeht, ist ihr Schwanz gerade erst aufgegangen. Dies liegt allerdings auch daran, daß die Wasserschlange ein teilweise recht südlich gelegenes Sternbild darstellt, das für Mitteleuropa und vor allem für Nordeuropa streckenweise nur schwer erkennbar ist. Günstiger sind die Bedingungen in Südeuropa.

In der griechischen Sage soll das Fabelwesen Hydra den Raben daran gehindert haben, aus einer Quelle Wasser zu schöpfen, das für Apollo bestimmt war. Möglicherweise hängt diese Vorstellung damit zusammen, daß der Bereich des Sternbilds Wasserschlange im Hochsommer, also in der Zeit der größten Trokkenheit, vom Nachthimmel verschwindet. Eigentlich handelt es sich hier um die »weibliche Wasserschlange«. Das Sternbild männliche (oder kleine) Wasserschlange (Hydrus) kann von Europa aus nicht gesehen werden. Hauptstern der Wasserschlange ist Alphard, was im Arabischen »Der vereinzelt dastehende Stern« bedeutet. Gelegentlich wird der Stern auch als Cor Hydrae, also »Herz der Wasserschlange« bezeichnet. Seine Helligkeit beträgt $2^{\mathrm{m}}0$. Es ist ein roter Riesenstern in 95 Lichtjahren Abstand, 110mal heller als die Sonne.

Der $3^{\mathrm{m}}8$ helle Stern ε Hydrae besitzt in 2,8 Bogensekunden Distanz einen Begleiter $6^{\mathrm{m}}9$. Zur Auflösung dieses Sterns benötigt man ein Instrument von etwa 8 cm Öffnung. Leichter zu trennen ist τ^1 Hydrae. Hier liegen die beiden Sterne $4^{\mathrm{m}}8$ und $8^{\mathrm{m}}0$ 65 Bogensekunden auseinander. Ein guter Feldstecher wird hier schon zur Auflösung genügen. Allerdings handelt es sich nur um ein optisches System. Auch I Hydrae ist ein optischer Doppelstern. Die beiden Partner haben eine Helligkeit von $4^{\mathrm{m}}8$ und $8^{\mathrm{m}}1$ und stehen 54 Bogensekunden auseinander. Schon in einem Opernglas ist der Stern P Hydrae in zwei Sterne $5^{\mathrm{m}}0$ und $6^{\mathrm{m}}9$ zu trennen, die immerhin über 4 Bogenminuten voneinander entfernt sind. Nehmen wir ein Fernrohr ab etwa 6 cm Öffnung, so bemerken wir, daß der zweite Stern in 9,6 Bogensekunden Distanz seinerseits einen Begleiter 9. Größenklasse besitzt.

R Hydrae ist ein langperiodischer Veränderlicher nach Art der Mira-Sterne mit einer gegenwärtigen Periode von etwa 387 Tagen. Noch zu Beginn des 18. Jahrhunderts betrug sie fast 500 Tage. Im Maximum erreicht der Stern gelegentlich die 4., manchmal aber auch nur die 5. Größenklasse. Im Minimum sinkt er etwa auf die 9. oder 10. Größenklasse ab. U Hydrae ist ein unregelmäßiger Veränderlicher zwischen etwa $4^{\mathrm{m}}8$ und $5^{\mathrm{m}}8$.

Im westlichen Teil der Wasserschlange können einige offene Sternhaufen beobachtet werden. Davon sei vor allem M 48 oder NGC 2548 erwähnt. Hier sehen wir ungefähr 80 Sterne, deren hellste zwischen der 8. und 9. Größenklasse liegen. Die Entfernung beträgt etwa 1700 Lichtjahre.

M 68 ist ein kugelförmiger Sternhaufen in etwa 46 000 Lichtjahren Abstand. Die Gesamthelligkeit beträgt 8^{m}, so daß er bereits in einem kleinen Fernrohr wenigstens andeutungsweise sichtbar wäre, stünde seiner Beobachtung nicht häufig seine südliche Stellung entgegen.

Etwas südwestlich des Sterns ν Hydrae liegt ein planetarischer Nebel mit der Katalogbezeichnung NGC 3242. Seine Gesamthelligkeit beträgt $9^{\mathrm{m}}0$. Damit kann er erst mit einem Fernrohr ab etwa 7–8 cm Durchmesser aufgefunden werden. Die Helligkeit des Zentralsterns liegt bei $11^{\mathrm{m}}4$.

13 Grad südsüdwestlich Alphard liegt der nur 11^{m} helle Spiralnebel NGC 2835.

Karte Wasserschlange

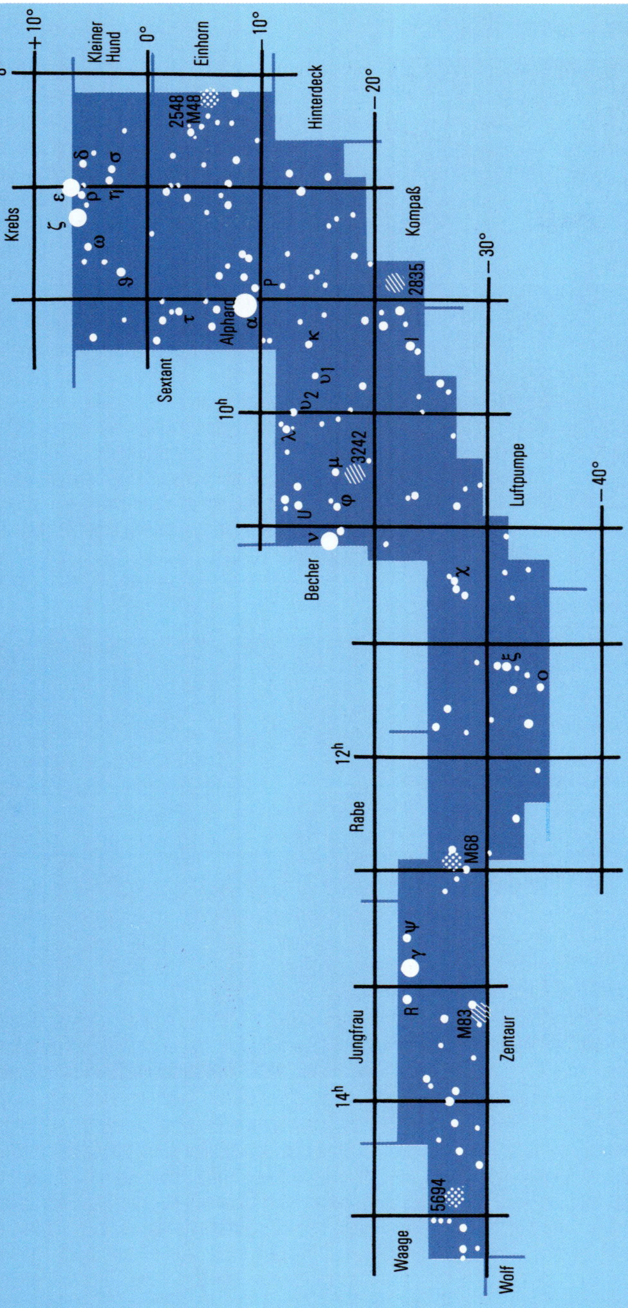
+10°
0°
−10°
−20°
−30°
−40°
8h
10h
12h
14h
Krebs
Kleiner Hund
Einhorn
Hinterdeck
Kompaß
Sextant
Alphard
Becher
Luftpumpe
Rabe
Jungfrau
Zentaur
Waage
Wolf
2548
M48
2835
3242
M68
M83
5694

Rabe *Corvus* (Gen.: *Corvi*) Abk.: Crv

▷ ***Karten Sextant, Becher, Rabe***

Der Rabe spielte in der griechischen Mythologie eine Rolle (siehe Sternbild Wasserschlange, Seite 80). β und γ Corvi sind mit $2^{\mathrm{m}}{,}6$ die beiden hellsten Sterne dieses Sternbilds. β Corvi ist etwa 110 Lichtjahre entfernt und 85mal heller als die Sonne. γ Corvi hat 450 Lichtjahre Abstand und die 1200fache Sonnenleuchtkraft. δ Corvi, der $3^{\mathrm{m}}{,}0$ hell ist, wird auch als Algorab (»Rechter Flügel des Raben«) bezeichnet. Mit einem Fernrohr von etwa 6 cm Öffnung sehen wir in 24,2 Bogensekunden Distanz einen Begleiter 8. Größe.

NGC 4038 ist eine merkwürdig geformte Galaxie. Sie steht etwa 3,7 Grad westsüdwestlich von γ Corvi. Die Entfernung beträgt rund 90 Millionen Lichtjahre. Tatsächlich handelt es sich um eine Doppelgalaxie mit vom Zentrum wegweisenden filamentartigen Strukturen.

NGC 4361 ist ein planetarischer Nebel, der allerdings mit kleineren Fernrohren nur schwer zu beobachten ist. Seine Gesamthelligkeit beträgt etwa $10^{\mathrm{m}}{,}8$.

Becher *Crater* (Gen.: *Crateris*) Abk.: Crt

In der griechischen Mythologie sollte mit diesem (goldenen) Becher der Rabe für Apollo Wasser holen (siehe Sternbild Wasserschlange). Der Hauptstern α Crateris trägt auch die arabische Bezeichnung Alkres, was »Der Krug« bedeutet. Die Helligkeit dieses Sterns beträgt nur $4^{\mathrm{m}}{,}2$. γ Crateris ist aber mit $4^{\mathrm{m}}{,}1$ noch etwas heller. In 5,2 Bogensekunden Entfernung steht ein Stern 9. Größe, der mit einem Fernrohr über 6 cm Öffnung gesehen werden kann. Der hellste Stern des Bildes ist δ Crateris mit $3^{\mathrm{m}}{,}8$. Er dürfte etwa 130 Lichtjahre von uns entfernt sein. Seine Leuchtkraft ist etwa 150mal größer als die unserer eigenen Sonne. Der Becher besteht aus einem nach links oben offenen Halbkreis nicht allzu heller Sterne.

Sextant *Sextans* (Gen.: *Sextantis*) Abk.: Sex

Dieses kleine Sternbild wurde erst von J. Hevel im 17. Jahrhundert eingeführt. Es ist ein »Füll-Sternbild«, das südlich vom Löwen liegt. Der Hauptstern α Sextantis hat nur eine Helligkeit von $4^{\mathrm{m}}{,}5$ und ist etwa 270 Lichtjahre entfernt.

Im Süden des Sternbilds liegt die Galaxie NGC 3115. Es ist eine stark abgeplattete elliptische Galaxie, die uns spindelförmig erscheint. Ihre Gesamthelligkeit liegt nur knapp über der 10. Größenklasse, so daß sie mit etwas besseren Amateur-Fernrohren gerade noch gesehen werden kann. Ihre Entfernung dürfte etwa 15 Millionen Lichtjahre betragen.

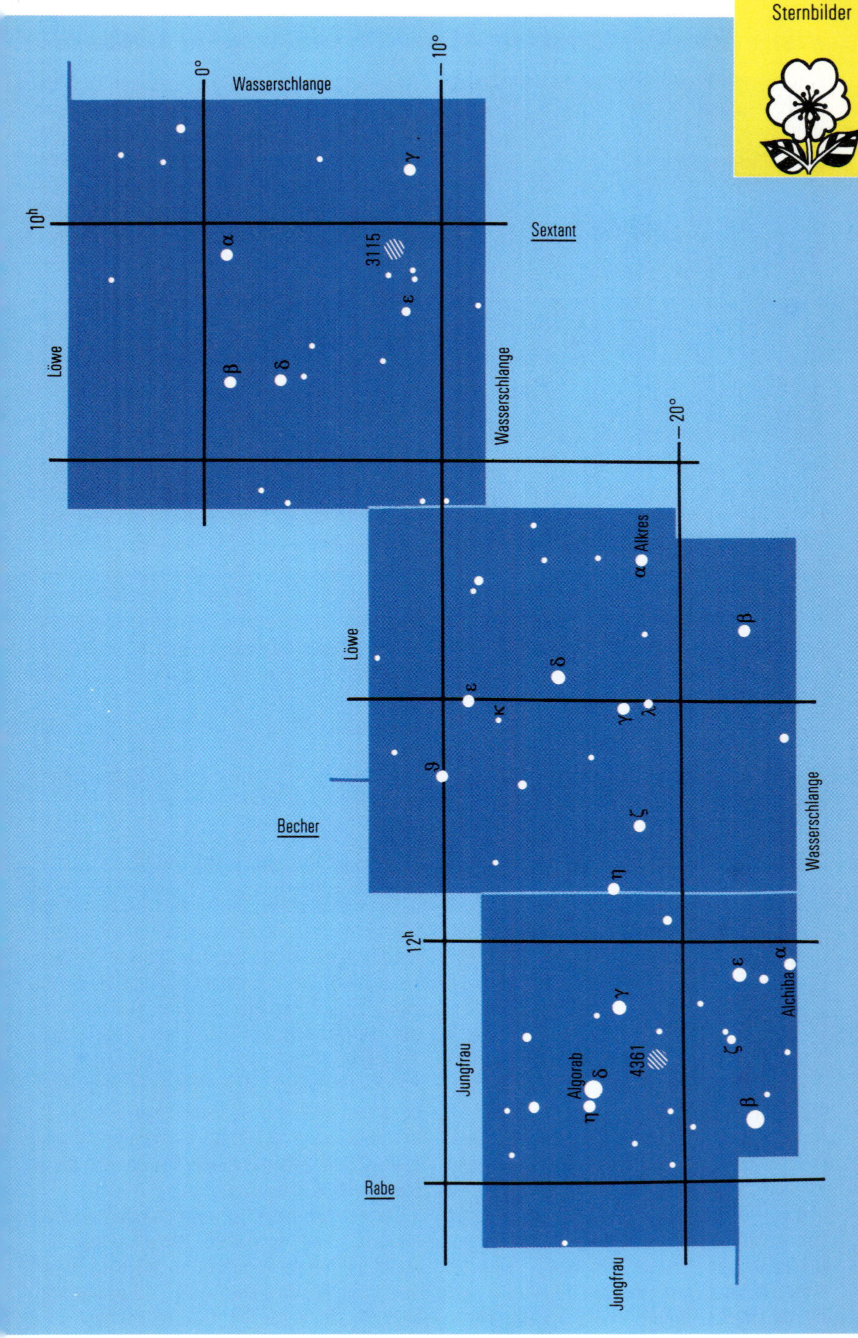
Wasserschlange
0°
10°
10h
Sextant
3115
Löwe
Wasserschlange
20°
Alkres
Löwe
Becher
Wasserschlange
12h
Algorab
4361
Alchiba
Jungfrau
Rabe
Jungfrau

Waage *Libra* (Gen.: *Librae*) Abk.: Lib

▷ ***Karten Waage und Nördliche Krone***

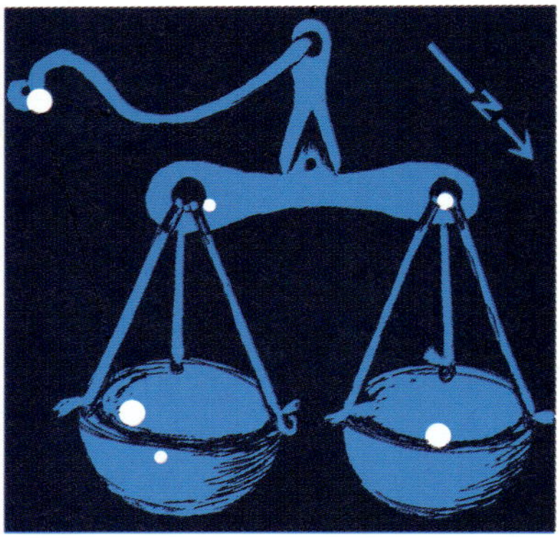

Die Waage galt als Sinnbild der Gerechtigkeit. Möglicherweise erhielt aber dieses Sternbild seine Bezeichnung deshalb, weil vor etwa 2000 Jahren die Sonne zur Zeit der Herbst-Tagundnachtgleiche die Grenze zu diesem Sternbild überschritt. Die beiden Hauptsterne α und β Librae heißen Zuben Elgenubi und Zuben Eschemali, was »Südliche bzw. Nördliche Schwere«, nämlich des Skorpions, bedeutet. In früheren Darstellungen ragte häufig der Skorpion noch in dieses Sternbild hinein.
α Librae ist einer der am leichtesten zu trennenden Doppelsterne. Neben dem Hauptstern $2^{m},8$ steht in 231 Bogensekunden Distanz ein Stern $5^{m},2$. Da beide Sterne dieselbe Eigenbewegung zeigen, dürfte es sich im weiteren Sinne um ein echtes Sternpaar handeln. Der Abstand von der Erde beträgt etwa 65 Lichtjahre. Zur Trennung von α Librae genügt bereits ein Opernglas oder Feldstecher. Nicht ganz so leicht zu trennen ist ι Librae. Die beiden Partner haben eine Helligkeit von $4^{m},7$ und $9^{m},7$, ihre Distanz beträgt 8,5 Bogensekunden. Zu ihrer Trennung benötigt man ein Fernrohr ab 6 cm Öffnung. Die Entfernung von der Erde beträgt etwa 250 Lichtjahre. δ Librae zeigt periodische Helligkeitsschwankungen zwischen $4^{m},8$ und $5^{m},9$, hervorgerufen durch gegenseitige Bedeckungen beim Umlauf zweier Sterne. Die Periode dauert 2,3273 Tage. Die Helligkeitsschwankungen können bereits mit bloßem Auge oder einem Opernglas gut verfolgt werden. Der Abstieg vom Maximum zum Minimum währt knapp 6 Stunden. Zwischen den beiden Hauptminima liegt ein schwaches Nebenminimum, das aber nur eine Zehntel Größenklasse ausmacht und deswegen kaum erkennbar ist. δ Librae steht von der Erde knapp 200 Lichtjahre entfernt.
Etwa in der Mitte der Sternbilds Waage liegt der kugelförmige Sternhaufen NGC 5897. Er weist die 10. Größenklasse auf. Seine Entfernung beträgt 45 000 Lichtjahre.

Nördliche Krone *Corona Borealis* (Gen.: *Coronae Borealis*) Abk.: CrB

Die Krone wurde der Ariadne von Venus als Brautgeschenk überreicht. Das Sternbild steht nordöstlich des Bärenhüters und kann auch noch tief in den Sommer hinein abends beobachtet werden. Sein Hauptstern α Coronae Borealis trägt auch die lateinische Bezeichnung Gemma oder »Edelstein«. Seltener ist die arabische Bezeichnung Alphekka gebräuchlich, was »Bettlerschüssel mit zackigem Rand« bedeutet. Der etwa 75 Lichtjahre entfernte Stern ist mit $2^{m},3$ 45mal heller als die Sonne. Gemma ist ein Bedeckungsveränderlicher. Allerdings schwankt seine Helligkeit innerhalb von 17,36 Tagen nur um etwa eine Zehntel Größenklasse, was für das bloße Auge unmerklich bleibt. Ein schöner Doppelstern auch für ein kleines Fernrohr von 6 cm Öffnung ist ζ Coronae Borealis. Die beiden Sterne mit der Helligkeit $5^{m},1$ und $6^{m},0$ stehen 6,3 Bogensekunden auseinander. Auch σ Coronae Borealis ist doppelt. Der Hauptstern hat eine Helligkeit von $5^{m},6$, der Begleiter von $6^{m},6$. Die Umlaufszeit beträgt etwa 1160 Jahre, die Distanz 7 Bogenminuten.
R Coronae Borealis ist der Hauptvertreter einer besonderen Klasse veränderlicher Sterne. In der Regel zeigt der Stern eine Helligkeit von etwa 6^{m}. In unregelmäßiger Weise fällt diese bis zur 15. Größenklasse ab.
T Coronae Borealis ist eine wiederkehrende Nova und liegt südöstlich von ε Coronae Borealis. Bei einem Ausbruch im Jahre 1866 erreichte sie 2^{m}, im Jahre 1946 3^{m}. Gegenwärtig liegt der Stern bei der 10. Größenklasse.

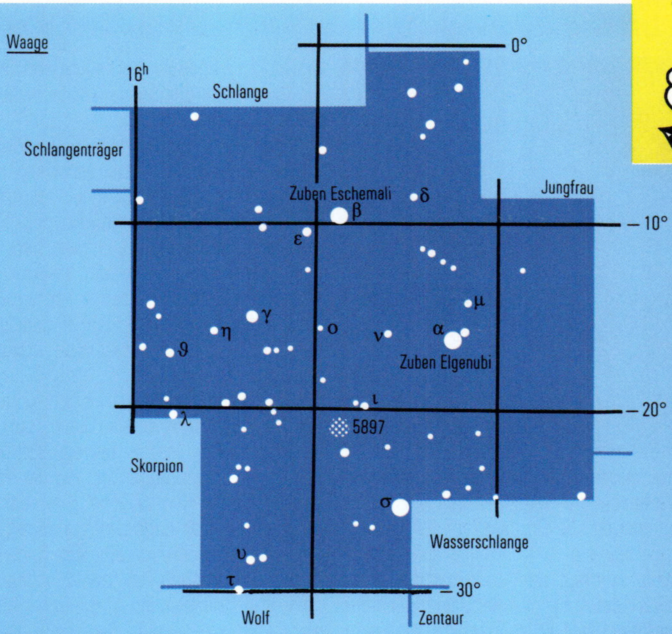
Waage
16h
Schlange
0°
Schlangenträger
Zuben Eschemali
δ
β
ε
Jungfrau
– 10°
μ
γ
η
ϑ
ο
ν
α
Zuben Elgenubi
ι
– 20°
λ
5897
Skorpion
σ
Wasserschlange
υ
τ
– 30°
Wolf
Zentaur

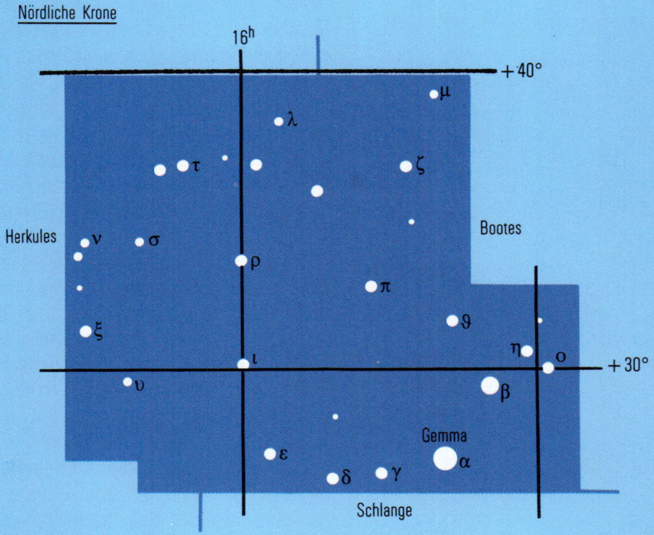
Nördliche Krone
16h
+ 40°
μ
λ
τ
ζ
Herkules
ν
σ
Bootes
ρ
π
ϑ
ξ
η
ο
ι
+ 30°
υ
β
Gemma
ε
α
δ
γ
Schlange

Die Leier spielte in der griechischen Mythologie eine besondere Rolle. Hermes gilt als ihr Erfinder, später soll Orpheus auf ihr gespielt haben.

Hauptstern ist Wega, der zusammen mit Deneb im Schwan und Atair im Adler das sogenannte Sommerdreieck bildet. Wega ist eine arabische Bezeichnung und bedeutet »Der herabstürzende Adler«. Der Abstand von der Erde beträgt 27 Lichtjahre, die Leuchtkraft ist 58mal größer als die der Sonne. Die scheinbare Helligkeit beträgt $0^m{,}1$.

β Lyrae ist ein bekannter Bedeckungsveränderlicher. Seine Helligkeit schwankt zwischen $3^m{,}4$ und $4^m{,}3$, mit einer Periode von 12,908 Tagen. Dazwischen liegt ein Nebenminimum, das immerhin noch eine Tiefe von $0^m{,}4$ hat. Ferner ist β Lyrae ein dreifacher Stern. Mit dem Feldstecher kann schon ein Begleiter $6^m{,}7$ in 46,6 Bogensekunden Distanz gefunden werden. In 86 Bogensekunden Distanz steht ein Stern 9. Größe.

ε Lyrae kann man schon mit sehr guten Augen als Doppelstern erkennen. Die Distanz der beiden $5^m{,}1$ hellen Partner beträgt 3½ Bogenminuten oder etwas mehr als ⅒ der Vollmondbreite. Beide Partner sind ihrerseits wieder doppelt. Zu ihrer Auflösung benötigen wir mindestens ein 6-cm-Fernrohr. Ihre gegenseitigen Distanzen betragen 2,6 bzw. 2,4 Bogensekunden, ihre Umlaufzeiten 1166 bzw. 585 Jahre. Die Entfernung von der Erde ist knapp 200 Lichtjahre. Die beiden Paare liegen ungefähr ⅕ Lichtjahre voneinander entfernt.

Der »Ringnebel in der Leier« M 57 ragt besonders heraus. Er kann andeutungsweise bereits mit einem 8-cm-Fernrohr aufgefunden werden. Seine Gesamthelligkeit beträgt etwa 9^m. Um allerdings seine Ringstruktur zu erkennen, benötigen wir ein Instrument ab etwa 15 cm Öffnung. Der Zentralstern von nur etwa 14^m Helligkeit wird nur in noch größeren Fernrohren sichtbar. M 57 bildet eines der typischsten Beispiele eines planetarischen Nebels. Sein Abstand ist nur sehr ungenau zu bestimmen, dürfte aber nach neuesten Untersuchungen etwa 2000 Lichtjahre betragen. Die Gashülle dehnt sich mit einer Geschwindigkeit von knapp 20 km/Sek. aus. Der Ringnebel in der Leier könnte also vor knapp 20 000 Jahren entstanden sein.

M 56 ist ein Kugel-Sternhaufen in etwa 46 000 Lichtjahren Abstand. Seine Helligkeit liegt nur wenig über 10^m, so daß dieser Sternhaufen als blasser Nebelfleck erst in etwas größeren Amateur-Fernrohren erkannt werden kann.

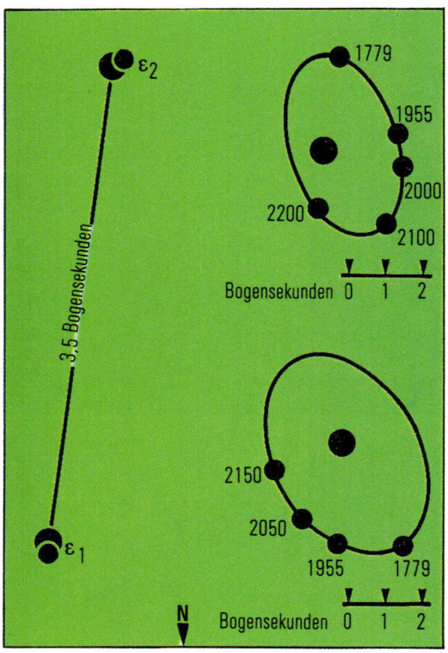

Das vierfache System ε Lyrae

Der Ringnebel M 57 (unten)

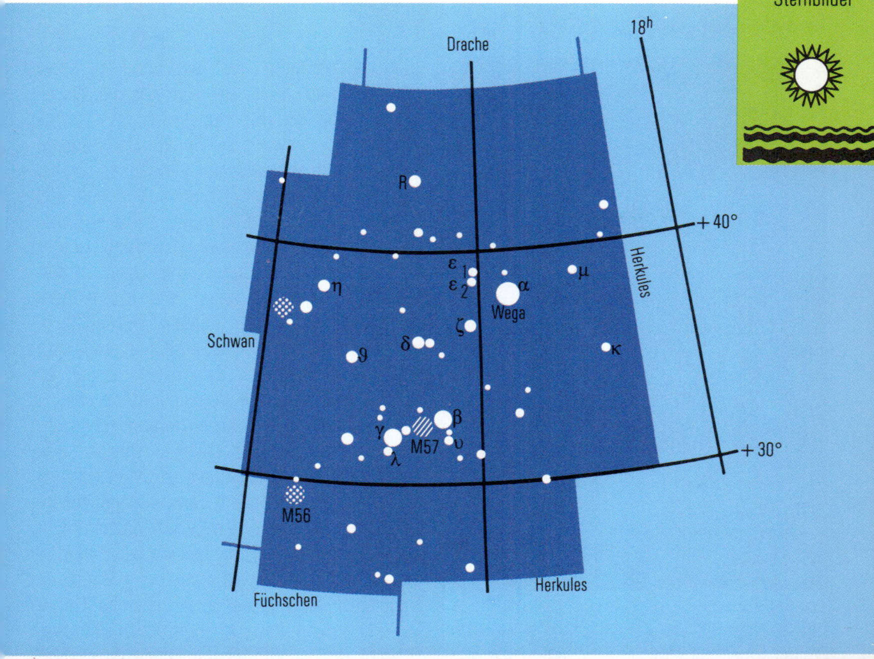
Drache
18h
R
+ 40°
Herkules
ε 1
ε 2
α
μ
η
Wega
ζ
Schwan
δ
ϑ
κ
β
γ
M57
υ
λ
+ 30°
M56
Herkules
Füchschen

Schwan *Cygnus* (Gen.: *Cygni*) Abk.: Cyg

Der Schwan soll der an den Himmel versetzte Freund Phaidons sein, der als Sohn des Sonnengottes Helios einmal den Sonnenwagen bestieg und über den Himmel fuhr. Dabei brachen die Pferde aus, es entstand ein gewaltiger Weltenbrand. Zeus soll Phaidon mit einem Blitzstrahl getötet und in den Eridanus gestürzt haben. Der Freund Phaidons war über dieses Unglück so betrübt, daß ihn die Götter zum Trost unter die Sterne aufnahmen. Nach einer anderen griechischen Sage soll sich aber Zeus selbst in diesen Schwan verwandelt haben, um sich auf diesem Wege mit Nemesis oder Leda zu vereinigen.

Der Schwan ist das auffälligste Sommer-Sternbild. Es steigt für mitteleuropäische Verhältnisse sehr hoch an den Südhimmel. Sein Hauptstern Daneb bildet zusammen mit Wega in der Leier und Atair im Adler das sogenannte Sommerdreieck.

Der Schwan kann auch als ein großes Kreuz aufgefaßt werden, an dessen Spitze Deneb und an dessen Fuß Albireo steht. Man bezeichnet dieses Sternbild deswegen gelegentlich auch als »Kreuz des Nordens«. Steht der Schwan im Osten, so liegt dieses Kreuz auf seiner linken Seite. Erst bei seinem Lauf Richtung Westen richtet sich das nördliche Kreuz allmählich auf. Stellt man sich das Bild als einen Schwan vor, so befindet sich der Kopf bei Albireo, der Schwanz bei Deneb. Daraus leitet sich auch die altarabische Bezeichnung für diesen Stern ab. Deneb ist etwa $1^{m}{,}2$ hell und etwa 1500 Lichtjahre entfernt. Seine absolute Leuchtkraft ist damit über 10 000mal größer als die der Sonne. Damit zählt Deneb zu den leuchtmächtigsten Sternen, die mit bloßem Auge gesehen werden können. Der gelblichweiße Stern hat eine Oberflächentemperatur von fast 11 000 K. Sein Durchmesser ist 60mal größer als der Sonnendurchmesser.

Die Bezeichnung Albireo ist altarabischen Ursprungs und bedeutet »Vogel«. Dieser Stern trägt auch die Bezeichnung β Cygni und ist $3^{m}{,}2$ hell. In einer Distanz von 34 Bogensekunden steht ein Stern 5. Größe, der bereits leicht mit einem guten Feldstecher entdeckt werden kann. Im Gegensatz zu dem orangefarbenen Hauptstern zeigt dieser eine bläuliche Farbe. Die Entfernung beträgt etwa 400 Lichtjahre. Obwohl ein Umlauf des schwachen Sterns um den helleren nicht direkt wahrgenommen werden kann, handelt es sich mit ziemlicher Wahrscheinlichkeit um einen physischen Doppelstern. Die beiden Sterne sind mindestens 660 Milliarden km voneinander entfernt. Das entspricht etwa 0,07 Lichtjahren.

Auch Schedir (»Brust«) oder γ Cygni ist ein Doppelstern. In etwa 142 Bogensekunden Distanz steht nämlich ein Sternchen, dessen Helligkeit allerdings nur zwischen 9. und 10. Größe liegt. Deswegen kann der Begleiter meist erst mit einem Fernrohr ab etwa 6 cm Öffnung gesehen werden. Leichter zu trennen ist dagegen der berühmte Stern 61 Cygni, an dem der Astronom Bessel 1838 erstmals eine Fixsternentfernung bestimmte. 61 Cygni ist 11 Lichtjahre entfernt. In einer Distanz von 30 Bogensekunden befindet sich neben dem $5^{m}{,}6$ hellen Hauptstern ein Begleiter mit der Helligkeit $6^{m}{,}1$. Die Umlaufszeit beträgt fast 700 Jahre.

Im südwestlichen Teil des Sternbilds befindet sich ein bekannter langperiodischer veränderli-

Karte Schwan

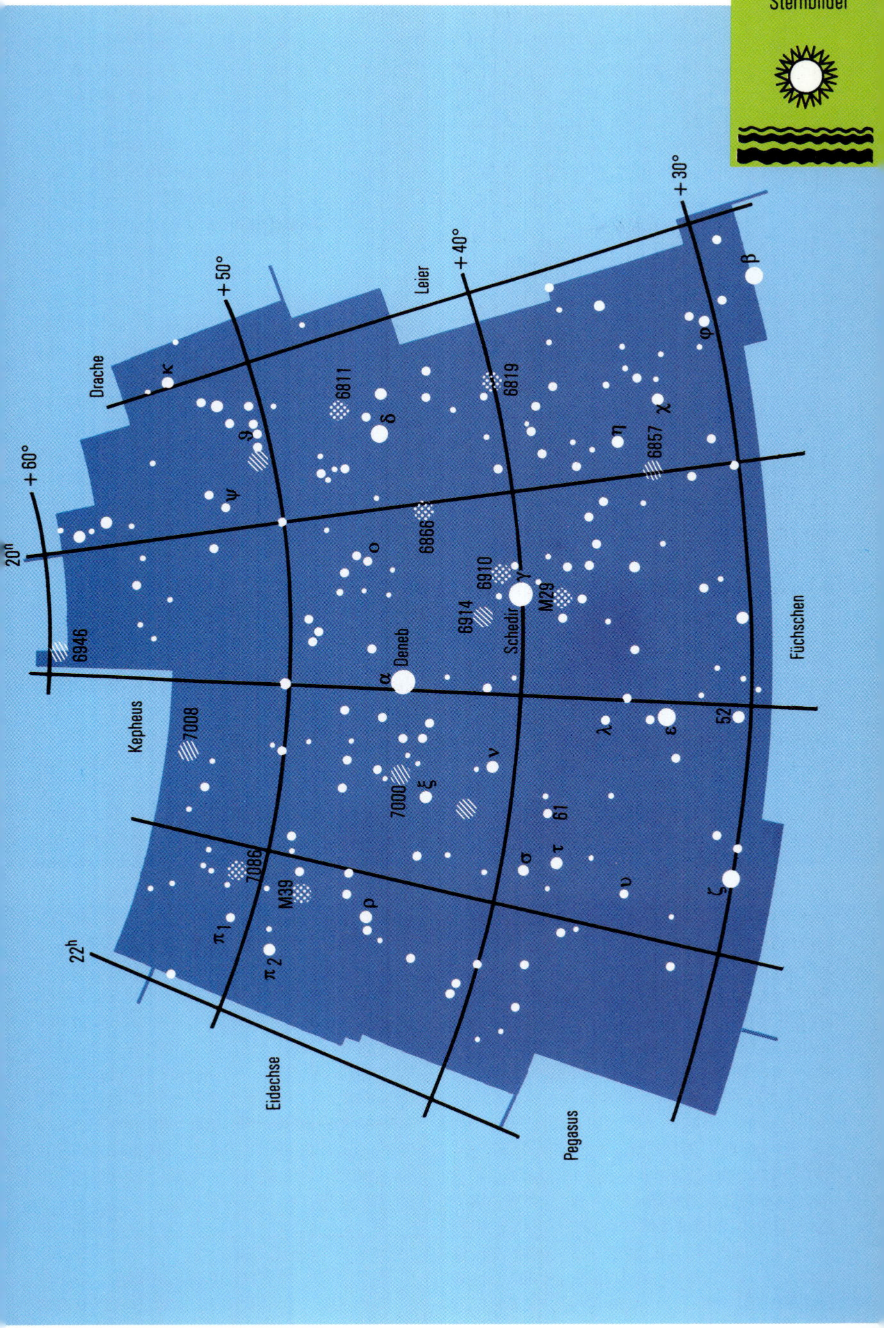
Drache
Leier
Kepheus
Eidechse
Pegasus
Füchschen
Deneb
Schedir
+60°
+50°
+40°
+30°
20h
22h
6811
6819
6857
6866
6910
6914
6946
7000
7008
7086
M29
M39
52
61

cher Stern: χ Cygni. Im Maximum erreicht er gelegentlich eine Helligkeit zwischen der 3. und 5. Größenklasse, so daß er mit bloßem Auge leicht zu beobachten ist. Im Minimum sinkt er aber auf die 13. oder 14. Größe ab. Die Periode beträgt etwa 406 Tage.

Der Schwan liegt inmitten reicher Milchstraßen-Gebiete. Daher lohnt sich ein Streifzug mit

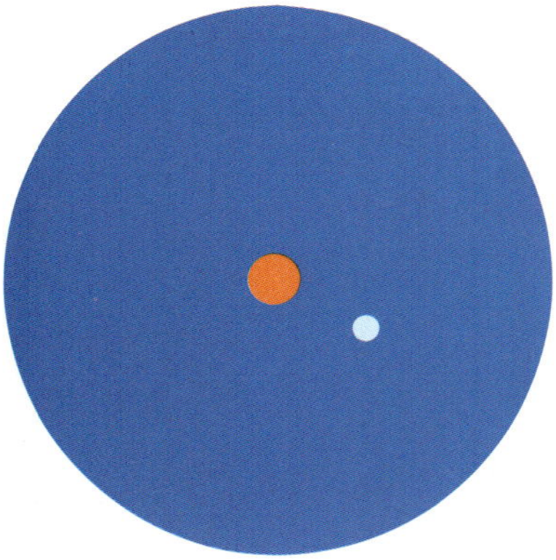

β Cygni

einem lichtstarken Feldstecher durch diesen Himmelsbereich. Besonders reiche Sternfelder entdecken wir auf der Längsachse des »Nördlichen Kreuzes« und im nordöstlichen Teil des Sternbilds. Zählt auch der Schwan nicht zu den sternreichsten Gebieten der Milchstraße, ist er für mitteleuropäische Beobachter dennoch sehr reizvoll. Er steigt nämlich hoch über den Horizont, wo Beeinträchtigungen durch die Helligkeit der Stadt und den Dunst der Atmosphäre nicht so stark in Erscheinung treten.

Darüber hinaus verfügt der Schwan aber auch über eine größere Zahl von offenen Sternhaufen. Besonders bemerkenswert ist M 39. Der etwa 800 Lichtjahre entfernte Sternhaufen enthält rund 25 Sterne zwischen der 6. und 9. Größenklasse. Seine Gesamthelligkeit beträgt 5^m, so daß er mit einem Opernglas gerade noch erkannt werden kann. Aber auch M 29 ist ein bemerkenswertes Objekt. Sein Abstand beträgt etwa 7200 Lichtjahre. In einem kleinen Teleskop sehen wir einige Sterne, die so angeordnet sind wie die hellsten Sterne in den Plejaden (im Sternbild Stier): ein aus vier Sternen gebildetes Trapez, an das sich auf beiden Seiten zwei weitere Sternchen anschließen. Insgesamt verfügt M 29 über sehr viel mehr Sterne. Auch NGC 6910 lohnt einen Ausflug mit einem besseren Amateur-Fernrohr. Hier stehen etwa 40 schwächere Sterne beieinander.

Etwas östlich von Deneb finden wir einen der seltsamsten heller Nebel des Himmels. Leider kann er visuell kaum beobachtet werden. Lediglich auf langbelichteten fotografischen Aufnahmen kommt er mit seiner eigentümlichen Gestalt zum Vorschein, die zu der Bezeichnung »Nordamerika-Nebel« anregte. Die offizielle Bezeichnung lautet NGC 7000. Häufig wird angenommen, daß Deneb die Gase des Nordamerika-Nebels zum eigenen Leuchten anregt. Ist dies richtig, so müßte auch die Entfernung dieses Nebels etwa 1500 Lichtjahre betragen, eine bisher nicht sicher bewiesene Folgerung. Benutzer hervorragender, extrem lichtstarker Doppelgläser (z. B. 10 × 80) können bei günstigen Sichtverhältnissen den Nordamerika-Nebel möglicherweise auch visuell auffinden. Etwas rechts (westlich) des Nordamerika-Nebels steht noch ein anderer Nebel, der seiner Form nach häufig als »Pelikannebel« bezeichnet wird.

Zum Schluß sei noch auf ein Objekt hingewiesen, das auch nicht mit bloßem Auge oder kleinen Fernrohren beobachtet werden kann. Es spielte aber in der astronomischen Diskussion der letzten Jahre eine besondere Rolle: Cygnus X–1. Es liegt in der Nähe des Sterns η Cygni. Der Buchstabe X bezeichnet eine Röntgenquelle. Im Gegensatz zu vielen anderen Röntgenquellen scheint es sich hier um ein »schwarzes Loch« zu handeln, einen zusammengestürzten alten massenreichen Stern, an dessen Oberfläche eine so gewaltige Schwerebeschleunigung herrscht, daß kein Lichtstrahl mehr nach außen dringen kann. Genaugenommen geht es um ein Sternenpaar: Von einem normalen Stern fließen in das schwarze Loch Gasströme. Noch ehe diese die Grenze des schwarzen Lochs erreichen, wird eine äußerst intensive Röntgenstrahlung ausgesandt. Vom schwarzen Loch selbst erhalten wir keine Botschaft in Form von Strahlung.

Nordamerika-Nebel (oben), Schwan und Leier (unten)

Adler *Aquila* (Gen.: *Aquilae*) Abk.: Aql

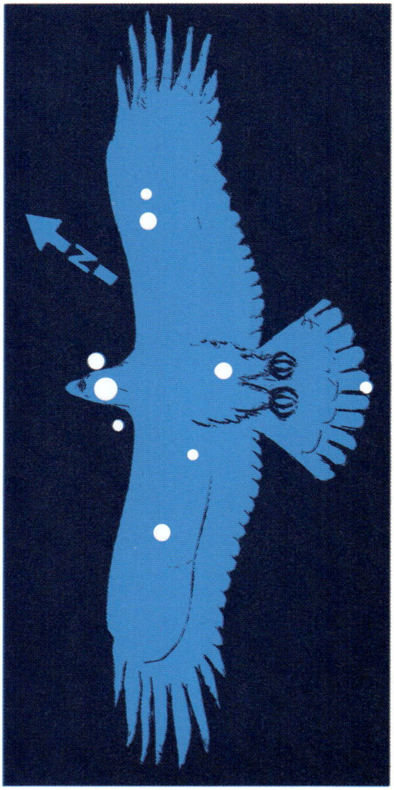

Der Adler soll nach der griechischen Sage auf Geheiß von Zeus den Antinous geraubt haben, um ihn zum Mundschenk der Götter zu machen. Nach einer anderen Vorstellung soll Herkules diesen Adler getötet haben, als dieser Prometheus bedrängte. Zeus versetzte darauf den Adler an den Himmel.

Der Hauptstern des Adlers, Atair oder Altair, bildet mit Wega in der Leier und Deneb im Schwan das sogenannte Sommerdreieck. Von den drei genannten Sternbildern steht der Adler am südlichsten. Über ein Drittel des Sternbilds liegt südlich des Himmelsäquators.

Atair (häufig auch als Altair bezeichnet) trägt eine altarabische Bezeichnung. Sie bedeutet »Der fliegende Adler«. Atair hat eine Helligkeit von $0\overset{m}{,}8$ und ist 16 Lichtjahre von uns entfernt. Sein Durchmesser ist 1½mal größer, seine absolute Leuchtkraft 9mal stärker als die entsprechenden Werte der Sonne. Der gelblichweiße Stern weist eine Oberflächentemperatur von etwa 8600 K auf. Spektroskopische Untersuchungen zeigten, daß sich Atair sehr schnell um seine eigene Achse drehen muß. Wahrscheinlich beträgt seine Rotationszeit nur etwa 6½ Stunden (gegenüber 25 Tagen bei unserer Sonne). In einer Distanz von 165 Bogensekunden steht ein weiteres Sternchen 10. Größe, das aber offensichtlich nicht physisch zu Atair gehört. Es kann mit einem Fernrohr ab etwa 8 cm gesehen werden.

Ein physischer Doppelstern ist dagegen 5 Aquilae. Hier können wir zwei Sterne $5\overset{m}{,}7$ und $7\overset{m}{,}3$ in 13 Bogensekunden Distanz bereits mit einem Fernrohr ab etwa 5 cm Öffnung auflösen. Noch leichter kann η Aquilae getrennt werden. Hier steht neben einem Stern mit der Helligkeit $5\overset{m}{,}5$ in 38 Bogensekunden Distanz ein Stern 7. Größe. Auch 57 Aquilae ist leicht zu trennen. Hier sind die beiden Partner sogar nahezu gleich hell. Der Hauptstern hat eine Helligkeit von $5\overset{m}{,}8$, der Begleiter von $6\overset{m}{,}5$, die Distanz beträgt 36 Bogensekunden.

Knapp 8 Grad südlich Atair steht der veränderliche Stern η Aquilae. Es ist ein Cepheid mit einer Periode von 7,18 Tagen. Im Maximum erreicht er die Helligkeit $3\overset{m}{,}7$, im Minimum fällt er auf $4\overset{m}{,}4$ ab. Seine Entfernung beträgt rund 1000 Lichtjahre. Ganz andere Verhältnisse herrschen dagegen bei R Aquilae vor. Er zeigte im Laufe der letzten Jahrzehnte eine stark abnehmende Periode. Zu Beginn des 20. Jahrhunderts betrug sie noch etwa 350 Tage, inzwischen ist sie auf etwa 300 Tage abgefallen. Damit zählt R Aquilae zu den langperiodischen Veränderlichen vom Mira-Typ. Im Maximum gelangt der Stern bis zur 5. oder 6. Größenklasse, im Minimum fällt er auf die 12. Größenklasse ab.

Vor allem der nördliche und östliche Teil des Sternbilds Adler liegt inmitten der Milchstraße. So können wir in diesen Bereichen auch mehrere bemerkenswerte, offene Sternhaufen beobachten. Dazu gehört vor allem NGC 6709. Der etwa 2600 Lichtjahre entfernte Sternhau-

Karte Adler/Schild

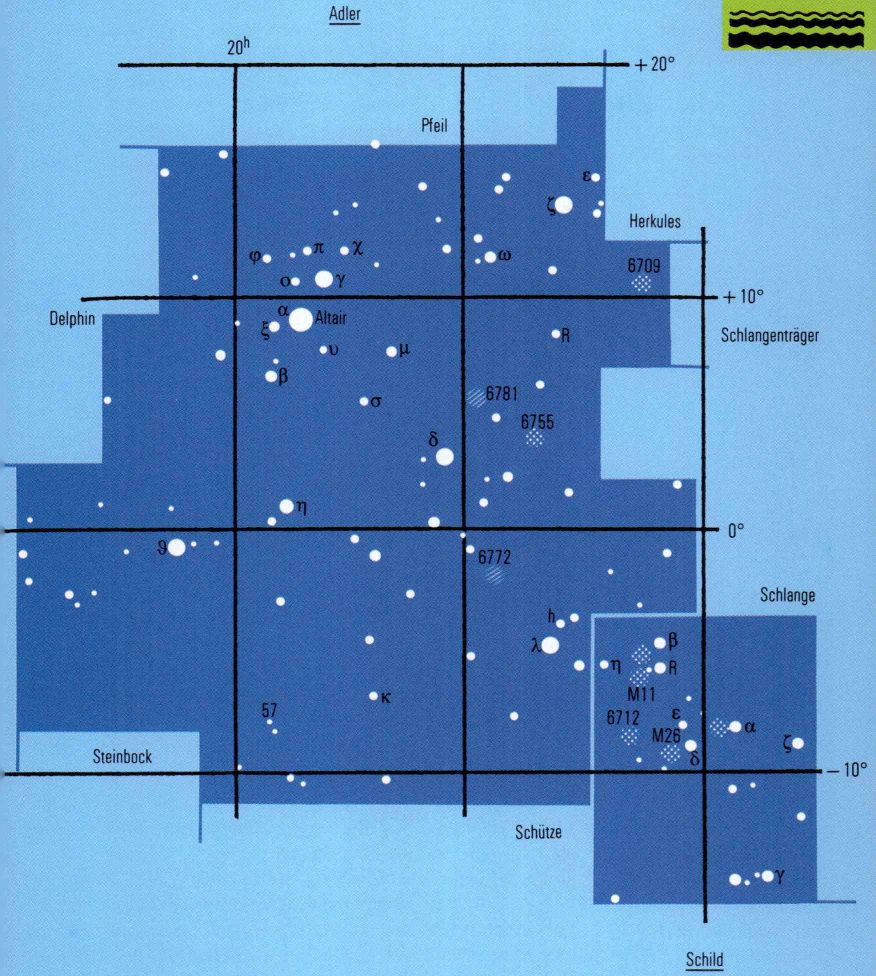
Adler
20h
+ 20°
Pfeil
Herkules
6709
+ 10°
Delphin
Altair
Schlangenträger
R
6781
6755
0°
6772
Schlange
M11
6712
M26
57
Steinbock
– 10°
Schütze
Schild

fen enthält etwa 40 Sterne, die über eine Fläche von etwa 0,2 Winkelgrad Durchmesser ausgebreitet liegen. Schwächere Sterne enthält NGC 6755.

Nur knapp rechts (oder westlich) vom Stern γ Aquilae befindet sich eine bekannte Dunkelwolke, die bereits mit einem guten Feldstecher beobachtet werden kann. Sie zeigt eine Dreiteilung und wird häufig als die »Dunkle Höhle« im Adler bezeichnet. Der Nebel trägt die Katalogbezeichnung Barnard 142/143. Entfernungsbestimmungen an derartigen Dunkelwolken sind nur sehr schwer durchführbar. Vermutlich ist aber die »Dunkelhöhle« rund 2500 Lichtjahre entfernt. Ihr scheinbarer Durchmesser beträgt etwa 0,5 Winkelgrad. Damit erscheint dieser Dunkelnebel etwa so groß wie die Vollmondscheibe.

NGC 6772 und 6781 sind zwei schwächere planetarische Nebel, die nur mit größeren Amateur-Fernrohren beobachtet werden können.

»Dunkle Höhle« im Adler (oben),

Schild *Scutum* (Gen.: *Scuti*) Abk.: Sct ***(Karte auf S. 93)***

Dieses Sternbild wurde erst von J. Hevelius im 17. Jahrhundert an den Himmel versetzt. Es sollte an die Befreiung Wiens von der türkischen Belagerung im Jahre 1683 erinnern und Bezug nehmen auf den Schild des polnischen Königs Johann III. Sobieski. So wird das Sternbild häufig auch als Sobieskischer Schild oder lateinisch Scutum Sobiesci bezeichnet.

Der Schild liegt am südwestlichen Rand des Sternbilds Adler und leitet von diesem in Richtung Sternbild Schütze über. Flächenmäßig ist er nur eine sehr kleine Figur, die zudem keine helleren Sterne enthält. Bedeutung erhält das Sternbild aber durch seine Lage inmitten sternreicher Gebiete der Milchstraße. α Scuti hat eine Helligkeit von $4^{\mathrm{m}}1$ und trägt keinen Eigennamen. Seine Entfernung mißt etwa 200 Lichtjahre. δ Scuti ist ein veränderlicher Stern mit einer Periode von nur 4,65 Stunden. Während dieser Zeit schwankt die Helligkeit zwischen etwa $4^{\mathrm{m}}9$ und $5^{\mathrm{m}}2$. δ Scuti stellt den Hauptvertreter einer kleinen, aber besonderen Gruppe pulsierender Sterne dar. Ihre Perioden sind durchweg extrem kurz. Die kürzeste Periode hat der Stern 38 Arietis (im Widder) mit 50 Minuten.

Auch R Scuti ist ein Veränderlicher. In einer ziemlich unregelmäßigen (oder gelegentlich halbregelmäßigen) Art schwankt seine Helligkeit zwischen etwa $4^{\mathrm{m}}5$ und 9^{m}. M 11 ist ein bekannter offener Sternhaufen. Seine hellsten Sterne erreichen die 8. Größenklasse. Damit kann M 11 vielleicht andeutungsweise mit einem Feldstecher, eindrucksvoll aber erst mit einem kleinen Fernrohr gesehen werden. Im Gegensatz zu vielen anderen Sternhaufen erscheint M 11 verhältnismäßig kompakt. Bei einer flüchtigen Betrachtung ähnelt er fast einem nahe gelegenen, in Sterne auflösbaren Kugelhaufen. Die Entfernung beträgt etwa 5700 Lichtjahre.

Auch M 26 ist ein offener Sternhaufen, der aber etwas schwieriger zu beobachten ist. Seine hellsten Sterne erreichen nur die 11. Größenklasse. Deswegen benötigen wir hier zur Beobachtung ein Fernrohr ab etwa 10 cm Öffnung. NGC 6712 schließlich ist ein kugelförmiger Sternhaufen in etwa 20 000 Lichtjahren Abstand. In einer Gesamthelligkeit von 9^{m} kann auch er nur in lichtstärkeren Amateur-Fernrohren beobachtet werden.

Sternhaufen M 11 im Schild (unten)

Herkules *Hercules* (Gen.: *Herculis*) Abk.: Her

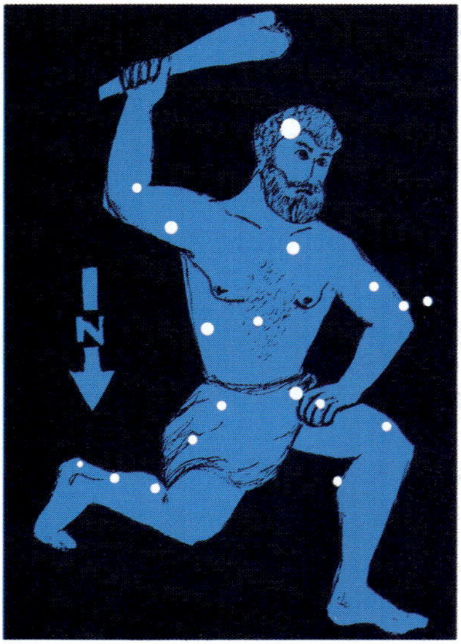

Der aus der griechischen Sage bekannte Held Herkules besiegte unter anderem den nemeischen Löwen, kämpfte mit der Hydra oder lernäischen Wasserschlange und säuberte den Rinderstall des Königs Augias aus Elis. Herkules war der Sohn des Zeus und der Sterblichen Alkmene. Als Zeus den Säugling Herkules an die Brust seiner Ehefrau, der Göttin Hera, legen wollte, damit dieser die göttliche Milch trinke und die Unsterblichkeit erlange, war Herkules so ungestüm, daß sich ein großer Strahl Milch über das Himmelsgewölbe ergoß. So soll die Milchstraße entstanden sein.
Herkules gehört zu den weniger übersichtlichen Sternbildern. Sein Kernstück bilden die vier Sterne ζ, η, ε und π. Von dort aus verteilen sich einige Sternstränge nach Südwesten und Südosten sowie nach Nordwesten und Nordosten.
Der Hauptstern des Herkules befindet sich hart an der Grenze zum Ophiuchus (Schlangenträger) und wird auch Ras Algethi genannt. Diese altarabische Bezeichnung bedeutet »Kopf des Knienden«. In vielen bildhaften Darstellungen wird Herkules am Himmel kniend, aber mit dem Kopf nach unten (Süden) wiedergegeben. Die Entfernung ist nur schwer zu bestimmen, dürfte aber bei etwa 430 Lichtjahren liegen. Andere Schätzungen ergaben 700 Lichtjahre. Ist der kleinere Wert richtig, so ist Ras Algethi 830mal heller als die Sonne. Ras Algethi zählt zu den roten Riesensternen. Sein Durchmesser ist 400mal größer als der unserer Sonne. Das sind 560 Millionen km. Seine Oberflächentemperatur beträgt etwa 2500 K und seine mittlere Dichte erreicht nur 0,0000001 g/cm^3. Ras Algethi ist auch ein halbregelmäßiger veränderlicher Stern. Seine Helligkeit schwankt zwischen der 3. und 4. Größenklasse. Seine Periode umfaßt etwa 90 bis 100 Tage. Ziehen wir ein Fernrohr von mindestens 6 cm Öffnung heran, so erkennen wir in 4,6 Bogensekunden Distanz einen Begleiter mit der Helligkeit $5^{m},4$. Ras Algethi stößt wie viele rote Riesensterne Gaswolken in seine Umgebung ab. Die Expansionsgeschwindigkeit beträgt hier etwa 10 km/Sek. Auch der Begleiter wird von diesen Gaswolken eingehüllt.
Herkules enthält einige bemerkenswerte Doppelsterne, die schon mit kleinen Fernrohren aufgelöst werden können. Bekannt ist δ Herculis, obwohl die beiden Partner nur optisch beieinanderstehen und nicht räumlich zusammengehören. Trotzdem ist δ Herculis bemerkenswert, zeigen doch beide Sterne eine ganz unterschiedliche Eigenbewegung. Sie führt dazu, daß sich die Lage der beiden Sterne zueinander im Laufe der Zeit stark verändert. 1830 betrug die Distanz noch 26 Bogensekunden. 1960 war sie auf 9 Bogensekunden zusammengeschrumpft. Seither vergrößert sich der Abstand allmählich wieder. Der Hauptstern ist $3^{m},2$, der Begleiter $8^{m},8$ hell. Es genügt ein Fernrohr ab 6 cm Öffnung zur Trennung dieses seltsamen Sternpaares. Der Stern μ Herculis ist $3^{m},5$ hell und zeigt in 33 Bogensekunden Distanz einen Begleiter 10. Größe. Etwas enger beieinander stehen die Komponenten des Doppelsterns ρ Herculis. Die beiden Sterne haben eine Helligkeit von $4^{m},5$ und $5^{m},5$, die Distanz beträgt 4 Bogensekunden. Bereits mit einem Feldstecher können die beiden Sterne 36/37 oder m Herculis aufgelöst werden. Sie stehen am südwestlichsten Rand des Sternbilds. Der

Karte Herkules

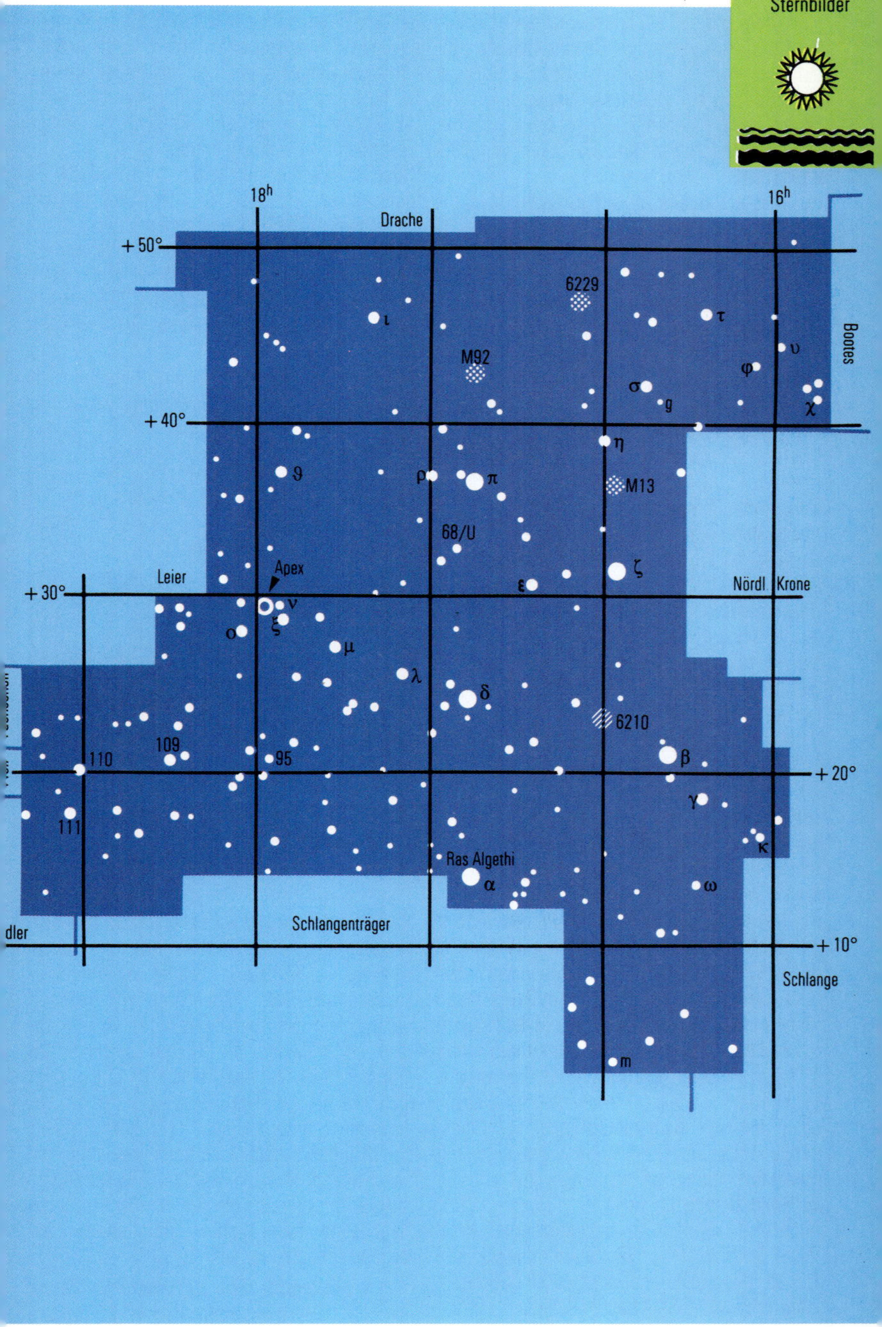
18h
16h
Drache
+50°
+40°
+30°
+20°
+10°
6229
M92
M13
6210
68/U
Apex
Leier
Nördl. Krone
Bootes
110
109
95
111
Ras Algethi
Schlangenträger
dler
Schlange
ι
τ
υ
φ
σ
g
χ
η
ϑ
ρ
π
ζ
ε
ν
ο
ξ
μ
λ
δ
β
γ
κ
α
ω
m

eine Stern zeigt $5^{m},7$, der schwächere $6^{m},8$ Helligkeit. Die gegenseitige Distanz beläuft sich auf immerhin 70 Bogensekunden. κ Herculis ist wiederum ein physischer Doppelstern. Die beiden Sterne stehen 29 Bogensekunden auseinander und haben eine Helligkeit von $5^{m},3$ und $6^{m},5$.

68 oder u Herkulis ist ein Bedeckungsveränderlicher. Hier bewegen sich zwei stark abgeplattete, aber fast gleich große Sterne in 2,051 Tagen umeinander. Die Leuchtkräfte der beiden Sterne unterscheiden sich voneinander: Der hellere ist 260mal, der schwächere 100mal leuchtmächtiger als unsere Sonne. Die Massen betragen 7,5 und 2,9 Sonnenmassen. Der Durchmesser beträgt in beiden Fällen das 6fache des Sonnendurchmessers. Die Helligkeit des Sterns schwankt zwischen $4^{m},7$ und $5^{m},4$.

Das Sternbild Herkules ist bekannt für einige beachtliche kugelförmige Sternhaufen. Besonders ragt M 13 heraus. Er kann bereits mit einem Opernglas leicht als schwacher Nebelfleck aufgefunden werden und liegt genau auf der Verbindungslinie zwischen ζ und η Herculis, und zwar auf etwa zwei Drittel der genannten Wegstrecke. Mit einem kleineren Amateur-Fernrohr sehen wir schon eine zentrale Verdichtung in dem ansonsten kugeligen Nebelfleck. Da die hellsten Sterne in M 13 aber nur auf die 11. Größenklasse kommen (es handelt sich dabei um rote Riesen), gelingt eine wenigstens teilweise Auflösung erst mit einem Fernrohr über 10 cm Öffnung. Die Gesamtzahl der Sterne in M 13 ist auch mit größeren Fernrohren kaum abzuschätzen. Zwar wurden bis zur 21. Größenklasse über 30 000 Sterne gezählt, doch dürfte die wahre Anzahl noch weit darüber liegen. Die meisten Autoren nehmen heute rund 1 Million Sterne an. Mit einer Entfernung von etwa 23 000 Lichtjahren zählt M 13 zu den nächsten Kugelhaufen, günstig zu betrachten vor allem für Beobachter des nördlichen Himmels. Sein tatsächlicher Durchmesser beträgt etwa 100 Lichtjahre, die äußersten Ausläufer erstrecken sich sogar bis auf die doppelte Distanz.

Auch M 92 ist noch ein beachtlicher kugelförmiger Sternhaufen. Er liegt mehr im nördlichen Teil des Sternbilds und ist etwa 36 000 Lichtjahre entfernt. Seine Gesamthelligkeit beträgt etwa $6^{m},5$ gegenüber $5^{m},8$ bei M 13. Deswegen wird M 92 etwas schwieriger aufgefunden. Trotzdem gehört er noch zu den am leichtesten zu beobachtenden Kugelhaufen des Himmels. Als Ganzes kann er durchaus noch mit einem Feldstecher gesehen werden.

Noch schwächer ist allerdings NGC 6229. Er bringt es nur auf etwa $9^{m},4$ Helligkeit und ist vermutlich 80 000 Lichtjahre entfernt.

NGC 6210 ist ein planetarischer Nebel mit einer Gesamthelligkeit von $9^{m},7$. Er kann demnach ganz ähnlich wie auch NGC 6229 erst mit größeren Liebhaber-Fernrohren gesehen werden.

Im östlichen Teil des Herkules befindet sich der Apex der Sonnenbewegung, also der

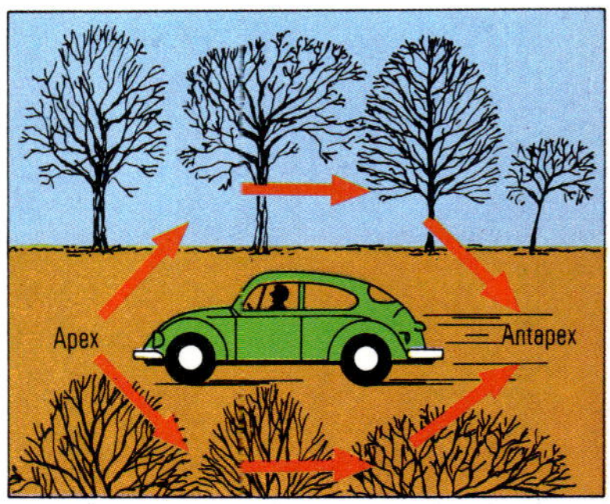

So wie die Stellung der Bäume sich für den Fahrer des Wagens verändert, so ändert sich die Position der Sterne für die Sonne.

Zur Erklärung der Sonnenbewegung durch den Raum

Zielpunkt, auf den sich die Sonne mitsamt den Planeten zubewegt. Systematische Beobachtungen der Sternbewegungen zeigen, daß sich die Sterne von diesem Punkt entfernen und am Gegenpunkt (Antapex) wieder zusammenzuströmen scheinen. Beobachten wir dagegen rechtwinklig zur Verbindungslinie Apex-Antapex, so scheinen die Sterne systematisch »nach hinten« zu fliegen. Dieser Effekt zeigt sich nur bei der Untersuchung einer großen Zahl von Sternen, konnte aber bereits 1783 von Wilhelm Herschel an einer kleineren Zahl von Sternen entdeckt werden. Die Geschwindigkeit, mit der sich die Sonne relativ zu ihren Nachbarsternen in Richtung Apex bewegt, beträgt knapp 20 km/Sek.

Beispiele roter Riesensterne (oben), Kugelsternhaufen M 13 (unten)

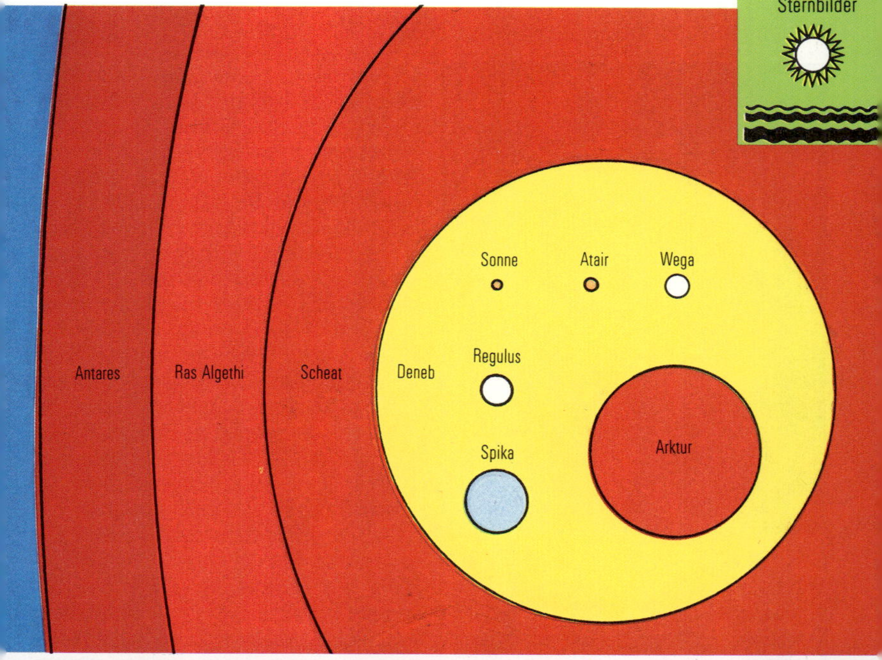
Antares
Ras Algethi
Scheat
Deneb
Sonne
Atair
Wega
Regulus
Spika
Arktur

Schlangenträger *Ophiuchus* (Gen.: *Ophiuchi*) Abk.: Oph

Beim Schlangenträger oder Ophiuchus handelt es sich vermutlich um Äskulap, den Meister der Heilkunst. Der Ophiuchus hält in seinen Händen die Schlange, die ihm ein Kraut gebracht haben soll, mit dem er nicht nur Kranke heilen, sondern auch Tote zum Leben erwecken konnte.

Der Schlangenträger gehört zu den weniger übersichtlichen Sommer-Sternbildern. Es dehnt sich vor allem in Nord-Süd-Richtung stark aus. Im Süden wird es sogar von der Ekliptik geschnitten, so daß der Schlangenträger gelegentlich als 13. Tierkreis-Sternbild bezeichnet wurde. Die Sonne bewegt sich in der ersten Dezemberhälfte durch diesen Bereich.

Der Hauptstern des Ophiuchus trägt die altarabische Bezeichnung Ras Alhague oder »Kopf des Schlangenträgers«. Seine Helligkeit beträgt $2^{m}{,}1$, seine Entfernung 60 Lichtjahre. Seine Leuchtkraft ist 35mal größer als die der Sonne. Ras Alhague liegt nahe am Nordrand des Sternbilds und ist nicht allzuweit von Ras Algethi, dem Hauptstern des Herkules, entfernt. β Ophiuchi trägt auch die Bezeichnung Celbalrai oder »Schäferhund«. Seine Helligkeit beträgt $2^{m}{,}9$, sein Abstand 125 Lichtjahre.

Ein hübscher Doppelstern, der bereits mit einem Fernrohr ab etwa 5 cm Öffnung aufgelöst werden kann, ist 67 Ophiuchi. Hier stehen zwei Sterne mit der Helligkeit $3^{m}{,}9$ und $8^{m}{,}2$ in 54 Bogensekunden Distanz. Noch bemerkenswerter ist 70 Ophiuchi, knapp östlich von 67 Ophiuchi gelegen, und nur 16,3 Lichtjahre von uns entfernt; er besteht aus 2 Sternen $4^{m}{,}3$ und $6^{m}{,}0$, die sich bereits in 87,85 Jahren umeinander bewegen. Die Umlaufbahn liegt so im Raum, daß sich der scheinbare Winkelabstand zwischen den beiden Sternen im Laufe dieser Zeit merklich verändert. Der kleinste Abstand zwischen dem Begleiter und seinem Hauptstern wird 1989/90 mit nur 1,55 Bogensekunden erreicht. Deswegen ist augenblicklich ein Fernrohr über 8 cm Öffnung erforderlich, um dieses Sternenpaar zu trennen. Gegen Ende des Jahrhunderts werden die Verhältnisse günstiger: Im Jahre 2000 wächst der gegenseitige Abstand bereits auf 3,9 Bogensekunden an. Dann reicht ein Fernrohr von 5 cm Öffnung völlig aus. Der größte Winkelabstand mit 6,7 Bogensekunden wird im Jahre 2020 erreicht. 70 Ophiuchi ist eines der wenigen Beispiele für einen Doppelstern, an dem man innerhalb eines Menschenlebens mit einem kleinen Fernrohr nahezu einen ganzen Umlauf verfolgen kann.

Der Schlangenträger liegt innerhalb der Milchstraße und enthält mehrere offene Sternhaufen, aber auch Kugelhaufen. So liegt in der Nähe von β Ophiuchi der offene Haufen IC 4665. Er enthält etwa 13 Sterne zwischen der 7. und 10. Größenklasse. Im nordöstlichsten Teil des Sternbilds, hart an der Grenze zur Schlange hin, liegt NGC 6633. Hier sehen wir verhältnismäßig eng aufeinander 65 Sterne in 1600 Lichtjahren Abstand. Die hellsten erreichen die 7. Größenklasse. Kugelsternhaufen, die bereits mit einem 6-cm-Fernrohr andeutungsweise gesehen werden können, sind vor allem M 9 (Gesamthelligkeit 8^{m}), M 10 (Helligkeit 7^{m}), M 12 (Helligkeit 8^{m}) und M 19 (Helligkeit 7^{m}). Allerdings werden wir in diesen Fällen mit einem kleinen Fernrohr nur ein blasses Nebelfleckchen erkennen, das eine zentrale Verdichtung aufweist.

Knapp nordwestlich von 67 Ophiuchi liegt bei der Rektaszension 17 h (Stunden) 55,4 m (Minuten) und der Deklination $+4° 24'$ der

Karte Schlange und Schlangenträger

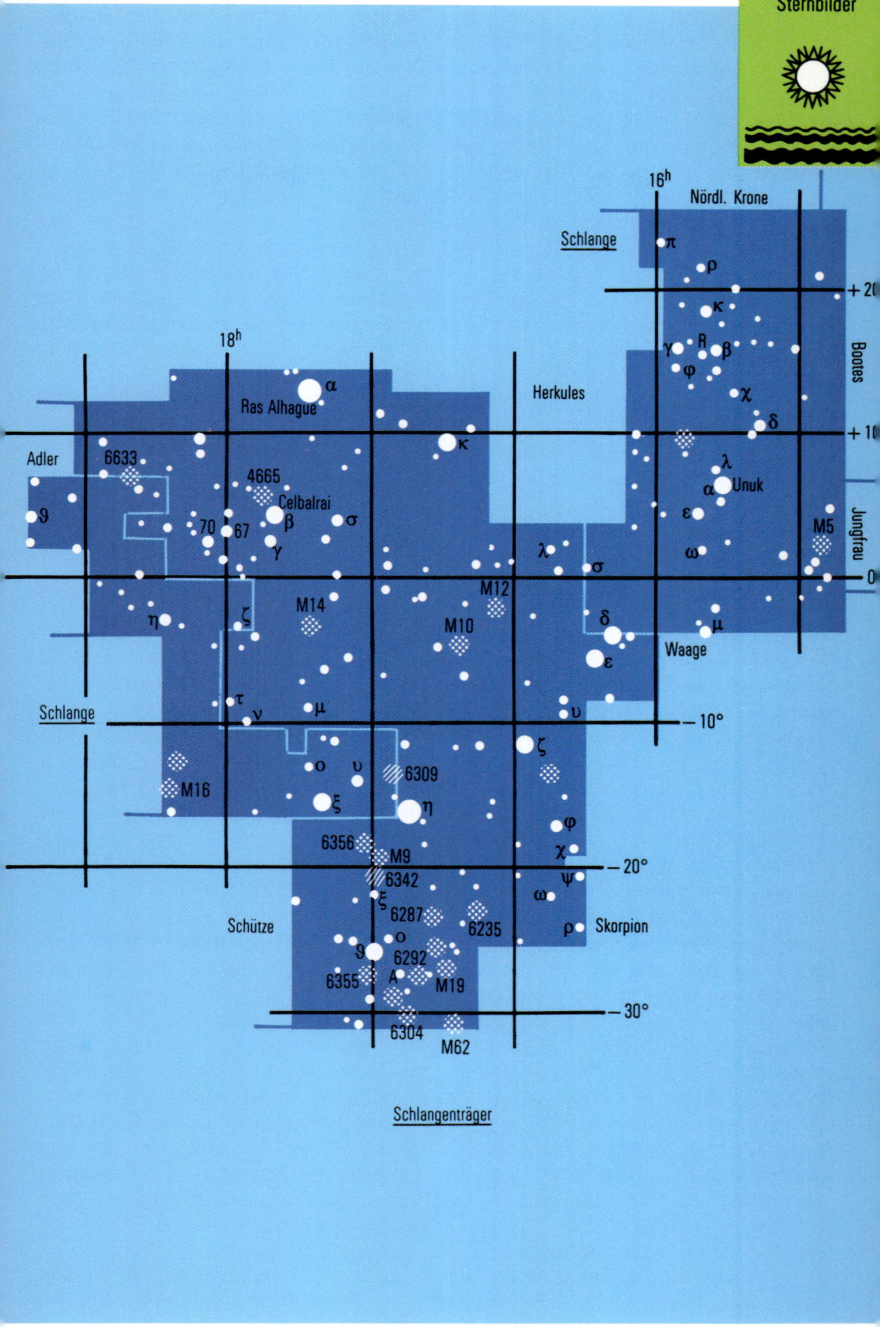
16h
18h
Nördl. Krone
Schlange
Bootes
Jungfrau
Herkules
Ras Alhague
Celbalrai
Unuk
Adler
6633
4665
70
67
M14
M12
M10
M5
Waage
Schlange
M16
6309
6356
M9
6342
6287
6235
6292
6355
M19
6304
M62
Schütze
Skorpion
+20
+10
0
– 10°
– 20°
– 30°
Schlangenträger

bekannte Barnards Pfeilstern. Er ist nach dem System Alpha Centauri mit 5,9 Lichtjahren Abstand der zweitnächste Stern. Da Alpha Centauri von Mitteleuropa aus nicht gesehen werden kann, wäre es schön, wenn wir am Nordhimmel wenigstens den zweitnächsten Stern sehen könnten. Dem ist aber leider nicht so. Barnards Pfeilstern ist nur $9^{\mathrm{m}}.5$ hell, da er zu den roten Zwergsternen zählt und absolut nur 1/2500 so hell ist wie die Sonne. Seine Masse beträgt 16% der Sonnenmasse, sein Durchmesser etwa 230 000 km. Der Name »Pfeilstern« kommt daher, daß er unter allen anderen Sternen die schnellste Eigenbewegung zeigt. Er legt bereits in einem Jahr 10,3 Bogensekunden am Himmelsgewölbe zurück. Das macht in 180 Jahren immerhin knapp 31 Bogenminuten oder ein halbes Grad aus, was ziemlich genau der Breite der Sonnen- oder Mondscheibe entspricht. Auf der rechten Seite steht eine schöne Farbaufnahme des berühmten »Adler-Nebels«. Bei genauerer Betrachtung erkennen wir am Rande des Nebels rüsselartige Einbuchtungen. Sie werden (auch bei anderen ähnlichen Nebeln) als »Elefantenrüssel« bezeichnet. Während die hellen Bereiche des Nebels ionisiertes Wasserstoffgas mit einer Temperatur von rund 10 000 K sind, haben die dunklen Zonen als neutrales Wasserstoffgas nur eine Temperatur von etwa 100 K. Inmitten des hellen Nebels entdecken wir auch einzelne rundliche Dunkelflecke. Sie tragen den Namen »Globulen«. Es sind etwas verdichtetere Wolken, die häufig als Vorstufen in der Entstehung von Sternen oder ganzen Sternansammlungen gelten.

Schließlich sei noch auf den Veränderlichen R Serpentis hingewiesen, der 10 Grad nördlich Unuk liegt. Es ist ein Mira-Veränderlicher; er schwankt zwischen $5^{\mathrm{m}}.6$ und $14^{\mathrm{m}}.0$ mit einer Periode von 357 Tagen.

Schlange *Serpens* (Gen.: *Serpentis*) Abk.: Ser

Der mythologische Hintergrund dieses Sternbilds wurde bereits beim Schlangenträger erwähnt. Die Schlange ist das einzige Sternbild, das in zwei Teile getrennt ist. Ihr Kopf (Serpens Caput) ist nämlich durch den Schlangenträger vom Schwanz (Serpens Cauda) getrennt.

Der Hauptstern der Schlange heißt auch altarabisch Unuk oder Unuk Elhaija (»Hals der Schlange«). Seine Helligkeit beträgt $2^{\mathrm{m}}.7$, sein Abstand 70 Lichtjahre. Die Leuchtkraft ist 35mal größer als die der Sonne. β Serpentis ist ein Doppelstern. Die beiden Partner haben eine Helligkeit von $3^{\mathrm{m}}.7$ und $9^{\mathrm{m}}.2$. Sie stehen 31 Bogensekunden voneinander entfernt. Ihr Abstand von der Erde beträgt 95 Lichtjahre. Zum Auffinden des schwachen Begleiters ist ein Fernrohr über 6 cm Öffnung erforderlich. Leichter zu trennen ist dagegen δ Serpentis. Die Helligkeiten betragen hier $4^{\mathrm{m}}.2$ und $5^{\mathrm{m}}.2$, die gegenseitige Distanz 4 Bogensekunden. Hier reicht bereits ein 5-cm-Fernrohr aus. Ganz am Ostrand des Sternbilds befindet sich ϑ Serpentis. Die beiden Sterne $4^{\mathrm{m}}.5$ und $5^{\mathrm{m}}.4$ sind 22 Bogensekunden voneinander entfernt. Das ist so viel, daß schon ein sehr guter Feldstecher zur Auflösung genügt. ν Serpentis ist ein optischer Doppelstern, bei dem die beiden Partner 46 Bogensekunden auseinanderstehen und $4^{\mathrm{m}}.4$ und $8^{\mathrm{m}}.7$ hell sind.

Die Schlange enthält mit M 5 einen der schönsten Kugelsternhaufen des nördlichen Himmels. Er liegt am rechten (westlichen) Rand des Sternbilds. M 5 hat eine Gesamthelligkeit von $6^{\mathrm{m}}.2$ und ist bereits in einem Feldstecher als kleiner Nebelfleck sichtbar. Die Entfernung beträgt etwa 27 000 Lichtjahre. Die hellsten Sterne in M 5 erreichen die 14. Größenklasse. Sie sind mit einem Amateur-Fernrohr nicht mehr zu erkennen. Hart an der Grenze zum Sternbild Schild liegt ein offener Sternhaufen mit der Katalogbezeichnung M 16. Etwa 55 Sterne zwischen der 8. und 12. Größenklasse sind dort zu sehen. Ein Fernrohr über 6 cm Öffnung ist hier ratsam. Der Sternhaufen liegt etwa 8000 Lichtjahre entfernt in einen schönen Nebel eingebettet, der sich aber meist erst auf fotografischen Aufnahmen erkennen läßt. Wegen seiner Form wird er oft auch »Adler-Nebel« genannt.

Kugelsternhaufen M 5 (oben), Sternhaufen und Nebel M 16 (unten)

Skorpion *Scorpius* (Gen.: *Scorpii*) Abk.: Sco

Der Skorpion bekämpfte den Jäger Orion und wollte ihn mit seinem Gift töten. Die Götter versetzten sowohl den Orion als auch den Skorpion an den Himmel, aber an zwei entgegengesetzte Stellen, so daß sich beide nie mehr treffen können. Die südlichsten Teile des Skorpions gehen für Mittel- und besonders für Nordeuropa nicht mehr über den Horizont herauf. Vollständig kann der Skorpion praktisch erst ab 40 Grad nördlicher Breite und weiter südwärts beobachtet werden. Der Hauptstern des Skorpions trägt die griechische Bezeichnung Antares oder »Gegenmars«. Antares zeigt eine deutlich rote Farbe und wetteifert in dieser Hinsicht mit dem Planeten Mars bzw. dem griechischen Ares. Die altarabische Bezeichnung Calbalakrab wird nur noch selten gebraucht und bedeutet »Herz des Skorpions«. Von daher leitet sich auch die lateinische Bezeichnung Cor Scorpionis ab. Die Entfernung des Sterns ist nur ungenau bekannt, dürfte aber etwa 520 Lichtjahre betragen. Die scheinbare Helligkeit des Antares schwankt etwa zwischen $0^{\mathrm{m}}{,}9$ und $1^{\mathrm{m}}{,}8$ in »halbregelmäßiger« Weise. Die Periode beträgt etwa 4,75 Jahre. Der Durchmesser des roten Überriesen ist 700mal größer als der unserer Sonne. Bedenkt man, daß Antares vermutlich »nur« 10 bis 15 Sonnenmassen besitzt, so versteht man, daß die mittlere Dichte der Sternmaterie, vor allem in den äußeren Bereichen, extrem klein ist. Die mittlere Dichte beträgt nur 1/1000000 g/cm^3. Fast könnte man sagen, daß die äußeren Schichten des Sterns allmählich in das interstellare Medium übergehen.

Der wahre Durchmesser eines Sterns wie Antares kann eigentlich nicht direkt bestimmt werden, da wir alle Sterne wegen ihrer riesigen Entfernungen immer nur als Punkte sehen. In einigen Fällen kann der Winkeldurchmesser der »Sternscheibe« aber doch mit einem Interferometer ermittelt werden. Dieses Verfahren klappt allerdings nur bei verhältnismäßig großen und nicht allzu weit entfernten Sternen. Natürlich muß dann aber auch der Abstand des Sterns von der Erde einigermaßen genau bekannt sein, um aus dem scheinbaren Winkeldurchmesser auf den wahren Durchmesser in Kilometern oder im Vergleich zur Sonne zu schließen. Im Falle von Antares war aber auch eine andere Methode erfolgreich: Antares wird gelegentlich von der Mondscheibe bedeckt. Dabei ergibt sich kein plötzliches Verschwinden, sondern ein Helligkeitsabfall, der zwar nur Bruchteile einer Sekunde dauert, aber doch zeitlich gemessen werden kann. Aus der Geschwindigkeit der Mondbewegung ergibt sich dann der Durchmesser der Antaresscheibe.

Die Leuchtkraft übertrifft die der Sonne fast 9000mal, und die Oberflächentemperatur liegt bei 3100 K. In etwa 2,4 Bogensekunden Distanz steht ein Stern mit der Helligkeit $6^{\mathrm{m}}{,}5$. Er kann erst mit einem Fernrohr über 15 cm Öffnung gesehen werden. Er bewegt sich vermutlich in 853 Jahren einmal um den Hauptstern. Der Stern Akrab oder β Scorpii ist ein leicht zu trennender Doppelstern. Neben dem Hauptstern mit der Helligkeit $2^{\mathrm{m}}{,}9$ steht in 13,7 Bogensekunden Distanz ein Begleiter mit der Helligkeit $5^{\mathrm{m}}{,}1$. Akrab können wir bereits mit einem Fernrohr ab etwa 5 cm Öffnung auflösen.

Karte Skorpion

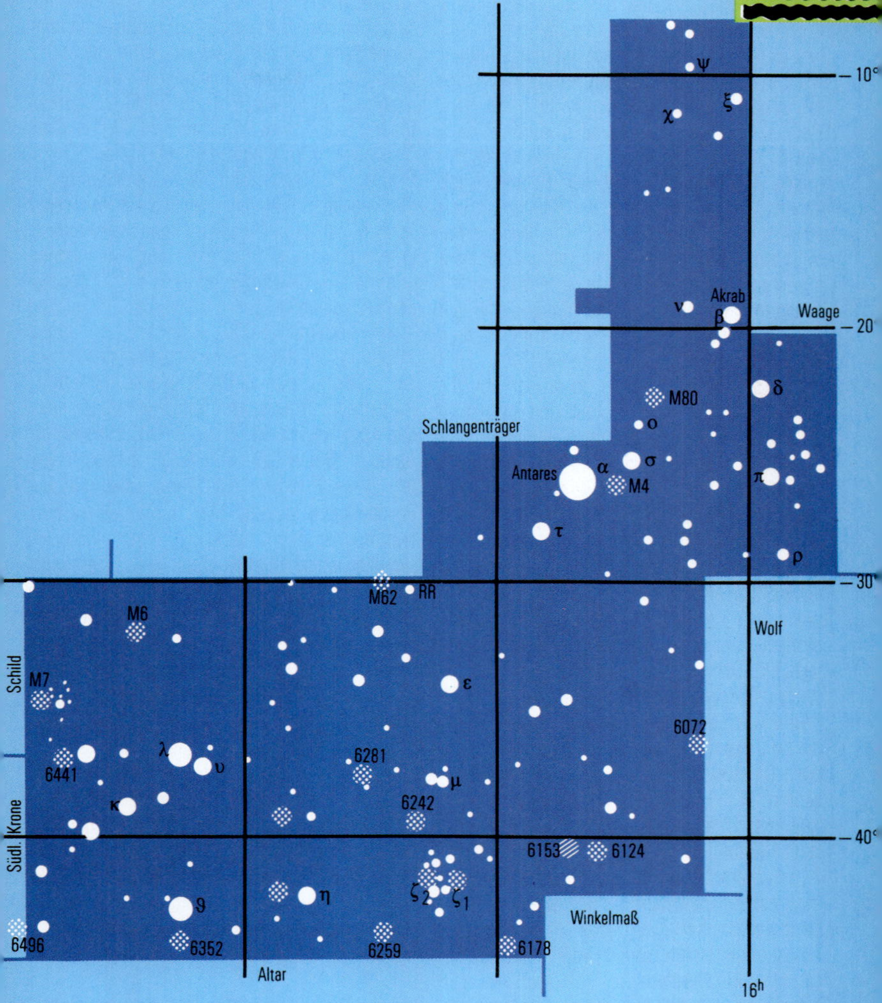
ψ
ξ
χ
ν
Akrab
β
Waage
δ
M80
o
Schlangenträger
σ
Antares
α
M4
π
τ
ρ
M62
RR
Wolf
M6
Schild
M7
ε
6072
6441
λ
υ
6281
μ
κ
6242
Südl. Krone
6153
6124
η
ζ2
ζ1
ϑ
Winkelmaß
6496
6352
6259
6178
Altar
16h
10°
20°
30°
40°

Ein schöner Doppelstern ist auch ξ Scorpii. Die beiden Partner haben eine Helligkeit von $4^{m}.1$ und $7^{m}.2$ und stehen 7,9 Bogensekunden auseinander. Der Hauptstern ist seinerseits wieder doppelt. Doch stehen hier die beiden Partner – vor allem Ende des 20. Jahrhunderts – so eng beieinander, daß sie mit einem kleinen Fernrohr nicht getrennt werden können. Auch ν Scorpii lohnt den Blick durch ein Fernrohr. Zunächst sehen wir schon in einem sehr kleinen Fernrohr zwei Sterne in einer Distanz von 41,4 Bogensekunden. Die Helligkeiten betragen $4^{m}.0$ und $6^{m}.2$. Auf den zweiten Blick können wir erkennen, daß der Hauptstern seinerseits einen Begleiter hat. Die Distanz beträgt nur 1,2 Bogensekunden, so daß hier ein größeres Liebhaber-Fernrohr erforderlich ist. Leichter kann abermals der Begleiter in ein Paar aufgelöst werden, dessen Komponenten 2,3 Bogensekunden auseinanderstehen. Hier genügt bereits ein Fernrohr ab etwa 8 cm Öffnung. σ Scorpii ist $2^{m}.9$ hell und besitzt in 20 Bogensekunden Distanz einen Begleiter 9. Größe. σ Scorpii selbst ist ein veränderlicher Stern. Seine Helligkeit schwankt etwa zwischen $3^{m}.0$ und $3^{m}.8$ mit einer Periode von 0,247 Tagen. Schließlich sei noch auf μ Scorpii hingewiesen. In einer Distanz von etwa 8 Bogenminuten oder einem Viertel der Vollmondbreite entdeckt man hier bereits mit bloßem Auge zwei Sterne der Helligkeit $3^{m}.1$ und $3^{m}.6$. Der Skorpion liegt in einer sehr sternreichen Gegend der Milchstraße und besitzt dementsprechend auch zahlreiche bemerkenswerte Objekte für kleine Fernrohre. Im östlichen Bereich liegen die beiden offenen Sternhaufen M 6 und M 7. Sie sind etwa 2000 bzw. 800 Lichtjahre von uns entfernt. Die hellsten Sterne von M 6 erreichen die 6. oder 7. Größenklasse, so daß der Sternhaufen bereits mit einem Opernglas als blasser Nebelfleck erkennbar ist. Hier stehen etwa 70 Sterne in einem Bereich von 20 bis 25 Bogenminuten Durchmesser beieinander. Die hellsten Sterne von M 7 sind sogar etwas über $6^{m}.0$ hell. So kann dieser Sternhaufen noch leichter aufgefunden werden. M 7 enthält etwa 80 Sterne, welche die 10. Größenklasse übersteigen. Ihr Durchmesser beträgt 1,2 Grad. Damit gehören M 6 und M 7 zu den bemerkenswertesten offenen Sternhaufen, die wir am Mittel- und Südeuropäischen Himmel beobachten können.

Unweit westlich Antares steht der kugelförmige Sternhaufen M 4. Er kann bereits mit einem Feldstecher, seltener mit dem Opernglas, als Nebelfleck gesehen werden. Die Gesamthelligkeit beträgt etwa $6^{m}.4$. In größeren Instrumenten zeigt sich M 4 als ein verhältnismäßig locker angeordneter Kugelhaufen. Die Entfernung mißt nur etwa 5700 bis 6200 Lichtjahre. Die hellsten Sterne erreichen fast die 10. Größenklasse. Mit einem Fernrohr über 10 cm Öffnung müßten bereits die hellsten Sterne in der kugeligen Nebelmasse zu erkennen sein. Auch M 80 ist ein kugelförmiger Sternhaufen. Er erreicht nur 8^{m} Helligkeit und kann daher erst mit einem Fernrohr ab etwa 6 cm Öffnung andeutungsweise gesehen werden. Sein Abstand beträgt 36 000 Lichtjahre. Im Jahre 1860 trat in diesem Sternhaufen eine Nova auf, welche die 7. Größenklasse erreichte. Hart an der Grenze zum Schlangenträger liegt der Kugelhaufen M 62 in 26 000 Lichtjahren Abstand. Seine Gesamthelligkeit beträgt etwa 8^{m}. Diese Hinweise auf Sternhaufen müssen unvollständig bleiben. Man durchmustere einmal in einer klaren Nacht mit lichtstarkem Gerät die verschiedenen Teile des Sternbilds Skorpion. Und dabei besonders die Umgebung von Antares und den südlichsten Bereich in der Nachbarschaft der Sterne ζ_1 und ζ_2 Scorpii sowie die Umgebung von λ Scorpii, wo man sich den Stachel des Skorpions vorstellen müßte. Auch eine Reihe heller und dunkler Nebel birgt der Skorpion, obwohl sie nicht so auffällig sind wie etwa der Orion-Nebel im Orion oder der Trifid-Nebel im Schützen. Hier noch eine historische Anmerkung: Die Dunkelwolken im östlichen, also linken Teil des Sternbilds Skorpion, galten bei den alten Babyloniern als Eingang in die Unterwelt, seitlich bewacht vom Skorpionenmann und dem Skorpionenweib, der mit dem Schützen zusammenfällt.

Sternhaufen M 6/M 7 (oben; M 6 liegt nahe der Bildmitte, M 7 links darunter), Milchstraße im Skorpion (unten, der helle Stern rechts oben ist Antares)

Schütze *Sagittarius* (Gen.: *Sagittarii*) Abk.: Sgr

Nach der alten griechischen Sage soll der Schütze Pfeil und Bogen erfunden haben. Das Sternbild befindet sich weit südlich vom Himmelsäquator, so daß seine südlichsten Teile für Mitteleuropa nicht mehr den Horizont übersteigen. Dagegen kann das Sternbild vom Mittelmeerraum aus vollständig gesehen werden. Einige der hellsten Sterne wurden in Nordamerika häufig als »Teekanne« aufgefaßt. Es handelt sich um δ, ε, ζ, τ, σ, φ und λ Sagittarii. Den Ausguß der Teekanne denkt man sich rechts (westlich), den Henkel links (östlich). Der Schütze gehört zu den wenigen Sternbildern, in dem der Stern α nicht der hellste ist. α Sagittarii hat nur eine Helligkeit von $4^m{,}1$ und befindet sich weit im Süden. Er kann von Mitteleuropa aus nicht gesehen werden. Seine arabische Bezeichnung lautet Rukbat oder »Knie des Schützen«. Dagegen ist ε Sagittarii der hellste Stern des Schützen. Er heißt auch Kaus Australis oder »Der südliche Bogen«. Seine Helligkeit beträgt $1^m{,}8$. Er ist 125 Lichtjahre entfernt und 250mal heller als die Sonne. Etwa 3,3 Bogenminuten nordnordwestlich von ihm liegt ein Begleiter 7. Größe, der mit einem Feldstecher gesehen werden kann. Es handelt sich um einen optischen Doppelstern. Ansonsten verfügt der Schütze über keine bemerkenswerten Doppelsterne, die schon für kleine Fernrohre interessant wären. Allenfalls kann β Sagittarii erwähnt werden. Hier befindet sich neben dem Hauptstern 4. Größe in 28,4 Bogensekunden Distanz ein Begleiter 8. Größe.

Von den veränderlichen Sternen des Schützen ist zunächst X Sagittarii zu nennen. Es handelt sich um einen Cepheiden, der sich hart an der Grenze zum Sternbild Schlangenträger aufhält. Im Maximum ist der Stern $4^m{,}3$, im Minimum $4^m{,}9$ hell. Die Periode beträgt 7,012 Tage. Auch W Sagittarii ist ein Cepheid, der zwischen $4^m{,}3$ und $5^m{,}0$ schwankt. Seine Periode beträgt 7,595 Tage.

Der Schütze liegt inmitten der Milchstraße, wenn wir einmal von ihren östlichsten Teilen absehen. Vor allem im nördlichen und westlichen Bereich zeigt sie eine beachtliche Helligkeit und einen großen Reichtum an Sternen. Liegt doch auch das Zentrum unseres Milchstraßen-Systems in etwa 30 000 Lichtjahren Entfernung in Richtung dieses Sternbilds. Genauer ausgedrückt: das Zentrum befindet sich bei der Position Rektaszension $17^h 42{,}5^m$ und Deklination $-28° 59'$. Das sind nur 1,2 Grad südsüdwestlich vom erwähnten veränderlichen Stern X Sagittarii. Allerdings erreicht die Sterndichte dieses Gebietes nicht die der etwas weiter östlich (links) davon gelegenen Bereiche. Der Grund ist in dunklen interstellaren Wolken zu suchen, die uns den Blick in das Zentrum des Milchstraßen-Systems verdecken. Wir sehen in diesem Bereich nur etwa 10 000 Lichtjahre weit. Das galaktische Zentrum, mit dem auch die berühmte Radioquelle Sagittarius A zusammenfällt, kann nur mit Hilfe von Radioteleskopen, mit Mitteln der Infrarot- und Röntgenastronomie, erforscht werden.

Die Geburtsstunde der Radioastronomie schlug im Jahre 1932, als der junge amerikanische Hochfrequenztechniker Karl Guthe Jansky mit einer ziemlich primitiven Rahmenantenne bei seiner Suche nach atmosphärischen Radiostörungen auf ein »Rauschen« stieß, das seine Ursache in den hellen Teilen der Milchstraße

Karte Schütze

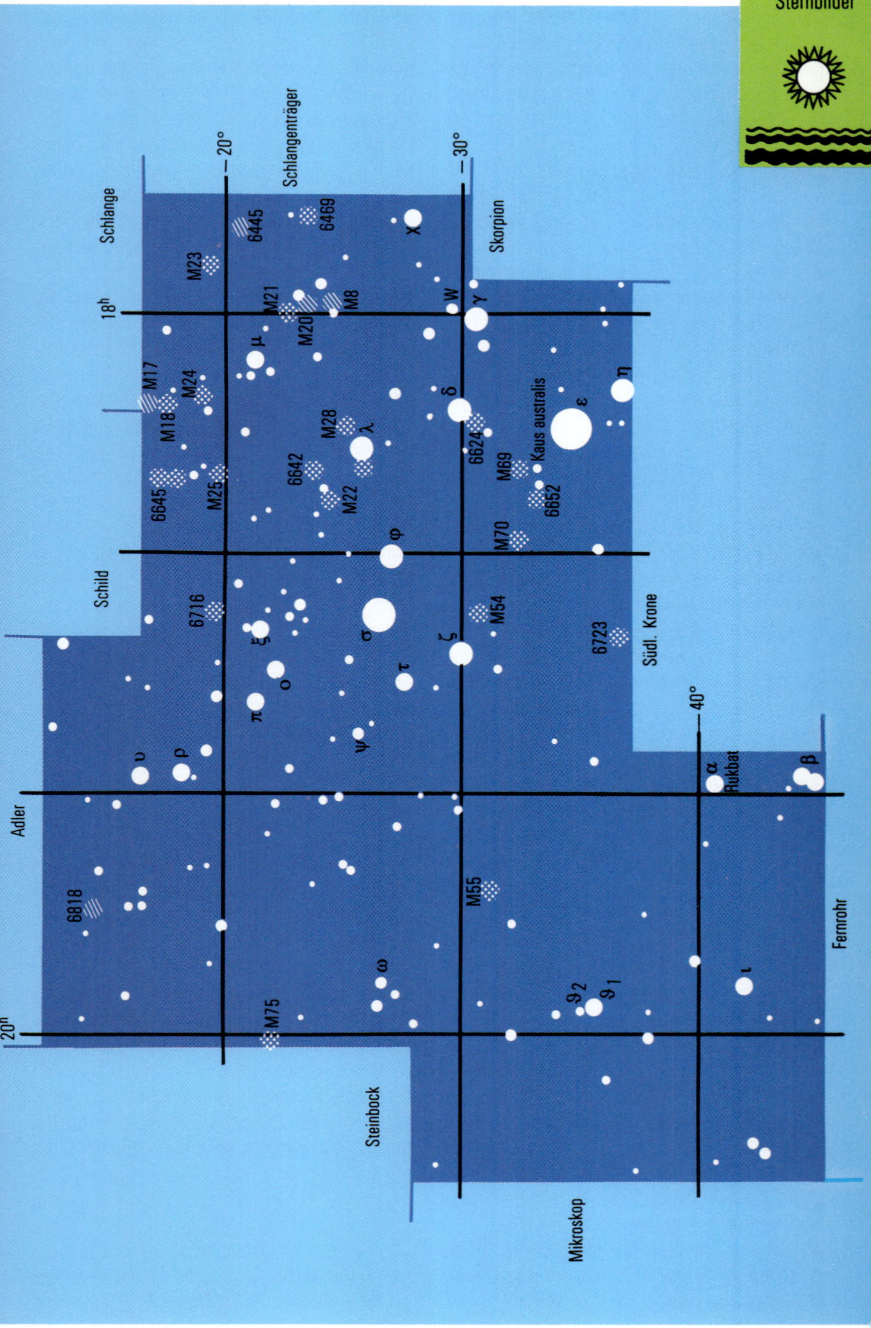
Schlange
Schlangenträger
Skorpion
Schild
Adler
Steinbock
Mikroskop
Südl. Krone
Fernrohr
18h
20h
20°
30°
40°
Kaus australis
Rukbat
M8
M17
M18
M20
M21
M22
M23
M24
M25
M28
M54
M55
M69
M70
M75
6445
6469
6624
6642
6645
6652
6716
6723
6818

im Sternbild Schütze haben mußte. Die seltsame Störquelle bewegte sich nämlich in der gleichen Weise über das Himmelsgewölbe wie dieses Sternbild. Erst zehn Jahre später wurde dann auch die Radiostrahlung der Sonne entdeckt.

Die Gegenrichtung zum Zentrum der Milchstraße befindet sich im Sternbild Stier. Deswegen ist die Milchstraße dort auch verhältnismäßig lichtschwach und enthält weniger Sterne. Um den Aufbau unseres Milchstraßensystems zu enträtseln, sind von den Astronomen schon seit längerem Sternzählungen an verschiedenen Stellen des Himmels unternommen worden. Man sprach zum Beispiel von »Eichfeldern«. Gehen wir bis zu Sternen der 18. Größenklasse herab, so stehen auf einem Quadratgrad an den Stellen des Himmels, die am weitesten vom Milchstraßenband entfernt sind, nur etwa 600 Sterne. Die sternreichsten Gegenden der Milchstraße (Schütze) enthalten pro Quadratgrad 50 000 Sterne und mehr, die sternärmeren Bereiche der Milchstraße (Stier) 5000 Sterne und weniger.

Der Schütze bietet eine reiche Auswahl an bemerkenswerten offenen Sternhaufen, Kugelhaufen sowie hellen und dunklen Nebeln. Hier eine Auswahl der schönsten Objekte: Am Nordrand des Sternbilds, an der Grenze zum Sternbild Schild, befindet sich M 17. Der bemerkenswerte helle Nebel wird häufig als »Schwan-Nebel« oder »Omega-Nebel« bezeichnet. Auch der Name »Pferdehuf-Nebel« kommt gelegentlich vor. Seine Gesamthelligkeit beträgt etwa 7^{m}, so daß er bereits mit einem Feldstecher gesehen werden kann. Sein Abstand mißt 5700 Lichtjahre. Nur etwa 1 Grad südsüdwestlich von M 17 liegt ein kleiner offener Sternhaufen mit der Bezeichnung M 18. Er enthält etwa 12 Sterne zwischen der 9. und 10. Größenklasse und ist ca. 4900 Lichtjahre entfernt. Wieder ein wenig südwestlich von M 18 sehen wir eine sternreiche Gegend mit der Bezeichnung M 24. Darin eingebettet liegt der offene Sternhaufen NGC 6603, der allerdings nur über schwächere Sterne verfügt, die in einem kleinen Fernrohr nicht erkennbar sind. Auch M 21 ist ein offener Sternhaufen, der etwa 50 Sterne zwischen der 8. und 12. Größenklasse enthält. Er liegt etwa 2200 Lichtjahre entfernt. M 20 ist der bekannte Trifid-Nebel in etwa 6500 Lichtjahren Abstand. In ihm sind auch einige Sterne eingebettet, darunter der Doppelstern HN 40, der aus zwei Sternen $6^{m}{,}9$ und $8^{m}{,}0$ in 10,6 Bogensekunden Distanz besteht. In etwas größeren Fernrohren löst sich dieser Stern in noch weitere Komponenten auf. Knapp südlich von M 20 liegt der ebenfalls bekannte »Lagunen-Nebel« M 8. Er ist etwa 5000 Lichtjahre entfernt. Der Abstand kann bei derartigen Objekten häufig nur schwer bestimmt werden. M 8 ist fast 5^{m} hell und kann damit bereits mit einem Opernglas gesehen werden. In den Nebel eingebettet liegt ein offener Sternhaufen. M 22, ein bemerkenswerter kugelförmiger Sternhaufen, hat etwa 9600 Lichtjahre Abstand. Seine Gesamthelligkeit beträgt 6^{m}. So kann M 22 bereits mit einem Opernglas als Nebelfleck beobachtet werden. Seine hellsten Sterne sind 10^{m} bis 11^{m} hell. Es genügt ein Fernrohr ab etwa 10 cm Öffnung, um eine beginnende Auflösung des Sternhaufens in Einzelsterne beobachten zu können. Der offene Sternhaufen M 25 enthält 50 Sterne mit einer Helligkeit über 12^{m}. Die hellsten kommen an die 6. Größenklasse heran. Der Abstand beträgt etwa 2000 Lichtjahre. Damit ist M 25 bereits ein schönes Objekt für den Feldstecher. In ihn eingebettet liegt ein Cepheiden-Veränderlicher: U Sagittarii, der im Maximum $6^{m}{,}3$, im Minimum $7^{m}{,}1$ hell ist. Seine Periode beträgt 6,745 Tage. M 55, M 69 und M 70 sind drei Kugelhaufen. Die Gesamthelligkeit dieser Objekte beträgt ungefähr 7^{m}, $7^{m}{,}5$ und 8^{m}. Diese Sternhaufen lassen sich also nicht so eindrucksvoll beobachten wie M 22. Der Kugelhaufen M 55 ist etwa 20 000 Lichtjahre entfernt. Seine hellsten Sterne erreichen die 13. Größenklasse.

Der Sternhaufen NGC 6642 kann nicht klar klassifiziert werden. Er liegt nur etwa 1 Grad westnordwestlich von M 22 und hat eine Gesamthelligkeit von 8^{m}. Seine Sterne sind höchstens 15^{m} hell. Zu seiner Beobachtung benötigen wir ein Fernrohr ab 6 cm Öffnung.

Trifid-Nebel M 20 und Lagunen-Nebel M 8 (oben), Trifid-Nebel M 20 (unten)

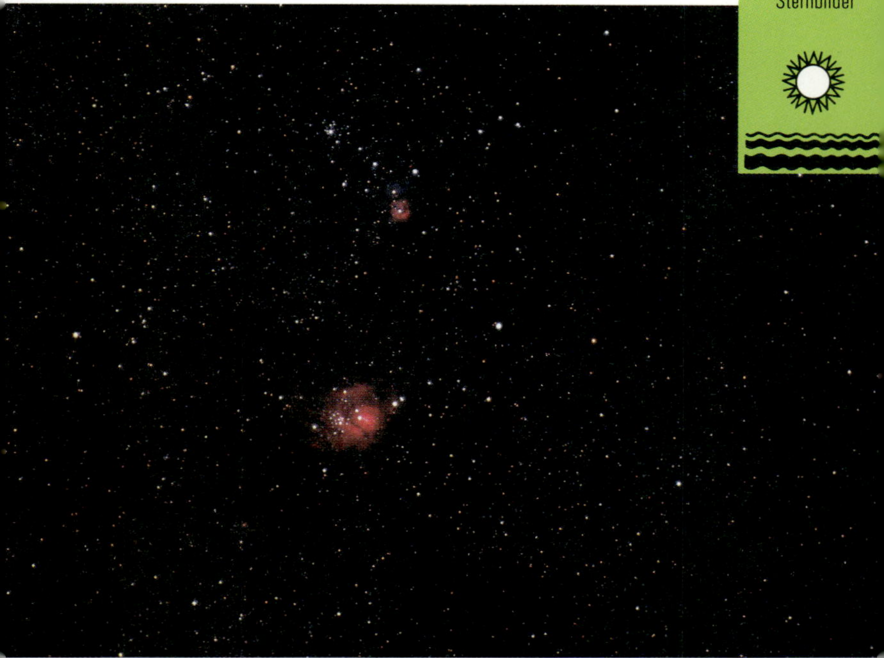

Füchschen *Vulpecula* (Gen.: *Vulpeculae*) Abk.: Vul

Das Sternbild wurde von J. Bartsch im 17. Jahrhundert eingeführt. Es enthält nur schwächere Sterne. Am hellsten ist der Stern 6 Vulpeculae, der gelegentlich auch als α Vulpeculae bezeichnet wird. Seine Helligkeit beträgt $4^{m}{,}5$. Seine Entfernung kann nur schwer bestimmt werden, beträgt aber mindestens 85 Lichtjahre.

Das bekannteste Objekt des Sternbilds ist der planetarische Nebel M 27, der häufig »Dumbbell-Nebel« oder »Hantel-Nebel« genannt wird. Er kann bereits mit einem Fernrohr ab etwa 5 cm Öffnung gesehen werden, obwohl die Gesamthelligkeit nur etwa $7^{m}{,}6$ beträgt. Selbst in lichtstarken Feldstechern ist er schon gesichtet worden. In etwas größeren Fernrohren erscheint der Nebel tatsächlich hantelförmig. Die Entfernung ist nicht exakt bestimmbar, sie liegt möglicherweise bei etwa 900 Lichtjahren. Der Durchmesser des Objekts könnte etwa 2½ Lichtjahre betragen. Der Zentralstern hat eine Helligkeit von $13^{m}{,}4$ und ist nach neueren Untersuchungen vielleicht ein Doppelstern. Kleine Fernrohre reichen allerdings nicht aus, um ihn aufzufinden.

Das Sternbild Füchschen liegt inmitten der Milchstraße und ist deswegen verhältnismäßig sternreich. Von einigen offenen Sternhaufen ist vor allem NGC 6940 zu erwähnen.

Er enthält etwa 100 Sterne bis zur 9. Größenklasse hinauf. Die Gesamthelligkeit beträgt 8^{m}. Etwas unbedeutender sind die beiden Sternhaufen NGC 6802 und 6834. Fast genau in der Mitte des Sternbilds liegt NGC 6885. Er enthält 35 Sterne zwischen der 6. und 11. Größenklasse, darunter den Stern 20 Vulpeculae. Dieser Sternhaufen kann unter günstigen Umständen schon mit einem Opernglas teilweise gesehen werden.

Pfeil *Sagitta* (Gen.: *Sagittae*) Abk.: Sge

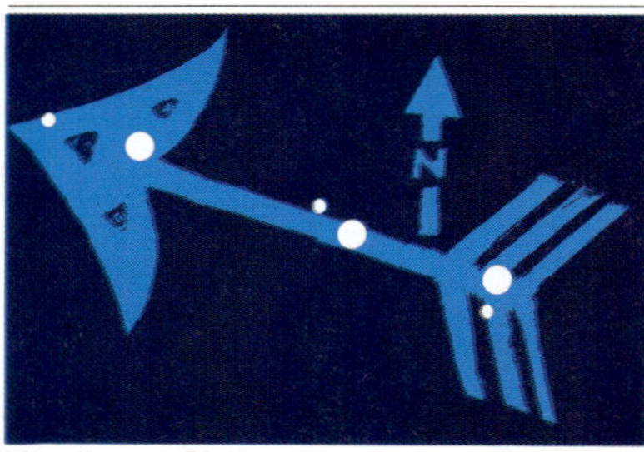

Mit diesem Pfeil soll nach der griechischen Sage Herkules den Adler getroffen haben, der Prometheus bedrängte. Nach einer anderen Sage hat Apollo mit dem Pfeil die Zyklopen getötet.

Das kleine Sternbild liegt nördlich des Adlers und grenzt an das vorher beschriebene Sternbild Füchschen an. Hauptstern ist Sham oder α Sagittae. Diese Bezeichnung wurde zwar erst von Piazzi vor etwa 200 Jahren eingeführt, geht aber auf die altarabische Bezeichnung »Sahm« zurück, die damals für das ganze Sternbild verwendet wurde. Die Helligkeit beträgt nur $4^{m}{,}4$, die Entfernung etwa 600 Lichtjahre. Ein schöner Doppelstern ist ε Sagittae. Hier sehen wir zwei Sterne der Helligkeit $5^{m}{,}7$ und $7^{m}{,}8$ in einer Distanz von 92 Bogensekunden. Bereits ein lichtstarker Feldstecher kann diesen optischen Doppelstern auflösen. ζ Sagittae ist $5^{m}{,}5$ hell. Er verfügt in 8,4 Bogensekunden Distanz über einen Begleiter 9. Größe. Der Sternhaufen M 71 liegt fast genau in der Mitte zwischen δ und γ Sagittae. Seine Gesamthelligkeit beträgt etwa $8^{m}{,}3$. Seine Klassifizierung ist nicht ganz eindeutig: Entweder handelt es sich um einen sternreichen offenen Haufen oder um einen verhältnismäßig sternarmen Kugelhaufen. Die hellsten Sterne ragen an die 11. Größenklasse heran. Die Entfernung beträgt etwa 18 000 Lichtjahre.

Karte Füchschen und Pfeil

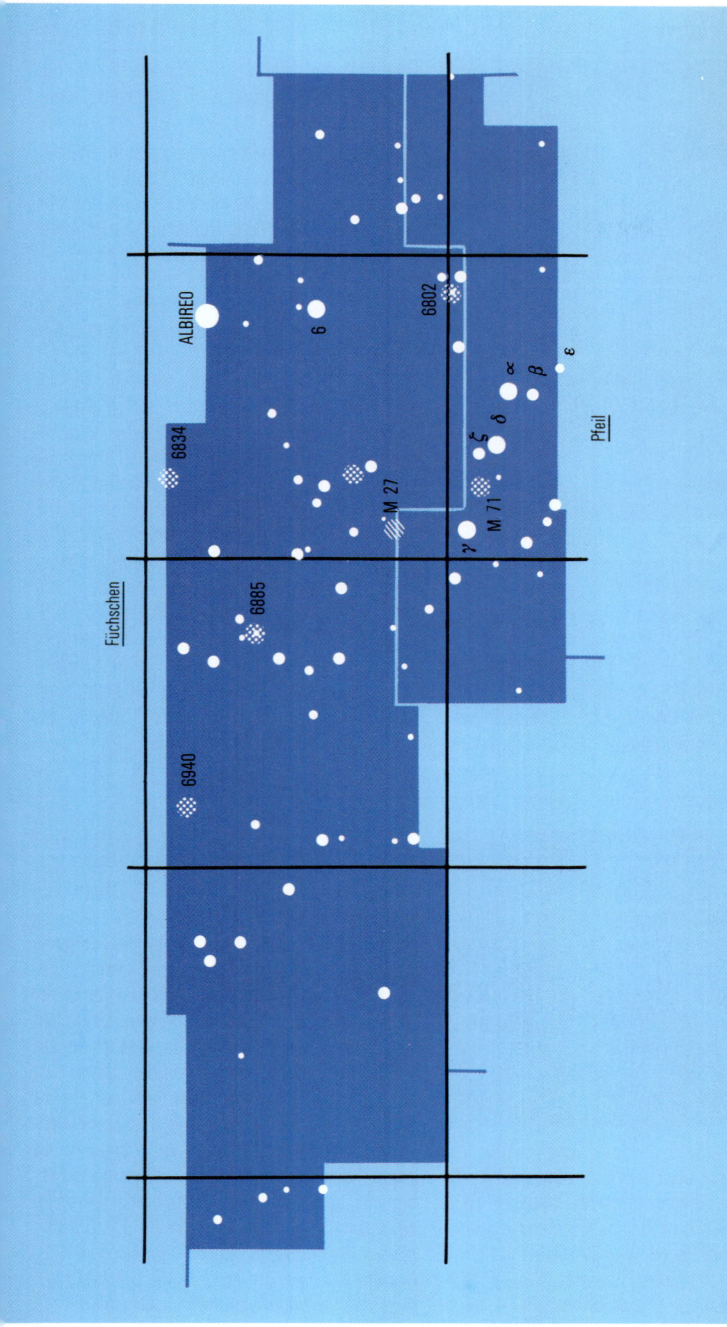
ALBIREO
6
6802
6834
M 27
M 71
α
β
γ
δ
ε
ζ
Pfeil
Füchschen
6885
6940

Delphin *Delphinus* (Gen.: *Delphini*) Abk.: Del

▷ ***Karte Delphin/Füllen***

Der Delphin errettete in der griechischen Sage den Sänger und Zitherspieler Arion vor dem Ertrinken. Das kleine Sternbild steht auf der Ostseite (links) des Adlers und enthält nur wenige Sterne.

Die Sterne α, β, δ und γ Delphini bilden ungefähr ein kleines Parallelogramm, an das sich nach unten hin ein kleines »Schwänzchen« weiterer Sterne anschließt. α Delphini ist mit $3\overset{m}{,}9$ nicht der hellste Stern des Sternbilds; dieser Rang trifft auf den mit $3\overset{m}{,}7$ ein wenig helleren β Delphini zu.

γ Delphini ist ein hübscher physischer Doppelstern, der bereits mit einem Fernrohr ab etwa 5 cm Öffnung aufgelöst werden kann. Die beiden Partner haben eine Helligkeit von $4\overset{m}{,}3$ und $5\overset{m}{,}1$ und stehen 10 Bogensekunden auseinander. Die Entfernung von der Erde beträgt etwa 100 Lichtjahre. Der Umlauf dürfte so lange dauern, daß bisher keine Bewegung des einen Sterns um den anderen festgestellt werden konnte. Nur etwa 15 Bogenminuten südlich und ein klein wenig westlich von γ Delphini liegt ein anderer Doppelstern, der in unserem Fernrohr vermutlich schnell zum Vorschein kommt. Er trägt nur eine nichtssagende Katalognummer (Σ 2725). Die beiden Sterne haben eine Helligkeit von $7\overset{m}{,}5$ und 8^{m} und befinden sich in einer Distanz von 5,7 Bogensekunden. – Im nordöstlichen Teil des Sternbilds liegt der kugelförmige Sternhaufen NGC 7006. Er dürfte 185 000 Lichtjahre von uns entfernt sein und hat dementsprechend nur eine Helligkeit von etwa $11\overset{m}{,}5$. Deswegen ist er erst mit einem Fernrohr ab etwa 15 cm Öffnung als schwacher Nebelfleck erkennbar.

Füllen *Equuleus* (Gen.: *Equulei*) Abk.: Equ

Nach der griechischen Sage schenkte der Götterbote Merkur bzw. Hermes dieses Füllen Kastor, dem Zwillingsbruder von Pollux. α Equulei trägt auch die arabische Bezeichnung Kitalphar oder Kitel Phard, was »Vorderer Abschnitt des Pferdes« bedeutet. In vielen alten bildhaften Darstellungen dieser Sterngegend reicht der benachbarte Pegasus noch in diesen Himmelsbezirk hinein. α Equulei hat nur eine Helligkeit von $4\overset{m}{,}1$ und ist etwa 150 Lichtjahre entfernt.

Bereits mit bloßem Auge kann der optische Doppelstern γ/6 Equulei getrennt werden. Voraussetzung ist eine sehr klare Nacht, denn neben dem Stern γ Equulei mit einer Helligkeit von $4\overset{m}{,}8$ besitzt 6 Equulei nur eine Helligkeit von $6\overset{m}{,}0$. Allerdings sind die beiden Sterne fast 6 Bogenminuten voneinander entfernt. Dies entspricht etwa ⅕ der Breite unserer Vollmondscheibe. Beobachten wir γ Equulei mit einem Fernrohr ab etwa 15 cm Öffnung, so sehen wir neben ihm in 2 Bogensekunden Winkeldistanz noch einen Begleiter 11. Größenklasse. δ Equulei, mit einer Helligkeit von $4\overset{m}{,}5$, besteht aus zwei nur etwa 0,3 Bogensekunden auseinanderstehenden Sternen 5. Größe.

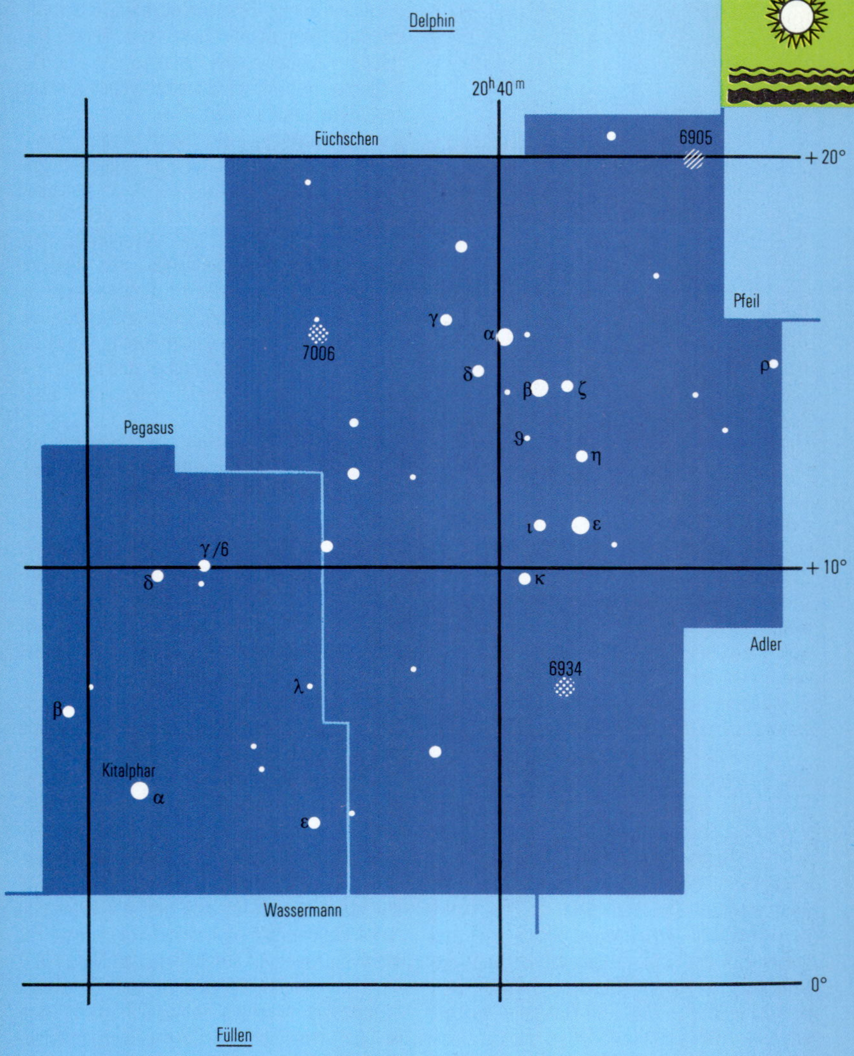
Delphin
20h 40m
Füchschen
6905
+20°
Pfeil
γ
α
7006
δ
β
ζ
ρ
Pegasus
ϑ
η
ι
ε
γ/6
δ
+10°
κ
Adler
6934
λ
β
Kitalphar
α
ε
Wassermann
0°
Füllen

Pegasus *Pegasus* (Gen.: *Pegasi*) Abk.: Peg

Pegasus, ein geflügeltes Pferd, entsprang nach griechischer Mythologie dem Blute der von Perseus enthaupteten Meduse. Man hat sich den Pegasus am Himmel verkehrt herum vorzustellen. Sein Maul liegt bei dem Stern ε Pegasi, während die Beine bei den Sternen α und β Pegasi bzw. γ Pegasi und α Andromedae anzunehmen sind. Die vier zuletzt genannten Sterne bilden auch das sogenannte Pegasusquadrat, obwohl einer der Sterne bereits zur Andromeda zählt. Über die sagenhaften Hintergründe siehe auch Kassiopeia.

Der Hauptstern α Pegasi heißt nach dem altarabischen Markab vermutlich »Sattel«. Der $2^{\mathrm{m}}{,}5$ helle Stern ist etwa 110 Lichtjahre entfernt. β Pegasi heißt Scheat, was vermutlich »Schulter« bedeutet, wahrscheinlich aber »Vorderbein«. Die Helligkeit dieses Sterns schwankt in unregelmäßiger Weise etwa zwischen $2^{\mathrm{m}}{,}1$ und $3^{\mathrm{m}}{,}0$. Scheat ist ein roter Riesenstern mit etwa 145fachem Sonnendurchmesser und liegt rund 200 Lichtjahre von uns entfernt. γ Pegasi heißt auch Algenib oder »Flügel des Pferdes«. Ein dreifacher Stern ist ε Pegasi, der Enif oder »Nase des Pferdes« genannt wird. Neben dem $2^{\mathrm{m}}{,}5$ hellen Stern sieht man in 138 Bogensekunden Distanz bereits mit einem guten, lichtstarken Feldstecher einen Stern der Helligkeit $7^{\mathrm{m}}{,}8$. In 82 Bogensekunden Distanz finden wir außerdem einen Stern 11. Größe. Ein anderer Doppelstern, der noch mit einem Fernrohr ab etwa 6 cm Öffnung getrennt werden kann, ist 1 Pegasi. Hier hat der Hauptstern eine Helligkeit von $4^{\mathrm{m}}{,}2$. Der Begleiter steht in 36 Bogensekunden Distanz. Seine Helligkeit beträgt $9^{\mathrm{m}}{,}3$.

Etwa 4 Winkelgrad nordwestlich des Sterns ε Pegasi liegt ein berühmter kugelförmiger Sternhaufen: M 15. Seine Gesamthelligkeit liegt bei der 6. Größenklasse, so daß bereits ein Feldstecher genügt, um das rundliche, neblige Fleckchen auszumachen. Die hellsten Sterne in M 15 sind der 14. Größenklasse zuzurechnen. Damit gelingt eine Auflösung in einzelne Sterne erst mit einem Fernrohr, das für Amateure nicht mehr verfügbar sein dürfte. Die Entfernung von M 15 beträgt etwa 40 000 Lichtjahre.

Der hellste Spiralnebel im Pegasus ist NGC 7331. Er liegt etwa 4,3 Winkelgrad nordnordwestlich von η Pegasi. Seine Gesamthelligkeit beträgt etwa 10^{m}, die Entfernung fast 50 Millionen Lichtjahre. Das kleine Fleckchen kann mit einem Fernrohr über etwa 10 cm Öffnung entdeckt werden. Nur etwa ½ Winkelgrad südsüdwestlich von NGC 7331 befindet sich eine bekannte Gruppe entfernter Galaxien, die man als »Stephansquintett« bezeichnet. Es sind die Galaxien NGC 7317, 7318 A und B, 7319 und 7320. Da aber selbst das hellste Mitglied dieser Gruppe (NGC 7320) nur die 13. Größenklasse erreicht, ist das Stephansquintett mit kleineren Fernrohren nicht zu beobachten. Ob die Mitglieder des Stephansquintetts räumlich wirklich zusammengehören, wurde noch nicht geklärt. Einige Forscher sind der Meinung, daß es sich um eine expandierende Galaxiengruppe handeln könnte. Auf Fotografien kann man feststellen, daß NGC 7320 mit den anderen Mitgliedern des Stephansquintetts durch schwache Ausläufer verbunden ist, die vermutlich auf Gezeitenwirkungen zurückzuführen sind.

NGC 7479, eine balkenförmige Spiralgalaxie mit einer Helligkeit von $11^{\mathrm{m}}{,}6$, ähnelt in ihrer Form dem Buchstaben S. Das Objekt kann erst mit größeren Amateur-Fernrohren beobachtet werden.

Karte Pegasus

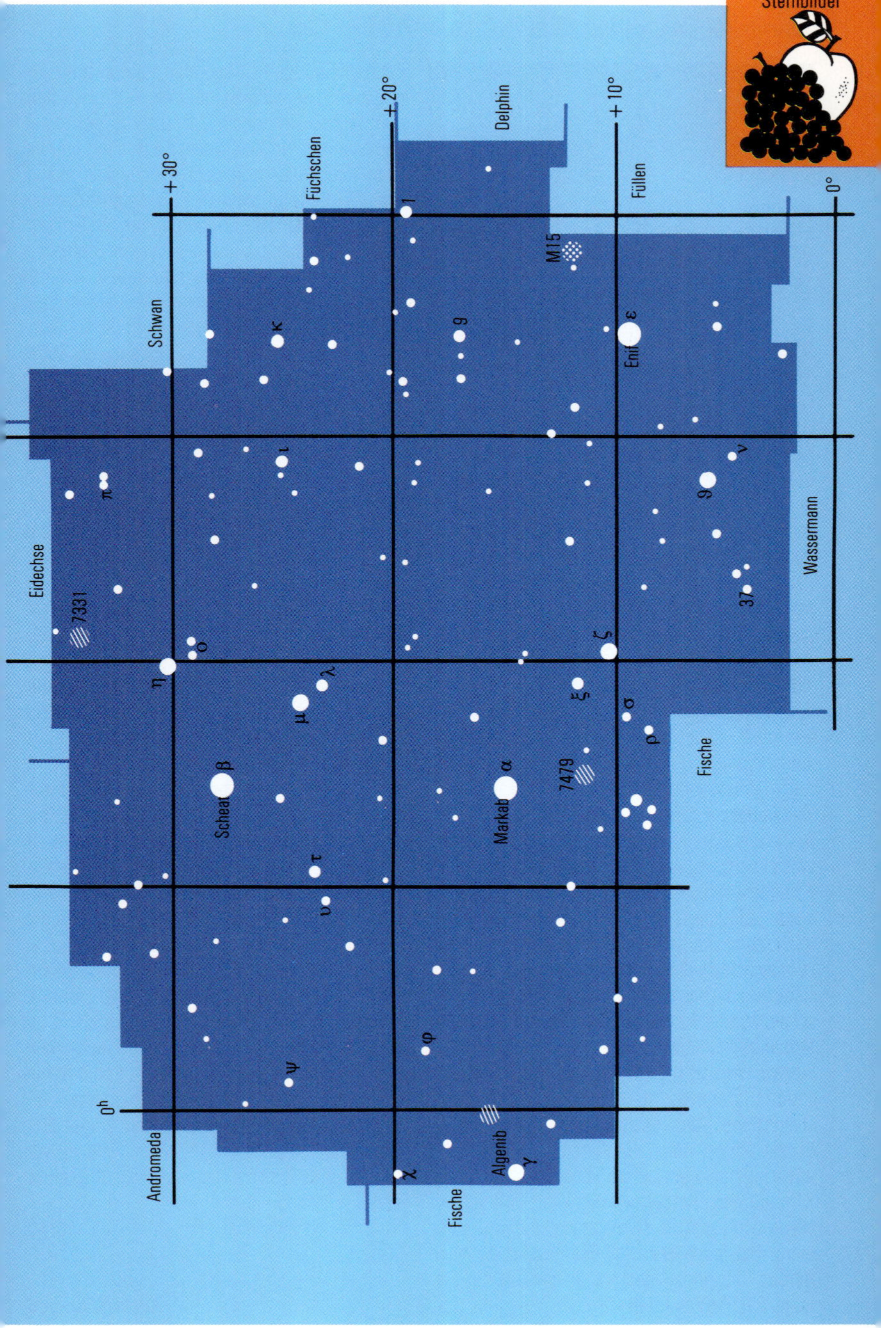
+30°
+20°
+10°
0°
0h
Eidechse
Schwan
Füchschen
Delphin
Füllen
Wassermann
Fische
Andromeda
Fische
M15
Enif ε
7331
Scheat β
Markab α
7479
37
Algenib γ

Steinbock *Capricornus* (Gen.: *Capricorni*) Abk.: Cap

Nach der griechischen Mythologie soll sich der Waldgott Pan, um sich vor dem Riesen Typhon zu verstecken, in einen Steinbock verwandelt haben. Früher hieß das Sternbild gelegentlich auch »Ziegenfisch«. Es handelte sich also teils um ein Land-, teils um ein Wassertier. Vermutlich ist das darauf zurückzuführen, daß vor 2000 Jahren im östlichen Mittelmeerraum und im Vorderen Orient die Regenperiode begann, als die Sonne durch dieses Sternbild lief.

Aber die Regenperiode dauerte natürlich länger als zwei Wochen. Auch in den folgenden zwei Monaten herrschte noch Regenzeit. So erhielten auch die beiden folgenden Tierkreissternbilder Namen, die an das feuchte Element erinnern: Wassermann und Fische.

Der Hauptstern α Capricorni trägt auch die altarabische Bezeichnung Algedi oder Dabih, was »Glücksgestirn des Schlachtenden« bedeutet. Es ist ein optischer Doppelstern, der unter günstigen Bedingungen bereits mit bloßem Auge getrennt werden kann. Die beiden Sterne haben eine Helligkeit von $3\overset{m}{,}8$ und $4\overset{m}{,}5$ und stehen etwas über 6 Bogenminuten auseinander. Das entspricht etwa ⅕ der Vollmondscheibe. Der etwas hellere Stern ist 117 Lichtjahre, der schwächere 300 Lichtjahre von uns entfernt. Beide Sterne sind ihrerseits wiederum doppelt. Der hellere Stern besitzt in 7 Bogensekunden Winkeldistanz einen Begleiter 11. Größe, der allerdings erst mit einem Fernrohr über 10 cm Öffnung aufgefunden werden kann. Der schwächere Stern hat in 45 Bogensekunden Distanz einen Begleiter der 9. Größenklasse. Er kann bereits mit einem Fernrohr ab etwa 6 cm Öffnung gesehen werden.

Auch β Capricorni trägt eine altarabische Bezeichnung, nämlich Sadalzabih. Auch hier handelt es sich um einen Doppelstern, der schon mit einem guten Feldstecher aufgelöst werden kann. Neben dem Hauptstern, dessen Helligkeit $3\overset{m}{,}3$ beträgt, steht in 205 Bogensekunden Winkeldistanz ein Begleiter der 6. Größenklasse. Der hellere Stern erscheint gelb, der schwächere bläulich. Die Entfernung von uns beträgt etwa 150 Lichtjahre. Die beiden Sterne γ und δ Capricorni haben auch die Bezeichnung Deneb Algedi, was »Schwanz des Steinbocks« bedeutet. Gelegentlich findet man auch die Bezeichnung Naschira. Damit ist vermutlich der Name einer altarabischen Gottheit gemeint. δ Capricorni ist ein veränderlicher Stern, der Algol im Perseus ähnelt. Allerdings schwankt seine Helligkeit nur zwischen den Größenklassen $2\overset{m}{,}9$ und $3\overset{m}{,}1$, was für das bloße Auge nur schwer bemerkbar ist. Die Periode beträgt 1,023 Tage.

Im Sternbild Steinbock gibt es aber noch einige andere Doppelsterne, die bereits für kleinere Fernrohre interessant sind. So besteht beispielsweise π Capricorni aus zwei Sternen der Helligkeit $5\overset{m}{,}2$ und $8\overset{m}{,}5$. Ihre gegenseitige Winkeldistanz beträgt 3,2 Bogensekunden. Zur Auflösung dieses Sterns ist ein Fernrohr ab etwa 10 cm Öffnung erforderlich. Leichter aufzulösen ist σ Capricorni. Der Hauptstern hat die Helligkeit $5\overset{m}{,}5$, der Begleiter $9\overset{m}{,}0$. Die Distanz beträgt 55 Bogensekunden. Diesen Begleiter sehen wir bereits mit einem Fernrohr ab etwa 6 cm Öffnung. Im südöstlichen Teil des Sternbilds, hart an der Grenze zum Südlichen Fisch, befindet sich der kugelförmige Sternhaufen M 30. Seine Gesamthelligkeit beträgt etwa $8\overset{m}{,}4$. In einem Fernrohr ab etwa 8 cm Öffnung werden wir den nebligen Fleck erkennen. Ein anderer kugelförmiger Sternhaufen ist M 75, mit einer Gesamthelligkeit von etwa 9^{m}. Seine Beobachtung wird also erst in größeren Fernrohren möglich sein. Die Entfernung von unserer Erde beträgt ungefähr 95 000 Lichtjahre.

Karte Steinbock

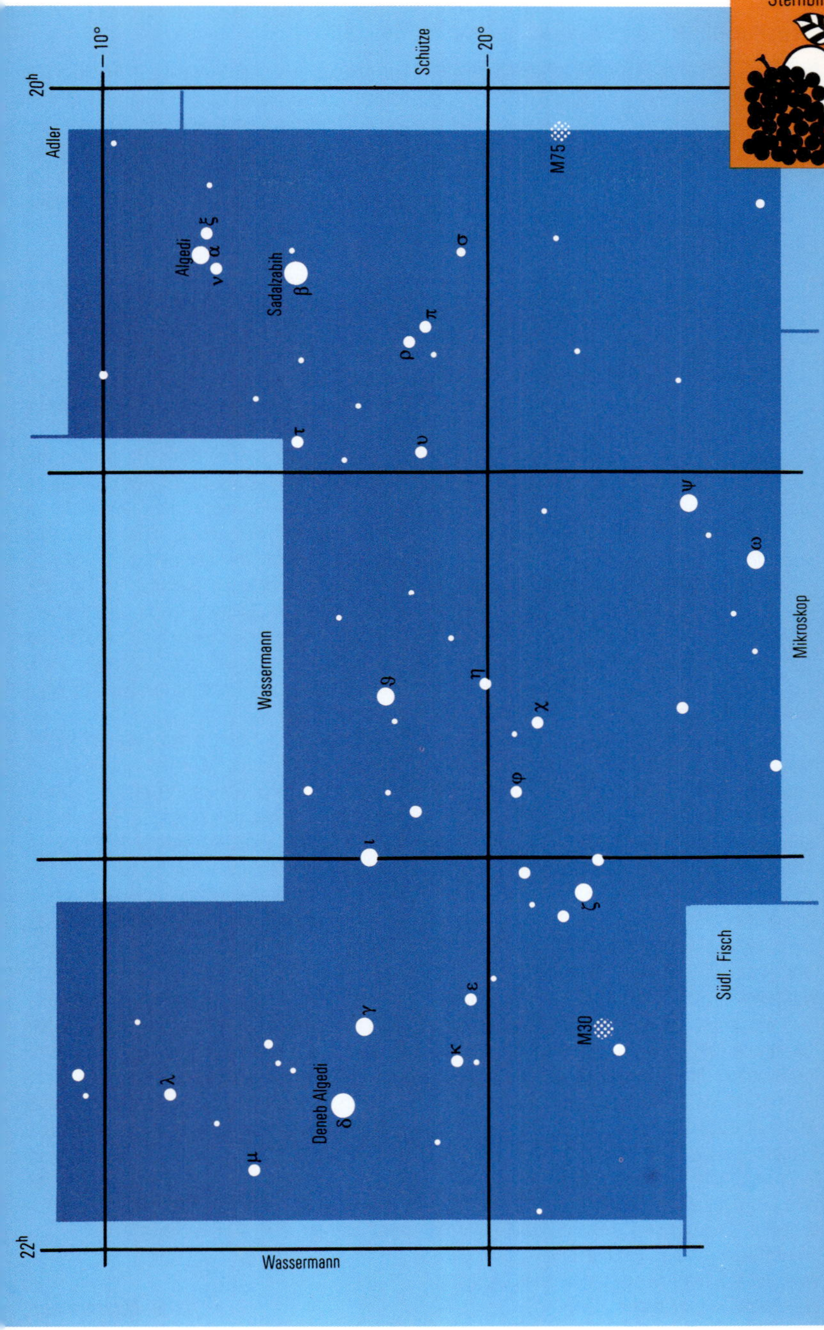
20h
22h
10°
20°
Adler
Schütze
Wassermann
Wassermann
Mikroskop
Südl. Fisch
Algedi
Sadalzabih
Deneb Algedi
M75
M30

Wassermann *Aquarius* (Gen.: *Aquarii*) Abk.: Aqr

In der griechischen Mythologie ist der Wassermann mit Deukalion, dem Sohn des Prometheus und der Klymene, identisch. Er fuhr während einer neuntägigen Sintflut auf dem Ozean umher und landete schließlich auf dem Parnaß. Dort wurde er Stammvater des neuen Menschengeschlechts. Die Sonne bewegte sich durch dieses Tierkreis-Sternbild, als in den östlichen Mittelmeerländern und im Vorderen Orient die Regenperiode herrschte. Der Wassermann hatte also eine ähnliche Bedeutung wie unser »Petrus«, der häufig im Scherz für das schlechte Wetter verantwortlich gemacht wird. Der Wassermann besteht nur aus mittelhellen und schwächeren Sternen, die recht unregelmäßig angeordnet sind, so daß sich keine klare Figur herausschält. Der Hauptstern α Aquarii wird auch Sadalmelik genannt, was aus dem Altarabischen übersetzt »König« bedeutet. Er ist etwa 1100 Lichtjahre entfernt und 6000mal heller als die Sonne. β Aquarii wird auch Sadalsuud genannt. Dies bedeutet »Allerwelts-Glücksstern«.

Ein berühmter Doppelstern ist ζ Aquarii. Die beiden Sterne haben eine Helligkeit von $4^{m}{,}4$ und $4^{m}{,}6$, unterscheiden sich also in dieser Hinsicht nur wenig. Die Umlaufszeit dürfte etwa 400 Jahre betragen. Im Jahre 1967 waren die beiden Sterne nur noch 1,7 Bogensekunden voneinander entfernt. Seither vergrößert sich die Winkeldistanz langsam. 1985 wird sie 1,8 Bogensekunden betragen, im Jahre 2000 2,1 Bogensekunden. Damit rückt die Trennung von ζ Aquarii allmählich wieder in die Erreichbarkeit kleinerer Amateur-Fernrohre. Von der Erde ist ζ Aquarii etwa 75 Lichtjahre entfernt. Die wahre Distanz beträgt im Durchschnitt etwa 15 Milliarden km.

ψ_1 Aquarii verfügt über einen Hauptstern mit der Helligkeit $4^{m}{,}5$ und in 49 Bogensekunden Distanz über einen Begleiter $9^{m}{,}4$. Leicht zu trennen ist auch 94 Aquarii. Hier haben die beiden Sterne eine Helligkeit von $5^{m}{,}3$ und $7^{m}{,}5$ in 13,3 Bogensekunden Distanz. Ein Fernrohr ab etwa 6 cm Öffnung wird ausreichen. 41 Aquarii besteht aus zwei Sternen $5^{m}{,}6$ und $7^{m}{,}2$ in einer Distanz von 5,0 Bogensekunden. Auch hier reicht ein Fernrohr mit 6 cm Öffnung aus.

Der Wassermann bietet einen schönen kugelförmigen Sternhaufen: M 2 mit einer Gesamthelligkeit von $6^{m}{,}3$. Bereits in einem Feldstecher erkennen wir das rundliche Nebelfleckchen. In etwas größeren Amateur-Fernrohren sehen wir eine zentrale Verdichtung. Die Auflösung in Einzelsterne wird allerdings erst in sehr großen Amateur-Fernrohren möglich sein, da die hellsten Sterne in M 2 nur auf die 13. oder 14. Größenklasse kommen. M 2 ist von uns etwa 50 000 Lichtjahre entfernt. Am Südwestrand des Sternbilds steht der Kugelhaufen M 72. Er ist etwa 60 000 Lichtjahre entfernt und erreicht eine Helligkeit von etwa 9^{m}.

Der Wassermann enthält zwei planetarische Nebel: 1 Winkelgrad westlich ν Aquarii steht der $7^{m}{,}2$ helle »Saturn-Nebel« NGC 7009 in 3900 Lichtjahren Abstand. Mit $6^{m}{,}5$ ist der »Helix-Nebel« NGC 7293 noch heller. Sein Abstand beträgt etwa 450 Lichtjahre.

Karte Wassermann

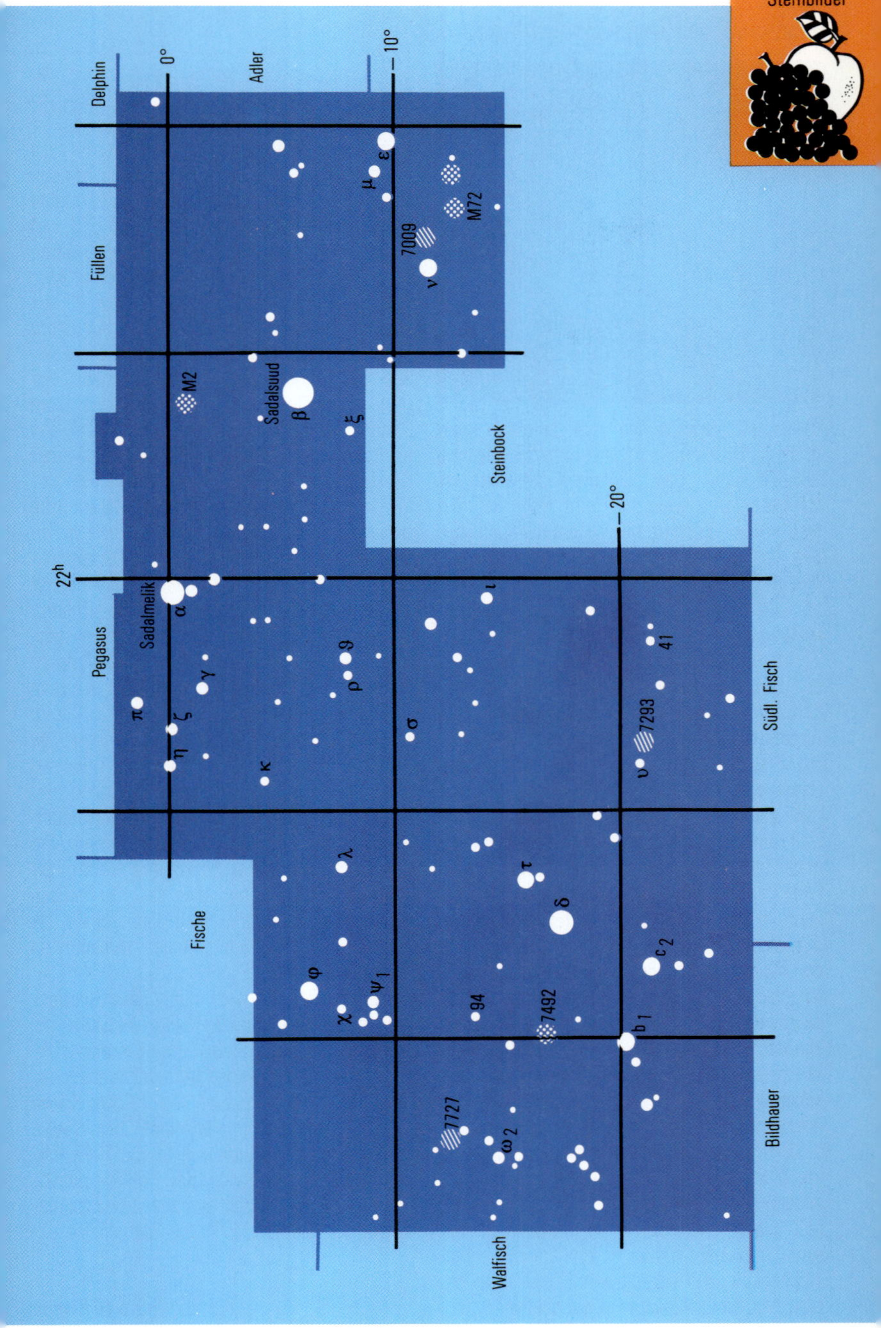
Delphin
0°
Adler
10°
Füllen
M72
7009
M2
Sadalsuud
Steinbock
20°
22h
Pegasus
Sadalmelik
41
Südl. Fisch
7293
Fische
94
7492
7727
Walfisch
Bildhauer

Fische *Pisces* (Gen.: *Piscium*) Abk.: Psc

Venus und Amor sollen sich anläßlich einer drohenden Gefahr in diese beiden Fische verwandelt haben. Das Sternbild besteht nur aus schwächeren Sternen. Der eine Fisch befindet sich weit im Westen, der andere mehr im Norden. In vielen älteren Darstellungen sind die beiden Fische mit einer Laichschnur oder einem Strick verbunden. Diese Linie bildet einen fast auf die rechte Seite gelegten Buchstaben V, an dessen Spitze links der Hauptstern α Piscium oder Alrescha liegt. Alrescha (oder gelegentlich auch El Rischa genannt) heißt im Altarabischen »Der Strick«. Der $4^{\mathrm{m}}{,}0$ helle Stern ist etwa 130 Lichtjahre von uns entfernt und besteht eigentlich aus zwei Sternen mit der Helligkeit $4^{\mathrm{m}}{,}3$ und $5^{\mathrm{m}}{,}2$, die sich in 720 Jahren einmal umkreisen. Leider ist die gegenseitige Distanz der beiden Partner gegen Ende des 20. Jahrhunderts so gering, daß ein Fernrohr von wenigstens 10 cm Öffnung erforderlich ist, um eine Trennung erfolgreich durchführen zu können. 1985 beträgt der Winkelabstand 1,7 Bogensekunden, im Jahre 2000 nur 1,5 Bogensekunden. Im Jahre 2060 werden dann mit etwa 1 Bogensekunde Winkeldistanz die beiden Sterne am engsten beieinanderstehen.

Aber auch ζ Piscium ist ein Doppelstern. Die beiden Sterne haben eine Helligkeit von $5^{\mathrm{m}}{,}6$ und $6^{\mathrm{m}}{,}5$ und stehen 23,6 Bogensekunden auseinander. Dies ist ein schönes Objekt, um einen guten Feldstecher (in Verbindung mit scharfen Augen) testen zu können. Die Trennmöglichkeit liegt bei diesem Doppelstern gerade hart an der Grenze für ein solches Instrument. In jedem Falle werden wir aber die beiden Sterne in einem Fernrohr von 5 cm Öffnung sehen.

Noch einen weiteren Doppelstern bietet das Sternbild Fische für den Besitzer eines Feldstechers: ψ_1 Piscium. Hier haben die beiden Sterne eine Helligkeit von $5^{\mathrm{m}}{,}5$ und $5^{\mathrm{m}}{,}8$ und stehen 30 Bogensekunden auseinander. Damit kann dieser Stern etwas leichter getrennt werden als ζ Piscium. Auch 55 Piscium ist ein schöner Doppelstern, wobei der Hauptstern $5^{\mathrm{m}}{,}6$, der Begleiter $8^{\mathrm{m}}{,}8$ hell ist. Die gegenseitige Distanz beträgt 6,6 Bogensekunden. Zur Trennung ist hier ein Fernrohr ab etwa 6 cm Öffnung erforderlich. 51 Piscium besteht aus zwei Sternen 5. und 9. Größenklasse bei einer Winkeldistanz von 27,7 Bogensekunden.

M 74 ist eine große spiralförmige Galaxie, die sich etwa 1½ Grad ostnordöstlich von η Piscium ausdehnt. Leider beträgt ihre Gesamthelligkeit nur etwa 10^{m}. So benötigen wir bereits ein Fernrohr von wenigstens 10 cm Öffnung, um das Nebelfleckchen auch nur andeutungsweise zu erkennen. Auf fotografischen Aufnahmen erscheint M 74 als eine Spirale, die man fast genau senkrecht von oben erblickt. Sie ist also ein »klassischer Fall« eines Spiralnebels. Die Entfernung von der Erde dürfte etwa 30 Millionen Lichtjahre betragen, während der Durchmesser der Galaxie etwa 80 000 Lichtjahre ausmacht. NGC 524 ist eine Galaxie von vermutlich elliptischer Form. Ihre Gesamthelligkeit liegt nur wenig über der 12. Größenklasse. Hier handelt es sich also um ein für Amateur-Fernrohre kaum mehr erreichbares Objekt.

Das Sternbild Fische ist auch gegenwärtiger Sitz des Frühlingspunktes, also der Stelle, an der sich die Sonne zum Zeitpunkt der Frühlings-Tagundnachtgleiche befindet. Vom Frühlingspunkt aus wird auch die Rektaszension der Sterne angegeben (siehe Seite 14). Wegen der Präzession der Erdachse (siehe Seite 18) verlagert sich allerdings der Frühlingspunkt. Vor etwa 2000 Jahren stand er etwa an der Grenze der Sternbilder Fische und Widder.

Karte Fische

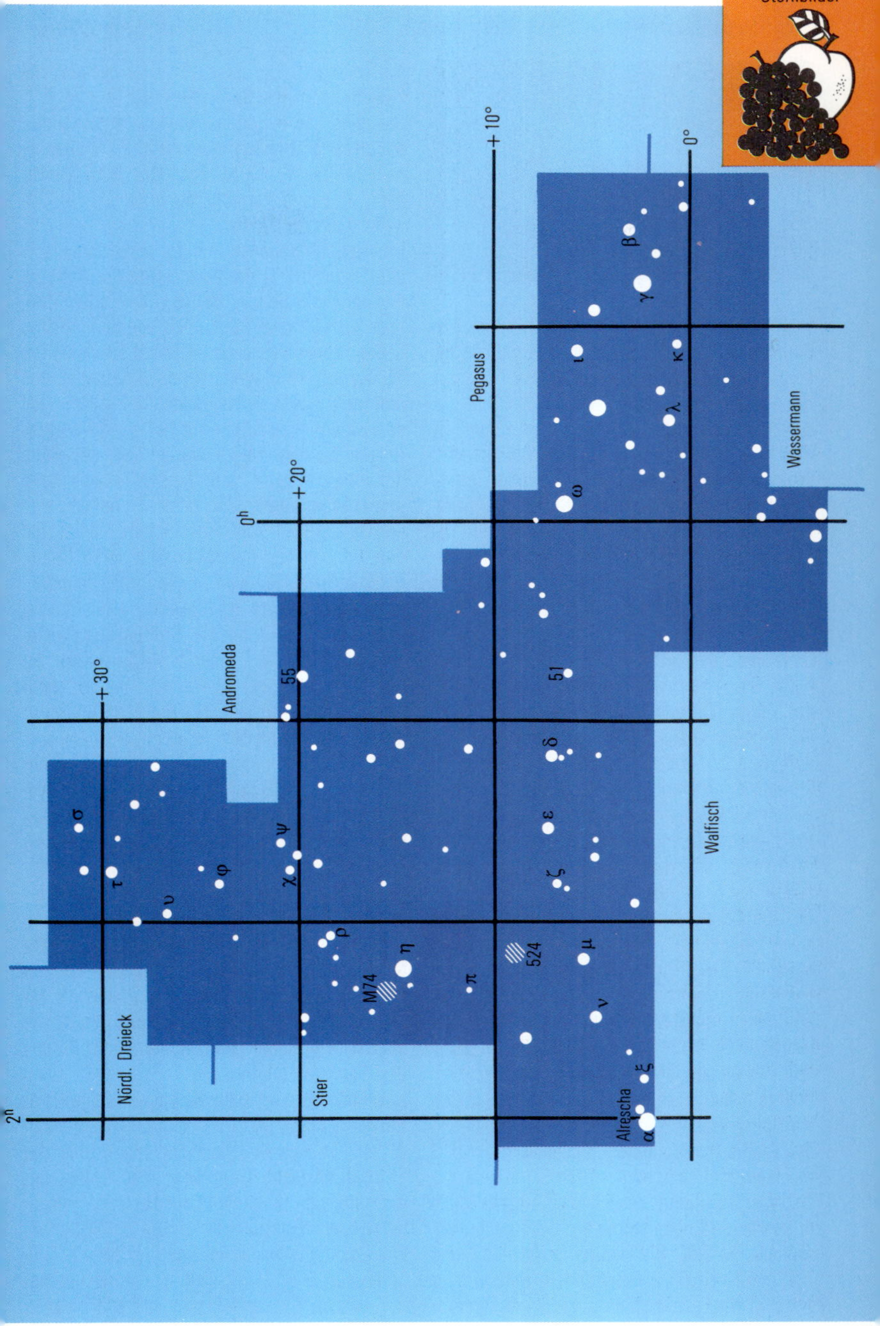
Pegasus
Andromeda
Nördl. Dreieck
Stier
Walfisch
Wassermann
Alrescha
M74
524
51
55
2h
0h
+ 30°
+ 20°
+ 10°
0°

Walfisch *Cetus* (Gen.: *Ceti*) Abk.: Cet

▷ *Karte Walfisch*

Der Walfisch gehört in der griechischen Mythologie zur Perseussage. Er soll Äthiopien mit einer gewaltigen Flutwelle bedroht haben. Nach dem Orakelspruch wäre diese nur dadurch abzuwenden gewesen, wenn man die Königstochter Andromeda dem Walfisch zum Fraß vorgeworfen hätte. Perseus aber rettete Andromeda, indem er dem Walfisch das Medusenhaupt entgegenhielt. Dadurch wurde der Walfisch in einen Felsblock verwandelt.

Der Hauptstern α Ceti trägt auch die arabische Bezeichnung Menkar oder Menkab, was »Nase« bedeutet. Der $2^{m}5$ helle Stern ist ein roter Riesenstern in 150 Lichtjahren Entfernung. Seine absolute Leuchtkraft übertrifft die der Sonne 100fach. In einer Distanz von knapp 16 Bogenminuten (½ Vollmondscheibe) liegt ein Stern 5. Größe (93 Ceti), der bereits mit bloßem Auge erkannt werden kann. Der Stern β Ceti heißt auch Deneb Kaitos oder Diphda. Die erste Bezeichnung bedeutet »Schwanz des Walfischs«, die zweite »Frosch«. Er ist mit $2^{m}0$ sogar noch etwas heller, als α Ceti und 60 Lichtjahre entfernt. γ Ceti ist ein physischer Doppelstern, der mit einem Fernrohr ab etwa 10 cm Öffnung getrennt werden kann. Der Hauptstern hat eine Helligkeit von $3^{m}6$, der Begleiter kommt auf $6^{m}2$ und ist 2,7 Bogensekunden vom Hauptstern entfernt. Die Umlaufszeit der beiden Sterne umeinander dürfte einige tausend Jahre betragen. Der Stern ζ Ceti wird auch Baten Kaitos genannt, was »Bauch des Walfischs« bedeutet. Dieser Stern ist $3^{m}9$ hell und 150 Lichtjahre entfernt.

Der Walfisch bietet noch einige andere leicht zu trennende Doppelsterne an. Dazu gehört besonders 37 Ceti. Die beiden Sterne $5^{m}2$ und $7^{m}8$ sind 49,6 Bogensekunden voneinander entfernt. Hier genügt bereits ein 5-cm-Fernrohr zur Trennung. Der Stern 66 Ceti besteht aus zwei Partnern mit der Helligkeit $5^{m}7$ und $7^{m}7$. Sie sind 16,3 Bogensekunden auseinander. ν Ceti ist $5^{m}0$ hell und besitzt in 7,8 Bogensekunden Distanz einen Begleiter $9^{m}8$. Dieser kann in einem Fernrohr ab etwa 10 cm Öffnung gesehen werden.

Im Walfisch befindet sich der erste veränderliche Stern, der in der Geschichte der Astronomie entdeckt wurde. Es ist o Ceti oder Mira, »der wunderbare Stern«. Er wurde von dem holländischen Astronomen David Fabricius am 13. August 1596 entdeckt, doch wurde es ihm erst im Verlaufe der folgenden Jahre klar, daß es sich um einen Stern mit Helligkeitsveränderungen handelt. Heute wissen wir, daß Mira der Hauptvertreter einer großen Gruppe langperiodischer Veränderlicher ist. Es handelt sich um pulsierende rote Riesensterne. Mira hat eine Periode von durchschnittlich 331 Tagen. Doch kommen Schwankungen in der Periodenlänge durchaus vor. Im Maximum erreicht Mira in der Regel die 3. oder 4. Größenklasse, gelegentlich sogar die 2. oder 1. Größenklasse. Im Minimum fällt der Stern auf die 9. oder 10. Größenklasse ab. So kann Mira im Maximum leicht mit bloßem Auge gesehen werden. Im Minimum benötigen wir aber ein Fernrohr ab etwa 5 oder 6 cm Öffnung, um das schwache Sternchen dann noch entdecken zu können. Mira ist von unserer Erde etwa 220 Lichtjahre entfernt. In seinem Lichtminimum ist der Stern absolut genommen etwas schwächer als unsere Sonne, in einem durchschnittlichen Maximum erreicht er dagegen die 250fache Sonnenhelligkeit. Sein Durchmesser ist mit 550 Millionen km etwa 400mal größer als der unserer Sonne. Im Maximum seiner Pulsation übersteigt er sogar gelegentlich das 500fache des Sonnendurchmessers.

Erwähnenswert ist auch die spiralförmige Galaxie M 77. Sie liegt 1 Winkelgrad südöstlich δ Ceti. Da ihre Helligkeit nur knapp über der 10. Größenklasse liegt, kann das Objekt nur mit einem größeren Amateur-Fernrohr gesichtet werden. Eine andere Galaxie ist NGC 247. Ihre Gesamthelligkeit liegt nur bei der 11. Größenklasse. NGC 246 ist ein planetarischer Nebel, dessen Gesamthelligkeit bei $8^{m}5$ liegt.

Herbst-
Sternbilder

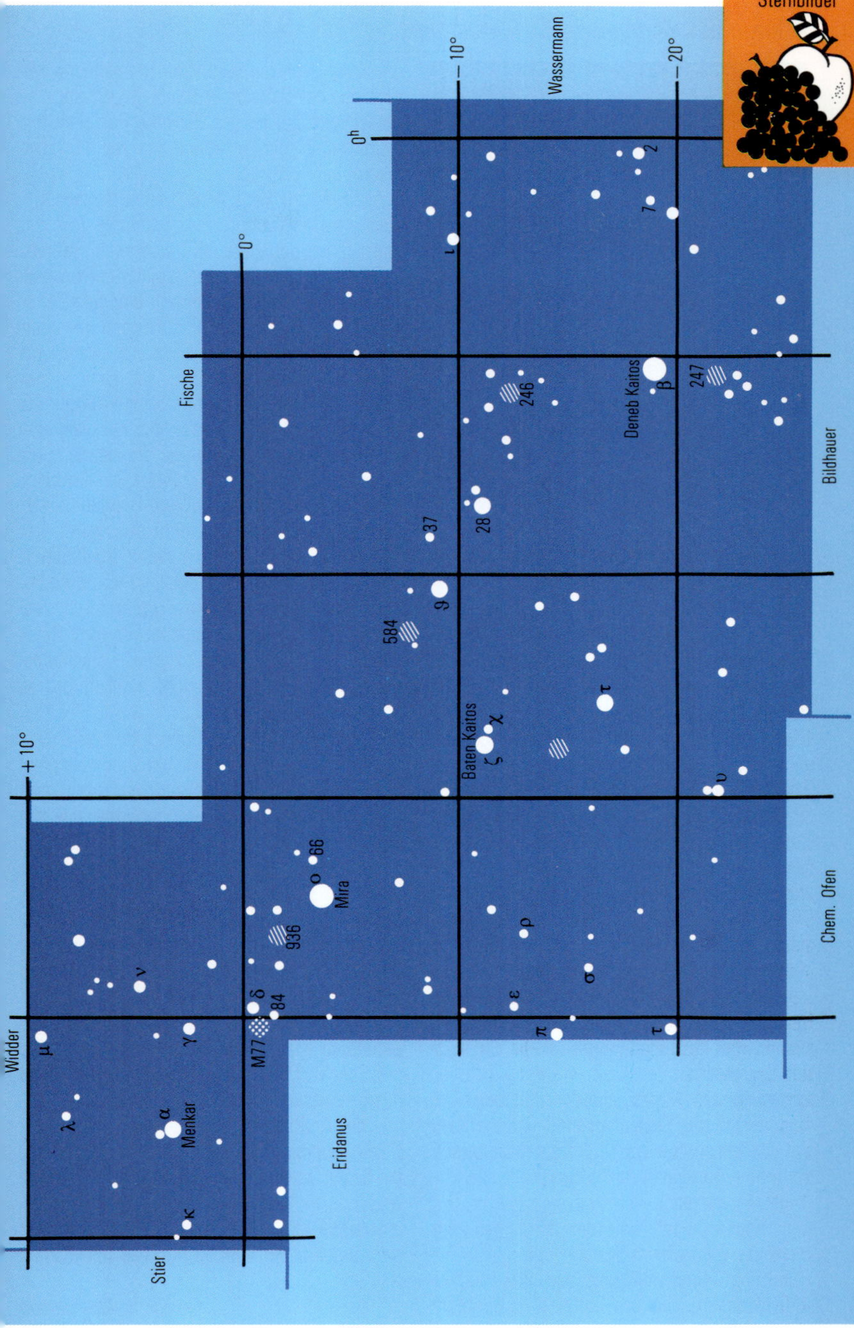

Andromeda *Andromeda* (Gen.: *Andromedae*) Abk.: And

Prinzessin Andromeda von Äthiopien war die Tochter des Kepheus und der Kassiopeia. Sie sollte in Ketten gelegt dem Walfisch zum Fraß vorgeworfen werden, damit dieser von seinem Vorhaben, das Land mit einer Sturmwelle zu überfluten, ablasse. Sie wurde aber schließlich von Perseus gerettet.

Der Hauptstern α Andromedae bildet gleichzeitig den linken oberen Stern des sogenannten Pegasusquadrats, ohne allerdings diesem Sternbild gemäß der heutigen Sternbilderkunde noch zugerechnet zu werden. Die altarabische Bezeichnung Alpheratz oder »Schulter des Pferdes« erinnert aber an die Nachbarschaft zu Pegasus. Häufiger wird dagegen heute der Name Sirrah für diesen Stern benutzt. Er bedeutet »Nabel« (der Andromeda). In vielen alten Darstellungen der Andromeda bildete die Sternenkette α, β und γ Andromedae nämlich nur noch Unterkörper, Beine und Füße der äthiopischen Prinzessin, während ihr Oberkörper in das Pegasusquadrat hinüberreicht. Nimmt man das Pegasusquadrat und die Kette der drei genannten Sterne jedoch geometrisch, so erhält man eine Art »Riesenwagen« des Himmels, der aber nicht mit dem echten Großen Wagen in der Nähe des nördlichen Himmelspols verwechselt werden darf.

Sirrah hat eine Helligkeit von $2^m_,1$ und ist 120 Lichtjahre von uns entfernt. β Andromedae trägt auch die arabische Bezeichnung Mirach mit der Bedeutung »Schurz«. Dieser rote Riesenstern hat für uns dieselbe Helligkeit wie Sirrah, aber eine Entfernung von nur 75 Lichtjahren.

γ Andromedae wird häufig auch Alamak genannt, was »Wüstenluchs« bedeutet. Die Entfernung beträgt etwa 260 Lichtjahre. Alamak ist vielleicht der schönste Doppelstern am ganzen Herbsthimmel. Neben dem orangefarbenen Hauptstern der Helligkeit $2^m_,3$ sehen wir einen bläulichen Begleiter von $5^m_,1$. Die Distanz beträgt 10,0 Bogensekunden. So kann dieser Doppelstern schon in einem 5-cm-Fernrohr gut getrennt werden. Übrigens ist der Begleiter seinerseits wieder ein enger Doppelstern mit einer Umlaufszeit von 61 Jahren. Die Winkeldistanz ist aber so klein, daß ein Liebhaber-Fernrohr zur Trennung nicht mehr ausreicht.

Das Sternbild Andromeda bietet noch einige andere suchenswerte Doppelsterne. π Andromedae besteht aus einem Hauptstern der Helligkeit $4^m_,5$ und einem Begleiter mit $8^m_,8$. Beide Sterne sind 36,0 Bogensekunden voneinander entfernt. Zur Trennung reicht ein Fernrohr ab etwa 6 cm Öffnung aus.

Ein etwas schwächerer Doppelstern ist ω Andromedae. Der Hauptstern hat eine Helligkeit von $4^m_,9$. In 119 Bogensekunden Distanz sitzt ein Sternchen der 10. Größenklasse, das mit einem Fernrohr von 7 cm Öffnung gesehen werden kann. Dabei handelt es sich um einen optischen Doppelstern.

Der bemerkenswerteste veränderliche Stern in diesem Sternbild ist R Andromedae. Es handelt sich dabei um einen langperiodischen Veränderlichen, ähnlich Mira im Walfisch. Im Maximum erreicht dieser Stern die 5. bis 7. Größenklasse, im Minimum sinkt er bis zur 14. oder sogar 15. Größenklasse ab. Die Periode dauert durchschnittlich 409 Tage. Das Starobjekt der Andromeda ist aber ohne Zweifel der Große Andromeda-Nebel (M 31). Wir finden ihn leicht, wenn wir von Sirrah aus zwei Sterne weiter nach Nordosten gehen, über δ Andromedae bis zu β Andromedae oder Mirach. Von da aus gehen wir über zwei etwas schwächere

Karte Andromeda

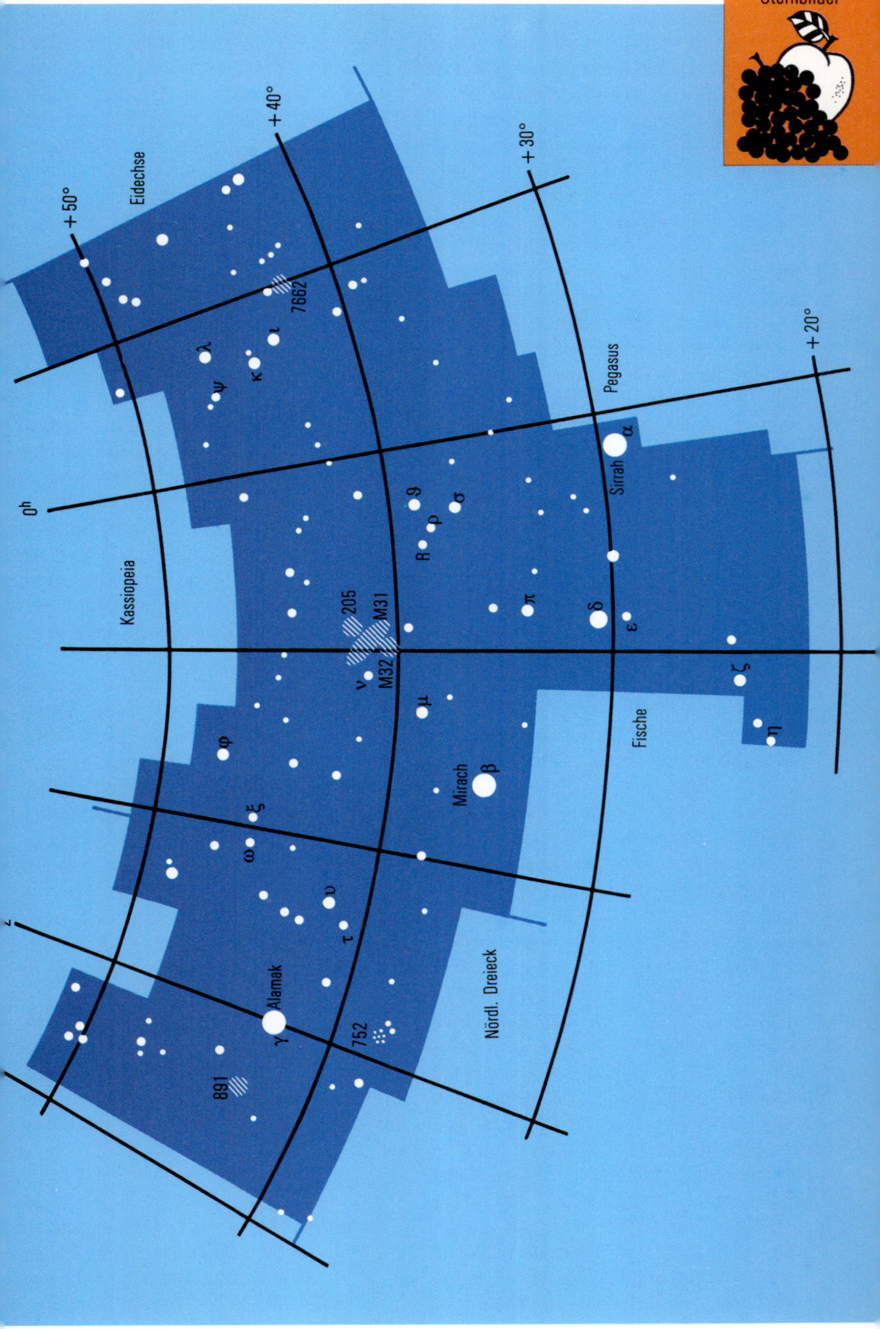
Eidechse
+50°
+40°
+30°
+20°
0h
Kassiopeia
Pegasus
Sirrah
Fische
Mirach
Alamak
Nördl. Dreieck
7662
205
M31
M32
752
891

Sterne nach Nordwesten: μ und ν Andromedae. Gleich rechts darüber sehen wir dann in einer klaren, dunklen Nacht schon mit bloßem Auge ein längliches Nebelfleckchen. Es ist das fernste Objekt, das wir ohne optische Hilfsmittel noch beobachten können: Der Andromeda-Nebel ist immerhin 2,3 Millionen Lichtjahre von uns entfernt. Sein Durchmesser beträgt 150 000 Lichtjahre. Mit bloßem Auge sehen wir nur die helleren zentralen Teile dieser spiralförmigen Galaxie. Das gilt auch noch für die Beobachtung mit einem kleinen Fernrohr. Erst in lichtstärkeren Geräten kommen die äußeren Spiralarme zum Vorschein. Sieht man von gelegentlich auftretenden Novae einmal ab (im Jahre 1885 erschien im Andromeda-Nebel sogar eine Supernova unter der Bezeichnung S Andromedae, die bis zur 6. Größenklasse aufstieg und daher fast mit bloßem Auge gesehen werden konnte). Die hellsten Sterne im Andromeda-Nebel erreichen nur eine Helligkeit von etwa 18^m und sind damit nur auf langbelichteten fotografischen Aufnahmen der lichtstärksten Teleskope unseres Jahrhunderts identifizierbar. Dabei entdeckt man in und um den Andromeda-Nebel eigentlich sämtliche Objekttypen, die wir auch von unserem eigenen Milchstraßensystem her gewohnt sind: Veränderliche Sterne (vor allem Cepheiden), offene Sternhaufen, Kugel-Sternhaufen, helle und dunkle Nebel usw.

Die Masse des Andromeda-Nebels beträgt 370 Milliarden Sonnenmassen. Gegenüber unserem Sonnensystem nähert er sich mit einer Geschwindigkeit von 297 km/Sek. Nicht nur der Größe, auch der Form nach ähnelt der Andromeda-Nebel unserem eigenen Milchstraßensystem sehr stark. Er ist zusammen mit M 33 im Sternbild des nördlichen Dreiecks der nächstgelegene Spiralnebel überhaupt. Wir sehen von uns aus schräg auf die Ebene dieser spiralförmigen Galaxie. Daher zeigt sich der Andromeda-Nebel auch nicht in kreisförmigem, sondern elliptischem Umriß. Und wie unser eigenes Milchstraßensystem über zwei auffällige Begleiter verfügt, die Große und Kleine Magellansche Wolke, so besitzt auch der Andromeda-Nebel zwei elliptische Galaxien als Begleiter. Sie können in kleineren Fernrohren durchaus erkannt werden. Der eine Nebel ist stärker elliptisch und erhielt die Katalogbezeichnung NGC 205. Seine Gesamthelligkeit beträgt etwa $9^m\!\!.4$. Der andere Nebel ist nahezu kugelförmig. Er wird auch mit M 32 bezeichnet. Seine Helligkeit ist mit $8^m\!\!.7$ etwas größer. Der Durchmesser dieser beiden Begleiter mißt 5400 bzw. 2400 Lichtjahre. Zu ihrer Beobachtung ist ein Fernrohr ab etwa 10 cm Öffnung erforderlich. Neuerdings wurden einige weitere Begleiter des Andromeda-Nebels gefunden. Sie stehen aber etwas weiter von dem Hauptsystem ab und sind so schwach, daß wir zu ihrer Auffindung größere Teleskope benötigen. Diese zusätzlichen Begleiter des Andromedanebels erhielten die Bezeichnungen And I, II und III. Sie haben alle einen Durchmesser von nur 3000 Lichtjahren.

Für das nördliche Mitteleuropa und Nordeuropa ist der Andromeda-Nebel zirkumpolar, das heißt, er sinkt niemals unter den Horizont herab. Trotzdem kann er zumindest in den Abendstunden am besten im Herbst beobachtet werden, da er dann bis in die Gegend des Zenits hinaufsteigt. So gelingt es manchmal selbst von etwas erhellteren stadtnahen Bereichen aus, den Andromeda-Nebel mit bloßem Auge zu entdecken.

Im Ostteil des Sternbilds steht die spiralförmige Galaxie NGC 891. Ihre Helligkeit beträgt 10^m, der Abstand ist etwas zweifelhaft, dürfte aber zwischen 20 und 40 Millionen Lichtjahre ausmachen. 5 Winkelgrad südwestlich von γ Andromedae steht der offene Sternhaufen NGC 752. Da die hellsten Sterne in ihm nur die 9. Größenklasse erreichen, kann das Objekt erst mit einem Fernrohr ab etwa 8 cm Öffnung beobachtet werden. Gelegentlich ist er schon mit einem extrem lichtstarken Feldstecher erkennbar. Insgesamt besitzt NGC 752 70 Sterne.

NGC 7662 ist ein planetarischer Nebel in etwa 1800 Lichtjahren Abstand. Seine Helligkeit beträgt etwa $8^m\!\!.6$. Damit kann er mit einem Fernrohr ab 6 bis 8 cm Öffnung gesehen werden. Der Zentralstern kommt nur auf eine Helligkeit von $12^m\!\!.5$.

Andromeda-Nebel und Umgebung (oben), Andromeda-Nebel mit den beiden elliptischen Begleitern M 32 und NGC 205 (unten, Norden ist rechts)

Widder *Aries* (Gen.: *Arietis*) Abk.: Ari

▷ ***Karte Widder/Nördliches Dreieck***

Das Tierkreis-Sternbild Widder geht auf die beiden Kinder der griechischen Wolkengöttin Nephele, Phrixos und Helle, zurück. Sie sollten geopfert werden. Der goldene Widder aber entführte die beiden. Dabei stürzte Helle ins Meer, Phrixos konnte gerettet werden.

Der Hauptstern α Arietis trägt die arabische Bezeichnung Hamal (»Widder«). Gelegentlich wird er auch Elnath (»Der mit dem Horn Stoßende«) genannt. Seine Helligkeit beträgt 2^{m},2, sein Abstand 75 Lichtjahre. γ Arietis ist ein Doppelstern, der bereits mit einem Fernrohr von 5 cm Öffnung getrennt werden kann. Die beiden Partner haben eine Helligkeit von 4^{m},7 und 4^{m},8, sind also nahezu gleich hell. Ihre gegenseitige Winkeldistanz beträgt 8,2 Bogensekunden. Auch ε Arietis ist doppelt. Hier haben die beiden Sterne eine Helligkeit von 5^{m},3 und 5^{m},5. Die Winkeldistanz beträgt allerdings nur 1,4 Bogensekunden. Zur Trennung ist demgemäß ein Fernrohr ab etwa 10 cm Öffnung erforderlich.

(Nördliches) Dreieck *Triangulum* (Gen.: *Trianguli*) Abk.: Tri

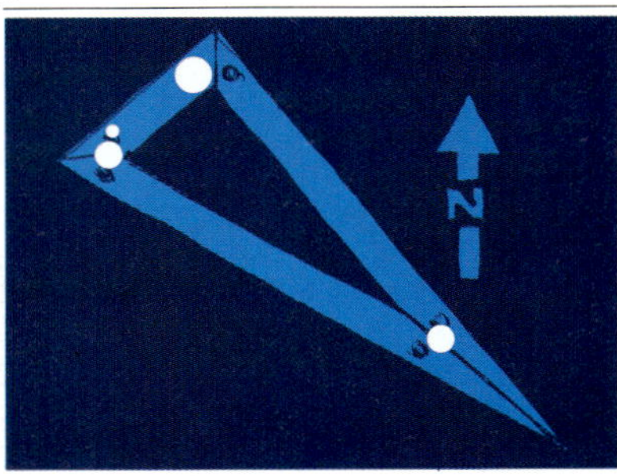

Das Sternbild war bereits im Altertum bekannt; es dürfte als Sinnbild für das Nildelta und eine Ehrung für die Wissenschaft der Alexandriner betrachtet worden sein. Es besteht nur aus wenigen Sternen und ist im Bereich zwischen Andromeda und Widder eingebettet. Der Hauptstern α Trianguli wird selten als Elmuthalleth oder Mothallah bezeichnet. Dieser aus dem Altarabischen stammende Name bedeutet »Spitze des Dreiecks«. Die Helligkeit beträgt 3^{m},6, die Entfernung 65 Lichtjahre. β Trianguli ist mit einer Helligkeit von 3^{m},0 sogar noch etwas heller. Seine Entfernung beträgt 140 Lichtjahre.

Der Stern ι Trianguli ist doppelt. Die beiden Sterne der Helligkeit 5^{m},4 und 7^{m},0 liegen 3,8 Bogensekunden auseinander. Zur Trennung brauchen wir ein Fernrohr ab etwa 8 cm Öffnung. R Trianguli ist ein langperiodisch Veränderlicher mit einer Periode von etwa 266 Tagen. Im Maximum kommt der Stern etwa auf die 5. oder 6. Größenklasse, im Minimum sinkt er auf 12^{m} ab.

Im westlichsten Teil des Sternbilds befindet sich der Spiralnebel M 33. Er ist genauso weit von uns entfernt wie der Andromeda-Nebel, nämlich 2,3 Millionen Lichtjahre. Trotzdem wird er bei weitem nicht so einfach aufgefunden. Zwar ist seine Gesamthelligkeit mit 6^{m},8 noch ziemlich groß; da sich der Nebel aber flächenmäßig weit ausdehnt, kann er erst mit einem sehr lichtstarken Feldstecher oder einem Fernrohr ab etwa 6 cm Öffnung und möglichst geringer Vergrößerung aufgefunden werden. Eine dunkle, klare Nacht ist erforderlich.

Der Durchmesser von M 33, der häufig auch als »Dreiecksnebel« bezeichnet wird, beträgt 60 000 Lichtjahre. Fotografien zeigen, daß sich dieser Spiralnebel fast genau senkrecht von oben zeigt. Der Andromeda-Nebel, unser Milchstraßen-System und M 33 sind die einzigen spiralförmigen Galaxien innerhalb der sogenannten lokalen Nebelgruppe, die sich bis in eine Entfernung von etwa 3 Millionen Lichtjahre erstreckt. Alle anderen Galaxien dieser Gruppe sind elliptisch oder unregelmäßig.

Spiralnebel M 33 (Norden ist rechts)

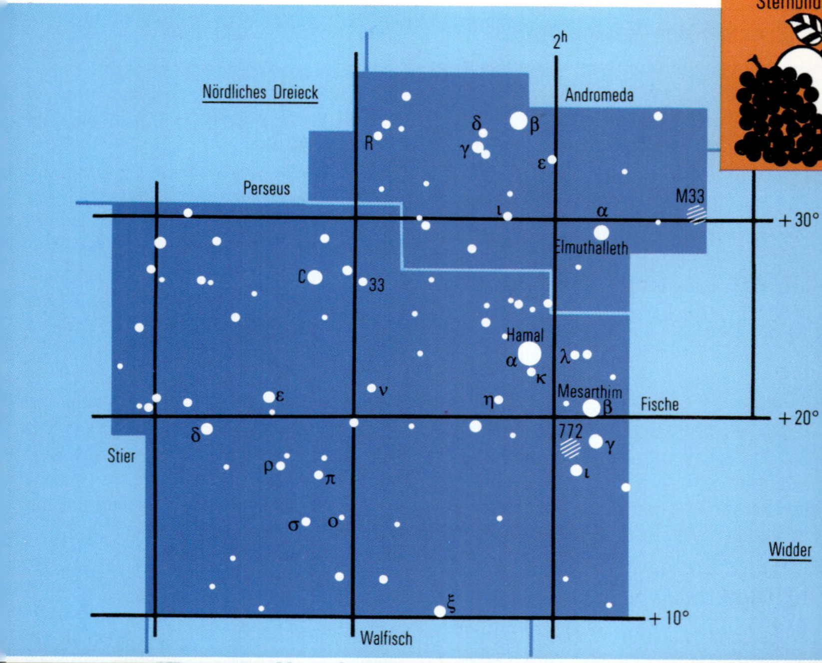
2h
Nördliches Dreieck
Andromeda
Perseus
M33
+30°
Elmuthalleth
C
33
Hamal
Mesarthim
Fische
+20°
772
Stier
Widder
+10°
Walfisch

Südlicher Fisch *Piscis austrinus* (Gen.: *Piscis austrini*) Abk.: PsA

Das Sternbild geht auf die Sage zurück, daß ein Fisch die ägyptische Königin Isis vor dem Ertrinken gerettet haben soll. Von Mitteleuropa aus kann das Sternbild nur knapp über dem Südhorizont beobachtet werden, von Nordeuropa aus ist es vollkommen unsichtbar. Der Hauptstern α Piscis austrini trägt die altarabische Bezeichnung Fomalhaut, was »Maul des Fisches« bedeutet. Gelegentlich liest man auch die Bezeichnung Diphda oder »Frosch«. Fomalhaut ist $1\overset{m}{.}2$ hell und 23 Lichtjahre von uns entfernt. Die Leuchtkraft ist 14mal heller als die der Sonne.

β Piscis austrini ist ein bereits mit einem guten Feldstecher trennbarer Doppelstern. Der Hauptstern hat eine Helligkeit von $4\overset{m}{.}4$, der Begleiter kommt auf $7\overset{m}{.}5$ und steht in einer Winkeldistanz von 30,3 Bogensekunden. Schwieriger trennbar ist γ Piscis austrini. Die beiden Sterne mit der Helligkeit $4\overset{m}{.}5$ und $8\overset{m}{.}1$ stehen hier nur 4,3 Bogensekunden auseinander. Zu ihrer Trennung ist ein Fernrohr ab etwa 10 cm Öffnung erforderlich. Bei ε Piscis austrini haben die beiden Partner eine Helligkeit von $5\overset{m}{.}5$ und $6\overset{m}{.}5$ und stehen 1,6 Bogensekunden auseinander. Auch hier benötigen wir ein Fernrohr über 10 cm Öffnung, wie es Anfänger unter Amateuren selten besitzen.

Bildhauer *Sculptor* (Gen.: *Sculptoris*) Abk.: Scl

Der Bildhauer wurde als Sternbild erst 1752 von Lacaille an den Himmel versetzt. Die ursprüngliche Bezeichnung lautete »Bildhauer-Atelier«. Wie der Südliche Fisch, so kann auch der Bildhauer von Mitteleuropa aus nur knapp über dem Südhorizont gesehen werden. Von Nordeuropa aus ist er unsichtbar.

Der Hauptstern α Sculptoris ist nur $4\overset{m}{.}4$ hell und wahrscheinlich etwa 270 Lichtjahre entfernt. ε Sculptoris ist ein Doppelstern, dessen Partner eine Helligkeit von $5\overset{m}{.}4$ und $9\overset{m}{.}4$ haben. Sie stehen 4,7 Bogensekunden auseinander. Zu ihrer Trennung muß ein Fernrohr von über 10 cm Öffnung benützt werden.

Am Südrand des Sternbilds befindet sich die Galaxie NGC 55. Der Spiralnebel erscheint von der Erde aus fast von seiner Schmalseite her. Die Entfernung beträgt 7,5 bis 10 Millionen Lichtjahre. Sein wahrer Durchmesser beläuft sich auf etwa 70 000 Lichtjahre. Da sich die Gesamthelligkeit auf etwa $7\overset{m}{.}8$ beläuft, kann der Nebel mit einem Fernrohr ab etwa 6 cm Öffnung gerade noch beobachtet werden. Voraussetzung ist ein ziemlich weit im Süden gelegener Beobachtungsort, von wo aus der Nebel höher über den Horizont hinaufgelangt.

Auch NGC 253, hart am Nordrand des Sternbilds gelegen, ist eine längliche spiralförmige Galaxie. Ihre Helligkeit beträgt etwa $7\overset{m}{.}0$. Viele Beobachter halten diese Galaxie für eines der am leichtesten zu beobachtenden Objekte dieser Art – mit Ausnahme des großen Andromeda-Nebels. Tatsächlich genügt schon ein guter Feldstecher, um NGC 253 als einen Nebelfleck zu sehen. Die Entfernung von der Erde ähnelt der von NGC 55. Überhaupt bilden diese beiden Galaxien zusammen mit einigen anderen Objekten – wie z. B. NGC 300, 7793 und NGC 247 im Walfisch – eine räumlich beieinanderstehende Gruppe, die gelegentlich auch als die »Sculptor-Gruppe« oder »südliche galaktische Pol-Gruppe« bezeichnet wird.

NGC 288 ist ein kugelförmiger Sternhaufen mit $7\overset{m}{.}2$. Er liegt etwa 40 000 Lichtjahre entfernt und kann bereits mit einem lichtstarken Feldstecher gesehen werden. Etwa 4 Grad südlich des Sterns α Sculptoris liegt das Zentrum des sogenannten Sculptor-Systems. Dabei handelt es sich um eine elliptische Zwerggalaxie in etwa 270 000 Lichtjahren Abstand. Es ist nur fotografisch mit großen Teleskopen erfaßbar.

Karten Südlicher Fisch und Bildhauer

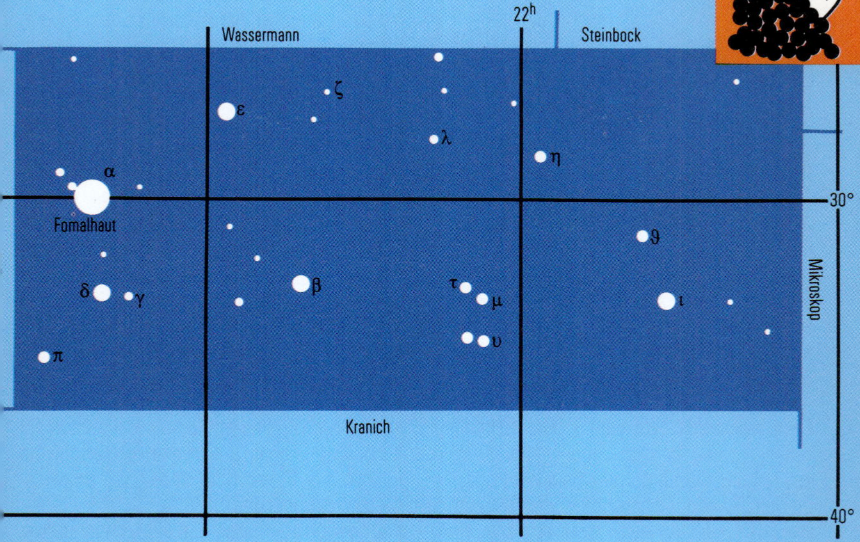

Südlicher Fisch

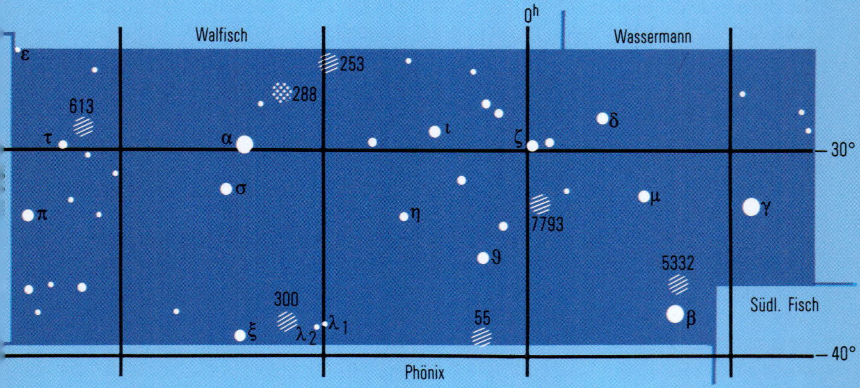

Bildhauer

Eridanus *Eridanus* (Gen.: *Eridani*) Abk.: Eri

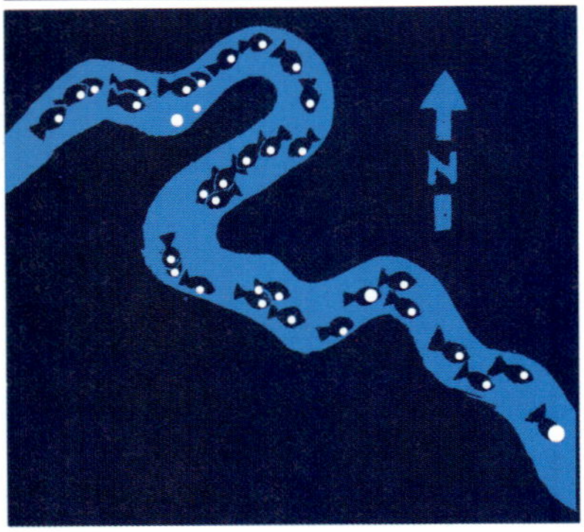

In der griechischen Mythologie gilt Eridanus als der Fluß der Unterwelt. Das Sternbild ist im Spätherbst und im Frühwinter vor allem am Abend zu beobachten. Von Mitteleuropa aus kann man seine südlichsten Teile nicht mehr sehen. Selbst für den Mittelmeerraum bleibt ein Teil des Sternbilds unterhalb des Horizonts. Zu ihm gehört insbesondere der Hauptstern α Eridani oder Achernar, was aus dem arabischen übersetzt »Ende des Flusses« bedeutet. Achernar befindet sich am südlichsten Rand des Sternbilds und kann erst von Nordafrika aus gerade noch gesehen werden. Achernar hat eine Helligkeit von $0\overset{m}{,}5$ und ist 120 Lichtjahre entfernt. Seine absolute Leuchtkraft ist 650mal größer als die der Sonne. Der zweithellste Stern β Eridani heißt auch Cursa oder »die vordere Fußbank«. Dieser Stern liegt im Gegensatz zu Achernar am nordöstlichsten Rand des Sternbilds und ist nur 3 Winkelgrad nordwestlich von Rigel im Orion gelegen. Die Entfernung beträgt 80 Lichtjahre. In früheren Darstellungen von Sternbildern zählte dieser $2\overset{m}{,}9$ helle Stern meist noch zum Orion. Dasselbe gilt auch für die in der Nachbarschaft gelegenen Sterne λ und ψ Eridani. ϑ Eridani ist ein schöner Doppelstern. Die beiden Partner haben eine Helligkeit von $3\overset{m}{,}5$ und $4\overset{m}{,}5$ und stehen 8,2 Bogensekunden auseinander. Ein Fernrohr ab etwa 5 cm Öffnung genügt zur Auflösung dieses Doppelsterns. Wegen seiner weit südlichen Stellung kann er allerdings von Mitteleuropa aus nicht mehr beobachtet werden. Für Südeuropäer ist er dagegen ein sehr schöner Doppelstern.

Eine besondere Beachtung verdient o_2 Eridani. Er ist zunächst ein Stern, der mit 16,2 Lichtjahren Abstand zu den nächsten Sternen zählt. Gleichzeitig ist er ein mehrfacher Stern. Neben dem $4\overset{m}{,}5$ hellen Hauptstern steht zunächst in 83 Bogensekunden Distanz ein Begleiter mit der Helligkeit $9\overset{m}{,}5$. Er kann mit einem Fernrohr ab etwa 8 cm Öffnung gut gesehen werden. Der schwächere Stern wird von einem weiteren Begleiter in 248 Jahren umkreist. Seine Helligkeit beträgt $11\overset{m}{,}1$. Ende des 20. Jahrhunderts ist die gegenseitige Winkeldistanz der beiden Sternpartner so groß, daß erst ein Fernrohr ab etwa 12 cm Öffnung zu ihrer Auflösung ausreicht. 1985 beträgt die gegenseitige Winkeldistanz 9,0 Bogensekunden und im Jahre 2000 9,3 Bogensekunden. Ein anderer Doppelstern, der bereits mit einem Fernrohr ab etwa 5 cm Öffnung getrennt werden kann, ist 32 oder w Eridani. Die beiden Partner mit der Helligkeit $5\overset{m}{,}0$ und $6\overset{m}{,}4$ stehen 6,9 Bogensekunden auseinander.

Das Sternbild Eridanus enthält auch in seinem nördlicheren Teil einen planetarischen Nebel, der erst mit einem Fernrohr ab etwa 10 cm Öffnung aufgefunden werden kann. Seine Katalogbezeichnung ist NGC 1535, und seine Gesamthelligkeit beträgt 9^{m}. Der Zentralstern kommt immerhin auf eine Helligkeit von $11\overset{m}{,}8$. Trotzdem kann er erst mit Fernrohren ab etwa 15 cm Öffnung erkannt werden. Der Abstand beträgt etwa 2200 Lichtjahre. Ferner gibt es eine größere Zahl von Galaxien im Eridanus. Das hellste Objekt ist NGC 1291 mit einer Gesamthelligkeit von $10\overset{m}{,}2$.

Etwa 3 Winkelgrad nördlich des Sterns τ_4 Eridani befindet sich ein mit Amateur-Fernrohren zwar schwer beobachtbarer, aber berühmter balkenförmiger Spiralnebel: NGC 1300. Hier ist der Kern des Spiralnebels balkenartig verbreitert. Am Ende des Balkens setzen die Spiralarme rechtwinklig an. Die Gesamthelligkeit dieses Objekts beträgt $11\overset{m}{,}3$. NGC 1332 und 1407 sind zwei elliptische Galaxien. Ihre Helligkeit liegt zwischen der 11. und 12. Größenklasse.

Karte Eridanus

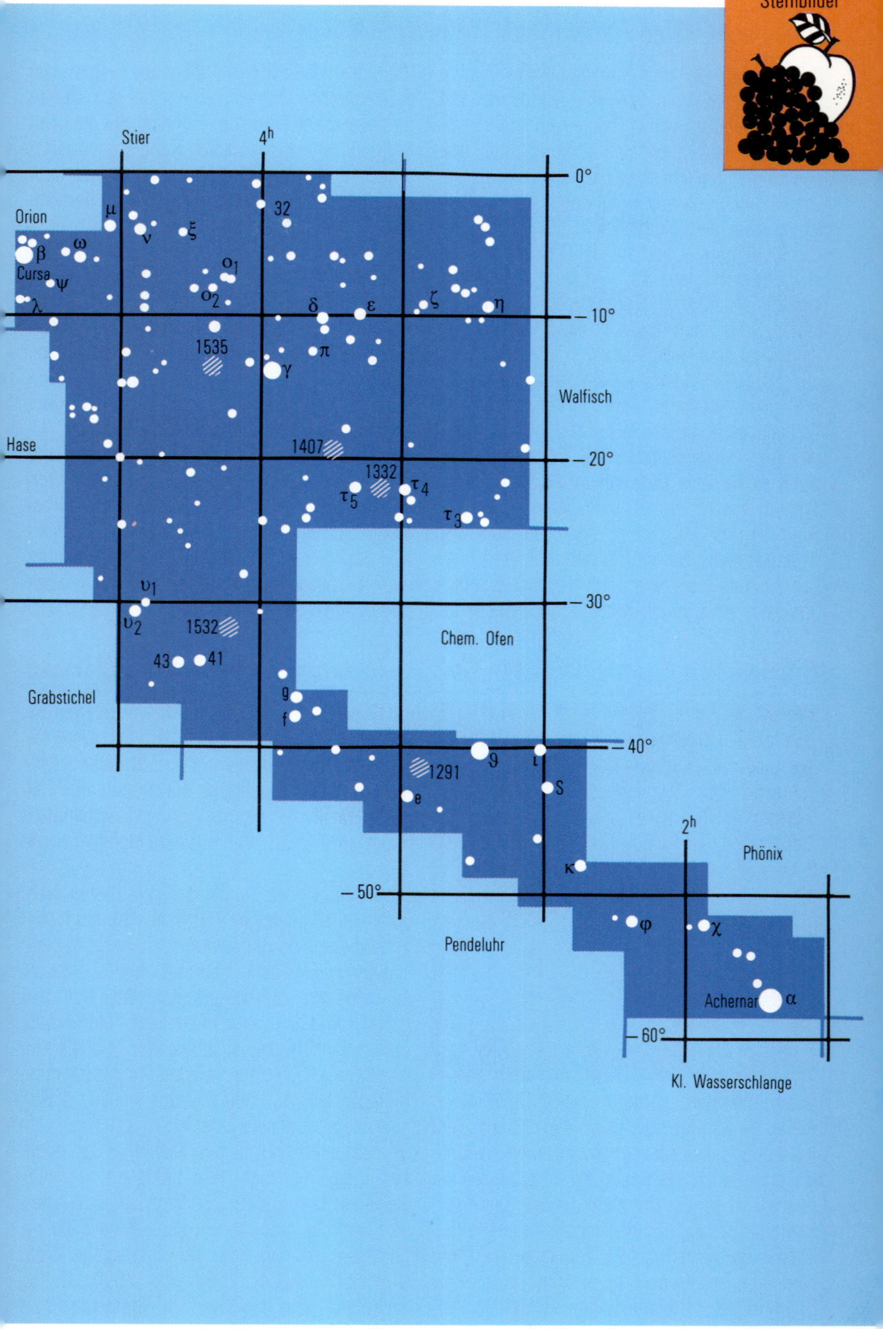
Stier
4h
0°
– 10°
– 20°
– 30°
40°
– 50°
– 60°
2h
Orion
Cursa
Hase
Grabstichel
Walfisch
Chem. Ofen
Pendeluhr
Phönix
Kl. Wasserschlange
Achernar
32
1535
1407
1332
1532
43
41
1291

Chemischer Ofen *Fornax* (Gen.: *Fornacis*) Abk.: For

Das kleine, nur aus wenigen schwächeren Sternen bestehende Sternbild wurde erst im 18. Jahrhundert von Lacaille eingeführt. Es steht so weit südlich, daß es von Nordeuropa aus nicht mehr gesehen werden kann. Selbst von Mitteleuropa aus steht es nur gelegentlich knapp über dem Südhorizont.

Der Hauptstern α Fornacis ist $3\overset{m}{,}9$ hell und hat eine Entfernung von 40 Lichtjahren. Es handelt sich dabei um einen Doppelstern, dessen Umlaufsperiode noch etwas unsicher ist. Der Begleiter hat eine Helligkeit von $5\overset{m}{,}8$. Gegen Ende des 20. Jahrhunderts ist die Trenunng bereits mit einem kleineren Fernrohr ab etwa 6 cm Öffnung gut möglich. 1985 beträgt die gegenseitige Winkeldistanz 3,1 Bogensekunden. Auch ω Fornacis kann schon mit einem Fernrohr ab etwa 5 cm Öffnung getrennt werden. Hier hat der Hauptstern eine Helligkeit von $4\overset{m}{,}9$. Der Begleiter ist $7\overset{m}{,}9$ hell und steht in einer Winkeldistanz von 10,8 Bogensekunden. Ziemlich genau in der Mitte des Sternbilds befindet sich das sogenannte Fornax-System. Dabei handelt es sich ähnlich wie bei dem Sculptor-System im Sternbild Bildhauer um eine Galaxie, die zu unserer lokalen Nebelgruppe zählt. Die Helligkeit dieses elliptischen Systems liegt etwa bei der 9. Größenklasse. Wegen der großen Flächenausdehnung des Objekts (über zwei Vollmondscheiben Durchmesser!) ist die Flächenhelligkeit so gering, daß das Fornax-System nur mit fotografischen Mitteln zur Erscheinung gebracht werden kann. Die Entfernung von der Erde beträgt etwa 1 Million Lichtjahre.

Man darf das Fornax-System nicht mit dem Fornax-Galaxienhaufen oder -Nebelhaufen verwechseln, der über eine bedeutend größere Entfernung verfügt. Zu ihm gehören unter anderem die Nebel NGC 1316 und 1380, wobei NGC 1316 mit der 10. Größenklasse am hellsten ist. Insgesamt verfügt der Nebelhaufen über 18 Galaxien in etwa 55 Millionen Lichtjahren Abstand.

Kranich *Grus* (Gen.: *Gruis*) Abk.: Gru

▷ ***Karten Chemischer Ofen und Kranich***

Dieses Sternbild wurde im Jahre 1603 von J. Bayer eingeführt. Es kann von Mittel- und Nordeuropa aus nicht mehr gesehen werden. Dagegen ist es für Bewohner Südeuropas ein bemerkenswertes Sternbild knapp über dem Südhorizont, das über einige mittelhelle bis hellere Sterne verfügt. Der Hauptstern α Gruis wird arabisch Alnair bezeichnet, was »Der Helle« bedeutet. Seine Helligkeit beträgt $1\overset{m}{,}8$, der Abstand 65 Lichtjahre. Aber auch β Gruis ist mit $2\overset{m}{,}2$ noch beachtlich hell. Es ist ein roter Riesenstern, in etwa 280 Lichtjahren Entfernung. Seine Leuchtkraft dürfte etwa 800mal größer sein als die der Sonne. Schließlich bringt es γ Gruis noch auf eine Helligkeit von $3\overset{m}{,}2$.

Die beiden Sterne δ_1 und δ_2 Gruis könnte man als einen Doppelstern auffassen, der noch mit bloßem Auge getrennt werden kann. Ihr gegenseitiger Winkelabstand beträgt über 12 Bogenminuten oder eine halbe Vollmondscheibe. Ein echter, allerdings erst mit einem Fernrohr ab etwa 5 cm Öffnung zu trennender Doppelstern ist ϑ Gruis. Hier haben die beiden Partner eine Helligkeit von $4\overset{m}{,}5$ und $7\overset{m}{,}0$ und stehen 14 Bogensekunden auseinander.

Im nordöstlichen Teil des Sternbilds befinden sich einige Galaxien. Ihre Helligkeit ist allerdings so gering, daß man ein größeres Amateur-Fernrohr braucht, um sie gerade noch zu erkennen. Zu den helleren Objekten gehören NGC 7410, 7424, 7552 und 7590. Dabei handelt es sich durchweg um Spiralnebel.

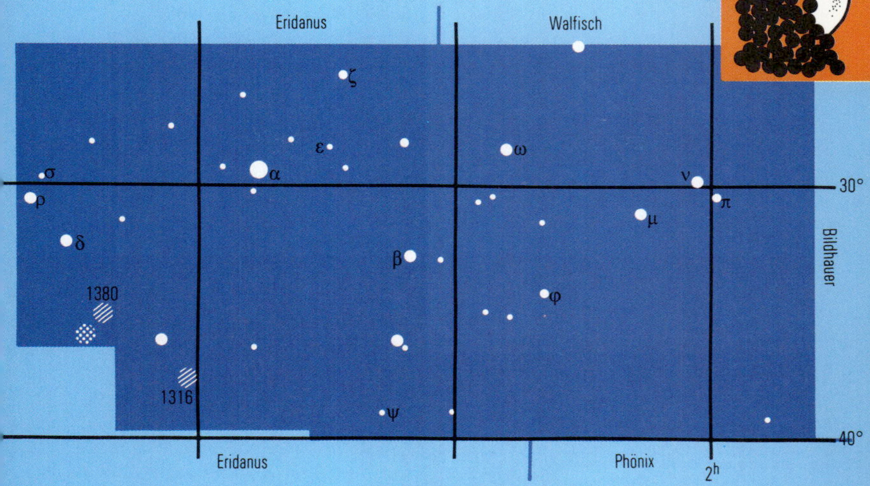

Chemischer Ofen

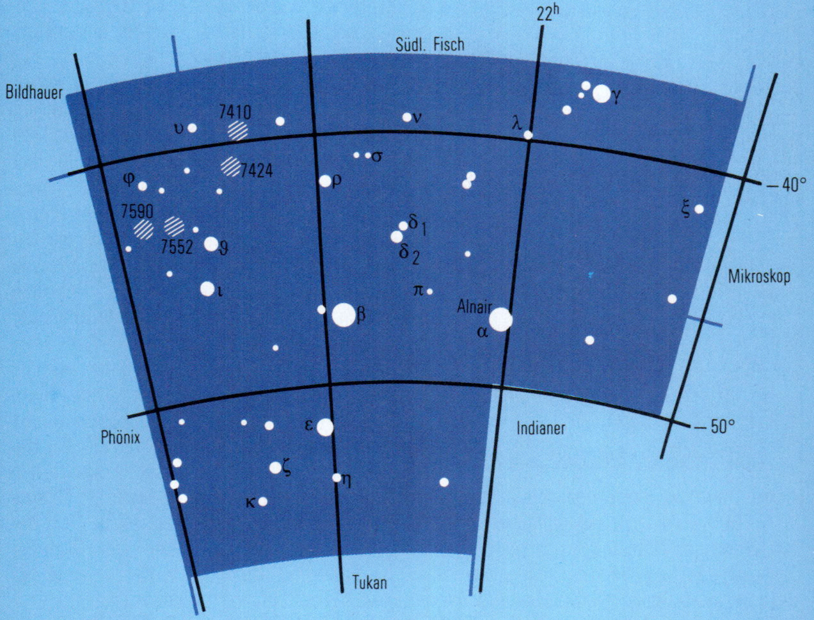

Kranich

Grabstichel *Caelum* (Gen.: *Caeli*) Abk.: Cae

▷ ***Karten Grabstichel und Phoenix***

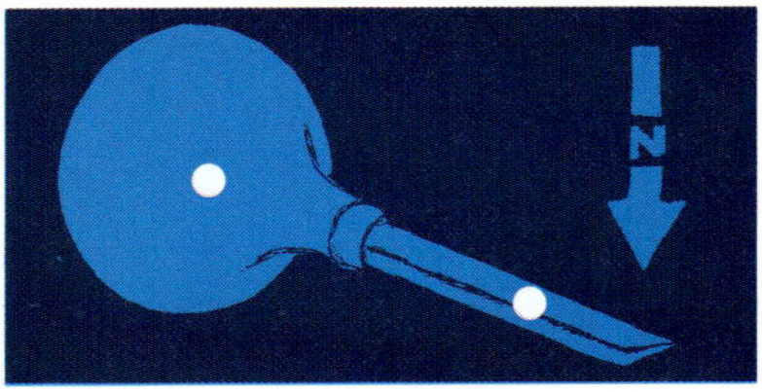

Dieses Sternbild wurde von N. L. Lacaille im Jahre 1752 eingeführt. Es kann von Nordeuropa aus nicht gesehen werden. Für mitteleuropäische Beobachter gelangt der nördliche Teil des Sternbilds an Abenden des Spätherbstes und Frühwinters gerade noch knapp über den Südhorizont. Die südlichsten Teile sind nur von südeuropäischen Breiten aus zu beobachten.

Das Sternbild ist flächenmäßig sehr klein und enthält nur schwächere Sterne.
Der Hauptstern α Caeli kommt auf die geringe Helligkeit von $4\overset{\mathrm{m}}{,}5$. Seine Entfernung beträgt 72 Lichtjahre. Er ist ein Doppelstern. In einer Distanz von 6,6 Bogensekunden befindet sich ein Begleiter 13. Größe. Wegen seiner Lichtschwäche kann dieser Stern aber erst mit größeren Fernrohren aufgefunden werden. γ Caeli ist ebenfalls doppelt. Der Hauptstern hat eine Helligkeit von $4\overset{\mathrm{m}}{,}7$. Der Begleiter kommt auf $8\overset{\mathrm{m}}{,}5$ und ist vom Hauptstern 2,9 Bogensekunden entfernt. Auch hier ist wegen des großen Helligkeitsunterschieds und der kleinen Winkeldistanz ein größeres Fernrohr zur Trennung erforderlich.

Phoenix *Phoenix* (Gen.: *Phoenicis*) Abk.: Phe

Dieses Sternbild wurde erst von J. Bayer im Jahre 1603 in die Sternbilderkunde eingeführt. Von Mittel- und Nordeuropa aus kann es nicht mehr gesehen werden. Dagegen steigen die helleren Sterne im nördlichen Teil des Bildes für Beobachter in Südeuropa gerade noch über den Südhorizont herauf.

Der Hauptstern α Phoenicis ist $2\overset{\mathrm{m}}{,}4$ hell und etwa 76 Lichtjahre entfernt. β Phoenicis ist ein Doppelstern. Der Hauptstern hat eine Helligkeit von $3\overset{\mathrm{m}}{,}3$, der Begleiter von $4\overset{\mathrm{m}}{,}1$. Die gegenseitige Distanz beträgt 1,3 Bogensekunden, so daß eine Trennung erst mit einem Fernrohr über 10 cm Öffnung möglich ist.
ζ Phoenicis ist ein Bedeckungsveränderlicher. Mit einer Periode von 1,67 Tagen zeigt dieser Stern Helligkeitsschwankungen zwischen $3\overset{\mathrm{m}}{,}9$ und $4\overset{\mathrm{m}}{,}4$. Sie lassen sich bereits mit bloßem Auge gut beobachten. Außerdem ist ζ Phoenicis ein visueller Doppelstern. In einer Entfernung von 6,4 Bogensekunden finden wir bereits mit einem Fernrohr ab etwa 7 cm Öffnung einen Begleiter 8. Größe. In nur 0,8 Bogensekunden Distanz steht ein weiterer Begleiter 7. Größe, der aber mit einem Amateur-Fernrohr nicht mehr aufgefunden werden kann.
ξ Phoenicis ist ein für Fernrohre ab etwa 8 cm Öffnung leicht zu trennender Doppelstern. Der Hauptstern hat eine Helligkeit von 6^{m}, der Begleiter ist 10^{m} hell. Die beiden Sterne stehen 13,2 Bogensekunden auseinander. η Phoenicis ist $4\overset{\mathrm{m}}{,}5$ hell. In einer Distanz von 19,8 Bogensekunden befindet sich ein Begleiter 11. Größe. Er kann mit einem Fernrohr ab etwa 10 cm Öffnung gesehen werden.
Hellere Sternhaufen und Nebel für kleinere Fernrohre weist der Phoenix nicht auf.

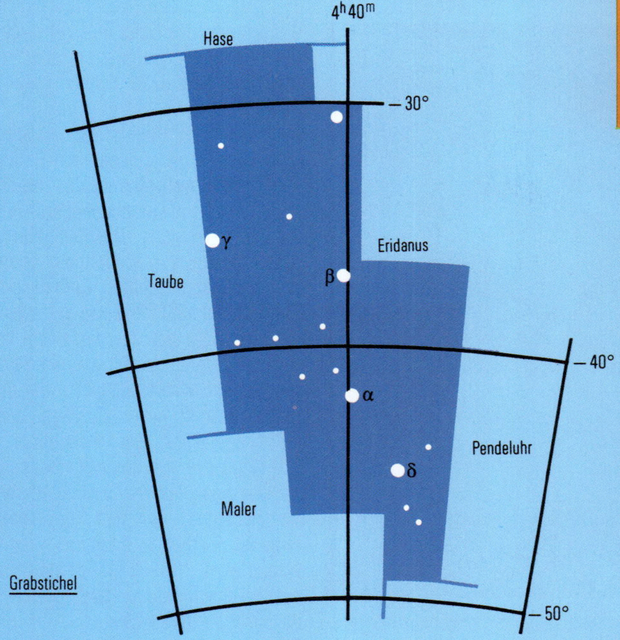
4h40m
Hase
– 30°
Eridanus
Taube
– 40°
Pendeluhr
Maler
Grabstichel
– 50°

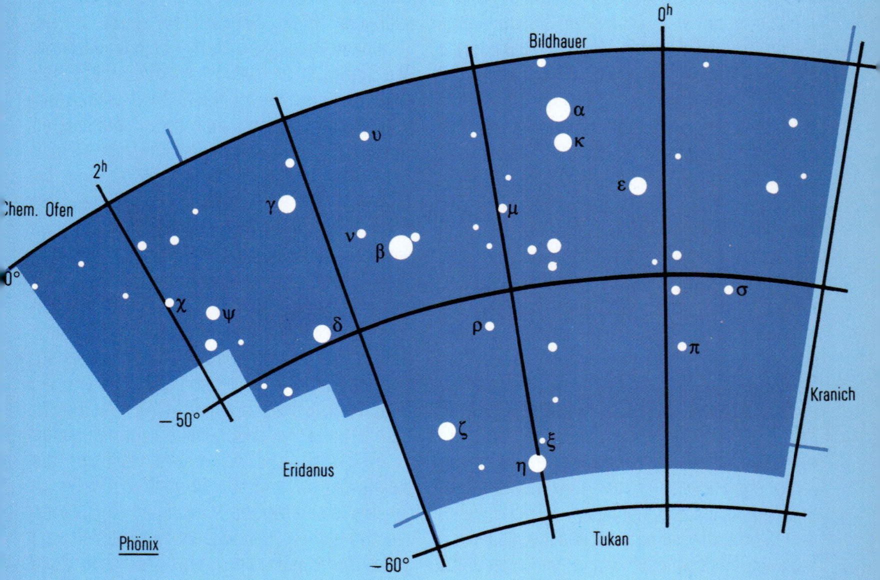
0h
Bildhauer
2h
Chem. Ofen
– 50°
Eridanus
Kranich
Phönix
– 60°
Tukan

Orion *Orion* (Gen.: *Orionis*) Abk.: Ori

▷ ***Karte Orion***

Der Orion ist vielleicht das schönste und eindrucksvollste Sternbild des ganzen Himmels. Deutlich heben sich die beiden Schultersterne Beteigeuze und Bellatrix, die drei Gürtelsterne und die beiden Fußsterne, von denen der rechte Rigel heißt, ab. Selbst die Sterne, die den Schild des Orions am westlichen, rechten Rand des Sternbilds darstellen, fallen noch auf. Dasselbe gilt für den Kopf um den Stern λ Orionis sowie das »Schwertgehänge« unterhalb der drei Gürtelsterne. Der Jäger Orion rühmte sich in der altgriechischen Sage, alle Tiere besiegen zu können. Deswegen entbrannte zwischen ihm und dem Skorpion ein heftiger Kampf. Die Götter versetzten Orion und Skorpion an zwei gegenüberliegende Stellen des Himmelsgewölbes, so daß sie nie gleichzeitig über dem Horizont stehen.

Die Sage berichtet weiter, daß Odysseus bei seiner Fahrt in die Unterwelt dem großen Jäger Orion begegnet sei. Er führte ihn mit den Vorzeitriesen Otos und Ephialtes auf. Sie seien nach Orion die schönsten Riesen gewesen. Orion wurde also noch vor ihnen eingestuft! Orion galt auch als der große Wanderer und mit seiner großen Kraft als ein Wohltäter der Menschen. Orion hatte drei Väter: Zeus, Poseidon und einen weiteren, entweder Hermes, Ares oder Apollo. Er konnte sogar über das Meer schreiten.

Der Name des Hauptsterns α Orionis lautet auch Beteigeuze (gelegentlich Betelgeuse geschrieben). Diese altarabische, wenngleich im Laufe der Zeit etwas abgeänderte Bezeichnung bedeutet »Schulter«. Die Helligkeit von Beteigeuze beträgt durchschnittlich etwa $0^{m}{,}7$, ist aber um einige Zehntel Größenklassen in nahezu unregelmäßiger Weise veränderlich. Gelegentlich zeigte sich allerdings eine Periode von etwa 5,7 Jahren. Im Extremfall erreichte Beteigeuze eine Helligkeit von $0^{m}{,}2$. Bei dieser Gelegenheit war er heller als Rigel, während es meist umgekehrt ist. Beteigeuze ist etwa 520 Lichtjahre von uns entfernt, eine Angabe, die allerdings nur mit Vorbehalt übernommen werden sollte. Der rote Riesenstern – die Farbe ist deutlich zu erkennen – ist im Durchmesser etwa 700mal größer als unsere Sonne und durchschnittlich etwa 10 000mal heller als unser Zentralgestirn.

β Orionis trägt ebenfalls eine arabische Bezeichnung: Rigel. Sie bedeutet »Fuß«. Im Gegensatz zu Beteigeuze ist Rigel ein bläulichweißer Stern. Seine Helligkeit beträgt $0^{m}{,}3$. Der Abstand von uns beläuft sich auf etwa 900 Lichtjahre. Doch auch dieser Wert ist etwas unsicher. Rigel ist etwa 50mal größer und 57 000mal heller als die Sonne. In einer Distanz von 9,4 Bogensekunden sehen wir mit einem Fernrohr ab etwa 15 cm Öffnung einen Begleiter der Helligkeit $6^{m}{,}7$. Wegen des großen Helligkeitsunterschieds der beiden Sternpartner gelingt die Auflösung mit einem wesentlich kleineren Instrument leider noch nicht. Viel leichter ist dagegen der rechte Gürtelstern δ Orionis zu trennen. Hier genügt bereits ein Fernrohr von etwa 5 cm Öffnung. Der Hauptstern hat eine Helligkeit von $2^{m}{,}4$, der Begleiter ist $6^{m}{,}8$ hell und 53 Bogensekunden vom Hauptstern entfernt. Damit zählt δ Orionis zu den am leichtesten zu trennenden Doppelsternen des ganzen Himmels. Es handelt sich sehr wahrscheinlich um ein echtes Sternpaar. Doch sind die beiden Partner fast ein halbes Lichtjahr voneinander entfernt, so daß die gegensei-

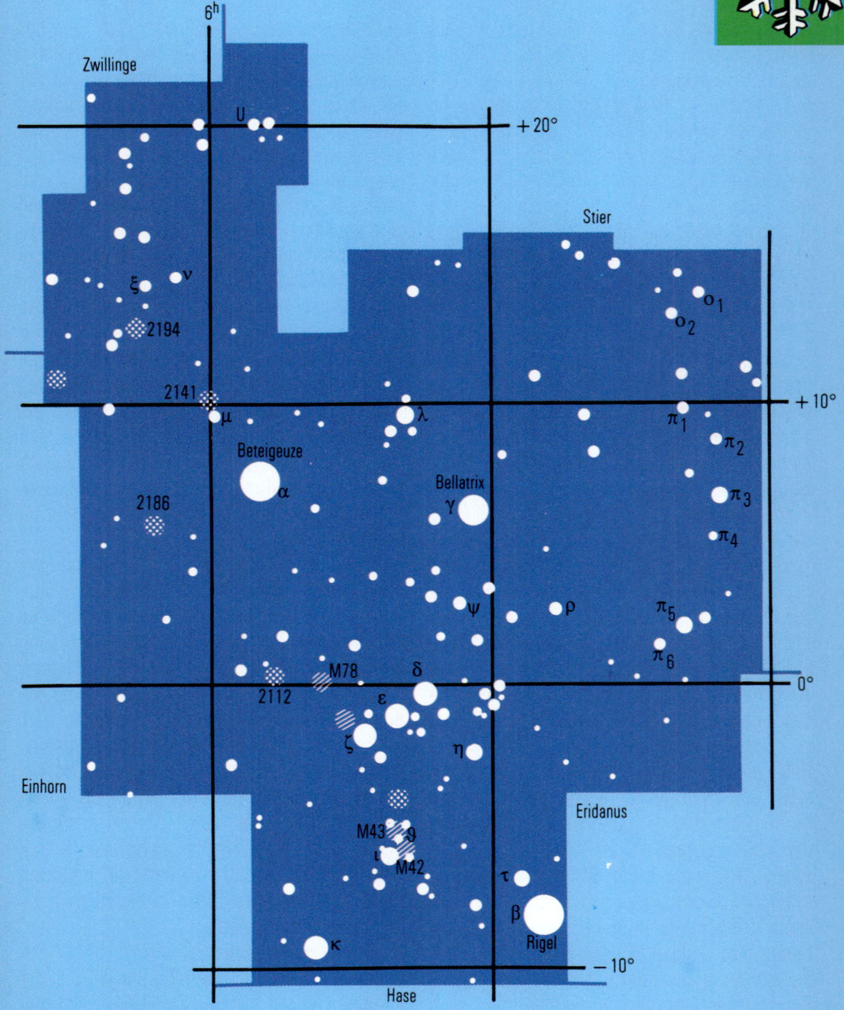
6h
Zwillinge
U
+20°
Stier
ο1
ο2
ξ
ν
2194
2141
+10°
μ
λ
π1
π2
Beteigeuze
α
Bellatrix
γ
π3
π4
2186
ψ
ρ
π5
π6
M78
δ
2112
0°
ε
ζ
η
Einhorn
Eridanus
M43
ϑ
ι
M42
τ
β
Rigel
κ
−10°
Hase

tige Umlaufszeit vermutlich über 1 Million Jahre beträgt. Besonders hübsch ist σ Orionis, ein Stern, der sich knapp unterhalb des linken Gürtelsterns ζ Orionis befindet. Er kann nämlich bereits mit einem ziemlich kleinen Fernrohr als vierfacher Stern beobachtet werden. Die Helligkeit dieser Sterne liegt bei der 4., 10., 7. und 6. Größenklasse. Die Distanz beläuft sich auf 11 bzw. 13 bzw. 41 Bogensekunden. Lediglich der Begleiter der 10. Größenklasse ist erst mit einem Fernrohr ab etwa 8 cm Öffnung erkennbar. Die anderen Partner sehen wir bereits mit einem 5-cm-Rohr. Eigentlich ist σ Orionis sogar ein fünffacher Stern. Neben dem hellsten Stern steht nämlich in 0,2 Bogensekunden Distanz noch ein weiterer Begleiter 6. Größe.

Es ist keine Frage, daß ein so ausgedehntes Sternbild wie der Orion, das sogar innerhalb der Milchstraße liegt, noch viele weitere Doppelsterne enthält, die sich auch für kleinere Geräte eignen. Hier sei nur noch auf λ Orionis hingewiesen, dessen beide Partner eine Helligkeit von $3\overset{m}{,}7$ und $5\overset{m}{,}6$ haben und 4,4 Bogensekunden auseinander stehen, sowie ι Orionis, der aus zwei Sternen $2\overset{m}{,}9$ und $7\overset{m}{,}4$ in einer Distanz von 11,4 Bogensekunden besteht. Auch ρ Orionis kann noch leicht getrennt werden. Die Entfernung der beiden Sterne beträgt hier 7,0 Bogensekunden, ihre Helligkeiten liegen bei $4\overset{m}{,}6$ und $8\overset{m}{,}6$. ζ Orionis, der linke Gürtelstern des Orions, ist außerdem dreifach. Neben dem Hauptstern der 2. Größenklasse steht in 2,1 Bogensekunden Distanz ein Stern der Helligkeit $4\overset{m}{,}2$ und in 57 Bogensekunden Abstand ein Stern der 9. Größenklasse.

Das Prachtobjekt des Sternbilds Orion ist aber der berühmte große Orion-Nebel, der sich im »Schwertgehänge« des Jägers befindet. Er trägt die Katalogbezeichnung M 42 und ist etwa 1600 Lichtjahre von uns entfernt. Einige Beobachter behaupten, den Nebel bereits mit bloßem Auge gesehen zu haben. Dies braucht freilich nicht unbedingt zu stimmen. Zu leicht läßt man sich durch einige verhältnismäßig eng beieinanderstehende Sternchen dazu verleiten, in ihnen den Nebel selbst zu erblicken. Dagegen fällt es nicht schwer, den Nebel in einer sehr dunklen und klaren Nacht bereits mit einem Opernglas, erst recht natürlich mit einem Feldstecher zu entdecken.

Auf langbelichteten fotografischen Aufnahmen zeigt sich ein riesiger, scheinbar »flackernder« Nebel, gleich einem Kaminfeuer. Doch so schnell bewegt sich im Orion-Nebel natürlich nichts. Außerdem zeigen diese Aufnahmen auch die äußeren, lichtschwächeren Teile des Nebels, die bei visuellen Beobachtungen kaum zum Vorschein kommen. Immerhin beträgt der Gesamtdurchmesser des Orion-Nebels mindestens 50 Lichtjahre. Mit einem Fernrohr über etwa 8 cm Öffnung lassen sich sehr wohl gewisse Strukturen innerhalb des Nebels erkennen, z. B. ein dunkles Gebilde, das sich von Norden her in die Nebelmasse hineinschiebt. Im Zentrum des Nebels stehen einige hellere Sterne, darunter vier, die man zum »Trapez im Orion-Nebel« zusammenfaßt. Mit bloßem Auge wird dieser Stern als ϑ Orionis bezeichnet. Der Orion-Nebel ist das Paradebeispiel für eine Geburtsstätte neuer Sterne, deren Entstehung sich noch in unsrer Gegenwart vollzieht. Bereits zum Leuchten gekommene Sterne sind erst einige 10 000 oder 100 000 Jahre alt. Verschiedene Infrarotobjekte weisen auf »Protosterne« hin, also Sterne, die gerade erst im Entstehen sind.

Knapp südlich des Sterns ζ Orionis befindet sich ein anderer bekannter Nebel, der sogenannte Pferdekopf-Nebel. Dabei handelt es sich um eine dunkle Nebelmasse in praktisch der gleichen Entfernung wie der Orion-Nebel. Leider ist der Pferdekopf-Nebel aber in der Regel nur auf fotografischen Aufnahmen erkennbar, obwohl einige Beobachter darauf hinweisen, daß sie ihn bereits mit extrem lichtstarken Weitwinkelgeräten gesehen hätten. M 43 ist wiederum ein heller Nebel, der ein gewissermaßen vom Orion-Nebel losgerissenes Nebelstück darstellt. Auch M 78 stellt einen kleinen Nebel dar, der etwa 2½ Winkelgrad nordöstlich von ζ Orionis liegt.

Ein offener Sternhaufen ist NGC 2112. Er enthält etwa 90 schwächere Sterne. NGC 2194 im nordöstlichen Teil des Sternbilds Orion umfaßt rund 100 Sterne der 10. bis 12. Größenklasse. Zu seiner Beobachtung benötigen wir ein Fernrohr ab etwa 8 cm Öffnung.

Der helle Orionnebel (oben) und der dunkle Pferdekopfnebel (unten). Norden ist jeweils links.

Stier *Taurus* (Gen.: *Tauri*) Abk.: Tau

Der Stier ist ein Tierkreis-Sternbild, durch das die Sonne kurz vor der Sommer-Sonnenwende läuft. Deshalb befindet sich der Stier in der entgegengesetzten Jahreszeit, also im Winter, bei seinem Meridiandurchgang sehr hoch im Süden. Zeus soll sich in diesen Stier verwandelt haben, um die Königstochter Europa über das Meer nach Kreta zu entführen. Daher leitet sich übrigens der Name Europa für unseren Kontinent ab. Nach einer anderen Spielart dieser Sage soll allerdings Zeus sich nicht selbst in den Stier verwandelt haben. Er habe vielmehr den Stier ausgesandt, um Europa sicher nach Kreta zu bringen. Auf Kreta schweifte der Stier dann lange Zeit herrenlos umher und verliebte sich in die Königin Pasiphae. Aus dieser Verbindung ging Minotaurus hervor, ein Zwitterwesen mit einem Stierkopf auf einem Menschenrumpf. Wegen dieses Frevels wurde der Stier von Poseidon bestraft. Er mußte fortan feuerspeiend auf Kreta herumrasen. Nur Herkules konnte den Stier einfangen und nach Argos bringen. Nun verwüstete er aber Griechenland. Bei Marathon konnte ihn schließlich der Held Theseus endgültig besiegen.

Der Hauptstern α Tauri heißt nach der altarabischen Benennung auch Aldebaran. Dies bedeutet »Der Nachfolgende«. Damit ist gemeint, daß α Tauri dem Siebengestirn (Plejaden) in der täglichen Bewegung von Osten nach Westen folgt. Aldebaran ist ein roter Riesenstern. Seine scheinbare Helligkeit beträgt $1^{m}_{,}1$. Die tatsächliche Leuchtkraft ist 125mal größer als die der Sonne. Die Entfernung beträgt 68 Lichtjahre.

Der Stier enthält zwei Doppelsterne, die bereits mit bloßem Auge getrennt werden können. ϑ Tauri besteht aus zwei Sternen der Helligkeit $3^{m}_{,}6$ und $4^{m}_{,}0$. Ihre Distanz beträgt immerhin 337 Bogensekunden. σ Tauri hat zwei Sterne der Helligkeit $4^{m}_{,}8$ und $5^{m}_{,}1$. Die Winkeldistanz beträgt hier sogar 429 Bogensekunden. Für den Feldstecher eignet sich τ Tauri. Der Hauptstern hat eine Helligkeit von $4^{m}_{,}3$. Der Begleiter ist $7^{m}_{,}2$ hell und 63 Bogensekunden entfernt. φ Tauri besteht aus zwei Sternen $5^{m}_{,}1$ und $8^{m}_{,}7$ in 52,1 Bogensekunden Distanz. Hier genügt ebenfalls ein guter Feldstecher.

Die schönsten Objekte im Stier sind aber die beiden offenen Sternhaufen Hyaden und Plejaden. Die Bezeichnung Hyaden stammt aus dem Altgriechischen und bedeutet »Regengestirn«. Es schließt sich als eine V-förmige Sterngruppe rechts oder westlich an Aldebaran an. Aldebaran selbst gehört übrigens nicht zu den Hyaden, da die Hyadensterne 130 Lichtjahre, also fast doppelt so weit wie Aldebaran entfernt stehen. Der Kern der Hyaden hat einen Durchmesser von 8 Lichtjahren. Doch können Mitglieder dieses Haufens noch in einer Distanz bis zu 40 Lichtjahren festgestellt werden. Es handelt sich bei den Hyaden um einen Bewegungs-Sternhaufen oder Sternstrom.

Alle Mitglieder der Hyaden bewegen sich auf einen Punkt zu, der sich knapp links oberhalb oder nordöstlich von Beteigeuze im Orion befindet. In etwa 65 Millionen Jahren werden die Hyadensterne in diesem sogenannten Konvergenzpunkt dicht beieinanderstehen und schließlich in der Ferne verschwinden. Die hellsten Hyadensterne sind der bereits erwähnte Doppelstern ϑ Tauri sowie ε, γ und δ Tauri.

Im nordwestlichsten Teil des Sternbilds Stier befinden sich die Plejaden. Sie tragen noch an-

Karte Stier

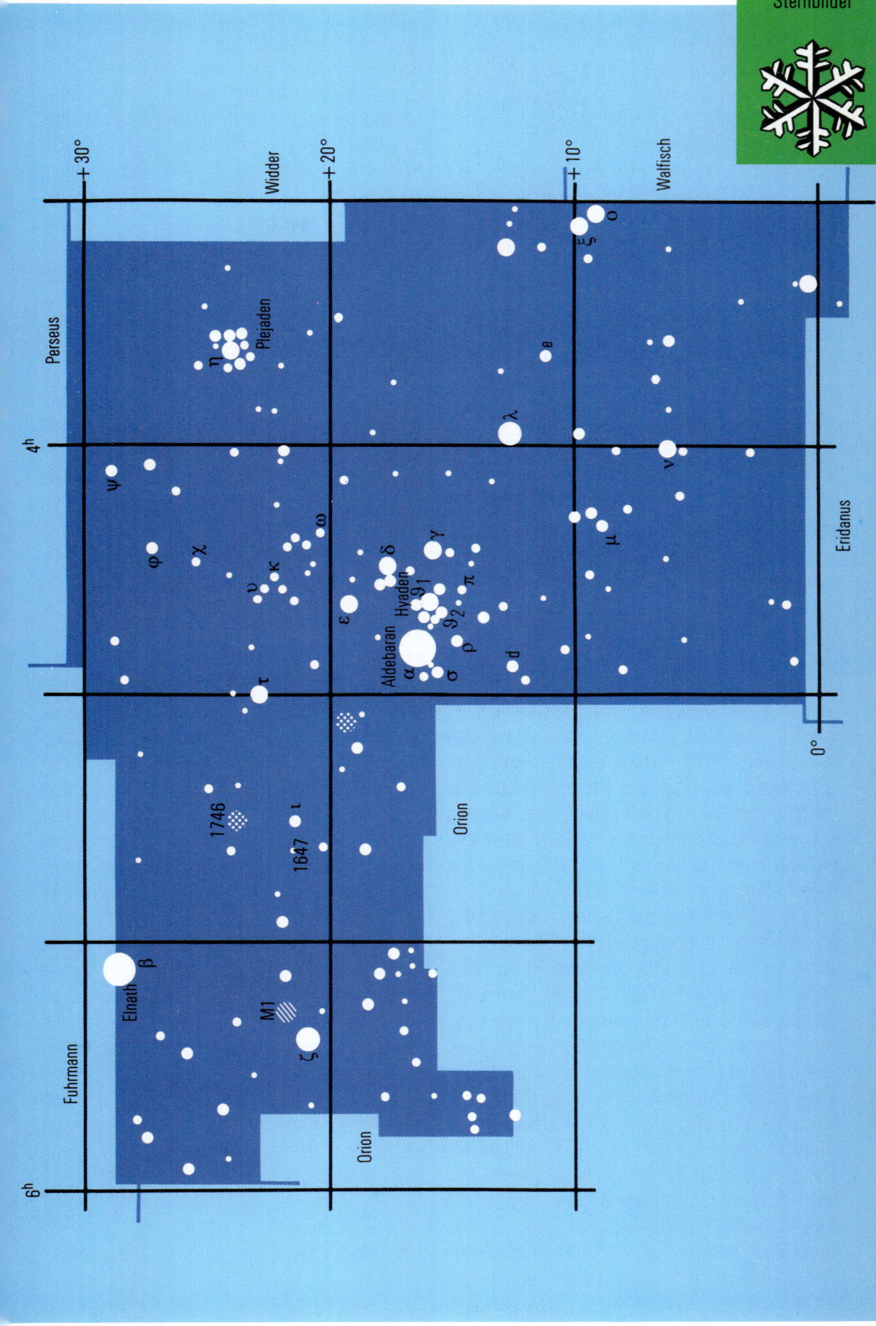
+30°
+20°
+10°
0°
4^h
6^h
Perseus
Widder
Walfisch
Plejaden
Hyaden
Aldebaran
Eridanus
Orion
1746
1647
Elnath
M1
Fuhrmann
Orion

dere volkstümliche Bezeichnungen, zum Beispiel Siebengestirn, Gluckhenne, Leiterwägelchen, Kuckucksgestirn. Mit bloßem Auge erkennen wir in den Plejaden meist nur sechs Sterne: Alkyone, Atlas, Elektra, Maia, Merope und Taygeta. Unter sehr günstigen Sichtverhältnissen und mit scharfen Augen können noch einige weitere Plejadensterne erkannt

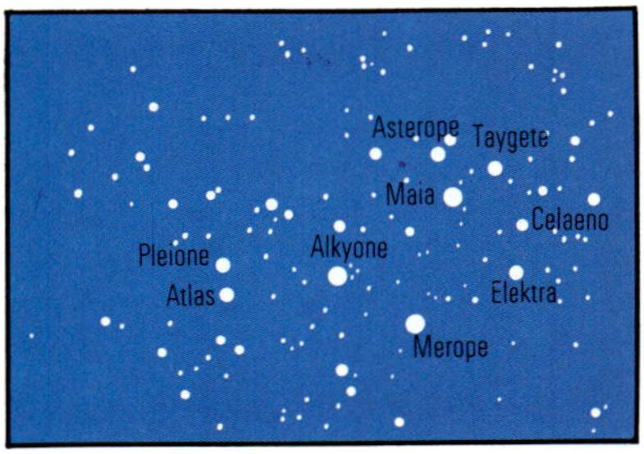

Karte der Plejaden

werden, vor allem Pleione, Celaeno sowie Asterope I und ein im nordwestlichsten Teil der Plejaden gelegener unbenannter Stern. Insgesamt enthalten die Plejaden rund 200 Sterne, die bereits in kleineren oder mittelgroßen Fernrohren gesehen werden können. Ihre Entfernung beträgt 410 Lichtjahre. Die neun hellsten Sterne sind über einen Bereich von etwa 7 Lichtjahren verteilt. Der Gesamtdurchmesser dürfte etwa 20 Lichtjahre betragen. Alkyone hat in seiner unmittelbaren Nachbarschaft drei schwächere Sterne, ist also ein vierfacher Stern. Wie die Hyaden, so sind auch die Plejaden ein Bewegungs-Sternhaufen, dessen Drift allerdings nicht ganz so auffällt. Bei den hellsten Sternen der Plejaden handelt es sich durchwegs um blauweiße Übergiganten ohne einen einzigen roten Riesenstern. Bei den Hyaden dagegen gibt es einige rote Riesen. Dies weist auf ein höheres Alter der Hyaden hin. Die Plejaden sind nur etwa 80 Millionen, die Hyaden über 870 Millionen Jahre alt. Hyaden und Plejaden bilden am Nordhimmel die schönsten Beispiele offener Sternhaufen, die bereits mit bloßem Auge zu beobachten sind. Sie erscheinen in größeren Fernrohren visuell weniger eindrucksvoll, weil das Gesichtsfeld solcher Geräte so eng ist, daß es jeweils nur einen Ausschnitt der Sternhaufen erfaßt. Deswegen verwendet man zu ihrer Beobachtung besser einen lichtstarken Feldstecher.

Der Stier enthält aber noch einige weitere offene Sternhaufen, von denen zwei erwähnt werden sollen: Sie liegen beide zwischen Aldebaran und β Tauri. Der nördlichere ist NGC 1746, der südlichere NGC 1647. Sie enthalten etwa 60 bzw. 30 Sterne, sind aber beide ungefähr 3500 Lichtjahre entfernt.

Im östlichen Teil des Stiers, etwas mehr als 1 Winkelgrad nordwestlich von ζ Tauri, liegt eine der berühmtesten Objekte des Weltalls, der Crab-Nebel oder Krabben-Nebel. Seine Katalogbezeichnung lautet M 1. Er ist der Überrest einer Supernova, die am 5. Juli 1054 aufleuchtete und damals vor allem von chinesischen Astronomen gesehen wurde. Sie soll heller als die Venus gewesen sein, so daß sie über drei Wochen lang sogar bei Tage mit bloßem Auge zu sehen war. Die Gasfetzen im Crab-Nebel breiten sich noch heute mit einer Geschwindigkeit von über 1000 km/Sek. aus. Leider ist die Helligkeit des Crab-Nebels mit $8^{m},4$ nicht allzugroß. Deswegen werden wir ihn vor allem von erhellten Städten aus mit Amateur-Fernrohren kaum zu Gesicht bekommen. Außerhalb von Städten ist er aber mit einem Fernrohr zwischen 8 und 10 cm Öffnung ganz gut erkennbar. Im Zentrum des Crab-Nebels befindet sich ein Neutronenstern, der gleichzeitig ein Pulsar ist. In 33 Millisekunden dreht er sich um seine Achse. Im gleichen Rhythmus empfangen wir von diesem Zentralstern Lichtwellen, Radiowellen, Röntgenstrahlen usw. Doch kann auch er, der durch Kollaps aus dem Supernova-Ereignis des Sternkerns hervorgegangen ist, mit einem Amateur-Fernrohr nicht gesehen werden. Selbst im Maximum kommt er nur auf die 16. Größenklasse. So wenig eindrucksvoll der Crab-Nebel in einem kleinen Fernrohr ist, so sollte man sich dennoch bemühen, ihn zu finden. Er stellt ein kosmisch außerordentlich bemerkenswertes Objekt dar, das den Astronomen viele Jahre hindurch Anlaß zum Forschen und Nachdenken gab. Seine Entfernung beträgt etwa 6300 Lichtjahre.

Plejaden (oben) und Crab-Nebel (unten)

Großer Hund *Canis major* (Gen.: *Canis maioris*) Abk.: CMa

Großer und Kleiner Hund gelten als die beiden Jagdbegleiter des Himmelsjägers Orion und folgen diesem in der Tagesbewegung der Sterne von Ost nach West nach. Der Große Hund steht so weit südlich, daß er von Nordeuropa aus nur noch unvollständig beobachtet werden kann. Dies gilt vor allem für die südlicheren Teile des Sternbilds, wo wir uns die Beine des Hundes vorstellen müssen. Für das nördlichste Skandinavien ist der Große Hund praktisch verschwunden.

Hauptstern des Großen Hundes ist Sirius oder α Canis maioris. Er ist der hellste von der Erde aus zu beobachtende Stern. Die Herkunft der Bezeichnung Sirius ist nicht ganz geklärt. Vielleicht geht der Name auf die altbabylonische Astronomie zurück und bedeutet »Bogenstern«; das Wort heißt aber auch »der Gleißende«. Gelegentlich wird Sirius als »Hundsstern« bezeichnet. Sein Frühaufgang, also sein erstes Sichtbarwerden am frühen Morgenhimmel nach seiner Unsichtbarkeitsperiode, fiel vor 1000 bis 2000 Jahren mit den heißesten Tagen des Jahres zusammen. Daher stammt die Bezeichnung »Hundstage«. Wegen der Präzession der Erdachse erscheint Sirius gegenwärtig allerdings erst wieder Anfang September am Morgenhimmel. Im alten Ägypten fiel sein Frühaufgang mit der beginnenden Nilüberflutung zusammen.

Die Helligkeit von Sirius beträgt $-1^{m}5$, seine Entfernung 8,7 Lichtjahre. Damit hat Sirius eine 23mal größere Helligkeit als die Sonne. Sein Durchmesser ist 1,8mal und seine Masse 2,35mal größer als die unseres Zentralgestirns. Seine Oberflächentemperatur von 10 000 K macht ihn zu einem bläulichweißen Stern. So überrascht es um so mehr, daß in vielen älteren Zeugnissen vom roten Sirius berichtet wird. Vielleicht liegt dies daran, daß Sirius häufig in der Nähe des Horizonts steht und dort wegen der Verfärbungswirkung unserer Atmosphäre rötlicher erscheint als andere helle Sterne, die höher über den Horizont heraufsteigen. Erstaunlich ist aber, daß die alten Berichte über den »roten Sirius« aus dem Mittelmeerraum und Nordafrika stammen, wo Sirius viel höher über den Horizont heraufsteigt als in Mitteleuropa. Vielleicht weisen die alten Berichte doch auf eine echte Veränderung hin?

Sirius verfügt über einen Begleiter, der ihn in 50 Jahren umläuft. Obwohl der Abstand zwischen ihm und dem Hauptstern bis auf über 11 Bogensekunden anwachsen kann, ist er ein extrem schwieriges Beobachtungsobjekt. Der Siriusbegleiter zeigt nämlich nur eine Helligkeit von $8^{m}7$. Somit beträgt der Helligkeitsunterschied zwischen den beiden Sternen 10 Größenklassen. Daher kann der Siriusbegleiter in der Regel erst mit größeren Fernrohren aufgefunden werden. Dies gilt besonders für die folgenden Jahre, in denen sich die Winkeldistanz zwischen den beiden Sternen verringert. So beträgt sie 1985 8,2 Bogensekunden, 1990 nur noch 4,5 Bogensekunden und 1993 wird mit 2,5 Bogensekunden das Minimum erreicht. Trotzdem ist der Siriusbegleiter ein bekanntes Objekt im Weltall. Er war der erste weiße Zwergstern, den man entdeckte. Seine Leuchtkraft beträgt nur das 0,0025fache, der Durchmesser das 0,022fache der Sonne. Der Siriusbegleiter ist also nur wenig größer als die Erde. Seine mittlere Dichte beträgt 125 000 g/cm^3. Das Innere dieses Sterns besteht aus entarteter Materie. Weiße Zwergsterne sind degenerierte, am Ende ihrer Entwicklung stehende, zusammengebrochene Sterne.

Über die Existenz des Siriusbegleiters weiß man »auf dem Papier« schon seit dem Jahre 1845. Damals entdeckte der Königsberger Astronom Friedrich Wilhelm Bessel in der Eigenbewegung von Sirius eine periodische Störung, die er sich nur durch die Wirkung eines

Karte Großer Hund

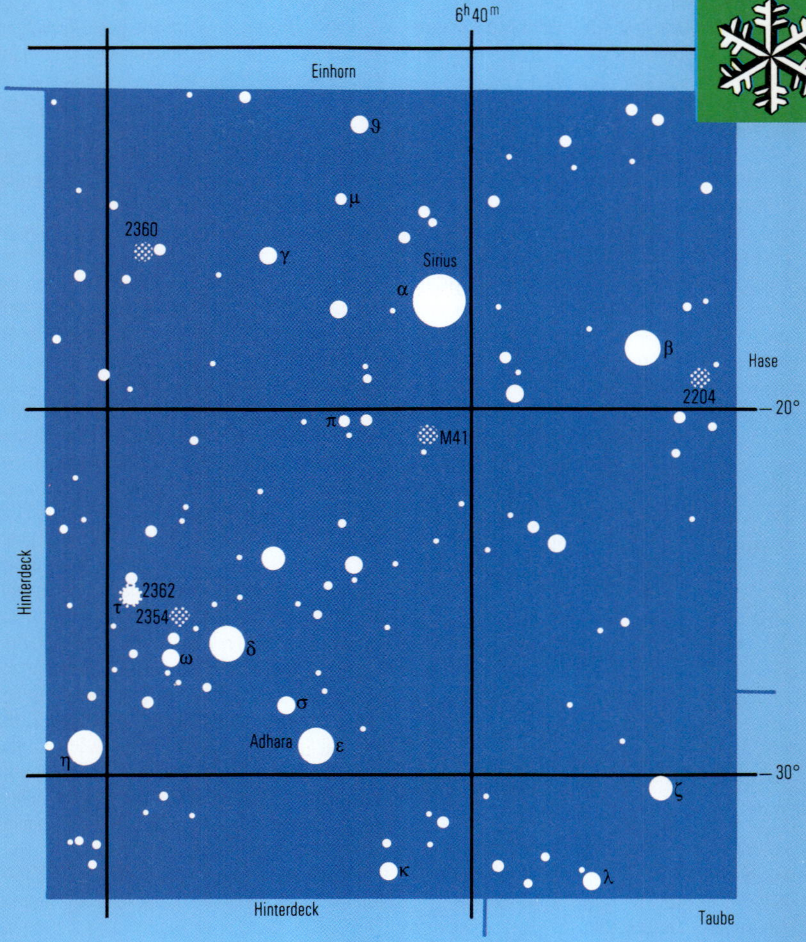
6h 40m
Einhorn
ϑ
μ
2360
γ
Sirius
α
β
Hase
2204
20°
π
M41
Hinterdeck
2362
τ
2354
δ
ω
σ
Adhara
ε
η
30°
ζ
κ
λ
Hinterdeck
Taube

Sternbegleiters erklären konnte. Doch reichten die damaligen Fernrohre noch nicht aus, um diesen zu sehen. Erst 1862 entdeckte der amerikanische Optiker Alvan G. Clark den Stern dann auch optisch.
Nach der Theorie der Sternentwicklung durchläuft ein Stern großer Masse seinen »Lebensweg« viel schneller als ein Stern kleiner Masse. Der Siriusbegleiter hat nur knapp über 1 Sonnenmasse. Er müßte nach etwa 7 Milliarden Jahren zu einem weißen Zwerg degeneriert sein. Der Hauptstern Sirius müßte dieses Endstadium aber schon viel früher erreicht haben, wenn beide Sterne, wie anzunehmen, gleichzeitig entstanden. Warum ist also nicht auch der Hauptstern ein weißer Zwerg? Vermutlich besaß der Begleiter früher eine größere Masse, blähte sich vorübergehend in ei-

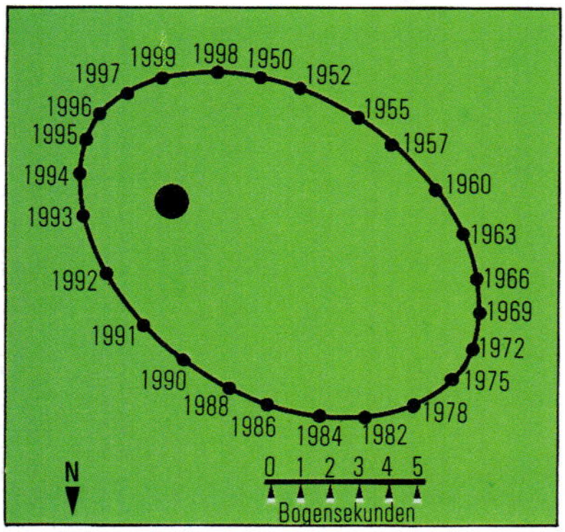

Bahn des Siriusbegleiters

nen roten Riesenstern auf, wobei ein Teil seiner Masse auf den anderen Stern überfloß, so daß dieser jetzt die größere Masse hat.
Ein anderer Doppelstern im großen Hund ist ε Canis maioris, der auch als Adhara oder »Jungfrau« bezeichnet wird. Der Hauptstern hat eine Helligkeit von $1^m,5$, der Begleiter ist nur $8^m,1$ hell, so daß auch er trotz der großen Distanz von 8 Bogensekunden in kleinen Fernrohren nicht so leicht aufgelöst werden kann. Es dürfte ein Fernrohr von etwa 15 cm Öffnung erforderlich sein. Auch η Canis maioris ist nicht leicht zu trennen. Die beiden Sterne haben eine Helligkeit von $5^m,2$ und $8^m,5$. Die gegenseitige Distanz beträgt 2,6 Bogensekunden.
Der Große Hund liegt inmitten der Milchstraße und enthält daher eine Anzahl offener Sternhaufen. Am schönsten ist M 41. Er liegt 4 Grad südlich von Sirius und kann deswegen bereits sehr leicht mit einem Feldstecher oder Fernrohr aufgefunden werden. Er enthält etwa 25 hellere Sterne in einer Entfernung von 2350 Lichtjahren. Der hellste Stern hat eine Helligkeit von $6^m,9$. Bis zu einer Helligkeitsklasse von 13^m herunter verfügt der Sternhaufen über etwa 100 Sterne.
Bemerkenswert ist auch NGC 2362. Er steht etwa 4600 Lichtjahre entfernt. Den hellsten Stern dieses Haufens, τ Canis maioris, können wir bereits mit bloßem Auge sehen. Seine Helligkeit beträgt $4^m,5$. Er stellt außerdem einen Dreifachstern dar. In einer Distanz von 8,2 Bogensekunden liegt ein Sternchen 10. Größe und in einer Distanz von 14,5 Bogensekunden ein Sternchen 11. Größe. Diese beiden Sterne können wir mit einem Fernrohr ab etwa 10 cm Öffnung gut erkennen. τ Canis maioris ragt aus diesem Sternhaufen deutlich heraus. Die nächst schwächeren Sterne liegen zwischen der 6. und 7. Größenklasse. Deswegen sollten wir wenigstens einen Feldstecher oder ein 5-cm-Fernrohr benutzen, wenn wir diesen Sternhaufen beobachten wollen. Er enthält insgesamt etwa 40 Sterne. Absolut genommen sind darunter auch einige sehr helle Sterne. Daraus kann man schließen, daß NGC 2362 einer der jüngsten offenen Sternhaufen ist, die wir bisher am Himmel entdeckt haben. Wahrscheinlich beträgt sein Alter nur etwa 1 Million Jahre. Damit ähnelt er ein wenig dem bekannten Doppel-Sternhaufen im Perseus.
Ein anderer offener Sternhaufen, NGC 2354, enthält 60 etwas schwächere Sterne. NGC 2204 weist ebenfalls etwas schwächere Sterne auf. Die hellsten Sterne des Sternhaufens NGC 2360 liegen etwa bei der 9. Größenklasse. Dieser Haufen umfaßt etwa 50 Sterne bis zur 12. Größenklasse herab.
Kugel-Sternhaufen kommen im Großen Hund nicht vor. Auch diffuse Nebel sind, trotz der Anwesenheit der Milchstraße, nur schwach vertreten.

Der offene Sternhaufen M 41

Zwillinge *Gemini* (Gen.: *Geminorum*) Abk.: Gem

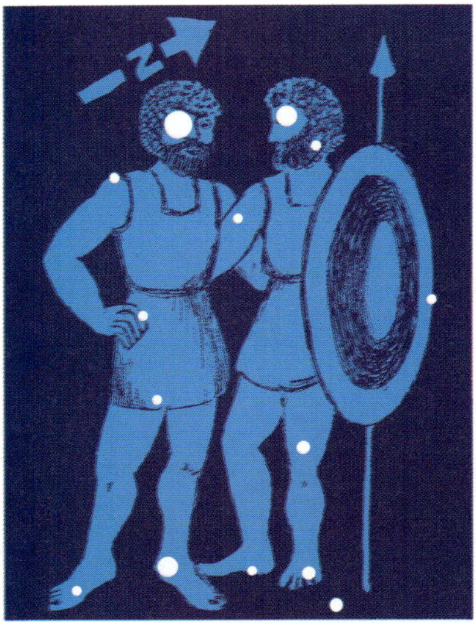

Nach der altgriechischen Sage hatte das Zwillingspaar Kastor und Pollux sehr ungleiche Eigenschaften. Pollux war unsterblich, während Kastor in das Reich der Toten, in die Unterwelt, eingehen mußte. Pollux versuchte, seinen Zwillingsbruder regelmäßig in der Unterwelt zu besuchen. Zur Belohnung für diese Bruderliebe wurden die beiden Zwillinge von den Göttern an den Sternenhimmel versetzt. Kastor und Pollux waren Söhne des Zeus. Im Volksglauben galten sie vor allem bei den Seefahrern als Retter aus der Not. Man sagte, sie könnten in den St.-Elms-Feuern erscheinen und mit goldfarbenen Flügeln durch die Luft brausen und gleichzeitig die aufgewühlten Wogen der See beruhigen. Auch in großen Schlachten seien sie als Retter erschienen. So seien sie auf dem Schiff des Spartaners Lysander in der Schlacht von Aigospotamoi 405 v. Chr. aufgetaucht. Häufig wurden sie auch zu Gastmählern eingeladen, wobei man ihnen einen eigenen Tisch mit Sofa und Weinkrügen hinstellte.
Die Zwillinge bilden das Tierkreis-Sternbild, das die Sonne nach der Sommersonnenwende durchläuft. Deshalb gelangen sie als Winter-Sternbild hoch über den Südhorizont.
Obwohl Pollux etwas heller als Kastor ist, wurde der letztere α Geminorum genannt. Kastor hat eine Helligkeit von $1^m,5$ und steht 45 Lichtjahre von der Erde entfernt. Er stellt außerdem einen bekannten Doppelstern dar. Der Hauptstern besitzt eine Helligkeit von $2^m,0$, der Begleiter ist $2^m,8$ hell. Deshalb ist der Hauptstern absolut 22mal heller als die Sonne. Die Umlaufszeit der beiden Sterne kann im Augenblick noch nicht ganz genau ermittelt werden, dürfte aber bei etwa 350 bis 400 Jahren liegen. Während die gegenseitige Winkeldistanz in den zurückliegenden Jahren verhältnis-

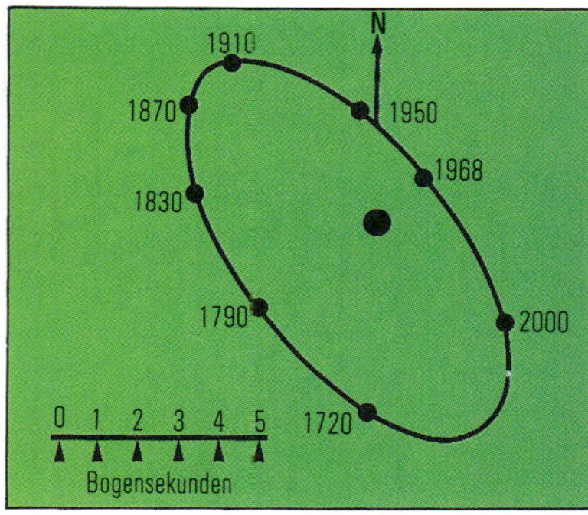

Die Bahn des Doppelsterns Kastor

mäßig klein war und etwa um das Jahr 1970 mit 1,9 Bogensekunden Distanz ein Minimum erreichte, nahm und nimmt sie in den darauffolgenden Jahren wieder zu. Dann kann dieser Doppelstern auch in kleineren Fernrohren leichter getrennt werden. 1985 beträgt die Winkeldistanz 2,6 Bogensekunden. Ein Fernrohr ab etwa 6 cm Öffnung dürfte dann zur Trennung ausreichen. Bis zum Jahre 2000 wird die Winkeldistanz sogar auf 3,8 Bogensekunden angewachsen sein. Eigentlich ist Kastor ein Mehrfachsystem. Zunächst erkennen wir, ebenfalls mit Hilfe eines Fernrohrs ab etwa 6 cm Öffnung, in 72,5 Bogensekunden Distanz einen Begleiter 9. Größe. Dabei handelt es sich um einen Bedeckungsveränderlichen, dessen Bezeichnung auch YY Geminorum lautet. Seine Helligkeit schwankt innerhalb von 19,5 Stunden zwischen $9^m,1$ und $9^m,6$. Aber auch die hel-

Karte Zwillinge

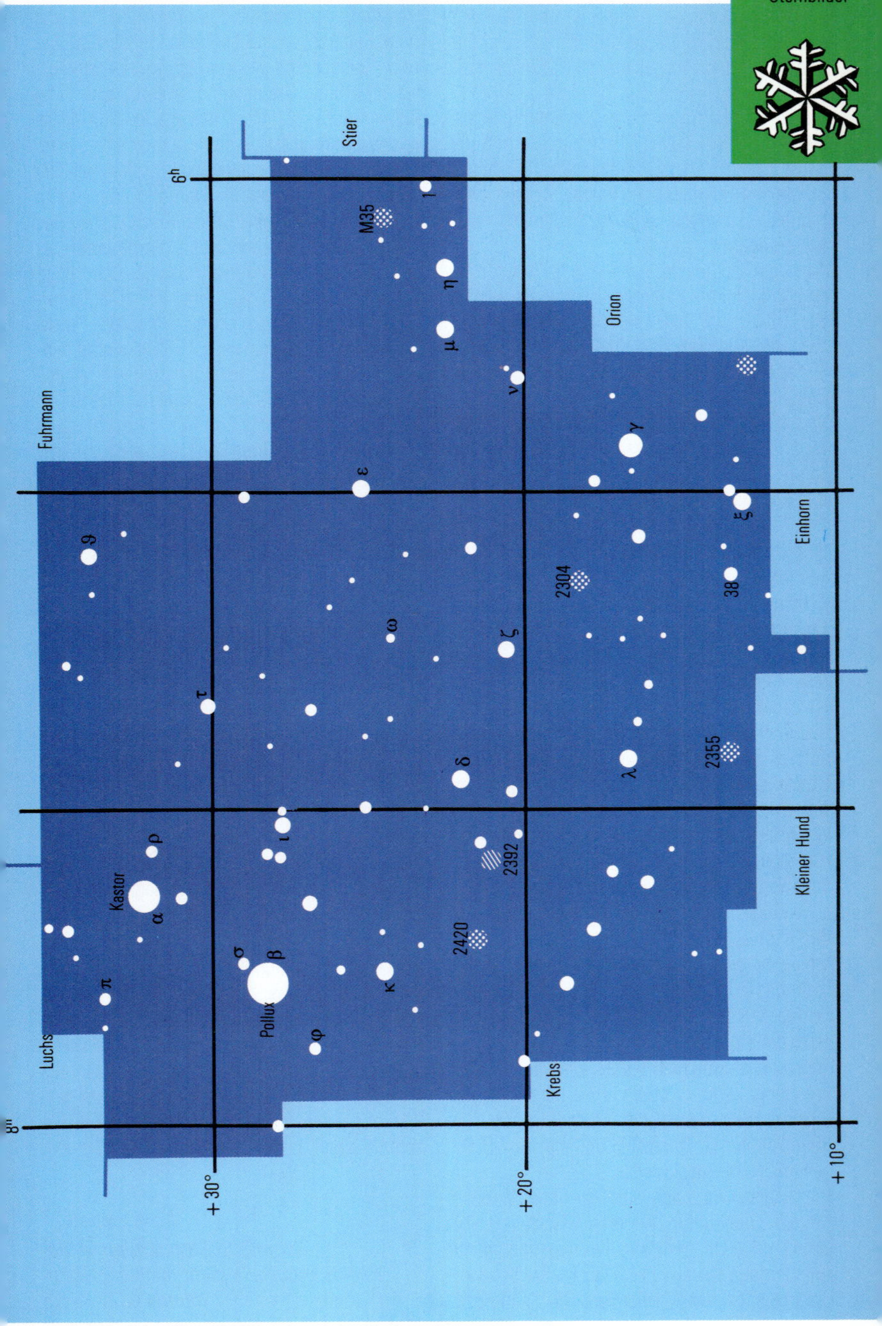
Stier
Orion
Fuhrmann
Einhorn
Kleiner Hund
Krebs
Luchs
Kastor
Pollux
M35
2304
2355
2392
2420
38
6h
8h
+ 30°
+ 20°
+ 10°

leren Komponenten A und B sind ihrerseits spektroskopische Doppelsterne, also nicht direkt zu trennen. Insgesamt stellt Kastor somit ein 6faches System dar.
Pollux oder β Geminorum hat eine Helligkeit von $1^{m},2$ und steht 35 Lichtjahre entfernt. Seine Leuchtkraft ist 35mal heller als die der Sonne. Im Gegensatz zu Kastor, dessen beide Hauptkomponenten weiß erscheinen, ist Pollux ein orangeroter Stern.
Auch der Doppelstern δ Geminorum kann bereits in kleineren Fernrohren aufgelöst werden. Der Hauptstern hat eine Helligkeit von $3^{m},2$. Der Begleiter ist $8^{m},2$ hell. Die Umlaufszeit dürfte etwa 1200 Jahre betragen. 1985 ist der Begleiter 6,0 Bogensekunden von seinem Hauptstern entfernt. Bereits ein 6-cm-Fernrohr wird also zur Auflösung genügen. Bis zum Jahre 2000 allerdings sinkt der Abstand auf 5,8 Bogensekunden ab.
Das Sternbild Zwillinge hat noch einige weitere Doppelsterne zu bieten, die für kleinere Fernrohre in Betracht kommen. Dazu gehört ζ Geminorum. Der Hauptstern ist ein Cepheid. Er verändert seine Helligkeit zwischen etwa $3^{m},7$ und $4^{m},1$, die Periode beträgt 10,15 Tage. Sein Begleiter steht 94 Bogensekunden entfernt und hat eine Helligkeit von 7^{m}. Verhältnismäßig weite Doppelsterne sind ν und μ Geminorum. Bei ν Geminorum haben die beiden Sterne eine Helligkeit von $4^{m},1$ und $8^{m},0$ und stehen 113 Bogensekunden auseinander. μ Geminorum enthält zwei Komponenten der Helligkeit $3^{m},2$ und $9^{m},8$ in 122,5 Bogensekunden Distanz. 38 Geminorum ist dagegen etwas schwieriger zu trennen. Hier haben die beiden Begleiter eine Helligkeit von $4^{m},7$ und $7^{m},6$; sie umlaufen sich einmal in etwa 3190 Jahren. Ende des 20. Jahrhunderts beträgt ihre gegenseitige Distanz 7,1 Bogensekunden. Trotzdem wird ein Fernrohr ab etwa 8 cm Öffnung zur Trennung ausreichen. Auch κ Geminorum ist mit einem Fernrohr ab etwa 10 cm Öffnung zu trennen. Hier haben die beiden Sterne eine Helligkeit von $3^{m},7$ und $9^{m},5$ und stehen 7,0 Bogensekunden auseinander.
Hinzuweisen ist noch auf den veränderlichen Stern η Geminorum. Als roter Riesenstern verändert er seine Helligkeit halbregelmäßig mit einer Periode von etwa 223 Tagen. Die Schwankung erfolgt etwa zwischen $3^{m},1$ und $3^{m},9$.
Vor allem der Westteil des Sternbilds Zwillinge liegt inmitten der Michstraße. In diesem Bereich beobachten wir auch einige bemerkenswerte offene Sternhaufen. Herausragend ist dabei M 35. Er liegt etwa 2½ Winkelgrad nordwestlich η Geminorum und ist bereits mit einem Opernglas zu entdecken. Sehen wir von Hyaden und Plejaden im Sternbild Stier ab, so ist M 35 der schönste offene Sternhaufen, den wir am Winterhimmel beobachten können. Er enthält etwa 200 oder 300 Sterne. Der hellste Stern hat eine Helligkeit von $7^{m},5$. Die Entfernung des Sternhaufens beträgt etwa 2600 Lichtjahre. Nur etwa ½ Winkelgrad südwestlich von M 35 befindet sich der offene Sternhaufen NGC 2158. Seine Gesamthelligkeit beträgt allerdings nur 11^{m}. Selbst die hellsten Sterne in ihm kommen nur auf die 16. Größenklasse, so daß dieses Objekt für kleinere Amateur-Fernrohre weniger geeignet ist. Dafür kommt dieser Sternhaufen auf langbelichteten Aufnahmen des Nachbarn M 35 meist sehr deutlich zum Vorschein. Im Gegensatz zu M 35 ist er sehr kompakt und ähnelt äußerlich fast einem lockeren Kugel-Sternhaufen. Tatsächlich ist NGC 2158 über 15 000 Lichtjahre von uns entfernt.
Drei weitere offene Sternhaufen, die nur für größere Amateur-Fernrohre zu finden sind, stellen NGC 2304, 2355 und 2420 dar. Von ihnen ist der letztere mit einer Gesamthelligkeit von 9^{m} noch am hellsten.
Der planetarische Nebel NGC 2392 liegt ziemlich genau zwischen den beiden Sternen κ und λ Geminorum. Seine Gesamthelligkeit beträgt 8^{m}. Somit kann er mit einem Fernrohr ab etwa 8 cm Öffnung gerade noch gesehen werden. Aber erst langbelichtete fotografische Aufnahmen enthüllen die Schönheit dieses Nebels. Wegen seines Aussehens wird er häufig auch als Struwwelpeter-Nebel, Eskimo-Nebel oder Clownsgesicht-Nebel bezeichnet. Er ist von der Erde etwa 2000 bis 3000 Lichtjahre entfernt. Vorläufig kann sein Abstand nicht genau bestimmt werden. Der Zentralstern ist 10^{m} hell.

Der offene Sternhaufen M 35. Rechts unterhalb steht noch der Sternhaufen NGC 2158

Fuhrmann *Auriga* (Gen.: *Aurigae*) Abk.: Aur

Nach einer alten griechischen Sage war dieser Fuhrmann der Erfinder des Wagens. Er entspricht den klassischen Wagenlenkern des Altertums, die auf mehrspännig gezogenen, zweirädrigen Renn- und Kampfwagen fuhren. Der nördliche Teil des Sternbilds ist für Mitteleuropa zirkumpolar. Vor allem der Hauptstern Kapella geht für 50 Grad nördlicher Breite nicht mehr unter. Für 60 Grad nördlicher Breite und noch weiter nördlich gelegene Gebiete wird das ganze Sternbild zirkumpolar. Im Gegensatz dazu sinkt für Südeuropa nahezu der gesamte Fuhrmann unter den Horizont.

Der Hauptstern α Aurigae trägt auch die aus dem Lateinischen stammende Bezeichnung Kapella. Das bedeutet »Ziegenböckchen«. Seltener liest man auch die altarabische Bezeichnung Alhajot, was »Ziege« heißt. Der Name des Hauptsterns erinnert an die Sage von der Ziege Amalthea, die den jungen Zeus auf der Insel Kreta aufgezogen haben soll. Ihr Horn gehörte später der Glücksgöttin Fortuna (»Füllhorn«). Diese Geschichte hängt mit einer Weissagung zusammen, die einst Kronos empfangen haben soll. Der Spruch lautete, Kronos würde von seinem eigenen Sohn vom Herrscherthron gestoßen und getötet werden. So verschlang Kronos alle seine Kinder bald nach ihrer Geburt. Nach der Geburt von Zeus schob die Mutter Rheia ihrem Gemahl Kronos einen eingewickelten Stein unter und gab diesen als seinen Sohn aus. Zeus wurde aber von Rheia im Ida-Gebirge der Insel Kreta verborgen. Vor der Höhle führten Priester einen höllischen und lärmenden Tanz auf, damit Kronos nicht das Schreien seines Sohnes hören konnte. Die Ziege Amalthea aber, die Zeus ernährte, wurde später »verstirnt«. So kam es zu der etwas eigentümlichen Verbindung des Sterns Kapella mit dem Sternbild Fuhrmann.

Der Wagenlenker wurde in der Sagenwelt mit ganz verschiedenen Menschen oder Götterabkömmlingen in Verbindung gebracht. Dazu zählte auch Phaidor, der Sohn des Sonnengottes. Darüber wird auch unter dem Sternbild Schwan berichtet.

Kapella ist 45 Lichtjahre von uns entfernt. Seine scheinbare Helligkeit beträgt $0\overset{\mathrm{m}}{,}1$, seine tatsächliche Leuchtkraft ist 160mal heller als die der Sonne. Bei dem orangefarbenen Objekt handelt es sich um einen engeren, nur auf spektroskopischem Wege zu entdeckenden Doppelstern, einen der bekanntesten Sterne dieser Art. Die beiden Partner haben eine Umlaufszeit von 104 Tagen. Der eine Stern ist 90mal, der andere 70mal heller als die Sonne. Ihre Massen betragen 3,0 und 2,8 Sonnenmassen. ϑ Aurigae ist ein dreifacher Stern. Zunächst sehen wir neben dem $2\overset{\mathrm{m}}{,}7$ hellen Hauptstern in einer Distanz von 45 Bogensekunden einen Stern der 9. Größenklasse. Dazu benötigen wir ein Fernrohr ab etwa 8 cm Öffnung. In nur 3,0 Bogensekunden Distanz finden wir dagegen einen Stern der Helligkeit $7\overset{\mathrm{m}}{,}2$. Er kann erst mit einem Fernrohr ab etwa 5 cm Öffnung entdeckt werden. Ein anderer Doppelstern ist ω Aurigae. Hier hat der Hauptstern eine Helligkeit von $5\overset{\mathrm{m}}{,}1$. In 5,4 Bogensekunden Distanz entdeckt man mit einem Fernrohr ab etwa 10 cm Öffnung einen Begleiter mit der Helligkeit $7\overset{\mathrm{m}}{,}9$. Der Stern 14 Aurigae verfügt über einen Hauptstern der Helligkeit $5\overset{\mathrm{m}}{,}2$. In 14,5 Bogensekunden Distanz steht ein Begleiter der Helligkeit $8\overset{\mathrm{m}}{,}1$. ν Aurigae hat eine Helligkeit von 4^{m}. In 54,6 Bogensekunden Distanz steht ein Begleiter $9\overset{\mathrm{m}}{,}5$. Er kann bereits

Karte Fuhrmann

+50°
+40°
+30°
6h
Perseus
Giraffe
Luchs
Zwillinge
Stier
Kapella
α
Menkalinam
β
π
ε
η
ζ
ρ
λ
μ
ω
ι
14
σ
φ
χ
κ
τ
ν
υ
ϑ
ο
ξ
1664
1883
1857
M38
1907
M36
M37
2126
2192
2281

mit einem Fernrohr ab etwa 8 cm Öffnung gesehen werden.

Das Sternbild Fuhrmann enthält zwei besonders bemerkenswerte Bedeckungsveränderliche. ε Aurigae besteht aus zwei Sternen, die sich in 27,06 Jahren oder 9883 Tagen einmal umkreisen. In diesen Zeitabständen kommt es regelmäßig zu Helligkeitsabschwächungen des nur als einzelner Punkt sichtbaren Sterns. Dabei fällt die Helligkeit von $3\overset{m}{,}1$ auf $3\overset{m}{,}8$ ab. Die letzte Bedeckung fand zwischen dem 22. Juli 1982 und 25. Juni 1984 statt. Die nächste wird also erst wieder im Jahr 2009 beginnen. Rund 190 Tage dauert es, bis die Helligkeit vom Maximum auf das Minimum abgesunken ist. Etwa ein halbes Jahr bleibt der Stern im Minimum. Dann dauert es wieder etwa 190 Tage vom Minimum bis zum Maximum. ε Aurigae ist der Bedeckungsveränderliche, der nach unserer heutigen Kenntnis die längste Periode zeigt. Der Bedeckungsveränderliche mit der zweitlängsten Periode aber ist ζ Aurigae, nur unweit von ε Aurigae entfernt. ζ Aurigae hat eine Periode von 2,66 Jahren oder 972,18 Tagen. Die Helligkeitsschwankung erfolgt zwischen $3\overset{m}{,}9$ und $4\overset{m}{,}2$. Sie ist also für das bloße Auge zwar noch erkennbar, aber nicht auffällig. Ein Minimum beginnt wieder am 20. 3. 1985 und dauert bis zum 28. 4. 1985. Dabei dauert der Abstieg vom Maximum bis zum Minimum nur wenige Tage. Im Minimum verbleibt der Stern etwa 38 Tage. Vom Minimum zum Maximum dauert es ebenfalls wieder nur wenige Tage.

Auch β Aurigae, der gelegentlich die altarabische Bezeichnung Menkalinam oder »Schulter des Fuhrmanns« trägt, ist ein Bedeckungsveränderlicher. Seine Helligkeit schwankt allerdings nur unwesentlich zwischen $2\overset{m}{,}07$ und $2\overset{m}{,}16$. Die Periode beträgt 3,96 Tage.

Der Fuhrmann steht inmitten der Milchstraße. Dieses Gebiet liegt dem Zentrum des Milchstraßen-Systems im Sternbild Schütze genau gegenüber. Deswegen hebt sich die Milchstraße im Bereich des Sternbilds Fuhrmann am wenigsten ab. Trotzdem enthält der Fuhrmann eine Reihe offener Sternhaufen, die bereits mit kleinen Fernrohren beobachtet werden können. Es sind vor allem die Sternhaufen M 36, M 37 und M 38, die alle im Südfeld des Sternbilds liegen. M 36 ist zwar von den drei genannten Sternhaufen am hellsten, besitzt aber die kleinste Ausdehnung. Er enthält etwa 60 Sterne zwischen den Größenklassen 9^{m} und 14^{m}. Zu den hellsten Sternen in diesem Haufen zählt Σ 737. Dabei handelt es sich um einen Doppelstern. Die beiden Sterne weisen eine Helligkeit von $8\overset{m}{,}9$ und $9\overset{m}{,}2$ auf. Sie stehen 10,7 Bogensekunden auseinander. M 37 enthält 150 Sterne zwischen der Helligkeit 9^{m} und etwa $12\overset{m}{,}5$. M 38 schließlich umfaßt etwa 100 Sterne zwischen 8^{m} und 12^{m}. Auch seine Umgebung ist verhältnismäßig sternreich. In seiner unmittelbaren Nachbarschaft befindet sich der kleinere Sternhaufen NGC 1907, der etwa 40 Sterne von der 10. Größenklasse an abwärts enthält. Die Entfernung der drei Sternhaufen M 36 bis 38 liegt zwischen 4100 und 4700 Lichtjahren. Alle drei können bereits mit einem sehr lichtstarken Feldstecher aufgefunden werden. Eindrucksvoll erscheinen sie allerdings erst mit einem Fernrohr ab etwa 6 cm Öffnung, bei möglichst geringer Vergrößerung und großem Gesichtsfeld.

Im nördlichen Teil des Sternbilds liegt NGC 2126. Es ist eine verstreute Gruppe von etwa 20 Sternen zwischen 11. und 14. Größenklasse. Am nordöstlichen Rand dieses Sternhaufens befindet sich ein Stern 6. Größe. NGC 2192 enthält 25 Sterne von der 12. Größenklasse an abwärts, NGC 2281 etwa 30 Sterne mit einer Helligkeit von 7^{m} oder schwächer. Der letztere Sternhaufen eignet sich daher bereits für einen lichtstarken Feldstecher oder ein kleineres Fernrohr. Auch NGC 1857 kann schon mit einem einfachen Amateur-Fernrohr entdeckt werden. Hier stehen 45 Sterne mit einer Helligkeit von 8^{m} abwärts beieinander. Schwieriger zu beobachten ist dagegen NGC 1883. Dieser Sternhaufen verfügt nur über etwa 20 Sterne mit einer Helligkeit, die maximal an die 13. Größenklasse heranreicht. Im Westteil des Sternbilds, hart an der Grenze zum Perseus, steht schließlich NGC 1664 mit etwa 40 Sternen der 11. Größenklasse und schwächer.

Südlicher Teil des Sternbilds Fuhrmann mit den Sternhaufen M 36, 37, 38 (oben), Einzelaufnahme von M 37 (unten)

Kleiner Hund *Canis minor* (Gen.: *Canis minoris*) Abk.: CMi

Zusammen mit dem Großen Hund begleitet der Kleine Hund den Himmelsjäger Orion. Der an den Himmel versetzte Hund Mära spielte in der griechischen Sage eine Rolle. Er fand nämlich den Leichnam des Ikarios auf dem Hymettos. Ikarios wurde von Dionysos im Weinbau unterrichtet und verbreitete diesen im ganzen Land. Darauf berauschte Hirten erschlugen Ikarios in der Meinung, sie seien von ihm vergiftet worden.

Der Hauptstern α Canis minoris heißt nach einer griechischen Bezeichnung auch Prokyon oder »Vorhund«. Der 11,3 Lichtjahre entfernte Stern ist $0\overset{m}{,}5$ hell. In 40,65 Jahren umkreist ihn ein Stern der Helligkeit $10\overset{m}{,}8$, der allerdings nur in größeren Fernrohren beobachtet werden kann. Seine Distanz zum Hauptstern schwankt zwischen 2,2 und 5,0 Bogensekunden. Der größte Abstand wird 1990, der kleinste im Jahre 2009 erreicht. Es handelt sich ähnlich wie bei dem Begleiter des Sirius im Großen Hund um einen weißen Zwergstern. Seine mittlere Dichte beträgt 100 000 g/cm^3. Der Durchmesser mißt nur etwa das Doppelte unserer Erde.

Ein dreifacher Stern ist 14 Canis minoris. Der Hauptstern hat eine Helligkeit von $5\overset{m}{,}4$. In 76 Bogensekunden Distanz befindet sich ein Stern 7. Größe und in 112 Bogensekunden Entfernung ein Stern 8. Größe. Zur Trennung reicht bereits ein lichtstarker Feldstecher oder ein Fernrohr von 5 cm Öffnung aus.

Hase *Lepus* (Gen.: *Leporis*) Abk.: Lep

Der Götterbote Hermes soll diesen Hasen an den Himmel versetzt haben. Das Sternbild Hase liegt südlich vom Himmelsjäger Orion. Der Hauptstern α Leporis trägt auch die seltener benutzte arabische Bezeichnung Elarneb oder Arneb, was »Hase« bedeutet. Der Stern ist $2\overset{m}{,}7$ hell und etwa 900 Lichtjahre von der Erde entfernt.

Ein schwer zu trennender Dreifachstern ist β Leporis. Neben einem Stern $2\overset{m}{,}8$ stehen zwei 11^m helle Sterne in 2,5 und 64 Bogensekunden Abstand. γ Leporis ist ein Doppelstern, der mit einem Feldstecher gut getrennt werden kann. Der Hauptstern hat eine Helligkeit von $3\overset{m}{,}6$. In 94,9 Bogensekunden Distanz befindet sich ein Begleiter der Helligkeit $6\overset{m}{,}4$. Schwieriger zu trennen ist κ Leporis. Die beiden Sterne haben eine Helligkeit von $4\overset{m}{,}5$ und $7\overset{m}{,}5$ und stehen 2,3 Bogensekunden auseinander. Zur Trennung ist demnach ein Fernrohr ab etwa 15 cm Öffnung erforderlich.

Im südlichen Teil des Sternbilds liegt der Kugel-Sternhaufen M 79. Seine Gesamthelligkeit beträgt $8\overset{m}{,}4$. Als schwacher Nebelfleck ist der Kugelhaufen bereits in einem Fernrohr ab etwa 6 cm Öffnung zu beobachten. Die Entfernung von unserer Erde beträgt etwa 50 000 Lichtjahre.

Karten Kleiner Hund und Hase

Kleiner Hund

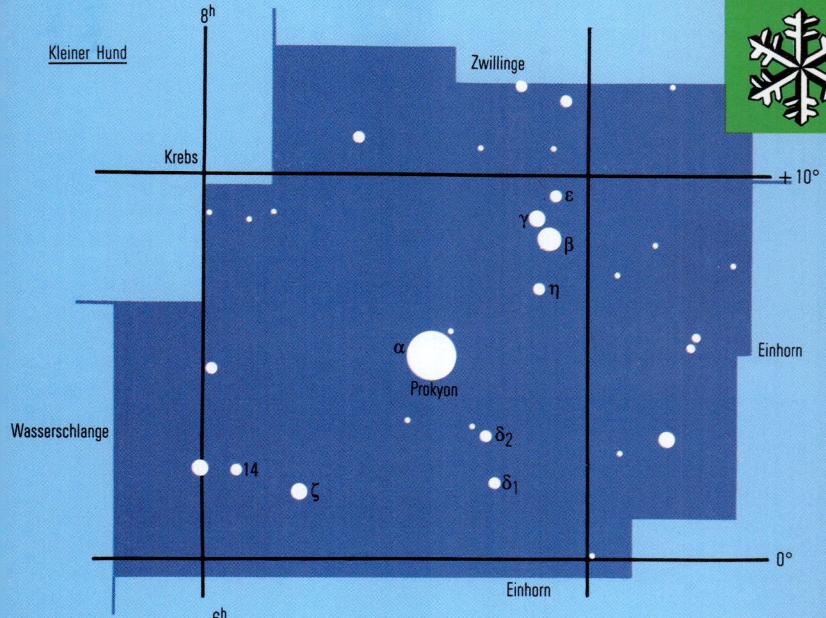

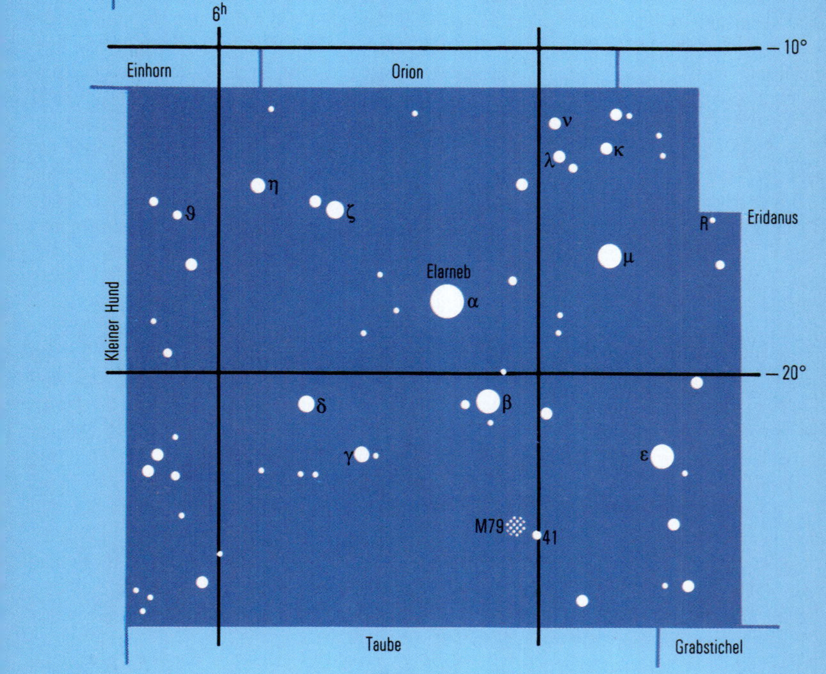

Hase

Einhorn *Monoceros* (Gen.: *Monocerotis*) Abk.: Mon

Das Sternbild Einhorn wurde erst im 17. Jahrhundert von J. Bartsch eingeführt. Es besteht nur aus schwächeren Sternen, die den Bereich zwischen den Sternbildern Großer Hund, Hinterdeck des Schiffes, Wasserschlange, Kleiner Hund, Zwillinge und Orion ausfüllen. Da es aber inmitten der Milchstraße liegt, enthält es viele schwache Sterne und einige bemerkenswerte Sternhaufen und Nebel.

Der Hauptstern α Monocerotis befindet sich weit im Südteil des Sternbilds und hat nur eine Helligkeit von $4^{m}1$. Er ist etwa 180 Lichtjahre entfernt und stellt keine Besonderheit dar. Dreifach ist dagegen β Monocerotis. Der $4^{m}7$ helle Stern steht etwa 150 bis 200 Lichtjahre von der Erde entfernt. Der erste Begleiter in 7,3 Bogensekunden Distanz hat eine Helligkeit von $5^{m}2$. Er kann bereits mit einem Fernrohr von 5 cm Öffnung entdeckt werden. In nur 2,8 Bogensekunden Distanz befindet sich ein weiterer Stern der Helligkeit $5^{m}6$. Um ihn zu sehen, benötigen wir ein Fernrohr ab etwa 6 cm Öffnung. Mit einem größeren Fernrohr könnte man noch einen vierten Stern in 25,9 Bogensekunden Distanz ausmachen. Seine Helligkeit beträgt nur 12^{m}. β Monocerotis wird häufig auch als 11 Monocerotis bezeichnet.

Ein sehr enges Doppelstern-System stellt δ Monocerotis dar. Sein Hauptstern hat eine Helligkeit von $4^{m}7$. Der Begleiter ist $8^{m}0$ hell und steht 2,9 Bogensekunden von seinem Hauptstern entfernt. Auch ε Monocerotis ist ein Doppelstern. Neben dem Hauptstern mit der Helligkeit $4^{m}5$ befindet sich in 13,2 Bogensekunden Distanz ein Begleiter mit $6^{m}7$ Helligkeit. Er kann schon mit einem kleinen Fernrohr ab etwa 5 cm Öffnung gefunden werden. Ein optischer Doppelstern ist schließlich ζ Monocerotis. Der Hauptstern hat eine Helligkeit von 5^{m}, sein Begleiter von $8^{m}5$. Er steht 66,4 Bogensekunden entfernt. Ein weiterer Begleiter bewegt sich in 32,0 Bogensekunden Distanz. Zum Aufsuchen der beiden benötigen wir ein 6-cm- bzw. 8-cm-Fernrohr.

Weit im Norden des Sternbilds Einhorn, hart an der Grenze zu den Zwillingen, steht der offene Sternhaufen NGC 2264. Er bedeutet eine Art »Muß« für den Besitzer kleinerer Fernrohre. Der ziemlich ausgedehnte und zerstreute Sternhaufen enthält 20 hellere und weit über 100 schwächere Sterne. Der hellste Stern hat eine Helligkeit von $4^{m}6$ und wird als 15 Monocerotis oder S Monocerotis bezeichnet. Das S weist darauf hin, daß es sich um einen veränderlichen Stern handelt, dessen Helligkeit unregelmäßig in einem Bereich von etwa ½ Größenklasse schwankt. 15 Monocerotis ist außerdem ein mehrfacher Stern. In nur 3 Bogensekunden Distanz steht ein Begleiter der Helligkeit $8^{m}5$. Wegen des großen Helligkeitsunterschieds ist er mit kleinen Fernrohren nicht erkennbar. In 74 Bogensekunden Distanz befindet sich ein Begleiter 9. Größe. Er kann bereits mit einem 6-cm-Fernrohr aufgefunden werden. Zwei weitere Begleiter der 11. Größe sehen wir in 16,6 und 41,1 Bogensekunden Distanz. Nach 15 Monocerotis liegen die drei nächsthellen Sterne von NGC 2264 bereits zwischen der 7. und 8. Größenklasse. Dann folgen 8 Sterne zwischen der 8. und 9. Größenklasse, 8 Sterne zwischen der 9. und 10. Größenklasse usw. Seiner Form nach wird der Sternhaufen gelegentlich auch »Christbaum« genannt. Er ist etwa 2600 Lichtjahre entfernt. In seiner Umgebung gibt es einige schwache Nebel, die allerdings in kleineren Fernrohren visuell nicht zu erkennen sind. Auf langbelichteten Fotografien kommen sie dagegen beeindruckend zum Vorschein. Ein auffälliger Dunkelnebel weit im Südteil des Sternhaufens wird häufig als »Kegel-Nebel« oder »Zap-

Karte Einhorn

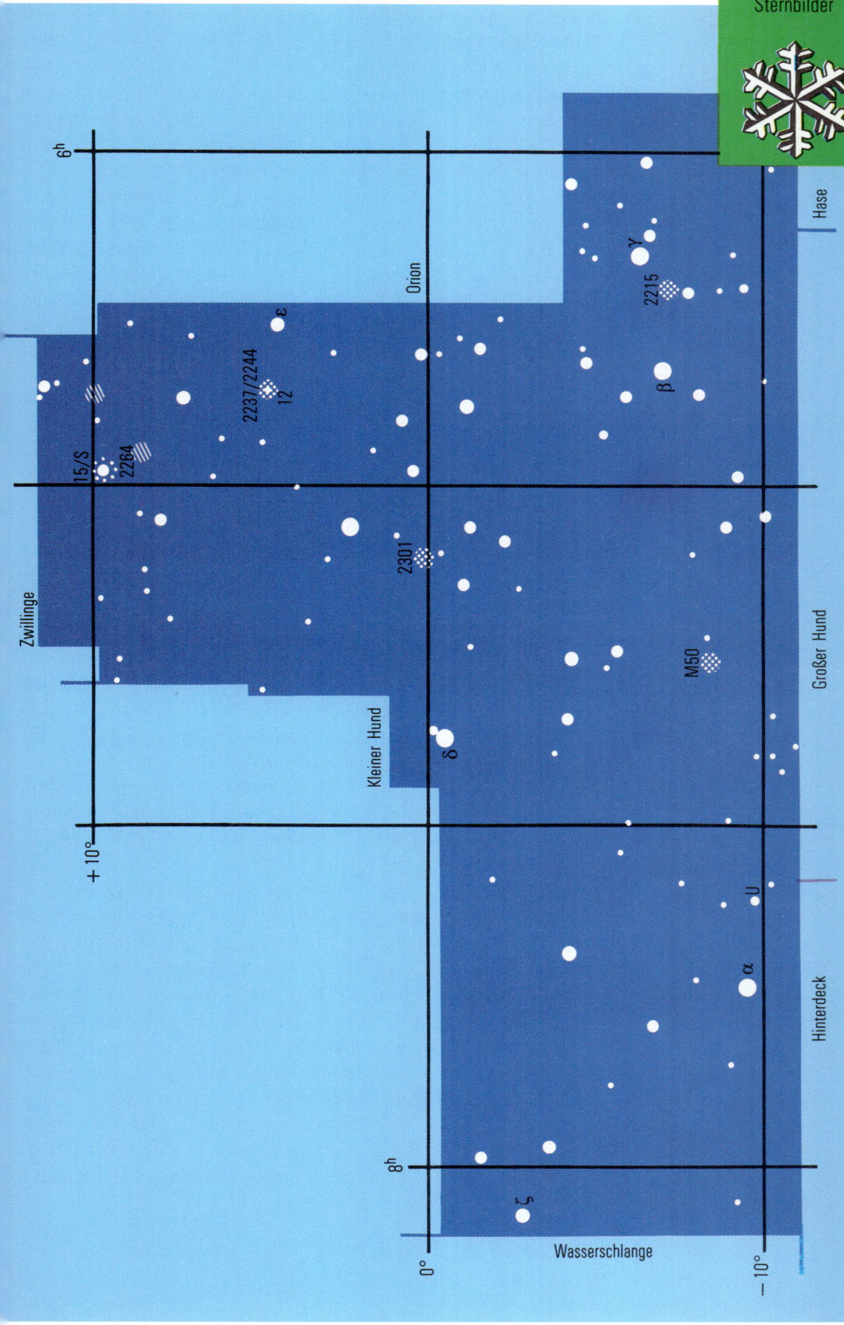
6h
8h
+10°
0°
−10°
Orion
Zwillinge
Kleiner Hund
Großer Hund
Hase
Hinterdeck
Wasserschlange
15/S
2264
2237/2244
12
ε
2301
2215
γ
β
M50
δ
U
α
ζ

fen-Nebel« bezeichnet. Er ragt in eine helle Nebelmasse hinein. NGC 2264 selbst gehört zu den jüngeren Sternhaufen, die vor noch nicht allzu langer Zeit entstanden sein dürften. Sein Alter wird auf etwa 1 bis 2 Millionen Jahre geschätzt.

Etwas weiter südlich vom erwähnten Sternhaufen befindet sich der Komplex NGC 2237/2244. Bei NGC 2244 handelt es sich um einen offenen Sternhaufen, bei NGC 2237 um den berühmten »Rosetten-Nebel«. Seine hellsten Teile erhielten getrennte Bezeichnungen, nämlich NGC 2237, 2238, 2239 und 2246. Der Nebel ist im Durchmesser etwa 80 Bogenminuten groß, stellt aber für kleinere Fernrohre

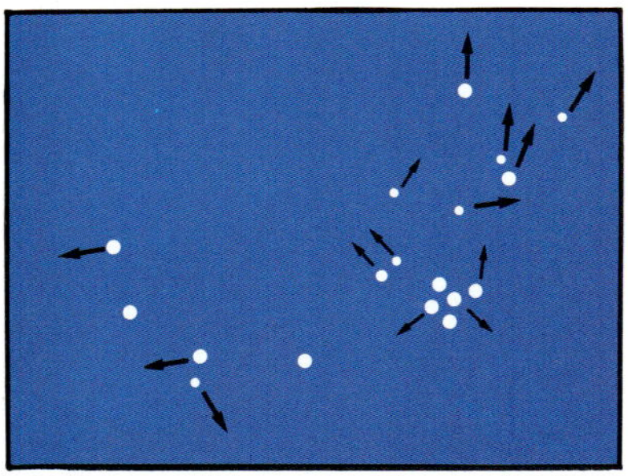

Die Monoceros-Assoziation

ein ziemlich schwieriges Objekt dar. Am besten sucht man ihn mit einem extrem lichtstarken Feldstecher oder Doppelglas auf. Der Sternhaufen NGC 2244 wird von den erwähnten Nebelmassen umgeben. Der hellste Stern darin ist 12 Monocerotis. Seine Helligkeit beträgt $5\overset{m}{,}8$, der Durchmesser des Haufens 40 Bogenminuten, also etwa die Hälfte des Rosetten-Nebels. Insgesamt enthält der Haufen etwa 15 Sterne zwischen der 6. und 9. Größenklasse. Die Entfernung beträgt etwa 2600 Lichtjahre. Der Rosetten-Nebel ist ähnlich wie der Orion-Nebel ein Entstehungsgebiet für Sterne. Er dürfte eine Masse von etwa 11 000 Sonnenmassen haben. In verschiedenen Bereichen entdeckt man dunkle »Globulen«, die im Verdacht stehen, dichtere Gas- und Staubwolken zu sein, aus denen später einzelne Sterne oder ganze Sternhaufen entstehen dürften. Einzelne Globulen haben einen Durchmesser zwischen nur etwa 7000 und 10 000 astronomischen Einheiten, sind also nur etwa 200- bis 300mal größer als unser Sonnensystem.

Ein schöner offener Sternhaufen befindet sich auch im Südteil des Sternbilds: M 50. Er kann bereits mit einem Feldstecher aufgefunden werden. Seine Gesamthelligkeit beträgt $6\overset{m}{,}3$. In einem Bereich von 10 Bogenminuten stehen etwa 200 Sterne beieinander. Etwa 7 Bogenminuten südlich vom Zentrum dieses Sternhaufens steht ein außergewöhnlich roter Stern. Er fällt vor allem deswegen auf, weil die anderen Sterne des Haufens eine mehr bläuliche bis weiße Farbe zeigen. Die Entfernung von der Erde beträgt etwa 2900 Lichtjahre. Weit im Westen des Sternbilds liegt NGC 2215, ein offener Sternhaufen, der etwa 25 Sterne der Größenklasse 11^m und schwächer enthält. Er eignet sich erst für etwas größere Amateur-Fernrohre. NGC 2301 ist ein Sternhaufen mit einer Gesamthelligkeit von 6^m. Immerhin stehen hier rund 60 Sterne der Helligkeit 8^m und darunter beieinander. Dieses Objekt eignet sich bereits für einen guten Feldstecher.

Die Nebel im Einhorn enthalten viele junge Sterne, die in sogenannten Stern-Assoziationen auseinanderstreben. Unser Bild zeigt die Monoceros-Assoziation mit ihren auseinanderlaufenden Sternen. Bisher wurden über 60 Sternassoziationen katalogisiert. Ihre Durchmesser betragen maximal meist nur einige hundert Lichtjahre. Die Expansionsgeschwindigkeiten der einzelnen Sterne liegen in der Regel bei nur 1 bis 3 km/Sek. Dies gilt auch für die Sterne in der Monoceros-Assoziation. Daraus kann man wiederum ein Alter der Assoziationen von meist nur wenigen Millionen Jahren berechnen. Andere bekannte Assoziationen sind die Orion-, die Perseus- und die Lacerta-Assoziation. Gelegentlich können auch »Ausreißer« registriert werden. So verfügt die Orion-Assoziation über drei derartige Sterne, die sich mit Geschwindigkeiten von 80 bis 128 km/Sek. fortbewegen und daher inzwischen schon in ganz anderen Sternbildern »gelandet« sind. Es sind die Sterne AE Aurigae, μ Columbae und 53 Arietis.

Der Rosetten-Nebel

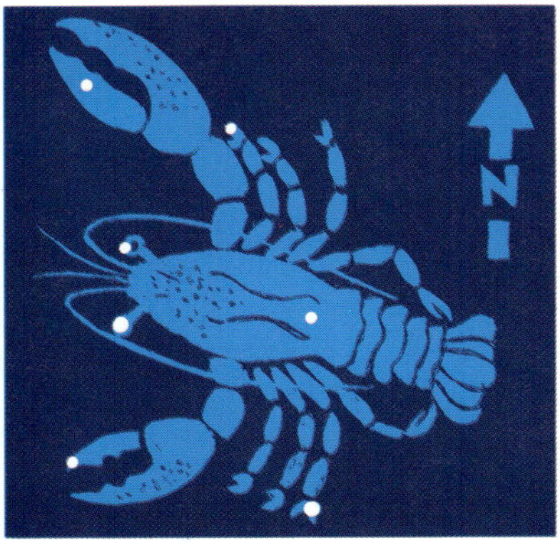

In der antiken Mythologie soll der Krebs eine Nymphe festgehalten haben, damit Zeus sie einfangen konnte. Er ist eigentlich ein »Übergangs-Sternbild«: Er kann noch weit in den Frühling hinein, ja sogar bis etwa zur Sommer-Sonnenwende am Abendhimmel beobachtet werden. Das Sternbild enthält nur mittelhelle bis schwächere Sterne.

Der Hauptstern α Cancri trägt auch die altarabische Bezeichnung Acubens, was »Schere« oder »Zange« bedeutet. Seine Helligkeit beträgt $4^{\mathrm{m}}{,}3$. Er ist allerdings nicht der hellste Stern des Krebses. Etwas heller ist mit $3^{\mathrm{m}}{,}8$ β Cancri.

Eines der berühmtesten Dreifachsysteme bildet ζ Cancri. Bereits mit einem kleinen Fernrohr von etwa 5 cm Öffnung sehen wir neben dem $5^{\mathrm{m}}{,}7$ hellen Zentralstern einen Begleiter mit der Helligkeit 6^{m}. Die Umlaufszeit dürfte etwa 1150 Jahre betragen. Im Jahre 1985 beträgt die Distanz 6,0 Bogensekunden. Mit einem größeren Fernrohr sieht man außerdem einen Begleiter der 6. Größe, der eine Umlaufszeit von 59,6 Jahren hat. Leider nimmt die gegenseitige Distanz dieser beiden Sterne zur Zeit ab. 1985 wird sie 0,7 Bogensekunden, 1991 sogar nur 0,5 Bogensekunden und im Jahre 2000 dann wieder 0,8 Bogensekunden betragen.

ι Cancri ist in jedem Falle mit einem Fernrohr von 5 cm Öffnung zu trennen. Die beiden Sterne haben eine Helligkeit von $4^{\mathrm{m}}{,}2$ und $6^{\mathrm{m}}{,}6$ und befinden sich in einer Distanz von 30,7 Bogensekunden.

Der Krebs enthält zwei bedeutende offene Sternhaufen. An erster Stelle ist die Präsepe oder »Krippe« zu erwähnen, die im Zentrum des Sternbilds liegt. Die Katalogbezeichnung dieses Sternhaufens lautet M 44, die Entfernung von der Erde beträgt 525 Lichtjahre. Der Durchmesser des zentralen Haufenteils mißt 13 Lichtjahre, zusammen mit den Ausläufern fast 40. Die Präsepe enthält etwa 80 Sterne bis zur 10. Größenklasse herab und 350 Sterne bis zur 17. Größenklasse. Der hellste Stern ist ε Cancri. Er hat eine Helligkeit von $6^{\mathrm{m}}{,}3$. Ihm stehen aber einige andere Sterne kaum nach. 11 Sterne liegen oberhalb 7^{m}. Deswegen kann die Präsepe in sehr klaren Nächten bereits mit bloßem Auge als ein Nebelfleck beobachtet werden. Schon in einem Feldstecher zeigen sich die hellsten Sterne getrennt. Die Sterne der Präsepe sind etwa 300 Millionen Jahre alt. Präsepe ist auch ein bekannter Bewegungssternhaufen oder Sternstrom, ähnlich den Hyaden im Sternbild Stier. Alle Sterne der Präsepe streben auf einen Punkt zu, der an der Grenze der Sternbilder Orion und Einhorn liegt.

Im südlichen Teil des Sternbilds liegt M 67. Dieser Sternhaufen enthält etwa 500 Sterne zwischen der 10. und 16. Größenklasse. Die Gesamthelligkeit beträgt deswegen etwa $6^{\mathrm{m}}{,}3$, so daß der Sternhaufen als Nebelfleck schon in ganz kleinen Fernrohren sichtbar ist. Eine Auflösung in Einzelsterne gelingt aber erst mit einem Gerät ab etwa 6 cm Öffnung. M 67 ist etwa 2500 Lichtjahre entfernt. Mit einem Alter von 4,6 Milliarden Jahren ist er einer der ältesten offenen Sternhaufen am ganzen Himmel. Darin unterscheidet er sich von seinem Nachbarn Präsepe erheblich. M 67 ist überhaupt nahezu der älteste offene Sternhaufen. Die meisten Sternhaufen dieses Typs sind nämlich so locker aufgebaut, daß immer wieder Sterne dem Schwerkraftbereich des Haufens entkommen. Schließlich geht die Auflösung immer schneller, so daß offene Sternhaufen kaum älter als etwa eine Milliarde Jahre werden können.

Der offene Sternhaufen Praesepe (»Krippe«)

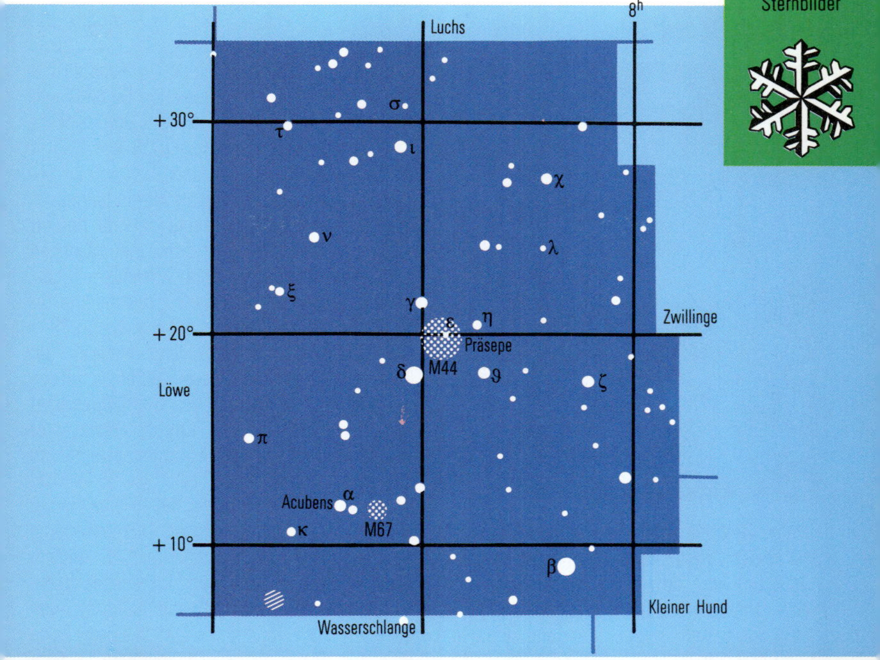
8h
Luchs
+ 30°
+ 20°
+ 10°
σ
τ
ι
χ
ν
λ
ξ
γ
ε
η
Zwillinge
Präsepe
M44
δ
ϑ
ζ
Löwe
π
Acubens
α
M67
κ
β
Kleiner Hund
Wasserschlange

Hinterdeck des Schiffes *Puppis* (Gen.: *Puppis*) Abk.: Pup

Dieses Sternbild ist Teil des »Schiffes Argo«, das in der Argonautensage eine Rolle spielt. Das Schiff Argo zerfällt in die drei Sternbilder: Segel, Hinterdeck und Schiffskiel. Der größte Teil des Argo kann nur von der geographischen Breite Nordafrikas aus gesehen werden. Das Hinterdeck steigt für mitteleuropäische Breiten jedoch zu einem erheblichen Teil über den Horizont, während die südlichen Teile des Sternbilds nur vom Mittelmeerraum aus sichtbar sind.

Früher wurde das Schiff Argo als eine Einheit betrachtet. Deswegen geht die griechische Benennung der einzelnen Sterne quer durch die drei Sternbilder hindurch. So besitzt das »Hinterdeck« keinen Stern α Puppis. Der hellste Stern im »Hinterdeck« ist mit $2\overset{m}{,}3$ Helligkeit ζ Puppis. Er ist etwa 2400 Lichtjahre entfernt und trägt auch die Bezeichnung Naos.

Ein schöner, mit einem 5-cm-Fernrohr leicht zu trennender Doppelstern ist π Puppis. Der Hauptstern ist $2\overset{m}{,}7$ hell, sein Begleiter hat eine Helligkeit von $8\overset{m}{,}2$ und steht in einer Distanz von 70 Bogensekunden. Nur 26 Bogenminuten oder eine Vollmondbreite nordnordöstlich von π Puppis befindet sich der ebenfalls leicht zu trennende ν Puppis. Die beiden Sterne haben eine Helligkeit von $4\overset{m}{,}7$ und $5\overset{m}{,}1$ und stehen 4 Bogenminuten auseinander. Weitere bemerkenswerte und meist leicht trennbare Doppelsterne sind K Puppis ($4\overset{m}{,}5$ und $4\overset{m}{,}7$ in 9,9 Bogensekunden Distanz), σ Puppis ($3\overset{m}{,}3$ und $8\overset{m}{,}5$ in 22,4 Bogensekunden Distanz) und Y Puppis ($5\overset{m}{,}0$ und $8\overset{m}{,}3$ in 12,8 Bogensekunden Distanz) sowie z Puppis ($5\overset{m}{,}3$ und $9\overset{m}{,}0$ in 12,4 Bogensekunden Distanz). Der weit im Süden gelegene Stern L^2 Puppis ist ein langperiodischer Veränderlicher: seine Periode beträgt 141 Tage. Die Helligkeit schwankt zwischen der 3. und 6. Größenklasse. Mit einem 6-cm-Fernrohr sehen wir in etwa 1 Bogenminute Distanz noch einen Begleiter der Helligkeit $9\overset{m}{,}5$.

Das Sternbild Hinterdeck liegt inmitten der Milchstraße. So enthält es zahlreiche offene Sternhaufen. Im Nordteil des Sternbildes liegt M 46. In einem kleinen Fernrohr erscheint er als nahezu kreisförmige Sternenansammlung mit einem Durchmesser von fast ½ Winkelgrad. Die etwa 150 Sterne haben eine Helligkeit von 10^{m} und schwächer. Die Entfernung beträgt etwa 5400 Lichtjahre. In diesem Sternhaufen liegt auch der planetarische Nebel NGC 2438. Bei einer Gesamthelligkeit von etwa 11^{m} ist er allerdings erst in einem Fernrohr ab 10 cm Öffnung erkennbar. Er liegt etwa 7 Bogenminuten nördlich der Sternhaufenmitte und ist etwa 3300 Lichtjahre entfernt. M 47 oder NGC 2422 ist ein Sternhaufen mit der Gesamthelligkeit $4\overset{m}{,}5$. Er kann bereits mit bloßem Auge beobachtet werden. Der hellste Stern hat eine Helligkeit von $5\overset{m}{,}7$. Insgesamt enthält der Haufen 25 Sterne in knapp 2000 Lichtjahren Abstand. M 93 ist etwas schwächer. Er besteht aus knapp 50 Sternen zwischen der 8. und 13. Größenklasse. Die Entfernung beträgt etwa 3600 Lichtjahre. NGC 2477 hat eine Gesamthelligkeit von $5\overset{m}{,}7$ und enthält rund 300 Sterne von der 11. Größenklasse an abwärts. Die Entfernung dieses verhältnismäßig kompakten Sternhaufens ist etwas unklar, dürfte aber bedeutend größer sein als die der anderen genannten Sternhaufen im Hinterdeck. NGC 2451 stellt eine zerstreute Gruppe von etwa 50 Sternen dar. Am hellsten ragt der Stern c Puppis mit einer Helligkeit von $3\overset{m}{,}7$ heraus. NGC 2539 umfaßt etwa 100 Sterne der Größenklasse 11^{m} und schwächer.

Karte Hinterdeck des Schiffes

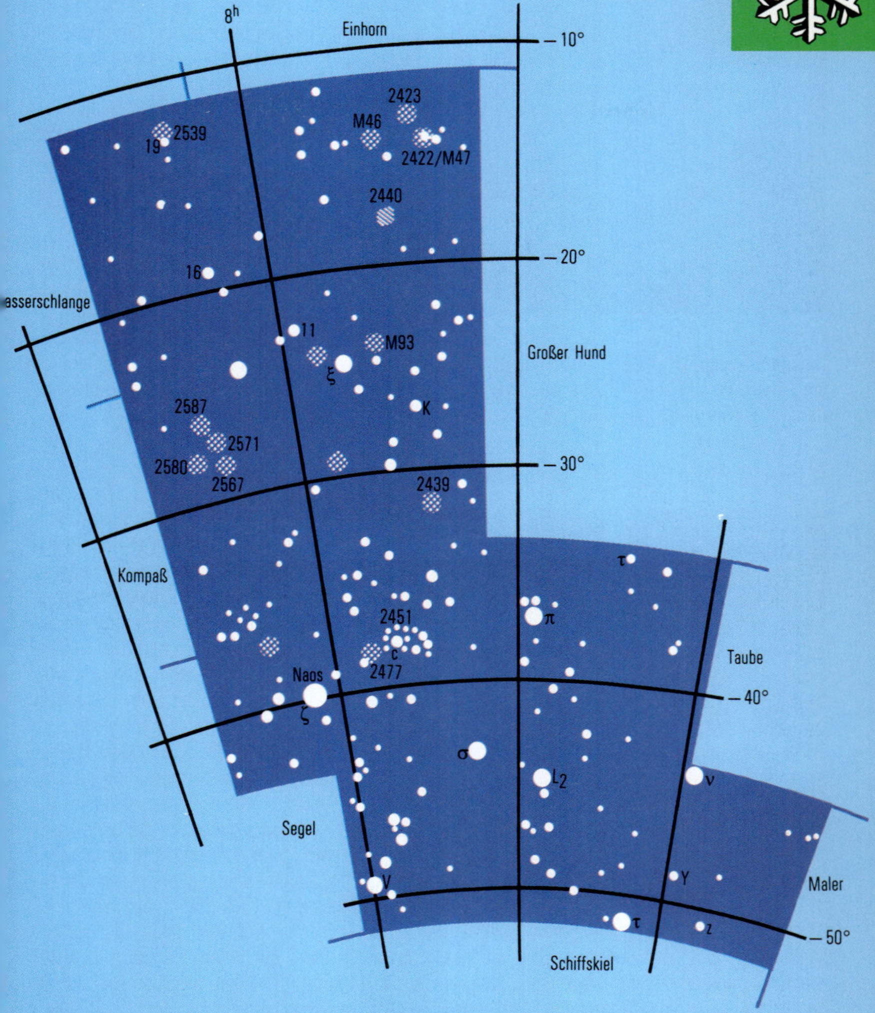
8h
Einhorn
– 10°
2423
M46
2539
19
2422/M47
2440
– 20°
16
asserschlange
11
M93
ξ
Großer Hund
K
2587
2571
2580
2567
– 30°
2439
Kompaß
τ
π
2451
c
2477
Taube
Naos
ζ
– 40°
σ
L2
ν
Segel
V
Y
Maler
τ
z
– 50°
Schiffskiel

Taube *Columba* (Gen.: *Columbae*) Abk.: Col ▷ *Karten Taube und Kompaß*

Dieses Sternbild wurde erst 1603 von J. Bayer eingeführt. Es soll an die Taube von Noah erinnern. Das Sternbild liegt südlich des Hasen und gelangt für Mitteleuropa nicht mehr vollständig über den Horizont. Von Nordeuropa aus ist es gänzlich unsichtbar, während es für südeuropäische Beobachter voll über dem Horizont stehen kann. Der Hauptstern α Columbae wird auch Phaet bezeichnet. Seine Helligkeit beträgt $3^m,7$, der Abstand 145 Lichtjahre. Es handelt sich um einen Doppelstern. Der Begleiter hat allerdings nur eine Helligkeit von 11^m und ist 13,5 Bogensekunden entfernt. Zur Beobachtung benötigen wir wenigstens ein Fernrohr von 10 cm Öffnung.

Im südwestlichen Teil des Sternbilds befindet sich der kugelförmige Sternhaufen NGC 1851. Seine Gesamthelligkeit beträgt nur etwa 8^m, so daß er erst mit einem Fernrohr ab 6 cm Öffnung gerade noch als rundlicher Nebelfleck zu erkennen ist. Seine Entfernung wird auf etwa 54 000 Lichtjahre beziffert.

Kompaß *Pyxis* (Gen.: *Pyxidis*) Abk.: Pyx

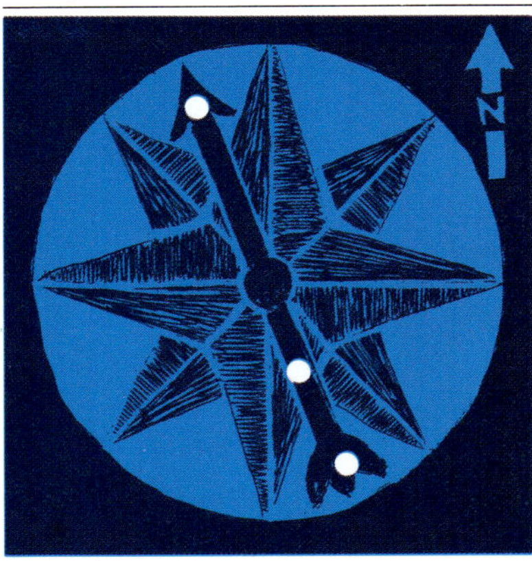

Dieses Sternbild wurde 1752 von N. L. Lacaille eingeführt. Es grenzt östlich an das Sternbild Hinterdeck und kann vor allem im Spätwinter auch von Mitteleuropa aus noch vollständig beobachtet werden. Allerdings enthält es nur schwächere Sterne.

Der Hauptstern α Pyxidis hat eine Helligkeit von $3^m,7$. Sein Abstand dürfte etwa 470 Lichtjahre betragen. Ein bemerkenswerter Mehrfachstern ist ε Pyxidis. Der Hauptstern hat eine Helligkeit von $5^m,6$. In 17,8 Bogensekunden Distanz sehen wir bereits mit einem Fernrohr von 6 cm Öffnung einen Sternbegleiter der Helligkeit $9^m,2$. Der dritte Stern hat eine Distanz von nur 0,3 Bogensekunden und eine Helligkeit von 10^m, so daß er nur größeren Fernrohren zugänglich ist. ζ Pyxidis ist $5^m,5$ hell. Der Begleiter 10. Größe kann mit einem Fernrohr von etwa 8 cm Öffnung in 52,3 Bogensekunden Distanz aufgefunden werden. κ Pyxidis ist ebenfalls ein Doppelstern. Neben dem Hauptstern der Helligkeit $4^m,8$ befindet sich ein Begleiter 10. Größe in 2,1 Bogensekunden Distanz. Hier ist wieder ein etwas größeres Fernrohr ab etwa 15 cm Öffnung erforderlich.

Der Kompaß enthält einige erwähnenswerte offene Sternhaufen. NGC 2627 zählt etwa 70 Sterne zwischen der 11. und 13. Größenklasse. Er kann mit einem Fernrohr ab etwa 6 cm Öffnung gefunden werden. NGC 2658 enthält ungefähr 60 Sterne der 12. Größenklasse und schwächer. Dieser Sternhaufen liegt nur 0,7 Winkelgrad nördlich α Pyxidis. Etwas sternärmer ist NGC 2818. Hier finden wir etwa 30 Sterne der 12. Größenklasse und darunter. In diesem Sternhaufen liegt auch ein planetarischer Nebel mit der Helligkeit 13^m. Er wird erst mit größerem Fernrohr sichtbar.

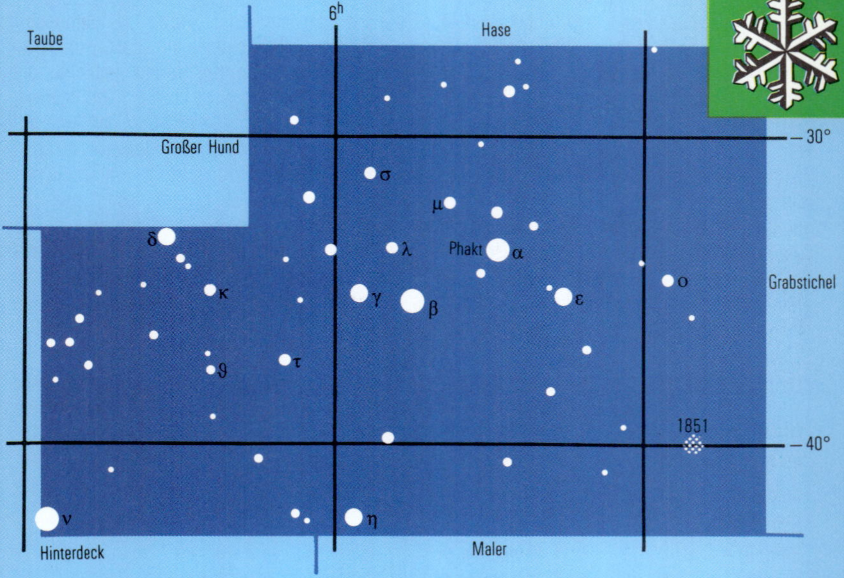
6h
Taube
Hase
Großer Hund
30°
σ
μ
Phakt
α
λ
δ
κ
γ
β
ε
o
Grabstichel
τ
ϑ
1851
40°
ν
η
Hinterdeck
Maler

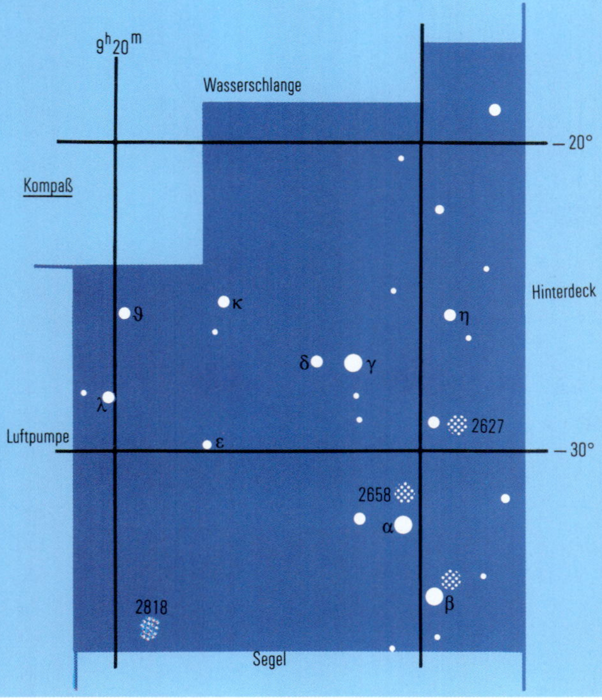
9h20m
Wasserschlange
20°
Kompaß
Hinterdeck
κ
ϑ
η
δ
γ
λ
2627
Luftpumpe
ε
30°
2658
α
β
2818
Segel

Die südlichen Sternbilder

Von Mitteleuropa aus können etwa zwei Drittel des Himmels nach und nach überschaut werden. Vom Äquator aus ist sogar das gesamte Himmelsgewölbe einsehbar. Liegt doch von dort aus gesehen die Himmelsachse horizontal. Der nördliche Himmelspol liegt im Nordpunkt am Horizont, der südliche im Südpunkt. Von noch weiter südlich gelegenen Gebieten der Erde aus verschwinden die Sternbilder des nördlichen Himmels nach und nach. Auf den vorausgegangenen Seiten wurden bereits einige Sternbilder beschrieben, die sich für Mitteleuropa in der Grenzzone befinden. Von den insgesamt 88 Sternbildern bleiben noch 27 Sternbilder übrig, die im folgenden etwas kürzer beschrieben werden sollen. Viele von ihnen wurden erst im 16. und 17. Jahrhundert »erfunden«. Sie spiegeln die Entdeckungsreisen jener Zeit wider. Nur wenige gehen auf die altgriechische Zeit zurück, z. B. der Zentaur, der Wolf, die drei Teile des Schiffes Argo sowie das Südliche Kreuz. Dieses Sternbild konnte vor etwa 2000 Jahren vom südlichen Mittelmeerraum aus gerade noch gesehen werden. Heute ist dies nicht mehr der Fall. Unsere Tabelle stellt die restlichen 27 Sternbilder mit ihren deutschen und lateinischen Bezeichnungen sowie den international gebräuchlichen Abkürzungen zusammen.

Deutscher Name	Lat. Name	Genitiv	Abkürzung
Maler	*Pictor*	*Pictoris*	Pic
Luftpumpe	*Antlia*	*Antliae*	Ant
Segel	*Vela*	*Velae*	Vel
Schiffskiel	*Carina*	*Carinae*	Car
Zentaur	*Dentaurus*	*Centauri*	Cen
Wolf	*Lupus*	*Lupi*	Lup
Winkelmaß	*Norma*	*Normae*	Nor
Altar	*Ara*	*Arae*	Ara
Südliche Krone	*Corona australis*	*Coronae australis*	CrA
Fernrohr	*Telescopium*	*Telescopii*	Tel
Mikroskop	*Microscopium*	*Microscopii*	Mic
Pendeluhr	*Horologium*	*Horologii*	Hor
Netz	*Reticulim*	*Reticuli*	Ret
Schwertfisch	*Dorado*	*Doradus*	Dor
Fliegender Fisch	*Volans*	*Volantis*	Vol
Südliches Kreuz	*Crux*	*Crucis*	Cru
Fliege	*Musca*	*Muscae*	Mus
Zirkel	*Circinus*	*Circini*	Cir
Südliches Dreieck	*Triangulum australe*	*Trianguli australis*	TrA
Pfau	*Pavo*	*Pavonis*	Pav
Indianer	*Indus*	*Indi*	Ind
Tukan	*Tucana*	*Tucanae*	Tuc
Kleine Wasserschlange	*Hydrus*	*Hydri*	Hyd
Tafelberg	*Mensa*	*Mensae*	Men
Chamäleon	*Chamaeleon*	*Chamaeleonis*	Cha
Paradiesvogel	*Apus*	*Apodis*	Aps
Oktant	*Octans*	*Octantis*	Oct

0h
2h
4h
6h
8h
10h
12h
KRANICH
PHÖNIX
CHEM. OFEN
ERIDANUS
Achernar
PENDELUHR
TUKAN
kl. Magellan'sche Wolke
GRABSTICHEL
NETZ
KL. WASSERSCHLANGE
OKTANT
TAUBE
SCHWERTFISCH
gr. Magellan'sche Wolke
MALER
TAFELBERG
SÜDPOL
-80°
Canopus
HINTERDECK
SCHIFFSKIEL
FLIEGENDER FISCH
CHAMÄLEON
PARADIESVOGEL
-70°
GR. HUND
SCHIFF ARGO
FLIEGE
SÜDL. KREUZ
KOMPASS
SEGEL
-60°
LUFTPUMPE
WASSERSCHLANGE
ZENTAUR
-50°

Das Sternbild **Maler** wurde von Lacaille 1752 eingeführt. Der Hauptstern α Pictoris ist nur $3^{m},3$ hell. ι Pictoris ist ein mit einem 5-cm-Fernrohr leicht zu trennender Doppelstern. Die beiden Sterne $5^{m},6$ und $6^{m},4$ stehen 12,3 Bogensekunden auseinander.
Auch die **Luftpumpe** wurde von Lacaille an den Himmel versetzt. α Antliae ist $4^{m},4$ hell. ζ_1 Antliae besteht aus zwei Sternen $5^{m},9$ und $7^{m},2$ in 8,2 Bogensekunden Distanz.
Segel und Schiffskiel sind Teile des Schiffes Argo, dessen Hinterdeck bereits unter den von Mitteleuropa aus sichtbaren Sternbildern beschrieben wurde. Man bezeichnet die drei Sterne γ, λ und δ Velae, welche die drei hellsten Sterne des Segels darstellen, oft als »falsches Kreuz des Südens«.
γ Velae besitzt in 41,2 Bogensekunden Distanz einen Begleiter $4^{m},8$ sowie in 62,3 Bogensekunden Distanz einen Stern der 8. und in 93,5 Bogensekunden Distanz einen Begleiter der 9. Größe. α Carinae, der Hauptstern im Schiffskiel und im ganzen Sternbild des Schiffes Argo, wird auch Canopus bezeichnet. Er ist mit $-0^{m},8$ der zweithellste Stern des ganzen Himmels. Seine Entfernung ist schwer zu bestimmen. Die vorliegenden Angaben bewegen sich zwischen 100 und 600 Lichtjahren. Im Schiffskiel befindet sich ein bemerkenswerter veränderlicher Stern: η Carinae, ein nova-ähnlicher Veränderlicher. Als er 1677 von Halley erstmals gesehen wurde, hatte er eine Helligkeit von 4^{m}. 1730 erreichte er die 2. Größenklasse. 1843 kam er sogar auf $-0^{m},8$ und wetteiferte mit Canopus. Inzwischen ist er wieder unter die Sichtbarkeitsgrenze des bloßen Auges abgesunken. Ein bemerkenswerter offener Sternhaufen ist NGC 2516 in etwa 1200 Lichtjahren Abstand. Er liegt etwa 15 Grad südöstlich Canopus. Er kann bereits mit bloßem Auge beobachtet werden. Hier stehen 100 Sterne zwischen der 7. und 13. Größenklasse beieinander. Ihre Gesamthelligkeit beträgt 3^{m}. An zweiter Stelle ist NGC 3114 zu erwähnen. Er liegt mehr im nordöstlichen Teil des Sternbilds. Um den Stern ϑ Carinae, der 3^{m} hell ist, befindet sich ein Haufen aus 30 Sternen der 5. Größenklasse und tiefer.
Der Zentaur stellt ein besonders ausgedehntes Sternbild dar. Seine nördlichen Teile sind sogar noch von Mitteleuropa und erst recht von Südeuropa aus sichtbar. Der Hauptstern α Centauri heißt auch Toliman oder Rigil Centaurus. Er ist mit 4,3 Lichtjahren Abstand unser nächster Stern. In Wirklichkeit handelt es sich um zwei Sterne der Helligkeit $0^{m},3$ und $1^{m},7$, die sich in 80 Jahren einmal umlaufen. In der Regel ist dieser Doppelstern leicht trennbar. 1985 werden die beiden Sterne 21,3 Bogensekunden auseinanderstehen und im Jahre 2000 14,2 Bogensekunden. Es genügt also zur Trennung ein 5-cm-Fernrohr. 2,2 Grad südwestlich von α Centauri befindet sich der nur $10^{m},7$ helle Stern Proxima Centauri, der zum System α Centauri gehört, uns jedoch mit 4,2 Lichtjahren Abstand etwas näher steht. β Centauri wird auch Agena oder Hadar genannt und ist $0^{m},9$ hell. Im Sternbild Zentaur befindet sich der wohl eindrucksvollste Kugel-Sternhaufen des ganzen Himmels: ω Centauri. Bereits mit bloßem Auge erscheint er als ein nebeliger Stern 4. Größe. ω Centauri steht etwa 36 Grad südlich Spika (in der Jungfrau). Sein Abstand beträgt etwa 17 000 Lichtjahre. Da die hellsten Sterne in ihm die 11. Größenklasse erreichen, kann er unter günstigen Umständen bereits mit einem 10-cm-Fernrohr aufgelöst werden. Etwa 6 Grad nördlich von ω Centauri steht die bemerkenswerte Galaxie NGC 5128. Sie ist eigentlich ein elliptischer bis unregelmäßig geformter Nebel mit einer Gesamthelligkeit von $6^{m},5$. Die Entfernung dürfte zwischen 15 und 25 Millionen Lichtjahren liegen. Es handelt sich gleichzeitig um die Radiogalaxie Centaurus A. Ferner verfügt der Zentaur über einige interessante offene Sternhaufen. Sie liegen vor allem im östlichen und mittleren Bereich des Sternbilds, also in Richtung zur Grenze des Sternbilds Wolf. Dort befindet sich NGC 5460 mit einer Gesamthelligkeit von $6^{m},3$.
Der **Wolf** verfügt über einen $2^{m},9$ hellen Hauptstern, α Lupi. Doch auch β Lupi hat eine Helligkeit von $2^{m},8$. Ein hübscher Doppelstern ist κ Lupi. Seine beiden Sterne weisen eine Helligkeit von $4^{m},1$ und $6^{m},0$ auf und stehen 26,7 Bogensekunden auseinander. Somit reicht zur Trennung bereits ein 5-cm-Fernrohr aus.
Das **Winkelmaß** enthält nur sehr schwache Sterne. Der hellste unter ihnen heißt γ_2 Normae. Er ist $4^{m},1$ hell.

12h
14h
16h
18h
20h
22h
0h
SEGEL
SCHIFF ARGO
ZENTAUR
WOLF
SÜDL. KREUZ
Agena
Toliman
SKORPION
WINKELMASS
ZIRKEL
FLIEGE
SCHIFFSKIEL
CHAMÄLEON
ALTAR
SÜDL. DREIECK
PARADIESVOGEL
SÜDPOL
OKTANT
−80°
SÜDL. KRONE
SCHÜTZE
FERNROHR
PFAU
kl. Magellan'sche Wolke
−70°
KL. WASSER SCHLANGE
TUKAN
INDIANER
MIKROSKOP
Achernar
−60°
KRANICH
PHÖNIX
SÜDL. FISCH
BILDHAUER
−50°

Auch das Sternbild **Altar** ist verhältnismäßig unscheinbar. Die Helligkeit $3{,}^{m}0$ seines Hauptsternes α Arae wird von der des Sternes β Arae mit $2{,}^{m}8$ sogar noch übertroffen.

Die **Südliche Krone** grenzt südlich an das Sternbild Schütze an. Der Hauptstern α Coronae australis hat eine Helligkeit von $4{,}^{m}1$. κ Coronae australis ist ein bemerkenswerter Doppelstern. Die beiden Partner mit Helligkeiten von $5{,}^{m}9$ und $6{,}^{m}6$ stehen 21,8 Bogensekunden auseinander. In der Nähe von γ Coronae australis befindet sich ein Bereich heller und dunkler Nebel (NGC 6726/6727/6729). Sie können am besten mit einem lichtstarken Doppelglas gesehen werden.

Das **Fernrohr** wurde 1772 von Lacaille an den Himmel versetzt. α Telescopii, sein Hauptstern, hat eine Helligkeit von $3{,}^{m}8$. Knapp östlich von α Telescopii befindet sich der mit bloßem Auge leicht zu trennende optische Doppelstern δ^1/δ^2 Telescopii.

Auch das **Mikroskop** ist ein Sternbild, das von Lacaille erfunden wurde. Es enthält nur Sterne der 5. Größenklasse und schwächer. α Microscopii ist $5{,}^{m}0$ hell.

Die **Pendeluhr** dehnt sich zwar verhältnismäßig weit aus, enthält aber ebenfalls nur wenige Sterne. Das Sternbild wurde von Lacaille eingeführt. Der Hauptstern α Horologii ist $3{,}^{m}8$ hell.

Das Sternbild **Netz** wurde bereits im Jahre 1624 von J. Bartsch erfunden, damals aber Rhombus genannt. Erst Lacaille taufte das Sternbild 1752 in rhombisches Netz oder kurz Netz um. Damit war das Fadennetz gemeint, das zu Meßzwecken häufig in Fernrohrokularen angebracht wird. Der hellste Stern ist mit $3{,}^{m}4$ α Reticuli. Das Netz verfügt auch über einen mit bloßem Auge zu trennenden optischen Doppelstern, nämlich ζ Reticuli. Die beiden Sterne sind $5{,}^{m}2$ und $5{,}^{m}5$ hell.

Der **Schwertfisch** tritt als Sternbild erstmals bei J. Bayer im Jahre 1603 auf. Der Hauptstern α Doradus hat eine Helligkeit von $3{,}^{m}5$. β Doradus ist ein Cepheiden-Veränderlicher. Im Maximum kommt er auf eine Helligkeit von $3{,}^{m}8$, im Minimum sinkt er auf $4{,}^{m}6$ ab. Seine Periode beträgt 9,84 Tage. Das Glanzobjekt des Sternbilds Schwertfisch ist aber die große Magellansche Wolke. Sie liegt am Südrand des Sternbilds, hart an der Grenze zum Sternbild Tafelberg. Sie stellt zusammen mit der im Tukan gelegenen kleinen Magellanschen Wolke einen Begleiter unseres Milchstraßen-Systems dar. Ihre Entfernung beträgt nur 160 000 Lichtjahre. Das unregelmäßig geformte Sternsystem zeigt Ansätze zur Form einer Balkenspirale. Bei flüchtiger Betrachtung erscheint die große Magellansche Wolke wie ein von der Milchstraße losgerissenes Nebelstück. Allerdings ist die Auflösung in Sterne hier schwieriger. Nur 9 Sterne überragen nämlich die 10. Größenklasse. Bemerkenswert ist aber andererseits der in dieser Galaxie enthaltene »Tarantelnebel« (NGC 2070). Er liegt am Westrand der großen Magellanschen Wolke. Das Objekt erinnert stark an den Orion-Nebel, ist aber bedeutend ausgedehnter. Der Tarantel-Nebel enthält etwa 500 000 Sonnenmassen. Unter allen hellen Nebeln, die wir im Weltall kennen, stellt er das auffälligste Objekt dar.

Der **Fliegende Fisch** ist ein 1603 von J. Bayer eingeführtes Sternbild mit nur wenigen Sternen. Am hellsten ist mit $3{,}^{m}7$ der Stern β Volantis. κ Volantis ist ein mit dem Feldstecher leicht zu trennender Doppelstern. Neben dem Hauptstern $5{,}^{m}4$ steht der Begleiter $5{,}^{m}7$ in 65 Bogensekunden Distanz. In 37 Bogensekunden Abstand steht ein weiterer Begleiter der 9. Größenklasse.

Das wohl bekannteste Sternbild des Südhimmels ist das **Südliche Kreuz**. In Romanen wird dieses Sternbild oft als sehr eindrucksvoll beschrieben. Es handelt sich aber um eine relativ wenig ausgedehnte Figur. Das sogenannte Kreuz des Nordens (eigentlich das Sternbild Schwan) nimmt einen bedeutend größeren Platz am Himmel ein. Allerdings sind einige Hauptsterne des Südlichen Kreuzes verhältnismäßig hell. Dies gilt besonders für α Crucis oder Acrux. Dieser $1{,}^{m}1$ helle Doppelstern steht etwa 370 Lichtjahre entfernt. Der Hauptstern ist $1{,}^{m}6$, sein Begleiter $2{,}^{m}1$ hell und 4,3 Bogensekunden entfernt. Ein Fernrohr von etwa 6 cm Öffnung mag gerade zur Trennung ausreichen. γ Crucis ist [illegible]$^{m}6$ hell. Sein Begleiter von $6{,}^{m}7$ steht in einem Abstand von 119 Bogense-

Die Milchstraße im Bereich der südlichen Sternbilder Zentaur und Kreuz (oben) und der Kugelsternhaufen ω Centauri (unten)

kunden. Er kann mit einem Feldstecher gut gesehen werden. Allerdings handelt es sich hier um einen optischen Doppelstern. Verlängern wir die Strecke γ Crucis – α Crucis über α Crucis rund 4½mal hinaus, so erreichen wir etwa die Stelle, an der sich der südliche Himmelspol befindet. Darin liegt der eigentliche Grund, warum das Sternbild des Südlichen Kreuzes eine so große Bedeutung erlangte. Nur wenig südöstlich des Sterns β Crucis befindet sich einer der schönsten offenen Sternhaufen des Südhimmels. Er trägt die Bezeichnung κ Crucis oder NGC 4755. Sein hellster Stern hat eine Helligkeit von $5^{\mathrm{m}}.8$. Somit kann dieser Sternhaufen gerade noch mit bloßem Auge erkannt werden. Besonders eindrucksvoll aber ist er mit einem lichtstarken Feldstecher oder einem Fernrohr mit Weitwinkelokular. John Herschel bezeichnete diesen Sternhaufen als »Schmuckkästchen«. Er ist von unserer Erde etwa 7700 Lichtjahre entfernt, nachdem man ihn lange Zeit wesentlich näher eingestuft hatte. Im Gebiet dieses Sternhaufens befinden sich mehrere Dunkelwolken, die ihn schwächer erscheinen lassen, als er tatsächlich ist. Zu ihnen gehört auch der »südliche Kohlensack«, der direkt neben κ Crucis, hart an der Grenze zum Sternbild Zentaur, liegt. Vermutlich ist diese Dunkelwolke nur etwa 500 bis 600 Lichtjahre entfernt. Am Himmelsgewölbe nimmt sie eine Ausdehnung von 7 × 5 Winkelgrad ein. In einer dunklen Nacht kann man sie bereits mit bloßem Auge erkennen.

Das Sternbild **Fliege** wurde 1603 von J. Bayer erfunden. Der Hauptstern α Muscae ist nur $3^{\mathrm{m}}.0$ hell, die anderen Sterne des nicht umfangreichen Sternbilds sind noch schwächer.

Der **Zirkel** ist ein von Lacaille im Jahre 1752 an den Himmel versetztes Sternbild. Sein Hauptstern α Circini ist doppelt. Neben einem Stern der Helligkeit $3^{\mathrm{m}}.4$ steht ein Begleiter von $8^{\mathrm{m}}.6$ in knapp 16 Bogensekunden Distanz. Ein Fernrohr von 6 cm Öffnung reicht zur Trennung dieses Doppelsterns aus.

Das **Südliche Dreieck** wurde 1603 von J. Bayer eingeführt. Sein Hauptstern α Trianguli australis hat die beachtliche Helligkeit von $1^{\mathrm{m}}.9$. Die Entfernung beträgt 80 Lichtjahre.

Auch der **Pfau** wurde von J. Bayer benannt. Der Hauptstern α Pavonis hat eine Helligkeit von $2^{\mathrm{m}}.1$ und ist etwa 310 Lichtjahre entfernt. In diesem Sternbild befindet sich ein berühmter Kugel-Sternhaufen: NGC 6752. Seine Gesamthelligkeit liegt zwischen der 6. und 7. Größenklasse, so daß er bereits mit einem Opernglas aufgefunden werden kann. Bei einer Entfernung von 20 000 Lichtjahren erscheinen die hellsten Sterne in diesem Kugelhaufen in der 11. Größenklasse, so daß bereits ein Fernrohr von etwa 10 cm Öffnung genügt, um diese hellsten Objekte sehen zu können.

Das Sternbild **Indianer** ist ebenfalls auf J. Bayer zurückzuführen. Sein Hauptstern α Indi hat eine Helligkeit von $3^{\mathrm{m}}.2$. Sein Abstand beträgt 100 Lichtjahre. Ein verhältnismäßig leicht zu trennender Doppelstern ist ϑ Indi. Der Hauptstern ist $4^{\mathrm{m}}.7$ hell. Sein Begleiter mit der Helligkeit $7^{\mathrm{m}}.1$ steht 6,0 Bogensekunden entfernt.

Der **Tukan** geht gleichfalls auf J. Bayer zurück. Der Hauptstern α Tucanae hat eine Helligkeit von $2^{\mathrm{m}}.9$ und einen Abstand von 62 Lichtjahren. Bemerkenswert ist β Tucanae mit der Helligkeit $4^{\mathrm{m}}.5$, neben dem sich in 27,1 Bogensekunden Distanz ein praktisch gleich heller Begleiter befindet. Zur Auflösung genügt hier bereits ein sehr guter Feldstecher. Beide Sterne sind ihrerseits wiederum doppelt, können aber erst in größeren Fernrohren getrennt werden. Ein anderer, leichter zu trennender Doppelstern ist δ Tucanae. Neben dem Hauptstern $4^{\mathrm{m}}.8$ steht in 7,0 Bogensekunden Distanz ein Begleiter der 9. Größe. Hier genügt zur Trennung ein Fernrohr ab etwa 10 cm Öffnung. NGC 104 (gelegentlich auch als 47 Tucanae bezeichnet) ist ein Kugel-Sternhaufen, dessen Gesamthelligkeit fast an die 4. Größenklasse heranreicht. Er kann also bereits als rundlicher Nebelfleck mit bloßem Auge aufgefunden werden. Die hellsten Sterne in diesem Haufen liegen bei der 11. Größenklasse, so daß schon mit einem Fernrohr von etwa 10 cm Öffnung eine teilweise Auflösung möglich ist. Die Entfernung liegt zwischen 15 000 und 20 000 Lichtjahren. Im Sternbild Tukan befindet sich auch die kleine Magellansche Wolke. Sie ist etwa 22 Winkelgrad von der großen Wolke im Sternbild Schwertfisch entfernt und weist einen Durchmesser von etwa 3½ Win-

Kleine (oben) und Große (unten) Magellansche Wolke

kelgrad auf. Die kleine Wolke ist etwa 165 000 Lichtjahre entfernt und liegt am südöstlichen Rand des Sternbilds Tukan. Knapp nördlich von dieser Wolke liegt noch der Kugelhaufen NGC 362 mit einer Gesamthelligkeit von 6^m. Auch er ist schon mit einem Opernglas oder Feldstecher sichtbar.

Die **Kleine Wasserschlange**, die ebenfalls von J. Bayer eingeführt wurde, bildet das Gegenstück zur Großen oder Weiblichen Wasserschlange (Hydra), die wir noch von Mitteleuropa aus beobachten können. Das südlichere Sternbild wird auch als Männliche Wasserschlange bezeichnet. Der Hauptstern α Hydri ist $3\overset{m}{.}0$ hell. Sein Abstand beträgt etwa 30 Lichtjahre. Der Stern π Hydri ist ein optischer Doppelstern, der bereits mit bloßem Auge aufgelöst werden kann. Die beiden Sterne haben eine Helligkeit von $5\overset{m}{.}4$ und $5\overset{m}{.}5$.

Das Sternbild **Tafelberg** soll an den Tafelberg über dem Kap der Guten Hoffnung bei Kapstadt erinnern. Das Sternbild wurde von Lacaille 1752 eingeführt. Es enthält nur schwächere Sterne. Der Hauptstern α Mensae ist $5\overset{m}{.}1$ hell. Von Norden her ragt die große Magellansche Wolke in den Tafelberg hinein (siehe Sternbild Schwertfisch).

Auch das **Chamäleon** wurde im Jahre 1603 von J. Bayer erfunden. Auch dieses Sternbild ist nur wenig ausgedehnt und enthält im wesentlichen schwächere Sterne. α Camaeleonis hat eine Helligkeit von $4\overset{m}{.}1$. Die beiden Sterne δ_1 und δ_2 Chamaeleonis stellen einen optischen Doppelstern dar, der bereits mit bloßem Auge aufgelöst werden kann. Die Winkeldistanz beträgt 7 Bogenminuten.

Der **Paradiesvogel** ist ebenfalls ein »Kind« von J. Bayer. Der hellste Stern α Apodis ist $3\overset{m}{.}8$ hell. δ Apodis besteht aus zwei Sternen 5. Größe, die 103 Bogensekunden voneinander entfernt sind. Zur Trennung genügt bereits ein Opernglas.

Schließlich ist noch das Sternbild **Oktant** zu erwähnen, das von Lacaille im Jahre 1752 so benannt wurde. Der hellste Stern trägt hier die Bezeichnung δ Octantis. Er kommt immerhin auf $4\overset{m}{.}1$. Der Stern λ Octantis ist ein Doppelstern, seine beiden Partner haben eine Helligkeit von $5\overset{m}{.}5$ und $7\overset{m}{.}7$. Sie sind 3,0 Bogensekunden voneinander entfernt, so daß zur Trennung ein Fernrohr von etwa 10 cm Öffnung erforderlich ist. Im Sternbild Oktant liegt der südliche Himmelspol, den man mit Hilfe des Südlichen Kreuzes auffinden kann. In der Nachbarschaft des südlichen Himmelspols liegt leider kein hellerer Stern. Zur Zeit befindet sich der Stern σ Octantis noch am nächsten. Er weist eine Helligkeit von $5\overset{m}{.}5$ auf. Doch hatte er bereits im Jahre 1865 mit 43 Bogenminuten seinen kleinsten Abstand vom exakten südlichen Himmelspol. Im Jahre 1985 ist dieser Abstand wieder auf 61 Bogenminuten angewachsen. Im Jahre 2000 wird die Distanz sogar 63 Bogenminuten betragen.

An dieser Stelle soll noch etwas ausführlicher auf die Sichtbarkeit einzelner Sterne und Objekte bei einer Reise nach Süden eingegangen werden.

Befinden wir uns auf 40° nördl. Breite, so gelangt die Deklination −50° gerade an den südlichen Horizont. Diese Situation ist auf den Monatssternkarten unseres Buch bereits mitberücksichtigt. Nun reisen wir weiter nach Süden bis 30° nördl. Breite. Dies entspricht etwa der Breite von Houston/Texas, Agadir/Marokko, Kairo. Jetzt steigt Achernar im Eridanus gerade 3 Grad hoch über den Horizont. Canopus im Schiffskiel gelangt schon fast 8 Grad herauf, der nördlichste Stern des Kreuzes, γ Crucis, ebenfalls 3 Grad. Von 20° nördl. Breite aus (Mexiko City, Bombay/Indien) steht das gesamte Südliche Kreuz endlich über dem Horizont. Der südlichste Stern α Crucis kommt allerdings nur 8 Grad hoch. Auch α Centauri kann nun gesehen werden. Er steht im günstigsten Falle knapp 10 Grad über dem Südhorizont.

Reisen wir auf 10° nördl. Breite. Dies entspricht Caracas/Venezuela, Conakry/Guinea, Saigon/Vietnam. Von hier aus gesehen steigt die Große Magellansche Wolke 10 Grad herauf, die Kleine Wolke nur 7 Grad. Andererseits kann α Centauri schon fast 20 Grad aufsteigen. Erst vom Äquator aus werden wir aber die beiden Magellanschen Wolken in ihrer Schönheit richtig erkennen können. Man nennt sie auch die beiden Kapwolken.

Die Nebel IC 2944 im Zentaur (oben) und η Carinae (unten) im Schiffskiel

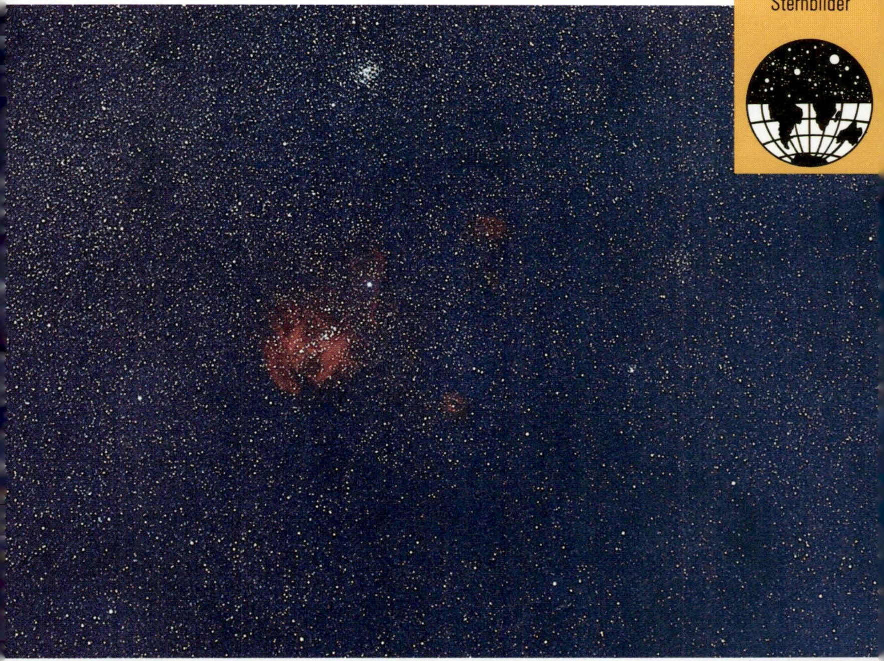

Die Sonne

Von allen Gestirnen am Himmel ist die Sonne für uns das wichtigste. Ohne sie gäbe es auf der Erde kein Leben. Deshalb ist es verwunderlich, daß viele Menschen nicht wissen, welche Bahn sie innerhalb eines Jahres beschreibt. Beginnen wir zunächst einmal mit der Sichtbarkeit der Sonne von Mitteleuropa aus, genauer für 50 Grad nördlicher Breite. Am 21. März und 23. September, also zum Frühlings- und Herbstanfang, geht die Sonne genau im Ostpunkt auf und im Westpunkt unter. Mittags erreicht sie eine Höhe von 40 Grad über dem Südhorizont. Sie steht an diesen Kalendertagen genau auf dem Himmelsäquator. Seine Höhe über dem Südpunkt, der sogenannte Äquatorkulm, ist genau 90 Grad minus geographische Breite. Diese Merkregel gilt für alle Punkte auf der Erdoberfläche. Am 21. Juni, zum Zeitpunkt der Sommer-Sonnenwende, geht die Sonne etwa im Nordosten auf und im Nordwesten unter. Die Mittagshöhe der Sonne beträgt Äquatorkulm plus 23½ Grad, also 63½ Grad. Der Betrag 23½ Grad entspricht der »Schiefe der Ekliptik« oder, allgemeiner gesagt, der Neigung des Erdäquators gegen die Erdbahnebene. Den Abstand des Auf- und Untergangspunktes der Sonne von der genauen Ost- bzw. Westrichtung nennt man auch die Morgen- bzw. Abendweite. Sie ist in den einzelnen geographischen Breiten ebenfalls verschieden. Am 22. Dezember, zur Winter-Sonnenwende, geht die Sonne etwa im Südosten auf und im Südwesten unter, sie erreicht mittags aber nur noch eine Höhe von Äquatorkulm minus 23½ Grad, also 16½ Grad. Lediglich bei Frühlings- und bei Herbstanfang ist Tagundnachtgleiche. Die Sonne steht also 12 Stunden oberhalb und 12 Stunden unterhalb des Horizonts. Kleine Abweichungen sind allerdings möglich, insbesondere infolge der Refraktion, also der Strahlenbrechung innerhalb der Erdatmosphäre.
Zur Sommersonnenwende sind die Tage am längsten, die Nächte am kürzesten. Für Mitteleuropa dauern die Tage ungefähr 16 Stunden, die Nächte 8 Stunden. Zur Winter-Sonnenwende währen die Tage nur noch 8 Stunden, die Nächte aber 16 Stunden.
Für jeden Breitengrad, den wir nach Süden reisen, steigt die Mittagshöhe der Sonne um 1 Grad an. Desgleichen nehmen Morgen- und Abendweite ein wenig ab. Die Auf- und Untergangspunkte der Sonne rücken etwas näher an den Ost- bzw. Westpunkt heran. Leicht zu berechnen ist, daß die Sonne, aus einer geographischen Breite von 23½ Grad Nord beobachtet (nördlicher Wendekreis, Wendekreis des Krebses), am 21. Juni im Zenit, also im Scheitelpunkt des Himmelsgewölbes, kulminiert. Selbst bei Winteranfang steht die Sonne mittags noch 43 Grad hoch.
Besonders extreme Verhältnisse ergeben sich für einen Beobachter am Erdäquator. Da der Himmelsäquator, von dort aus beobachtet, senkrecht im Ostpunkt aufgeht und senkrecht im Westpunkt untergeht, muß die Sonne am 21. März und am 23. September im Zenit kulminieren. Aber auch zu anderen Zeiten des Jahres geht die Sonne senkrecht zum Horizont auf und unter. Am 22. Dezember und 21. Juni erreicht sie allerdings nur eine Mittagshöhe von 66½ Grad, am 22. Dezember im Süden, am 21. Juni im Norden. Die Morgen- und Abendweite betragen zu diesen Terminen 23½ Grad. Das ganze Jahr hindurch ist Tagundnachtgleiche.
Gehen wir von Mitteleuropa aus nach Norden, so verringert sich die Mittagshöhe

Die jährliche scheinbare Sonnenbahn in verschiedenen geographischen Breiten und zum Beginn der einzelnen Jahreszeiten

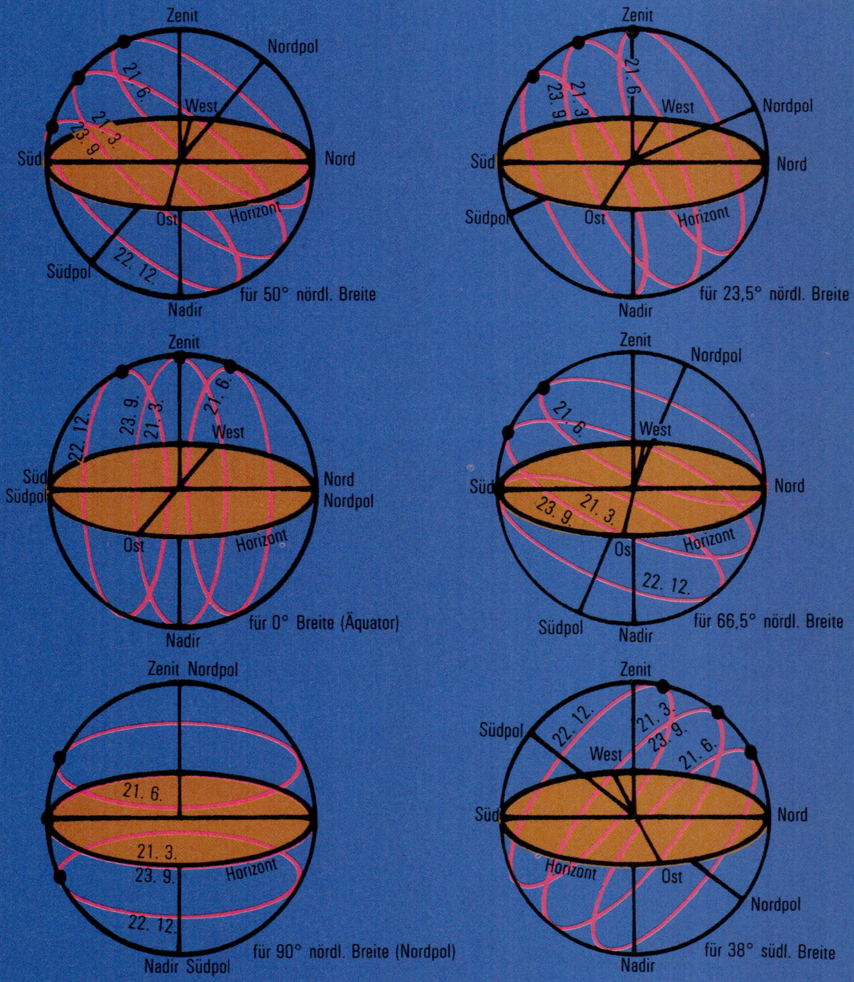
Zenit
Nordpol
21. 6.
21. 3.
23. 9.
West
Süd
Nord
Ost
Horizont
Südpol
22. 12.
Nadir
für 50° nördl. Breite
Zenit
21. 6.
21. 3.
23. 9.
West
Nordpol
Süd
Nord
Südpol
Ost
Horizont
Nadir
für 23,5° nördl. Breite
Zenit
22. 12.
23. 9.
21. 3.
21. 6.
West
Süd
Südpol
Nord
Nordpol
Ost
Horizont
Nadir
für 0° Breite (Äquator)
Zenit
Nordpol
21. 6.
West
Süd
Nord
23. 9.
21. 3.
Horizont
22. 12.
Südpol
Nadir
für 66,5° nördl. Breite
Zenit Nordpol
21. 6.
21. 3.
23. 9.
Horizont
22. 12.
Nadir Südpol
für 90° nördl. Breite (Nordpol)
Zenit
Südpol
22. 12.
21. 3.
23. 9.
21. 6.
West
Süd
Nord
Horizont
Ost
Nordpol
Nadir
für 38° südl. Breite

der Sonne für jeden Breitengrad um jeweils 1 Grad. Stehen wir auf 66½ Grad nördlicher Breite (nördlicher Polarkreis), erreicht die Sonne am 22. Dezember mittags gerade noch den Südhorizont. Während des ganzen Tages befindet sie sich unterhalb des Horizonts. Ihre Mittagshöhe beträgt am 21. Juni nur 47 Grad. Dafür geht sie den ganzen Tag nicht mehr unter. Um Mitternacht steht sie genau im Nordpunkt am Horizont.
Gehen wir schließlich zum Nordpol der Erde, so beschreibt die Sonne parallele Bahnen zum Horizont. Am 21. März und 23. September läuft sie genau auf seiner Linie. In den folgenden Wochen steigt sie in engen Spiralen allmählich höher, um am 21. Juni eine Maximalhöhe von 23½ Grad über dem Horizont zu erreichen. Vom 21. März bis 23. September ist Polartag. In dem darauffolgenden Halbjahr befindet sich die Sonne unterhalb des Horizonts.
Auf der Südhalbkugel unserer Erde ergeben sich sinngemäß ganz ähnliche, aber umgekehrte Bedingungen wie auf der Nordhalbkugel. Die Sonne zieht hier von Ost über Nord nach West am Himmelsgewölbe dahin. Sie läuft also nicht, wie von der Nordhalbkugel aus gesehen, von links nach rechts ihre Bahn, sondern von rechts nach links.
Unberücksichtigt bei unseren Betrachtungen blieb bisher die Dämmerung. Steht die Sonne 18 Winkelgrad unter dem Horizont, herrscht vollständige Dunkelheit (Ende der astronomischen Dämmerung). Bei einer Stellung von 12 Grad unter dem Horizont sieht man nur die helleren Sterne (Ende der mittleren oder nautischen Dämmerung). Befindet sich die Sonne 6 Grad unter dem Horizont (Ende der bürgerlichen Dämmerung), ist der Himmel noch (oder schon) so hell, daß wir allenfalls die hellsten Sterne und Planeten mit bloßem Auge sehen können. Die Dämmerung dauert um so kürzer, je näher wir uns am Äquator, aber um so länger, je näher wir uns an den Polen der Erde aufhalten.
Die Jahreszeiten entstehen durch die Schrägstellung der Erdachse bzw. die Neigung des Erdäquators um 23½ Grad gegen die Erdbahn-Ebene. Stünde die Achse genau senkrecht auf der Erdbahn-Ebene, so gäbe es keine unterschiedlichen Jahreszeiten auf unserem Heimatplaneten. Überall auf der Erde wäre das ganze Jahr hindurch Tagundnachtgleiche. Lediglich die Mittagshöhe der Sonne fiele in den einzelnen geographischen Breiten unterschiedlich aus.
Beginnen wir mit dem 21. Juni: Um diese Zeit ist die Nordhalbkugel unserer Erde etwas auf die Sonne zugeneigt, die Südhalbkugel ein wenig von ihr abgewandt. So treffen die Sonnenstrahlen die Nordhalbkugel in der Mittagsstunde verhältnismäßig steil, die Südhalbkugel flacher. Auf den nördlichen Wendekreis treffen die Sonnenstrahlen mittags senkrecht. Am 22. Dezember verhält es sich umgekehrt: Die Nordhalbkugel der Erde ist ein wenig von der Sonne abgekippt, die Südhalbkugel etwas auf die Sonne zugeneigt. Jetzt wird der südliche Wendekreis (Wendekreis des Steinbocks) senkrecht von den Sonnenstrahlen getroffen. Die beiden Halbkugeln der Erde haben also jeweils entgegengesetzte Jahreszeiten: Ist auf der Nordhalbkugel Sommeranfang, so beginnt auf der Südhalbkugel der Winter und umgekehrt. Polartag und Polarnacht dauern für die beiden Erdpole je ein halbes Jahr. Dabei wird die Dämmerung rechnerisch der Nacht zugeschlagen.
Die Entstehung der Jahreszeiten hat nichts mit dem wechselnden Abstand der Erde zu unserer Sonne zu tun. Zwar beschreibt die Erde eine Ellipsenbahn um die Sonne. Die Entfernungsunterschiede sind aber nur ge-

Entstehung der Jahreszeiten, unten: Sonne mit Sonnenflecken

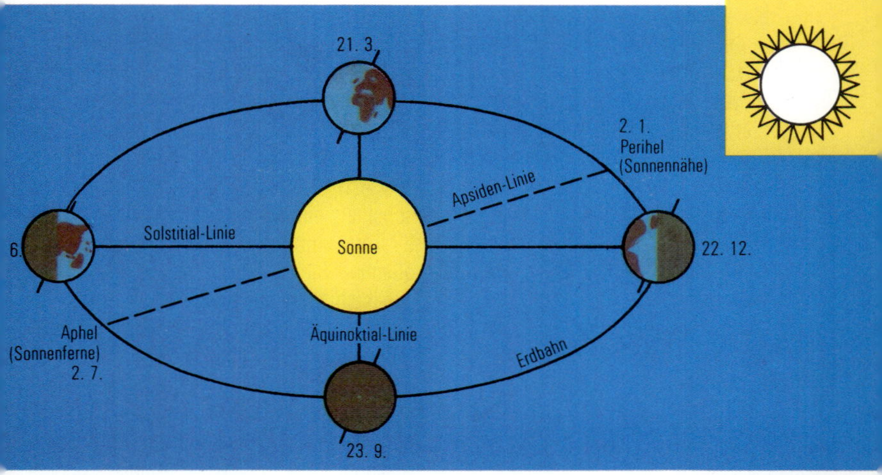
21. 3.
2. 1.
Perihel
(Sonnennähe)
Apsiden-Linie
Solstitial-Linie
Sonne
22. 12.
6.
Aphel
(Sonnenferne)
2. 7.
Äquinoktial-Linie
Erdbahn
23. 9.

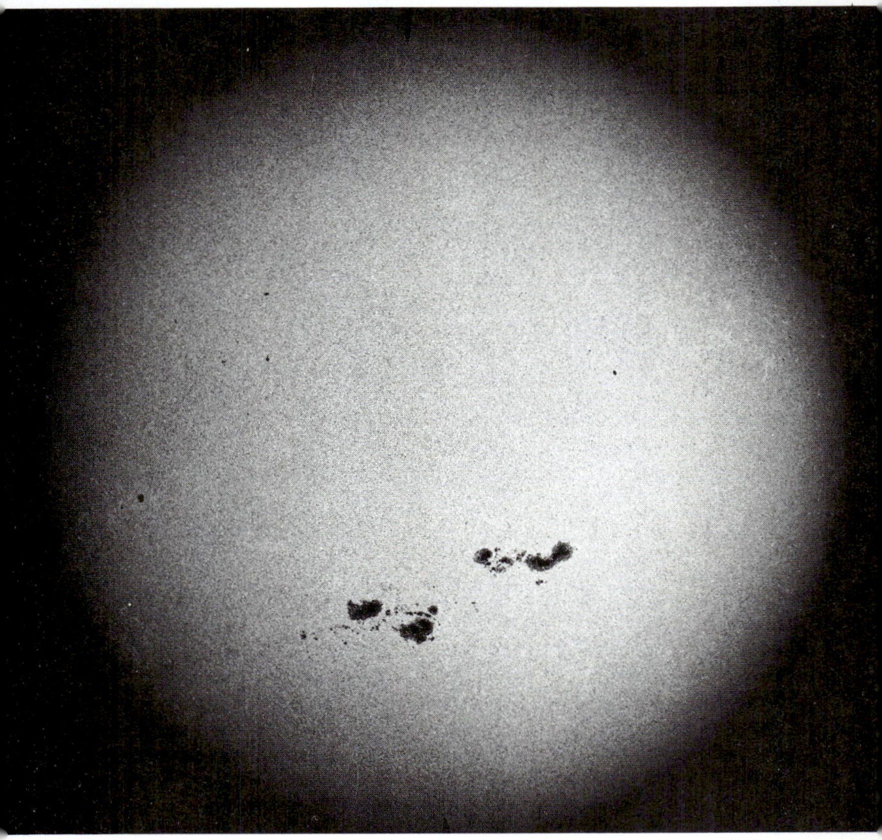

ring. Etwa Anfang Januar stehen wir der Sonne am nächsten (Perihel, Sonnennähe). Dann sind wir etwa 147 Millionen km von ihr entfernt. Ein halbes Jahr später, etwa Anfang Juli, sind wir am weitesten von der Sonne entfernt (Aphel, Sonnenferne). Dann beträgt der Sonnenabstand 152 Millionen km. Allerdings sind die Jahreszeiten infolge der wechselnden Geschwindigkeit unserer Erde auf ihrer Bahn um die Sonne unterschiedlich lang. Auf der Nordhalbkugel ist mit 93 Tagen und 14 Stunden der Sommer länger als der Winter, der nur 89 Tage und 1 Stunde dauert. Auf der Südhalbkugel vertauschen sich die Zahlenwerte entsprechend.

Unsere Sonne ist auch ein bemerkenswertes Objekt für Fernrohre. Bereits mit kleineren Amateur-Fernrohren, sogar einem Feldstecher, können wir vor allem die Sonnenflecken beobachten. Nachdrücklich sei jedoch darauf hingewiesen, daß wir niemals direkt in die Sonne blicken dürfen. Welche einfachen Beobachtungstechniken möglich sind, um die Sonne gefahrlos zu betrachten, wird auf Seite 270 beschrieben.

Die Sonne ist im Mittel 149,6 Millionen km von uns entfernt. Ihr Durchmesser beträgt 1 390 000 km. Etwa 109 Erdkugeln müssen wir hintereinanderreihen, um den Durchmesser der Sonne zu erhalten. Auf der Oberfläche der Sonne herrscht eine Temperatur von etwa 5500° C. In den Sonnenflecken sinkt die Temperatur auf etwa 4000° C. Es sind also keine vollständig erkalteten Stellen auf der Sonnenoberfläche. Die größeren Flecken sind bereits mit einem Feldstecher zu beobachten. Mit einem Fernrohr von etwa 5 bis 8 cm Öffnung lassen sich über viele Jahre hinweg sehr abwechslungsreiche Beobachtungsreihen anstellen. Die Sonnenflekken sind nämlich nicht immer in der gleichen Häufigkeit wahrzunehmen. Sie entstehen, entwickeln sich und vergehen. Schon innerhalb weniger Tage bemerken wir, daß sie systematisch von Ost nach West über die Sonnenscheibe laufen. Dies ist eine Folge der Sonnenrotation. Die Sonne dreht sich in 25 Tagen einmal um ihre Achse. Von der Erde aus gesehen erscheint die Rotation allerdings auf 27 Tage verzögert, da sich die Erde in der gleichen Richtung um die Sonne bewegt, wie sich diese um ihre Achse dreht. So können längerlebige Sonnenflecken durchaus über einige Rotationen hinweg beobachtet werden. Immer wieder tauchen sie am Ostrand auf, verschwinden nach etwa 13 Tagen am Westrand, um dann nach weiteren zwei Wochen abermals am Ostrand zu erscheinen. Die meisten Sonnenflecken haben jedoch nur eine Lebensdauer von wenigen Tagen oder Wochen. Währenddessen sehen wir einen ausgesprochenen Formenwechsel. Meist schließen sich die Flecken zu Gruppen zusammen, die gelegentlich weit über 100 000 km lang sind. Die größten Sonnenflecken-Gruppen sind sogar (mit Hilfe eines Dämpfglases) mit bloßem Auge erkennbar. Ein großer Sonnenfleck zeigt in seinem Inneren einen dunklen Kern (Umbra), um den sich eine weniger dunkle Hofzone anschließt (Penumbra). Größere Sonnenflecken-Gruppen können Dutzende einzelner Flecken enthalten. Die ausgedehntesten Flecken-Gruppen enthalten zahlreiche Kerne (Umbren), die von riesigen Höfen (Penumbren) umzogen sind. Man sollte versuchen, die Sonnenflecken während ihrer Entwicklung nachzuzeichnen.

Man kann die aktuelle Sonnenflecken-Tätigkeit auch in einer Maßzahl festhalten, der sogenannten Sonnenflecken-Relativ-

Große Sonnenfleckengruppe (oben), Verlauf der Sonnenfleckenrelativzahlen (unten)

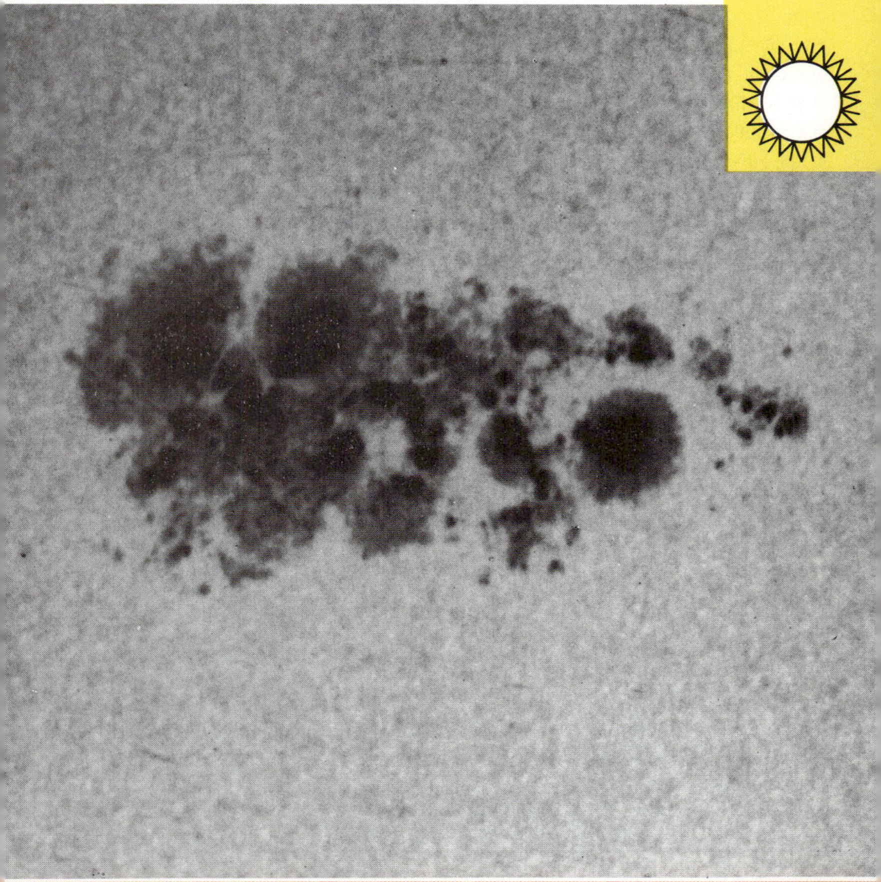

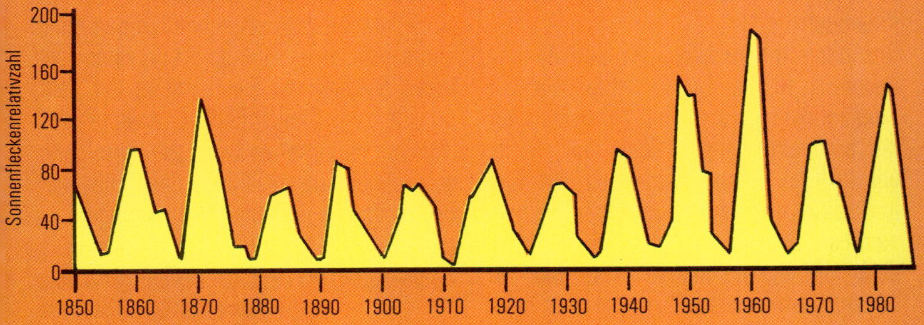
Sonnenfleckenrelativzahl
200
160
120
80
40
0
1850
1860
1870
1880
1890
1900
1910
1920
1930
1940
1950
1960
1970
1980

zahl. Es gibt zwar auch andere Möglichkeiten, die Sonnenaktivität zahlenmäßig festzuhalten, doch ist die Relativzahl gerade von einem Anfänger sehr leicht festzustellen. Außerdem ist sie auch in der fachlichen Sonnenbeobachtung seit langer Zeit üblich. Zur Bestimmung der Relativzahl ermittelt man zunächst die Zahl der Sonnenflecken-Gruppen und multipliziert diese mit 10. Dazu addiert man die Zahl aller jeweils sichtbaren Einzelflecken in jeder Gruppe. Als Gruppe zählt übrigens auch ein einzeln dastehender Fleck. Es ist also die Relativzahl R = 10 × Gruppenzahl + Fleckenzahl.

Beobachten wir die Sonne über mehrere Jahre oder sogar Jahrzehnte hinweg, so zeigt sich eine im Durchschnitt 11jährige Periode. Ein Sonnenflecken-Maximum fand z. B. 1979 statt.

In der Nachbarschaft von Sonnenflecken treten auch Sonnenfackeln auf – überhitzte Gebiete mit einer Temperatur von etwa 7000° C und höher. Mit normalen Fernrohren sehen wir sie allerdings nur in der Nähe des Sonnenrandes.

Bei ruhiger Luft und mit nicht zu kleinen Amateur-Fernrohren bemerken wir außerdem, daß die gesamte Sonnenscheibe von einem feinen kornartigen Netzwerk überzogen ist. Man nennt diese Erscheinung auch Granulation. Sie ist auf ein Brodeln der oberflächennahen Schichten der Sonne zurückzuführen. Jedes »Korn« hat einen Durchmesser von mehreren hundert Kilometern.

Besonders eindrucksvoll ist eine Sonnenfinsternis. Schon eine partielle (teilweise) Sonnenfinsternis stellt ein bemerkenswertes astronomisches Ereignis dar. Sehen wir doch bei dieser Gelegenheit den Rand der schwarzen Neumondscheibe mit einem Fernrohr meist nicht völlig rund, sondern mit eigentümlichen Aus- und Einbuchtungen. Es handelt sich um das Relief der Mondoberfläche, das sich am Mondrand in einem schwarzen Schattenriß zeigt. Wesentlich bedeutsamer aber ist eine totale Sonnenfinsternis. Hierbei wird es so dunkel, daß die Sterne auftauchen. Rings um die völlig verfinsterte Sonne erscheint die Sonnenkorona – der äußerste gasförmige Kranz der Sonne, der eine Temperatur von 1 bis 3 Millionen Grad aufweist.

Näher am Sonnenrand sieht man während einer totalen Finsternis auch rötliche Gebilde, die Protuberanzen. Es sind Gaswolken, die sich oft mit großen Geschwindigkeiten über die Sonnenoberfläche erheben, meist aber wieder zurückfallen. Heute können wir Sonnenkorona und Protuberanzen zu jeder Zeit, also auch außerhalb einer totalen Finsternis, beobachten. Dank einiger Spezialgeräte gelingt dies sogar mit Amateurmitteln. Anfänger unter den Sonnenbeobachtern sollten sich aber darauf noch nicht einlassen. Sie werden mit der Beobachtung von Flecken und Fackeln genügend zu tun haben.

Wer sich auf die Bestimmung von Relativzahlen verlegt – und dies sollte möglichst an jedem klaren Tag geschehen –, kann seine Zahlenwerte auch in ein Schaubild eintragen und das Auf und Ab der Fleckentätigkeit wie auf einer »Fieberkurve« verfolgen. Er wird zunächst seine einzelnen Tageswerte aufzeichnen. Später kann er die sich in einem Monat ergebenden Werte zu einem Monatsmittel zusammenfassen. In längeren Zeiträumen wird er auch Jahresmittel ausrechnen, die er dann sozusagen als endgültige Werte seiner privaten Statistik zur Bestimmung der Zeitpunkte von Sonnenflecken-Maxima und -Minima heranziehen kann. Die Verfolgung der Sonnenflecken zählt zu den schönsten Beobachtungsgebieten eines Amateurs.

Eine machtvolle Protuberanz auf der Sonne (oben) und die Sonnenkorona während einer totalen Finsternis (unten)

Der Mond und Finsternisse

Neben der Sonne zeigt der Mond die deutlichsten Rhythmen und Perioden, die sich meist schon mit bloßem Auge ohne Meßgeräte verfolgen lassen und die sich innerhalb kürzester Zeit vollziehen. Dabei ist der Wechsel der Mondgestalt (Mondphasen) am augenfälligsten. Zwischen zwei Neumondphasen liegen jeweils 29 Tage 12 Stunden 44 Minuten und 2,9 Sekunden. Diese Zeitspanne bezeichnet man auch als synodischen Monat.

Etwa zwei Tage nach dem unsichtbaren Neumond können wir die schmale zunehmende Mondsichel wieder knapp über dem Untergangshorizont der Sonne, also ungefähr im Westen, für kurze Zeit beobachten. Wie lange es bis zum ersten Sichtbarwerden der »neuen« Sichel dauert, hängt von der Jahreszeit ab. Etwa in der Zeit zwischen Sommer-Sonnenwende und Winter-Sonnenwende befindet sich unser Trabant kurz nach Neumond südlicher im Tierkreis als die Sonne. Er hat damit einen kürzeren Tagbogen als sie. In diesem Zeitraum dauert es also verhältnismäßig lange (bis zu drei Tagen), bis die Mondsichel nach Neumond wieder sichtbar wird. In der Zeit zwischen Winter-Sonnenwende und Sommer-Sonnenwende indessen klettert der Mond nach der Neumondphase immer nördlicher im Tierkreis hinauf und wird dadurch schneller sichtbar. Gelegentlich dauert das nur einen Tag.

Bemerkenswert ist auch die Stellung der Mondsichel gegenüber dem Horizont. In mittleren und nördlichen Breiten beobachtet man die Mondsichel mehr oder weniger »aufrecht« bzw. mit einer geringen Neigung. Je näher wir aber zum Äquator gehen, desto mehr sehen wir sie in »Kahnlage«. Auch in mitteleuropäischen Breiten kommt gelegentlich eine »Beinahe-Kahnlage« vor, nämlich dann, wenn der Tierkreis (Ekliptik) ziemlich steil zum Horizont verläuft. Dies ist vor allem im Spätwinter und Vorfrühling der Fall, wenn die zunehmende Mondsichel auftaucht, und im Spätsommer und Frühherbst, wenn die abnehmende Mondsichel in den Morgenstunden verschwindet. Von Tag zu Tag geht der Mond um durchschnittlich 50 Minuten später unter. Auch diese Zeitspanne verändert sich im Laufe eines Monats. Läuft der Mond im aufsteigenden Teil des Tierkreises, verspätet sich sein Untergang je Tag um bis zu fast 1½ Stunden. Läuft der Mond aber auf dem absteigenden Bogen des Tierkreises, beträgt die Verzögerung nur noch etwa 20 Minuten.

Etwa sieben Tage nach Neumond ist zunehmender Halbmond oder Erstes Viertel. Von der Nordhalbkugel unserer Erde aus gesehen ist die rechte Seite des Mondes hell, die linke Seite dunkel. Zur Zeit des Ersten Viertels steht der Mond im Durchschnitt bei Sonnenuntergang im Süden und geht um Mitternacht unter. Aber auch hier gibt es wieder kleinere Abweichungen in den einzelnen Jahreszeiten. Der Vollmond folgt knapp 15 Tage nach Neumond. Er steht unserer Sonne am Himmel gegenüber. Dies bedeutet, daß der Mond jetzt bei Sonnenuntergang an einer der Sonne gegenüberliegenden Stelle des Horizonts aufgeht, um Mitternacht im Süden steht und morgens bei Sonnenaufgang wieder untergeht.

In der Zeit nach Vollmond geht der Mond immer später auf, so daß er am Abendhimmel bald nicht mehr gesehen werden kann. Etwa 22 Tage nach Neumond ist abnehmender Halbmond oder Letztes Viertel. Jetzt ist die linke Seite des Mondes hell und die rechte dunkel. Von der Südhalbkugel aus gesehen ergeben sich genau ent-

Die Entstehung der Mondphasen (oben) und der Unterschied zwischen siderischem und synodischem Monat (unten)

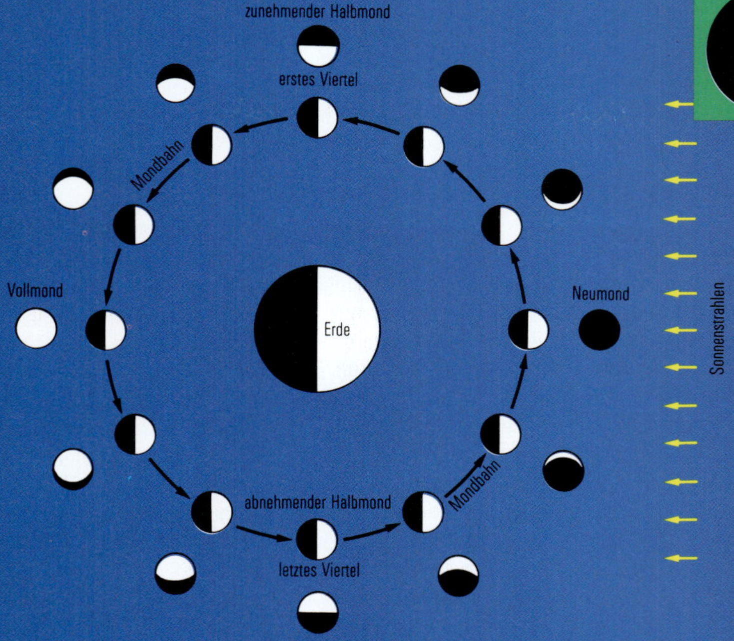
zunehmender Halbmond
erstes Viertel
Mondbahn
Vollmond
Erde
Neumond
Sonnenstrahlen
abnehmender Halbmond
Mondbahn
letztes Viertel

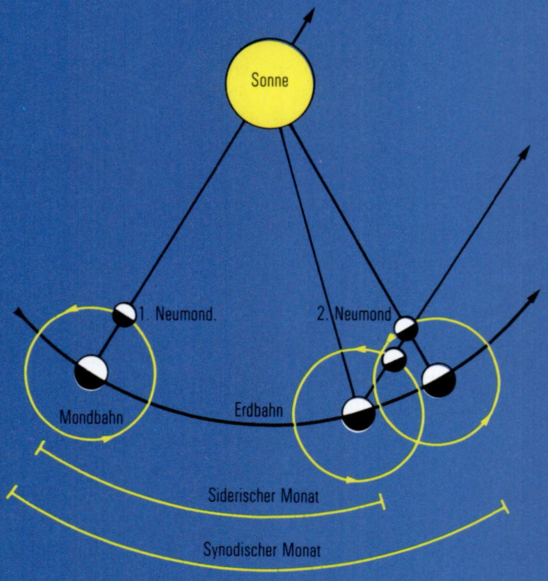
Sonne
1. Neumond.
2. Neumond
Mondbahn
Erdbahn
Siderischer Monat
Synodischer Monat

gegengesetzte Verhältnisse. Den Mond sehen wir im Letzten Viertel etwa um Mitternacht aufgehen. Morgens steht er bei Sonnenaufgang ungefähr im Süden. Immer schmaler wird nun die Sichel und immer kürzer wird diese vor Sonnenaufgang sichtbar. Schließlich ist der Mond etwa ein bis drei Tage vor Neumond zum letzten Mal in der Morgendämmerung im Osten sichtbar.

Die Zeitspanne, die seit der letzten Neumondphase vergangen ist, bezeichnet man auch als Mondalter. Es wird häufig in Dezimalteilen des Tages angegeben, da man ja die Neumondphase, wie auch die anderen Mondphasen, auf Minuten genau in den astronomischen Jahrbüchern angibt.

Der Mond bewegt sich aber auch vor dem Hintergrund der Tierkreis-Sternbilder vorbei. Da der synodische Monat immer in bezug auf die Stellung Sonne – Mond verstanden wird, muß der Umlauf des Mondes vor dem Sternenhimmel, den man auch als siderischen Monat bezeichnet, kürzer sein. Bewegt sich doch die Sonne innerhalb von etwa vier Wochen schon um fast ein Tierkreis-Sternbild weiter. Der siderische Monat dauert 27 Tage 7 Stunden 43 Minuten und 11,5 Sekunden. Der Mond wandert bei seinem Umlauf um die Erde pro Stunde jeweils etwa um ½ Grad weiter, entsprechend etwa seiner Scheibengröße am Himmel. Dies ist so schnell, daß man seine Bewegung am Sternenhimmel schon innerhalb einer Nacht gut verfolgen kann.

Der Mond bewegt sich nicht genau in der Erdbahnebene um unseren Heimatplaneten. Vielmehr ist seine Bahn um etwa 5 Grad 9 Bogenminuten gegen die Erdbahnebene oder Ekliptik geneigt. Deswegen erscheint der Mond meist etwas oberhalb (nördlich) oder unterhalb (südlich) der genauen Tierkreislinie oder Ekliptik. An zwei gegenüberliegenden Stellen schneidet die Mondbahn die Erdbahnebene. Diese Punkte bezeichnet man auch als aufsteigenden Knoten ☊ bzw. absteigenden Knoten ☋. Während seines halben Umlaufs befindet sich der Mond also etwas oberhalb der Ekliptik (»überlaufender« Mond) oder unterhalb der Ekliptik (»unterlaufender« Mond). Dies wäre nun ganz einfach festzulegen, wenn die Knoten der Mondbahn unverrückbar auf der Ekliptik feststünden. Tatsächlich wandern sie aber in der Richtung von Osten nach Westen über die Ekliptik hinweg. Pro Jahr macht das immerhin 20 Grad aus. Zu einem gesamten Umlauf vergehen 6798 Tage oder 18,61 Jahre. So ist auch der Zeitraum zwischen zwei Durchgängen des Mondes durch den aufsteigenden Knoten seiner Bahn etwas kürzer als ein siderischer Monat, nämlich 27 Tage 5 Stunden 5 Minuten und 35,8 Sekunden. Diesen Zeitraum bezeichnet man als drakonitischen Monat.

Schließlich ist die Mondbahn nicht genau kreisförmig. Sie beschreibt vielmehr eine ziemlich stark abgeplattete Ellipse. Der Mond steht also nicht immer gleich weit von unserer Erde entfernt. Sein mittlerer Abstand beträgt 384 400 km, der größte 406 740 km, der kleinste 356 410 km. Den erdnächsten und erdfernsten Punkt der Mondbahn bezeichnet man als Perigäum und Apogäum. Auch diese beiden Punkte laufen um die Mondbahn herum, aber von Westen nach Osten, und der Zeitraum zweier Durchgänge des Mondes durch das Perigäum ist mit 27 Tagen 13 Stunden 18 Minuten und 33,2 Sekunden etwas länger als der siderische Monat. Man bezeichnet diese Zeitspanne als anomalistischen Monat. Die Verbindungslinie der beiden Punkte Perigäum und Apogäum nennt man Apsidenlinie. Ein Umlauf

Die Neigung der Mondbahn gegen die Erdbahnebene (oben). Die Entstehung der Gezeiten (unten)

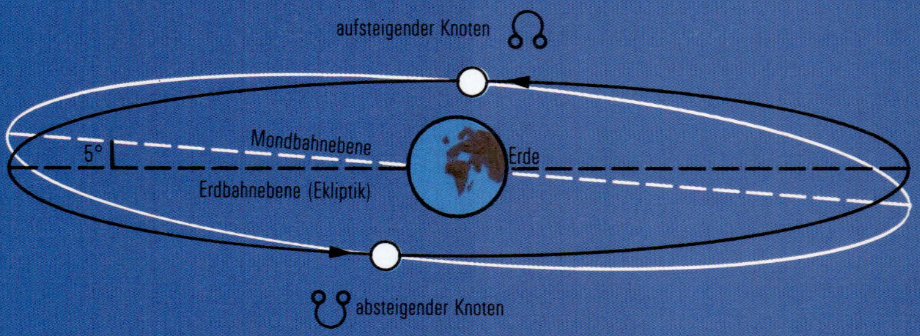
aufsteigender Knoten ☊
Mondbahnebene
5°
Erde
Erdbahnebene (Ekliptik)
☋ absteigender Knoten

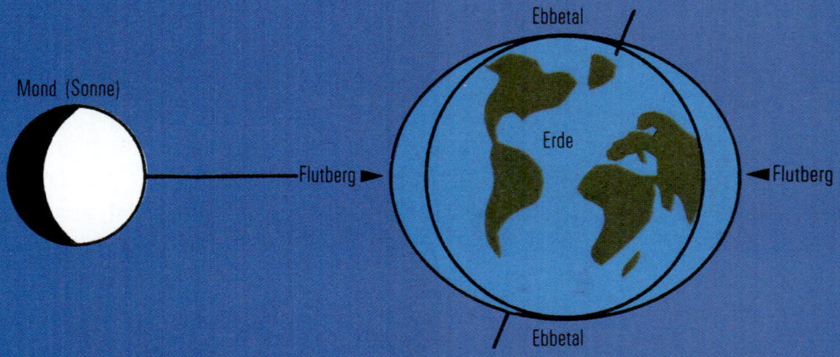
Ebbetal
Mond (Sonne)
Erde
Flutberg
Flutberg
Ebbetal

der Apsidenlinie dauert 3232 Tage oder 8,85 Jahre.
Jeder weiß, daß die Gezeiten, Ebbe und Flut, mit dem Mondumlauf zu tun haben. Richtig verstehen können wir aber die Gezeiten nur, wenn wir bedenken, daß auch die Erde sich um den gemeinsamen Schwerpunkt des Systems Erde–Mond bewegt. Da der Mond aber nur eine Masse von 1/81 Erdmassen besitzt, befindet sich dieser Schwerpunkt 4800 km vom Erdmittelpunkt entfernt. Er liegt also noch innerhalb des Erdkörpers. Beim Umlauf der Erde um den Schwerpunkt des Systems Erde–Mond entsteht eine Zentrifugalkraft (Fliehkraft). Nur im Erdmittelpunkt sind die Anziehungskraft des Mondes und die Zentrifugalkraft gleich groß und entgegengesetzt: Die beiden Kräfte heben sich dort also auf. Auf der dem Mond zugewandten Seite aber ist die Mondanziehung etwas stärker als die Zentrifugalkraft. So entsteht dort ein Flutberg. Entsprechend ist es auf der mondabgewandten Seite: Dort wirkt die Zentrifugalkraft stärker als die Mondanziehung. Auch dort entsteht ein Flutberg. Es gibt also zwei Flutberge, die sich genau diametral gegenüberliegen. Dazwischen herrscht zweimal Ebbe. Sehen wir einmal von einigen Feinheiten ab, so erlebt jeder Hafenort zweimal am Tag Flut und zweimal Ebbe. Allerdings treten sie nicht genau zum Zeitpunkt der Mondkulmination auf, das heißt, wenn der Mond seinen höchsten bzw. tiefsten Stand über oder unter dem Horizont erreicht. Durch Reflexionen der Flutwellen und andere Effekte an den Küsten entstehen Verzögerungen bis zu mehreren Stunden. Jeder Hafen hat seine eigene Flutzeit (Hafenzeit).
Aber es gibt auch Sonnengezeiten. Sie sind nur etwa ⅓ so stark wie die Mondgezeiten. Stehen Sonne, Mond und Erde etwa auf einer Linie hintereinander, wie es bei Neumond oder Vollmond der Fall ist, so verstärken sich die Sonnen- und Mondgezeiten gegenseitig. Wir haben Springflut. Zum Zeitpunkt des Ersten und Letzten Viertels jedoch, wenn Mond, Erde und Sonne einen rechten Winkel zueinander bilden, fällt die Sonnenebbe auf die Mondflut und umgekehrt. Wir haben geringere Gezeitenstärke: Nippflut.
Unser im Abendland gebräuchliche Kalender richtet sich im wesentlichen nach dem Sonnenlauf. Nur noch versteckt erkennen wir in ihm auch die Berücksichtigung des Mondlaufs: Unsere heutigen Monate sind etwas länger als der echte Mondumlauf, sei es der synodische oder siderische. So können wir 12 Monate in einem Kalenderjahr unterbringen. Das Jahr selbst ist dagegen streng nach dem Sonnenlauf ausgerichtet. Zwar benötigt unsere Erde nicht genau 365 Tage zu einem Umlauf um die Sonne, sondern 365,242 Tage (tropisches Jahr). Der Rest von 0,242 Tagen summiert sich innerhalb von 4 Jahren auf etwa 1 Tag. Deswegen schieben wir in jedem vierten Jahr den 29. Februar als Schalttag ein (Schaltjahr). Der jetzt noch verbleibende Rest von 0,008 Tagen, der pro Jahr zuviel gerechnet wurde, wird dadurch vermindert, daß die Jahre mit einer ganzen Jahrhundertzahl, deren Teilung durch 400 nicht aufgeht, normale Jahre mit 365 Tagen Länge sein sollen. Dieser Kalender geht auf die vor Papst Gregor XIII. 1582 angeordnete Kalenderreform zurück (Gregorianischer Kalender). Er hat nur noch einen so geringen Fehler, daß er erst nach etwa 3000 Jahren auf 1 Tag anwächst. In einem Punkt ist aber auch unser heutiger Kalender noch streng an den Mondlauf gebunden: Der Ostertermin wird nach einem Beschluß auf dem Konzil von Nicäa (325 n. Chr.) nach dem Mondlauf ausge-

Die Entstehung der Sonnen- und Mondfinsternisse

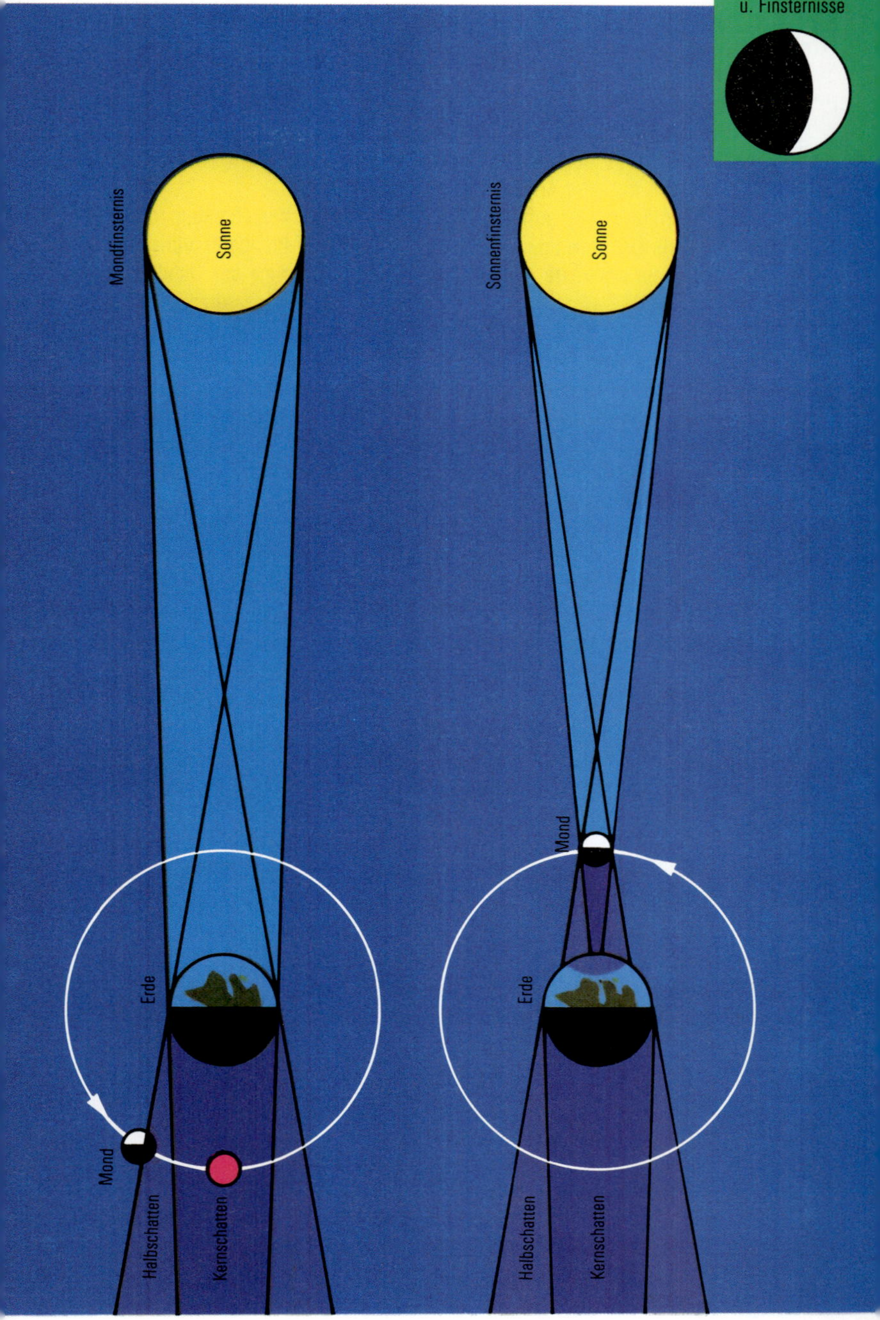
Mondfinsternis
Sonne
Erde
Mond
Halbschatten
Kernschatten
Sonnenfinsternis
Sonne
Mond
Erde
Halbschatten
Kernschatten

richtet. Grob gesprochen fällt Ostern auf den Sonntag, der auf den ersten Frühlings-Vollmond, also den ersten Vollmond nach der Frühlings-Tagundnachtgleiche, folgt. In der Praxis wird aber der Ostertermin nach einer etwas abgekürzten Regel berechnet, so daß mitunter Abweichungen von der genannten Regel auftreten können. Der früheste Ostertermin ist übrigens der 22. März, der späteste Termin der 25. April.

Der jüdische und der mohammedanische Kalender sind dagegen streng an den Mondlauf gebunden. Sie verfügen über echte synodische Mondmonate zu je 29 oder 30 Tagen Länge. Zwölf derartige Monate werden zu einem Mondjahr zusammengefügt, das eine Länge von 354 Tagen (Gemeinjahr) oder 355 Tagen (Schaltjahr) besitzt. So beginnt zum Beispiel am 27. September 1984 das jüdische Jahr 5745 und das mohammedanische Jahr 1405. Die jüdischen Jahre werden vom 7. Oktober 2761 v. Chr. an gezählt. An diesem Tag soll nach der jüdischen Überlieferung die Welt erschaffen worden sein. Die mohammedanischen Jahre gehen in ihrer Zählweise auf die Flucht Mohammeds aus Mekka am 16. Juli 622 n. Chr. zurück.

Ohne den Mond gäbe es natürlich auch keine Sonnen- oder Mondfinsternis. Andererseits: Gäbe es keine Neigung der Mondbahn gegen die Erdbahnebene, so würde bei jedem Neumond eine Sonnenfinsternis und bei jedem Vollmond eine Mondfinsternis eintreten. Der Neumond müßte über die Sonnenscheibe wandern und der Vollmond würde in den Schatten unserer Erde ziehen. Tatsächlich kann aber eine Finsternis nur dann eintreten, wenn sich Neumond oder Vollmond in der Nähe des auf- oder absteigenden Knotens der Mondbahn befinden. Durchschnittlich gibt es pro Jahr zwei- bis dreimal eine Sonnenfinsternis und ein- bis zweimal eine Mondfinsternis. Allerdings sind sie nicht von allen Orten der Erde aus zu sehen. Vor allem eine Sonnenfinsternis kann nur von örtlich beschränkten Zonen der Erde aus beobachtet werden. Eine Mondfinsternis ist von allen Orten aus zu verfolgen, die Nacht haben.

Wegen der Verschiebung der Knotenlinie längs der Mondbahn verfrühen sich die Finsternistermine von Jahr zu Jahr um einige Tage. Ferner treten nach jeweils etwa 18 Jahren und 10 Tagen gleichartige Finsternisse ein (Sarosperiode). Bei einer Sonnenfinsternis sind drei verschiedene Typen zu unterscheiden: Während einer totalen Sonnenfinsternis fällt der Kernschatten des Mondes auf die Erdoberfläche. Von der Erde aus gesehen verdeckt die Mondscheibe die der Sonne vollkommen. Bei einer partiellen Sonnenfinsternis stehen wir im Halbschatten des Mondes. Die Mondscheibe verdeckt nur einen Teil der Sonne. Eine ringförmige Finsternis kommt schließlich zustande, wenn sich der Mond nahe seines Apogäums, also im erdfernsten Punkt seiner Bahn, aufhält. Dabei erscheint er etwas kleiner als die Sonnenscheibe, und es bleibt außen ein unverfinsterter Ring übrig.

Eine totale Sonnenfinsternis kann längs eines Streifens beobachtet werden, der etwa von Westen nach Osten über die Erdoberfläche zieht. Er entspricht der Bewegung des Mond-Kernschattens über unseren Planeten. Diese sogenannte Totalitätszone hat allenfalls einen Durchmesser von etwa 200 km. Berücksichtigt man ferner, daß sich der Mondschatten mit einer Geschwindigkeit von rund 28 km/Min. über die Erde hinwegbewegt, so beträgt die Dauer einer totalen Sonnenfinsternis höchstens acht Minuten.

Die nächste totale Sonnenfinsternis, die von Europa aus beobachtet werden kann, findet am 11. August 1999 statt. Dabei erstreckt sich die Totalitätszone über

Sonnenfinsternisse 1985–2000

Datum	Typ	Sichtbarkeitsgebiet
19. 5. 1985	partiell	Arktis, Nordasien, N-Nordamerika
12. 11. 1985	total	südlicher Pazifik, Antarktis, S-Südamerika
9. 4. 1986	partiell	Antarktis, Australien
3. 10. 1986	ringförmig-total	Nordatlantik, Nord- u. Mittelamerika
29. 3. 1987	ringförmig-total	Argentinien, Atlantik, Zentralafrika, Indischer Ozean
23. 9. 1987	ringförmig	Zentralasien, Pazifik, NO-Australien
18. 3. 1988	total	Indischer Ozean, Pazifik, Ostasien, Nordaustralien, NW-Amerika
11. 9. 1988	ringförmig	Ostafrika, Indischer Ozean, Südasien, Australien
7. 3. 1989	partiell	Arktis, Nordamerika
31. 8. 1989	partiell	Antarktis, Südafrika
26. 1. 1990	ringförmig	Antarktis, S-Südamerika
22. 7. 1990	total	Finnland, nördliche Sowjetunion, Pazifik, Nordamerika
15. 1. 1991	ringförmig	Australien, Neuseeland, Pazifik
11. 7. 1991	total	Pazifik, Mittelamerika und N-Südamerika
4. 1. 1992	ringförmig	Pazifik, NO-Australien, W-Nordamerika
30. 6. 1992	total	Südatlantik, Südamerika, Südafrika
24. 12. 1992	partiell	Nördlicher Pazifik, NO-Asien
21. 5. 1993	partiell	Arktis, Nordamerika, Nordeuropa
13. 11. 1993	partiell	Antarktis, Südaustralien, S-Südamerika
10. 5. 1994	ringförmig	Pazifik, Nord- u. Mittelamerika, Atlantik, Westeuropa, NW-Afrika
3. 11. 1994	total	Südamerika, Südatlantik, Südafrika
29. 4. 1995	ringförmig	Südlicher Pazifik, Mittel- und Südamerika, Südatlantik
24. 10. 1995	total	Südasien, Pazifik
17. 4. 1996	partiell	Südlicher Pazifik
12. 10. 1996	partiell	NO-Nordamerika, Europa, Nordafrika
9. 3. 1997	total	östliche Sowjetunion, Arktis
2. 9. 1997	partiell	Antarktis, Australien
26. 2. 1998	total	Pazifik, Mittel- u. Südamerika, Nordatlantik
22. 8. 1998	ringförmig	Indischer Ozean, SO-Asien, Australien, Pazifik
16. 2. 1999	ringförmig	Südafrika, Indischer Ozean, Australien, Pazifik, Antarktis
11. 8. 1999	total	O-Nordamerika, Atlantik, Europa, Vorderasien, Südasien; auch in Mitteleuropa teilweise total sichtbar
5. 2. 2000	partiell	Antarktis, Südatlantik, südlicher Indischer Ozean
1. 7. 2000	partiell	Südlicher Pazifik, Südamerika
31. 7. 2000	partiell	Nordasien, Arktis, Pazifik, NW-Nordamerika
25. 12. 2000	partiell	Nord- u. Mittelamerika, NW-Atlantik

Nordfrankreich, Süddeutschland und den östlichen Teil Österreichs hinweg. Lediglich von Finnland aus kann am 22. Juli 1990 noch eine totale Sonnenfinsternis beobachtet werden.

Es gibt nur zwei Möglichkeiten einer Mondfinsternis: Entweder wandert der Mond vollständig in den Kernschatten unserer Erde, dann haben wir eine totale Mondfinsternis. Oder er wandert nur teilweise durch ihn, dann beobachten wir eine partielle Finsternis. Allerdings verschwindet der Mond bei einer totalen Finsternis nicht vollständig vom Himmel. Er kann immer noch als ein schwacher rötlicher Schimmer beobachtet werden. Der Grund ist in unserer Erdatmosphäre zu suchen. Sie bricht nämlich ein wenig Sonnenlicht in den Kernschattenraum unserer Erde. Bei dem langen, streifenden Weg, den die Sonnenstrahlen durch die Erdatmosphäre nehmen, wird vor allem das langwellige, rote Licht in den Kernschatten gebrochen. Die anderen Farbbereiche werden innerhalb der Erdatmosphäre gestreut. Bei einer Finsternis ist der Dunkelheitsgrad des Mondes von Fall zu Fall verschieden. Gelegentlich erscheint der Mond hellrosa, manchmal verschwindet er vollständig.

Es kann auch vorkommen, daß er nur durch den Halbschatten der Erde läuft. Eine derartige Halbschatten-Finsternis ist aber völlig unbedeutend. Der Halbschatten unserer Erde ist nämlich stark aufgehellt. Nur in den Bereichen des Halbschattens, die an den Kernschatten angrenzen, tritt eine etwas stärkere Verdüsterung ein, die sich in einer »rauchartigen« Abschwächung des Mondes bemerkbar macht, wenn diese Teile des Erdschattens auf die Mondoberfläche fallen. Die meisten Halbschatten-Finsternisse werden in den astronomischen Jahrbüchern oder Kalendern wegen ihrer Geringfügigkeit nicht verzeichnet.

Eine totale Mondfinsternis dauert länger als eine totale Sonnenfinsternis. Es können bis zu zwei Stunden vergehen, bis der Mond ganz durch den Kernschatten unserer Erde gewandert ist. Der Gesamtablauf einer solchen Finsternis ist sogar noch länger. Es dauert nochmals fast zwei Stunden, bis der Mond in den Kernschatten der Erde hineingelaufen ist und wieder aus ihm hervortaucht. Damit kommen wir schon auf etwa 3 ½ bis 4 Stunden. Rechnen wir noch den Lauf des Mondes durch den Halbschatten der Erde hinzu, so kann die Gesamtdauer einer totalen Mondfinsternis mit ihren Vor- und Nachläufern rund sechs Stunden betragen.

Bei dem schnellen Lauf des Mondes durch den Tierkreisgürtel kommt es auch verhältnismäßig oft zu Sternbedeckungen durch ihn. Die Zeitpunkte dieser Bedeckung werden in mehreren astronomischen Kalendern und Jahrbüchern verzeichnet. Die »Kontaktzeiten«, also der Eintritt des Sterns am linken, östlichen Mondrand sowie sein Austritt am rechten, westlichen Rand, sind stark ortsabhängig. Schon für Orte, die einige hundert Kilometer voneinander entfernt liegen, ergeben sich häufig Unterschiede von mehreren Minuten. Am leichtesten zu beobachten ist der Eintritt: Dabei kann man den Stern bereits vorher orten und sein Verschwinden verfolgen. Beim Austritt ist das meist etwas schwieriger, da man häufig nicht genau genug weiß, an welcher Stelle des Mondrandes der Stern wieder zum Vorschein kommt – es sei denn, man beachtet exakt den Positionswinkel, an dem er wieder erscheint, was ebenfalls in Jahrbüchern verzeichnet ist. Weiterhin kann auch der Eintritt leichter am dunklen Mondrand beobachtet wer-

Die Zentralzonen totaler und ringförmiger Sonnenfinsternisse von 1985 bis 2000 (oben) und die Zentralzone der totalen Finsternis vom 11. August 1999 (unten)

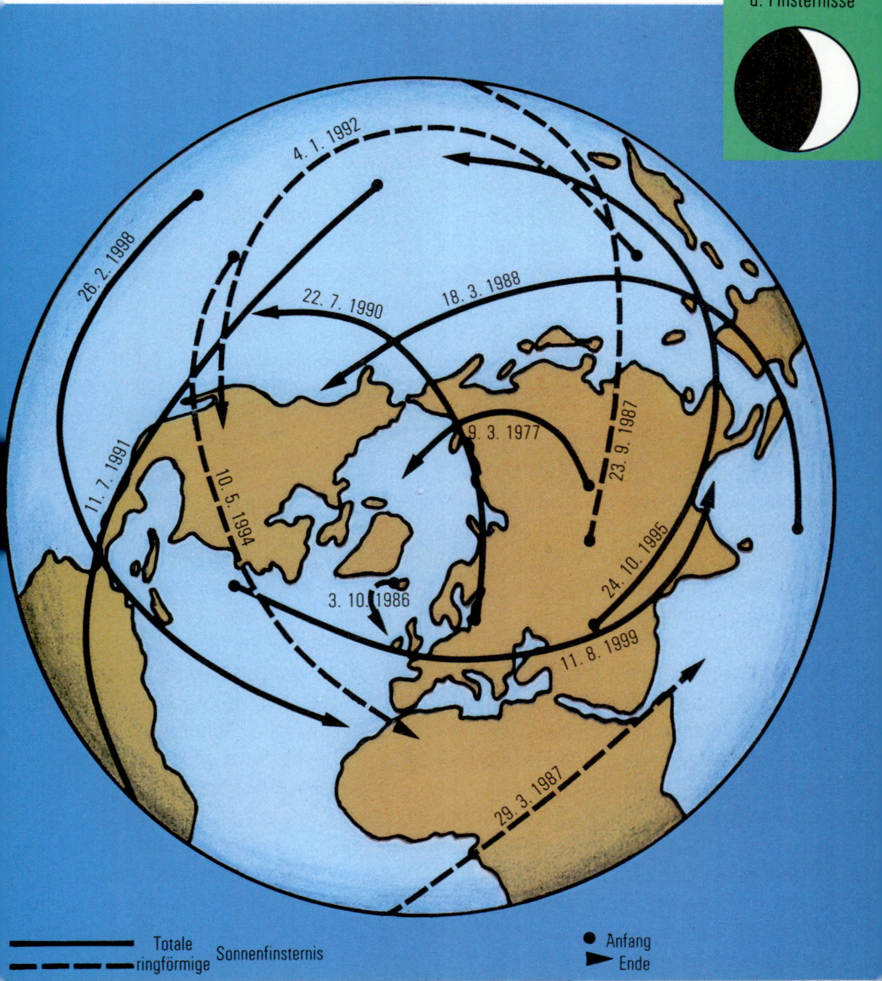
4. 1. 1992
26. 2. 1998
22. 7. 1990
18. 3. 1988
9. 3. 1977
23. 9. 1987
11. 7. 1991
10. 5. 1994
24. 10. 1995
3. 10. 1986
11. 8. 1999
29. 3. 1987
Totale
ringförmige
Sonnenfinsternis
Anfang
Ende

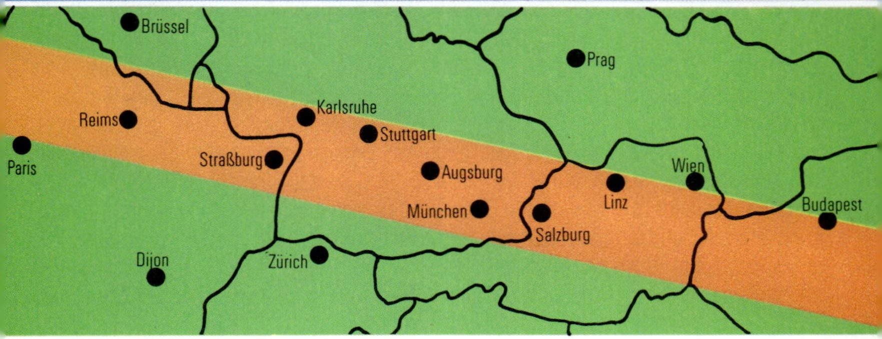
Brüssel
Prag
Karlsruhe
Reims
Stuttgart
Paris
Straßburg
Augsburg
Wien
Linz
Budapest
München
Salzburg
Dijon
Zürich

den, wie das bei zunehmendem Mond der Fall ist. Dabei lassen sich auch etwas schwächere Sterne bis zum Mondrand hin verfolgen, während sie gegen den helleren Rand oft verschwinden. Entsprechend ist der Austritt besser bei abnehmendem Mond zu beobachten, da dann die rechte Mondseite dunkel ist. Gelegentlich gibt es auch »streifende« Sternbedeckungen, die nahe dem Nord- bzw. Südrand des Mondes erfolgen.

Innerhalb der Tierkreiszone gibt es nur wenige sehr helle Sterne, die grundsätzlich durch den Mond bedeckt werden können. Dabei kommt es auf die Lage des auf- oder absteigenden Knotens der Mondbahn an, welche dieser Sterne jeweils bedeckt werden. Zu den Sternen 1. Größe zählen Aldebaran im Stier, Regulus im Löwen, Spika in der Jungfrau und Antares im Skorpion.

Die Sterne verschwinden ganz plötzlich am Mondrand und treten ebenso plötzlich am gegenüberliegenden Rand wieder hervor. Dies liegt einmal daran, daß die Fixsterne punktförmig erscheinen und der Mond andererseits über keine Atmosphäre verfügt. Hätte er eine, müßte nämlich der Lichtstrahl des Sterns zunächst immer längere Wege durch die Atmosphäre zurücklegen, wobei er abgeschwächt würde. Der Stern müßte also ganz allmählich am Mondrand verschwinden und wieder allmählich auf seine ursprüngliche Helligkeit anwachsen. Das plötzliche Verschwinden der Sterne bei einer Bedeckung durch den Mond war schon vor langer Zeit ein untrüglicher Hinweis darauf, daß er keine Atmosphäre besitzt.

Etwas anders ist es bei der Bedeckung von Planeten durch den Mond. Je nach deren Scheibengröße dauert die Bedeckung entsprechend länger. Besonders reizvoll sind Bedeckungen des Planeten Jupiter und seiner vier hellsten Satelliten. Auch diese Ereignisse werden in astronomischen Kalendern verzeichnet, sind aber bedeutend seltener als Sternbedeckungen. Obwohl wir hier vom Mond sprechen, sei auch auf die Möglichkeit von Sternbedekkungen durch Planeten hingewiesen. Da einige Planeten (zum Beispiel Venus) über mächtige Atmosphären verfügen, kommt es hier in der Tat häufig zu einem allmählichen Abfall und langsamen Anstieg der Sternhelligkeiten. Sternbedeckungen durch Planeten sind aber ganz besonders selten.

Der Mond ist auch für Beobachter mit kleinen Instrumenten ein lohnendes Objekt. Die wichtigsten Oberflächendetails lassen sich schon mit bloßem Auge erkennen. Der Volksmund deutete die dunklen Flekken, die wir ohne Fernrohr sehen, als ein Gesicht; ein Kaninchen, das aus einem Gebüsch herausspringt; eine Spinnerin mit Spinnrad; einen Bauer mit Reisigbündel auf dem Rücken oder als zwei Kinder, die einen Wassereimer tragen.

Wir sehen im wesentlichen immer dasselbe »Gesicht« des Mondes. Unser Trabant weist nämlich der Erde stets dieselbe Seite zu – sehen wir einmal von kleineren Schwankungen ab, die man als Libration bezeichnet. Der Mond dreht sich in derselben Zeitspanne um seine eigene Achse, in der er auch einmal die Erde umläuft (gebundene Rotation). Seine Rückseite konnte erst seit 1959 mit Hilfe von Raumsonden erforscht werden.

Der Mond gehört – im Verhältnis zu seinem »Hausplaneten« – zu den größten Trabanten unseres Sonnensystems. Sein Durchmesser beträgt 3476 km, und seine Masse ist immerhin 1/81 der Erdmasse. Die dunklen Flecken sind die sogenannten Maria (Einzahl: Mare). Mit einem Opernglas sehen wir sie etwas deutlicher. Ein Feldstecher zeigt bereits die größten Krater und Ringgebirge. Dabei erscheint der Mond am schönsten, wenn wir etwa Halbmond haben. Um diese Zeit fallen nämlich

Bedeckungen heller Sterne und Planeten durch den Mond 1985–2000

Nachstehend sind die Bedeckungen der hellsten Sterne längs des Tierkreises durch den Mond sowie der hellen Planeten Merkur bis Saturn verzeichnet. Die Sternbedeckungen werden nur angegeben, wenn sie in die Nachtstunden fallen. Die Planetenbedeckungen sind dagegen auch verzeichnet, wenn sie in die Tagesstunden fallen, es sei denn, das Ereignis findet in unmittelbarer Nachbarschaft der Sonne statt. Aufgenommen sind nur die von Europa aus sichtbaren Bedeckungen.

Der Zeitpunkt kann nur als angenäherter Anhaltspunkt dienen, da sich die genauen Bedeckungszeiten von Ort zu Ort stark unterscheiden. Im Einzelfall können Abweichungen von über einer Stunde auftreten.

Datum	Zeit (MEZ)	Gestirn	Sichtbarkeitsgebiet
22. 4. 1985	14^h	Mars	ganz Europa
10. 9. 1986	18^h	Antares	W-, S-Europa
14. 4. 1987	4^h	Spika	ganz Europa
25. 4. 1987	13^h	Venus	N-Europa
7. 6. 1987	23^h	Spika	ganz Europa
19. 4. 1988	24^h	Venus	N-Europa
19. 6. 1988	20^h	Regulus	NO-Europa
9. 9. 1988	15^h	Regulus	ganz Europa
7. 10. 1988	4^h	Venus	N-, NO-Europa
3. 11. 1988	4^h	Regulus	N-Europa
19. 3. 1989	18^h	Regulus	SO-Europa
5. 7. 1989	13^h	Mars	W-, S-Europa
12. 3. 1991	8^h	Saturn	ganz Europa
22. 3. 1991	18^h	Mars	Europa, außer S
4. 4. 1991	4^h	Antares	ganz Europa
27. 12. 1994	7^h	Spika	SW-Europa
19. 3. 1995	1^h	Spika	Europa, außer SW
12. 5. 1995	22^h	Spika	Europa, außer SW
27. 5. 1995	8^h	Venus	Europa, außer SW
12. 7. 1996	10^h	Venus	ganz Europa
1. 10. 1996	23^h	Aldebaran	ganz Europa
29. 10. 1996	9^h	Aldebaran	Europa, außer SW
25. 11. 1996	17^h	Aldebaran	N-, O-Europa
23. 12. 1996	1^h	Aldebaran	N-Europa
14. 3. 1997	20^h	Aldebaran	ganz Europa
12. 11. 1997	2^h	Saturn	ganz Europa
15. 11. 1997	21^h	Aldebaran	S-, SO-Europa
13. 12. 1997	6^h	Aldebaran	extremes W-Europa
5. 2. 1998	19^h	Aldebaran	S-Europa
26. 3. 1998	12^h	Jupiter	ganz Europa
28. 4. 1998	19^h	Aldebaran	Europa, außer N
6. 11. 1998	3^h	Aldebaran	ganz Europa
30. 12. 1998	24^h	Aldebaran	ganz Europa
2. 2. 1999	2^h	Regulus	SW-Europa
22. 3. 1999	19^h	Aldebaran	ganz Europa
28. 3. 1999	17^h	Regulus	ganz Europa
24. 4. 1999	23^h	Regulus	Europa, außer N
15. 7. 1999	22^h	Regulus	NW-Europa
2. 9. 1999	23^h	Aldebaran	N-, O-Europa
30. 9. 1999	5^h	Aldebaran	N-Europa
12. 12. 1999	19^h	Mars	W-Europa
29. 7. 2000	18^h	Merkur	W-, N-Europa

die Sonnenstrahlen in die mittleren Bereiche der uns zugewandten Mondhalbkugel schräg ein. Die Schatten erzeugen ein plastisches Relief. Während der Vollmondzeit können von der Erde aus keine Schatteneffekte beobachtet werden. Die ganze Mondscheibe ist dann in Licht getaucht, Höhen und Tiefen kommen kaum zum Vorschein.

Die Maria erhielten lateinische Phantasiebezeichnungen, zum Beispiel Oceanus Procellarum – Ozean der Stürme, Mare Imbrium – Regenmeer, Mare Nubium – Wolkenmeer, Mare Humorum – Meer der Feuchtigkeit, Mare Serenitatis – Meer der Heiterkeit, Mare Tranquillitatis – Meer der Ruhe, Mare Nectaris – Honigmeer, Mare Foecunditatis – Meer der Fruchtbarkeit, Mare Crisium – Meer der Gefahren, und Mare Frigoris – Meer der Kälte. Am eindrucksvollsten ist das Mare Imbrium mit einem Durchmesser von etwa 1000 km.

Vor allem in der Nachbarschaft großer Mare–Becken gibt es langgestreckte Kettengebirge, die Bezeichnungen irdischer Gebirge erhielten. So ist zum Beispiel das Mare Imbrium von den Gebirgszügen Karpaten, Apenninen, Kaukasus, Alpen und Jura umgeben. Am Rande des Mare Foecunditatis befinden sich die Pyrenäen. Am auffälligsten aber sind die Krater und Ringgebirge. Ihre Namen gehen auf Astronomen, Philosophen, Mathematiker und andere Forscher vergangener Zeiten zurück, so auf Copernicus, Kepler, Plato, Archimedes, Ptolemäus, Alphonsus und Gassendi. Die Krater der Mondrückseite erhielten Namen von Persönlichkeiten aus dem 20. Jahrhundert.

Die größten Krater der Vorderseite haben einen Durchmesser von rund 300 km. Dazu zählt etwa Bailly mit 270 km und Clavius mit 240 km Durchmesser. Die Wälle können zum Teil 10 000 m hoch werden, doch besteht ein nahezu nahtloser Übergang zwischen den größten Kratern, die man oft auch als Wallebenen bezeichnet, und den kleineren Maria. Das Mare Crisium oder das Mare Humorum geben hierfür Beispiele. Andererseits ähneln große Wallebenen wie Clavius bereits einem kleinen Mare.

Mit einem Fernrohr ab etwa 6 cm Öffnung sehen wir schon so viele Einzelheiten auf der Mondoberfläche, daß wir jahrelang damit beschäftigt sein könnten, alle gesehenen Gebiete vollständig zu erfassen. Wer zeichnerisches Geschick hat, kann sich hier ausgiebig betätigen.

Gelegentlich treten auf der Mondoberfläche auch linienförmige Rillen auf. Einige haben eine Länge von über 100 km. Am bekanntesten ist das sogenannte Schröter-Tal in der Nähe des Kraters Herodot und die Hyginus-Rille in der Nähe des Kraters Hyginus, der im Mare Tranquillitatis liegt. Ein bemerkenswerter Steilabfall, die »lange Wand« oder lateinisch Rupes Recta, befindet sich an der Südostseite des Mare Nubium in der Nachbarschaft des Kraters Purbach. Quer über die Alpen hinweg verläuft das berühmte Alpental. Es ist ebenfalls schon mit kleinen Fernrohren sichtbar.

Obwohl sich die Beobachtung unseres Trabanten zur Vollmondzeit in mancher Hinsicht nicht empfiehlt, so tritt doch eine Erscheinung gerade um diese Zeit besonders deutlich hervor: die hellen Strahlensysteme, die von einigen Kratern ausgehen. Am bemerkenswertesten ist das Strahlensystem des Kraters Tycho. Einzelne Strahlen erreichen weit über 1000 km Länge, überziehen also praktisch die gesamte sichtbare Mondhalbkugel. Beobachten wir den Vollmond mit schwacher Vergrößerung, so scheint es fast so, als habe ein starker Mann den Mond an der Stelle des Kraters Tycho mit einem riesigen Hammer getroffen und ihn nach al-

Karte des Mondes

Mondfinsternisse 1985–2000

Ein E bedeutet, daß die Finsternis von Europa aus sichtbar ist

Datum	Typ	Datum	Typ
4. 5. 1985	total (E)	9. 12. 1992	total (E)
28. 10. 1985	total (E)	4. 6. 1993	total
24. 4. 1986	total	29. 11. 1993	total (E, nur Westen)
17. 10. 1986	total (E)	25. 5. 1994	partiell (E, nur Westen)
3. 3. 1988	partiell (E, nur Osten)	15. 4. 1995	partiell
27. 8. 1988	partiell	4. 4. 1996	total (E)
20. 2. 1989	total (E)	27. 9. 1996	total (E)
17. 8. 1989	total (E)	24. 3. 1997	partiell (E, nur Westen)
9. 2. 1990	total (E)	16. 9. 1997	total (E)
6. 8. 1990	partiell	28. 7. 1999	partiell
21. 12. 1991	partiell	21. 1. 2000	total (E)
15. 6. 1992	partiell	16. 7. 2000	total

len Richtungen aufgerissen. Kleinere Strahlensysteme weisen die Ringgebirge Copernicus, Kepler, Aristarch und Proclus auf.

Schon mit einem kleinen Fernrohr kann man »Spaziergänge« über die Mondoberfläche unternehmen. Es seien hier einige Beispiele besonders reizvoller Landschaften gegeben. Nehmen wir etwa den Krater Copernicus und seine Umgebung. Er ist am besten bei zunehmendem Mond, etwa zwei oder drei Tage nach dem Ersten Viertel, zu beobachten. Entsprechend schöne Beobachtungen lassen sich aber auch bei abnehmendem Mond, etwa einen Tag nach dem letzten Viertel, anstellen. Zu diesen beiden Zeitpunkten verläuft die Tag-Nachtgrenze (Lichtgrenze) in der Nachbarschaft dieses Kraters, so daß alle Einzelheiten lange Schatten werfen. Copernicus selbst hat einen Durchmesser von etwa 90 km. Deutlich erkennen wir den terrassenartigen Abfall seines Walles zum Kraterboden hin. Dabei erhebt sich der Wall bis zu 3500 Meter über das Innere. In der Mitte des Kraters befindet sich ein massives Zentralgebirge mit mehreren Spitzen. Besonders eindrucksvoll sind die Zentralberge zu beobachten, wenn die Lichtgrenze so weit vorgeschritten (oder zurückgeschritten) ist, daß das Kraterinnere noch (oder schon) vollständig im Dunkeln liegt, die Spitzen der Zentralberge aber als helle sternartige Punkte herausblinken. Der Kraterwall des Copernicus wird von einem fast unübersehbaren Gewirr einzelner Berge und Bergrücken umgeben, die zum Teil radial vom Zentrum des Kraters weg verlaufen. Im Norden schließt sich an Copernicus der Gebirgszug der Karpaten an. Er ist an mehreren Stellen unterbrochen und hat eine Höhe zwischen 1500 und 2000 m. Nordwestlich von Copernicus liegt der Krater Eratosthenes mit einem Durchmesser von 60 km. Seine Wälle erheben sich bis zu 5000 m über das Innere, das seinerseits etwa 2500 m unter der äußeren Umgebung liegt. Auch Eratosthenes verfügt über einen ausgeprägten Zentralberg. Zwischen Copernicus und Eratosthenes erstreckt sich ein recht bemerkenswertes Gebiet. Dort erkennen wir zunächst einmal den nur noch schemenhaft zu beobachtenden Krater Stadius, der 60 km mißt. Man hat ihn gelegentlich auch als »Geisterkrater« bezeichnet. Ganz offensichtlich ist er nach seiner Entstehung von Lavamassen weitgehend überflutet worden. Am Rand und im Innern dieses Kraters sehen wir mit etwas größeren Amateur-Fernrohren winzige Kratergruben. Besondere Aufmerksamkeit erregt eine Kraterkette, die etwa am Nordostrand von Stadius beginnt und weiter nach Nordosten in Richtung Karpaten verläuft. Hier gliedern sich einige Dutzend winziger Krater von weniger Kilometern Durchmesser kettenartig, aber in gelegentlich etwas unregelmäßiger Reihenfolge aneinander.

Das reizvolle Mare Crisium beobachtet man am besten drei oder vier Tage nach Neumond oder zwei Tage nach Vollmond. Es hat einen Durchmesser von 500 km. Obwohl es von der Erde aus gesehen elliptisch erscheint, ist es nahezu kreisförmig. In seinem Innern sehen wir zahlreiche Runzeln, besonders auf seiner Ostseite. In diesem Bereich sind auch einige kleinere Krater zu erkennen, vor allem der mehr nach Süden hin gelegene Picard und – weiter nach Norden hin – der Krater Peirce.

Im Südwestteil des Mondes liegen die drei Krater Theophilus, Cyrillus und Catharina nahe beieinander. Wir können sie am

Das Mare Imbrium (oben links), die Krater Theophilus, Cyrillus und Catharina (oben rechts), das Mare Crisium (unten links) und die Verfärbung des Mondes bei einer Finsternis (unten rechts). Bei den ersten drei Aufnahmen ist Norden unten.

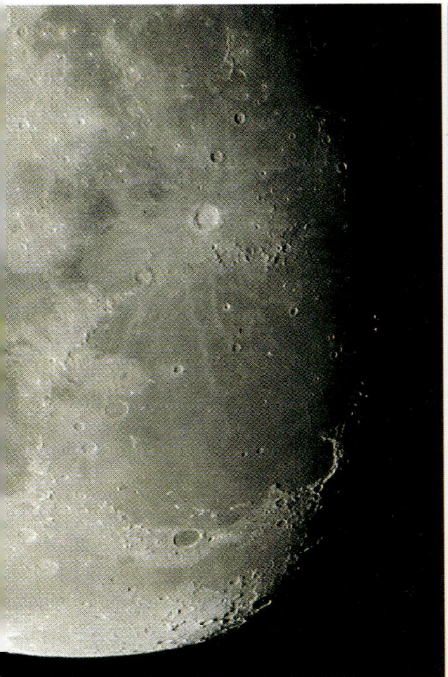

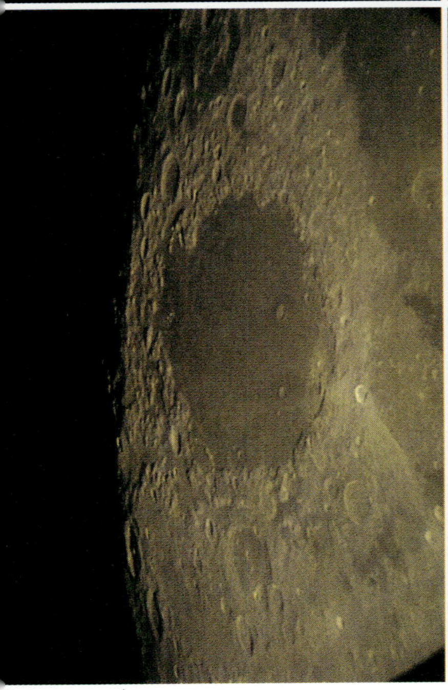

besten etwa fünf Tage nach Neumond oder etwa vier Tage nach Vollmond beobachten. Bei Theophilus handelt es sich um eine große Wallebene mit etwas über 100 km Durchmesser. Sein Grat ist außerordentlich scharf. In seinem Innern sehen wir einige Zentralberge. Ähnlich wie bei Copernicus ist auch der innere Hang von Theophilus terrassenartig ausgebildet. Die Höhe des Walles ist 5000 m über dem Innern. Theophilus muß ein relativ junger Krater sein. Hat sich doch sein Südostwall auf den älteren Krater Cyrillus gesetzt. Cyrillus hat einen Durchmesser von etwa 90 km. In seinem Innern sehen wir mindestens zwei Zentralberge sowie einige kleinere Sekundärkrater. Ferner erkennen wir einige Runzeln und Spalten. Weiter südlich liegt Catharina mit einem Durchmesser von 90 km und einer Wallhöhe von 4800 m. Es ist der älteste der drei genannten Krater. Sein Wall hat sich zum Teil bereits abgetragen. Auf dem Wall, aber auch im Innern, entdecken wir mehrere kleine Sekundärkrater.

Ein anderes reizvolles Gebiet ist weit im Norden der Krater Plato und seine Umgebung. Man beobachtet ihn am besten etwa einen Tag nach dem Ersten Viertel oder im Letzten Viertel. Plato mißt 100 km. Der Wall ragt zwar nur etwa 1000 m auf, einzelne Spitzen erheben sich aber bis auf 2000 m. Dafür zeigt sich der Wall außerordentlich scharf und schmal. Im Innern entdecken wir zunächst keine weiteren Einzelheiten, weder einen Zentralberg noch einen Krater. Haben wir aber ein etwas besseres Fernrohr und beobachten wir bei verschiedenen Beleuchtungsverhältnissen, so erkennen wir doch den einen oder anderen Minikrater und andere Einzelheiten. Südlich von Plato sehen wir im Innern des Mare Imbrium eine Gruppe versprengter Berge. Zu ihnen gehört Pico mit etwa 2300 m Höhe. Etwas weiter östlich davon liegen die Teneriffa-Berge. Mehr westlich von Plato liegen die Alpen und das schon erwähnte Alpenquertal, nach Osten hin folgt das Jura-Gebirge, das wir allerdings besser drei bis vier Tage nach dem Ersten Viertel oder etwa zwei Tage nach dem Letzten Viertel beobachten sollten. Der Jura stellt einen Halbkreis dar und umfaßt den Sinus Iridum (»Regenbogenbucht«). Die beiden Berge, die den Jura nach Westen bzw. Osten hin begrenzen, tragen den Namen Kap Laplace und Kap Heraklit.

Schließlich sei noch auf die verwirrende Fülle von Kratern und Ringgebirgen auf der Südhalbkugel des Mondes verwiesen. Hier entdecken wir Hunderte oder sogar Tausende von großen und kleinen Kratern, zum Teil oft wir ineinandergeschachtelt. Natürlich wissen wir seit den bemannten Mondlandungen, aber auch aus Untersuchungen und Fotografien vieler unbemannter Mondsonden, heute sehr viel mehr von der Mondoberfläche. »Neues« wird der Sternfreund oder Amateurastronom auf dem Mond deshalb kaum mehr entdecken. Trotzdem gehört der Mond zu den schönsten Himmelsobjekten, die wir schon mit kleinen Fernrohren »erobern« können. Die erste weiche Landung gelang am 3. 2. 1966 Luna 9. Die erste bemannte Umrundung des Mondes erfolgte mit Apollo 8 im Dezember 1968. Am 20. 7. 1969 landete Apollo 11 um 21 Uhr 47 Minuten 46 Sekunden MEZ im Mare Tranquillitatis. Es war der Astronaut Neil Armstrong, der am 21. 7. 1969 um 3 Uhr 56 Minuten 20 Sekunden MEZ den Mondboden betrat. Ihm folgte wenige Minuten später Edwin Aldrin nach. Die letzte bemannte Mondlandung erfolgte mit Apollo 17 am 11. 12. 1972 auf der Nordhalbkugel des Mondes im Bereich Taurus-Littrow.

Apollo 17-Astronauten auf dem Mond im Gebiet Taurus-Littrow

Die Planeten

Für viele Menschen sind alle Lichtpunkte, die wir am nächtlichen Himmel beobachten, einfache »Sterne«. Der Astronom unterscheidet aber genau zwischen Sternen und Planeten. Sterne sind selbständig leuchtende Himmelskörper, also Gasbälle nach Art unserer Sonne. Unsere Sonne könnten wir als unseren nächsten Stern bezeichnen. Planeten oder Wandelsterne sind dagegen Körper, die nicht selbst leuchten, sondern die wir nur im zurückgestrahlten Sonnenlicht beobachten können. Planeten umlaufen unsere Sonne. Vielleicht werden auch andere Sterne zumindest teilweise von Planeten umkreist.

Die »klassischen« Planeten, die wir bereits mit bloßem Auge von der Erde aus beobachten können, heißen Merkur, Venus, Mars, Jupiter und Saturn. Unsere Erde wollen wir hierbei nicht mit einschließen. Jenseits der Marsbahn bewegen sich noch die Planeten Uranus, Neptun und Pluto um unsere Sonne, die aber nur mit optischen Hilfsmitteln aufgefunden werden können. Schließlich gibt es noch die sogenannten Kleinplaneten (Asteroiden, Planetoiden), die hauptsächlich zwischen Mars und Jupiter um unsere Sonne laufen. Auch sie können nur mit Fernrohren beobachtet werden.

Die Planeten sind gegenüber unserer Sonne nahezu verschwindend klein. Selbst wenn wir alle zusammenrechnen, ergibt ihre Masse nur etwa $\frac{1}{1000}$ der Sonnenmasse. Ein Vergleich der Durchmesser sieht weniger kraß aus: Der größte Planet Jupiter mißt etwas mehr als $\frac{1}{10}$ des Sonnendurchmessers.

Bereits unser Sonnensystem weist so gewaltige Entfernungen auf, daß wir zu Vergleichen Zuflucht nehmen müssen. So ist die Sonne von unserer Erde etwa so weit entfernt, daß ein Flugzeug mit einer Geschwindigkeit von 1000 km/Std. etwa 17 Jahre ununterbrochen unterwegs wäre. Zum größten Planeten Jupiter müßte dieses Flugzeug von der Sonne aus über 88 Jahre lang fliegen. Zur Überwindung der Strecke Sonne–Pluto würden sogar über 675 Jahre vergehen. Aber selbst Raumsonden mit ihren viel größeren Geschwindigkeiten benötigen meist mehrere Jahre, um von der Erde aus andere Planeten zu erreichen

Die Planeten bewegen sich um so langsamer um unsere Sonne, je weiter sie von dieser entfernt sind. So hat der sonnennächste Planet Merkur eine Umlaufsgeschwindigkeit von durchschnittlich 47,9 km/Sek. Die Erde bewegt sich im Mittel mit 29,8 km/Sek., während Pluto nur noch eine durchschnittliche Bahngeschwindigkeit von 4,7 km/Sek. aufweist. Deshalb überholen die inneren Planeten ständig die äußeren. Dies führt zusammen mit ihren sich verändernden Stellungen gegenüber Sonne und Erde zu ganz unterschiedlichen Sichtbarkeitsverhältnissen.

Beginnen wir zunächst mit Merkur und Venus, die sich innerhalb der Erdbahn um die Sonne bewegen. Man bezeichnet sie gelegentlich auch als untere Planeten. Befinden sie sich etwa in der Richtung zur Sonne, so sind sie für uns natürlich unsichtbar. Derartige Stellungen bezeichnet man auch als eine Konjunktion zur Sonne. Bei den unteren Planeten gibt es zwei verschiedene Konjunktionen. Entweder steht der Planet zwischen Sonne und Erde, dann spricht man von einer unteren Konjunktion. Oder aber der Planet befindet sich hinter der Sonne, was bedeutet, daß diese zwischen dem Planeten und unserer Erde steht. Dann haben wir eine obere Konjuntion zur Sonne. Zu diesem Zeitpunkt etwa sind Merkur oder Venus auch am weitesten von unserer Erde entfernt. Zur unteren

Größenverhältnisse in unserem Planetensystem

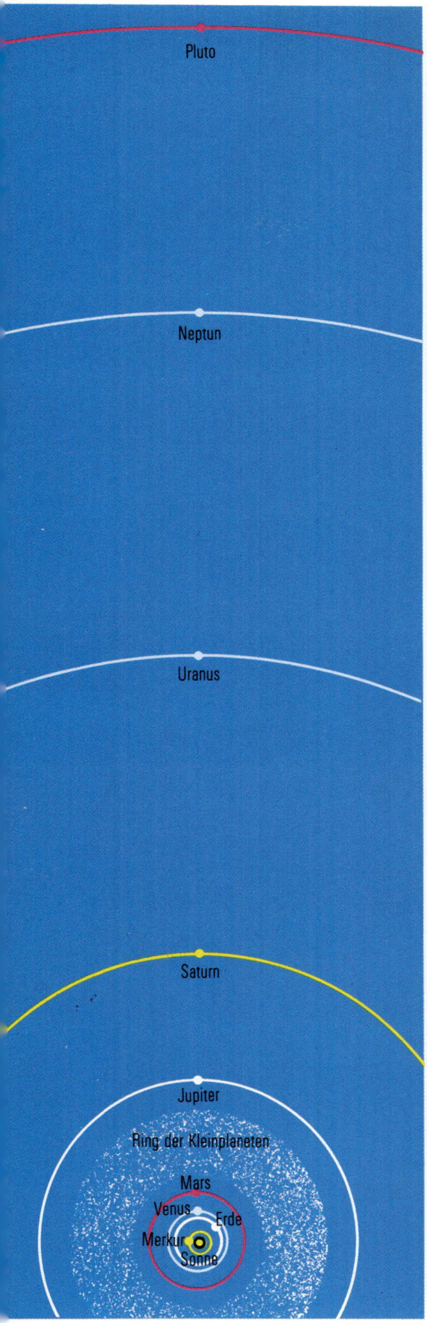
Pluto
Neptun
Uranus
Saturn
Jupiter
Ring der Kleinplaneten
Mars
Venus
Erde
Merkur
Sonne

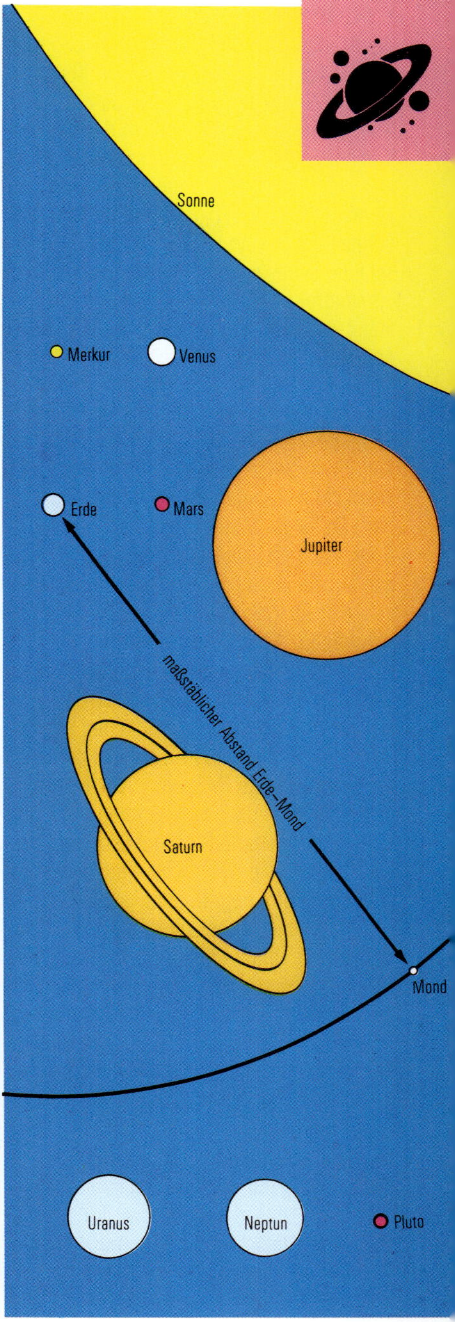
Sonne
Merkur
Venus
Erde
Mars
Jupiter
maßstäblicher Abstand Erde–Mond
Saturn
Mond
Uranus
Neptun
Pluto

Konjunktion stehen sie uns am nächsten. Bei Merkur sind diese Unterschiede geringer als bei Venus: In der oberen Konjunktion zur Sonne ist Venus im Durchschnitt 258 Millionen km entfernt. In der unteren Konjunktion aber sinkt ihre mittlere Entfernung auf nur 42 Millionen km. Berücksichtigt man die Elliptizität der Planetenbahnen, so sind die extremen Unterschiede sogar noch etwas größer. Erreicht ein unterer Planet einen größten Winkelabstand von der Sonne, ist er im allgemeinen am besten zu beobachten. Man spricht auch von der größten östlichen oder westlichen Elongation zur Sonne. Etwa zur Zeit der östlichen Elongation ist der betreffende Planet am Abend, zur westlichen Elongation am Morgen sichtbar. Da sich Merkur ziemlich nahe der Sonne aufhält, sind nicht alle seine Elongationsstellungen günstig genug, um ihn von der Abend- oder Morgendämmerung abzuheben. Findet beispielsweise in den Spätwinter- und Frühlingsmonaten eine westliche Elongation statt, so läuft Merkur im Tierkreis bedeutend südlicher als die Sonne. Er steht dann im Tierkreis dort, wo die Sonne einige Wochen zuvor war. Dadurch kann Merkur nur so knapp vor der Sonne aufgehen, daß er praktisch unsichtbar bleibt. Eine westliche Elongation ist also in den betreffenden Jahreszeiten nicht ergiebig. Umgekehrt wirkt sich im Spätwinter und Frühling eine östliche Elongation vorteilhaft aus. Dann befindet sich nämlich Merkur in mehr nördlichen Teilen des Tierkreises. Er ist gegenüber der Sonne bevorzugt und steht an einer Stelle des Tierkreises, welche die Sonne erst einige Wochen später erreicht. Merkur geht abends deutlich nach der Sonne unter und kann verhältnismäßig günstig über dem Untergangshorizont der Sonne, etwa im Westen, gesehen werden. Andererseits ist eine östliche Elongation im Spätsommer oder Herbst ungünstig, eine westliche Elongation aber vorteilhaft. Merkur geht deutlich vor der Sonne etwa im Osten auf und kann vor Sonnenaufgang gesehen werden. Unsere Tabelle auf Seite 213 stellt die einigermaßen günstigen östlichen und westlichen Elongationen des Merkur im Zeitraum zwischen 1985 und 2000 zusammen. Im allgemeinen dauert die Sichtbarkeitsperiode des Planeten Merkur nur wenige Tage. Der Winkelabstand des Merkur zur Sonne kann selbst in der größten Elongation nur auf etwa 18 bis 27 Grad anwachsen.

Viel günstiger liegen die Verhältnisse bei der Venus. Sie erreicht in den größten Elongationen einen Winkelabstand von 45 bis 47 Grad von der Sonne. Damit geht sie jeweils deutlich nach der Sonne unter oder vor der Sonne auf. Die einzelnen Elongationen sind, ähnlich wie bei Merkur, zwar nicht völlig gleichwertig. Aber es ergibt sich in jedem Falle eine günstige Beobachtbarkeit. Hinzu kommt, daß die Venus außerordentlich hell ist, nämlich das hellste Gestirn nach Sonne und Mond. Dabei erreicht sie ihre größte Helligkeit (ihren »größten Glanz«) etwa in der Zeitspanne zwischen den größten Elongationen und der unteren Konjunktion zur Sonne. Im günstigsten Falle geht Venus in einer größten östlichen oder westlichen Elongation 4 bis 4½ Stunden nach der Sonne unter oder vor der Sonne auf.

Den Zeitraum zwischen zwei gleichartigen Stellungen eines Planeten gegenüber unserer Sonne bezeichnet man als synodische Umlaufszeit. Eine synodische Umlaufsperiode vergeht also beispielsweise zwischen zwei oberen Konjunktionen des Merkur oder der Venus zur Sonne.

Etwas andere Sichtbarkeitsverhältnisse zeigen die Planeten, die sich außerhalb

Zur Erklärung der Planetenkonstellationen (oben) und der scheinbaren Schleifenbewegungen der Planeten am Himmel (unten)

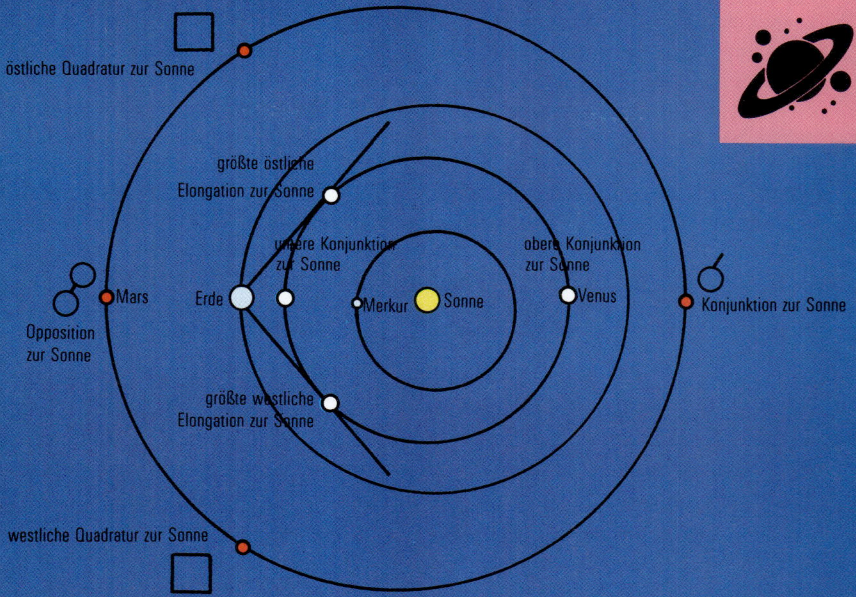
östliche Quadratur zur Sonne
größte östliche
Elongation zur Sonne
untere Konjunktion
zur Sonne
obere Konjunktion
zur Sonne
Mars
Erde
Merkur
Sonne
Venus
Konjunktion zur Sonne
Opposition
zur Sonne
größte westliche
Elongation zur Sonne
westliche Quadratur zur Sonne

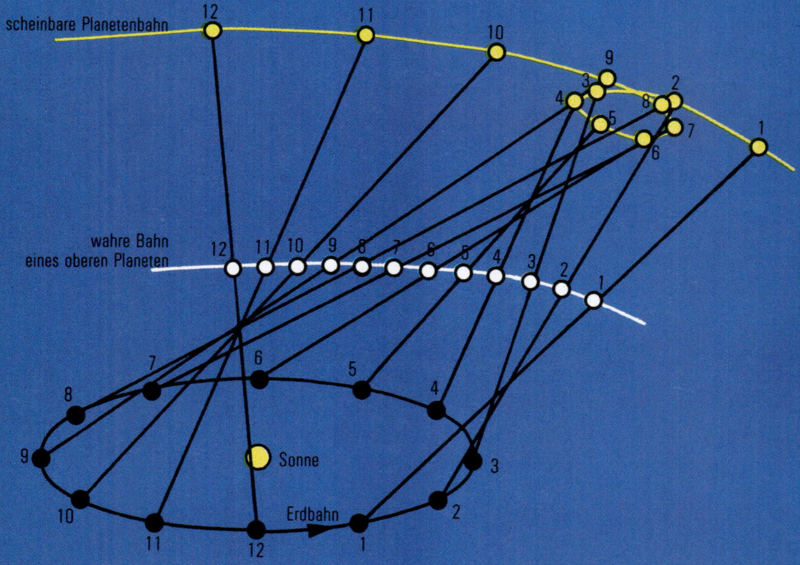
scheinbare Planetenbahn
wahre Bahn
eines oberen Planeten
Sonne
Erdbahn

der Erdbahn um die Sonne bewegen. Wir nennen sie auch obere Planeten. Während die unteren Planeten nur bestimmte Maximalwerte in ihren Winkelstellungen zur Sonne erreichen, lassen sich die oberen in jedem beliebigen Winkelabstand von der Sonne beobachten.

Natürlich gibt es auch hier eine Konjunktion zur Sonne, in der diese Planeten unsichtbar sind. Aber man kann dabei nicht zwischen oberen und unteren Konjunktionen unterscheiden. Die Planeten Mars bis Pluto erreichen ihre Konjunktion zur Sonne stets hinter unserem hellen Tagesgestirn. Deswegen müssen wir auch nicht im einzelnen zwischen oberer oder unterer Konjunktion unterscheiden. Am besten können obere Planeten beobachtet werden, wenn die schneller laufende Erde den langsamer laufenden Planeten überholt und schließlich genau zwischen diesem Planeten und der Sonne hindurchzieht. Zu diesem Zeitpunkt steht der betreffende Planet unserer Sonne am Himmel gegenüber, in Opposition zu ihr, und kann die ganze Nacht hindurch beobachtet werden: Er geht abends bei Sonnenuntergang auf, steht etwa um Mitternacht in seinem höchsten Stand im Süden und geht morgens bei Sonnenaufgang wieder unter. Nahezu gleichzeitig wird auch der kleinste Abstand von unserer Erde erreicht. Der Zeitpunkt der Opposition und der größten Erdnähe ist aber doch etwas unterschiedlich. Dies macht sich vor allem bei Mars bemerkbar, dessen Bahn verhältnismäßig stark exzentrisch verläuft. Deswegen haben wir auch auf der Tabelle auf Seite 216 den Zeitpunkt der größten Annäherung an die Erde gesondert angegeben. Bei Jupiter und Saturn sowie den noch ferneren Planeten fallen dagegen diese Zeitpunkte enger zusammen.

Nicht alle Oppositionen der oberen Planeten sind gleichwertig. Auch hier liegt es an der Exzentrizität der Planetenbahnen, daß sie und die Erdbahn sich in bestimmten Bereichen näher kommen und in anderen etwas stärker auseinanderklaffen. Wieder fällt Mars besonders auf: Bei verhältnismäßig ungünstigen Oppositionen kann seine Entfernung zur Erde auf nur etwa 101 Millionen km absinken. In günstigeren Fällen verringert sich der Abstand auf etwa 55 Millionen km. Man spricht auch von Aphel- oder Perihel-Oppositionen. Aphel bedeutet Sonnenferne, Perihel Sonnennähe. Je nachdem, ob sich Mars nahe dem einen oder anderen Punkt seiner Umlaufbahn aufhält, sind also die Oppositionen ungünstiger oder günstiger. Im Durchschnitt folgen die Marsoppositionen in Abständen von 2 Jahren 50 Tagen aufeinander. Günstige Perihel-Oppositionen dürfen wir in Abständen von etwa 15 oder 17 Jahren erwarten.

Schon bei Jupiter sind die Unterschiede nicht so auffällig, und bei den noch ferneren Planeten ist es nahezu gleichgültig, ob sich eine Aphel- oder Perihel-Opposition ereignet. Unsere Tabellen auf Seite 213 bis 220 helfen dem Leser, die Beobachtungsmöglichkeiten und Stellungen der mit bloßem Auge sichtbaren Planeten Merkur bis Saturn bis zum Ende des 20. Jahrhunderts wenigstens in großen Zügen wahrnehmen und verfolgen zu können.

Darüber hinaus zeigen die beiden Tabellen auf Seite 214, zu welchen Zeiten (wie viele Tage) die Planeten im Mittel sichtbar sind. Im Einzelfall können aber, je nach Stellung der Planeten gegenüber der Sonne im Tierkreis, Abweichungen auftreten.

Im allgemeinen bewegen sich die Planeten von West nach Ost durch den Tierkreisgürtel, so wie der Mond oder die Sonne. Sie zeigen eine rechtläufige Bewegung. Überholen wir aber einen oberen Planeten oder werden wir selbst von einem unteren überholt, so zeigen diese Planeten über einige Wochen oder Monate

Die Morgen- und Abendsichtbarkeiten von Merkur 1985–2000

in Klammern: weniger gute Sichtbarkeit

17. 3. 1985	östliche Elongation
28. 8. 1985	westliche Elongation
(17. 12. 1985	westliche Elongation)
28. 2. 1986	östliche Elongation
11. 8. 1986	westliche Elongation
30. 11. 1986	westliche Elongation
12. 2. 1987	östliche Elongation
7. 6. 1987	östliche Elongation
(25. 7. 1987	westliche Elongation)
13. 11. 1987	westliche Elongation
26. 1. 1988	östliche Elongation
19. 5. 1988	östliche Elongation
26. 10. 1988	westliche Elongation
(9. 1. 1989	östliche Elongation)
1. 5. 1989	östliche Elongation
10. 10. 1989	westliche Elongation
13. 4. 1990	östliche Elongation
24. 9. 1990	westliche Elongation
27. 3. 1991	östliche Elongation
7. 9. 1991	westliche Elongation
9. 3. 1992	östliche Elongation
21. 8. 1992	westliche Elongation
(9. 12. 1992	westliche Elongation)
21. 2. 1993	östliche Elongation
4. 8. 1993	westl. Elong.
22. 11. 1993	westl. Elong.
4. 2. 1994	östl. Elong.
30. 5. 1994	östl. Elong.
(17. 7. 1994	westl. Elongation)
6. 11. 1994	westl. Elongation
19. 1. 1995	östliche Elongation
12. 5. 1995	östliche Elongation
20. 10. 1995	westliche Elongation
(2. 1. 1996	östliche Elongation)
23. 4. 1996	östliche Elongation
3. 10. 1996	westliche Elongation
6. 4. 1997	östliche Elongation
16. 9. 1997	westliche Elongation
20. 3. 1998	östliche Elongation
31. 8. 1998	westliche Elongation
3. 3. 1999	östliche Elongation
14. 8. 1999	westliche Elongation
(3. 12. 1999	westliche Elongation)
15. 2. 2000	östliche Elongation
9. 6. 2000	östliche Elongation
27. 7. 2000	westliche Elongation
15. 11. 2000	westliche Elongation

Die wichtigsten Stellungen der Venus 1985–2000

22. 1. 1985	größte östliche Elongation
3. 4. 1985	untere Konjunktion
12. 6. 1985	größte westl. Elongation
19. 1. 1986	obere Konjunktion
27. 8. 1986	größte östliche Elongation
5. 11. 1986	untere Konjunktion
15. 1. 1987	größte westl. Elongation
23. 8. 1987	obere Konjunktion
3. 4. 1988	größte östliche Elongation
13. 6. 1988	untere Konjunktion
22. 8. 1988	größte westl. Elongation
4. 4. 1989	obere Konjunktion
8. 11. 1989	größte östliche Elongation
18. 1. 1990	untere Konjunktion
1. 4. 1993	untere Konjunktion
10. 6. 1993	größte westl. Elongation
17. 1. 1994	obere Konjunktion
24. 8. 1994	größte östliche Elongation
2. 11. 1994	untere Konjunktion
13. 1. 1995	größte westl. Elongation
20. 8. 1995	obere Konjunktion
1. 4. 1996	größte östliche Elongation
10. 6. 1996	untere Konjunktion
20. 8. 1996	größte westl. Elongation
2. 4. 1997	obere Konjunktion
6. 11. 1997	größte östliche Elongation
16. 1. 1998	untere Konjunktion
27. 3. 1998	größte westl. Elongation

Erscheinung	Merkur	Venus
obere Konjunktion zur Sonne	0 Tg.	0 Tg.
Erscheinen als Abendstern	12	35
größte östliche Elongation	36	221
beginnende Rückläufigkeit	47	271
Verschwinden als Abendstern	53	286
untere Konjunktion zur Sonne	58	292
Erscheinen als Morgenstern	63	298
endende Rückläufigkeit	69	313
größte westliche Elongation	80	362
Verschwinden als Morgenstern	104	549
obere Konjunktion zur Sonne	116	584

Erscheinung	Mars	Jupiter	Saturn
Konjunktion zur Sonne	0 Tg.	0 Tg.	0 Tg.
Erscheinen am Morgen	54	13	18
Beginnende Rückläufigkeit	353	140	125
Opposition zur Sonne	390	200	189
Endende Rückläufigkeit	427	260	253
Verschwinden am Abend	726	286	360
Konjunktion zur Sonne	780	399	378

hinweg eine Rückläufigkeit (retrograde Bewegung). Lägen alle Planetenbahnen genau auf derselben Ebene, gäbe es also keine Bahnneigung der Planeten gegenüber der Ekliptik oder Erdbahnebene, so wäre diese Rückläufigkeit einfach eine Hinundherbewegung. Die Bahnneigungen bewirken aber, daß die Rückläufigkeiten in einer Schleifen- oder Zickzackbewegung erfolgen. Bei den unteren Planeten vollzieht sich die Rückläufigkeit im Zeitraum kurz vor und nach ihrer unteren Konjunktion zur Sonne. Die oberen Planeten sind kurz vor und nach der Oppositionsstellung dieser Planeten zur Sonne rückläufig.

Obwohl unsere Tabellen einen ganz guten Überblick über die Bewegung der Planeten in den Jahren 1985 bis 2000 vermitteln, können wir noch einen anderen sehr einfachen Hinweis geben: Planeten erscheinen bekanntlich immer in einem der Tierkreis-Sternbilder (wobei wir allerdings als sogenanntes 13. Tierkreis-Sternbild noch den Südteil des Schlangenträgers oder Ophiuchus hinzurechnen müßten). Ein überzähliger »Stern« in einem der Tierkreis-Sternbilder ist also mit großer Sicherheit ein Planet – es sei denn, es handelt sich zufälligerweise um eine Nova oder Supernova. Dies aber sind extrem seltene Schauspiele. Erscheint der Planet nur knapp nach Sonnenuntergang in der Abenddämmerung oder kurz vor Sonnenaufgang in der Morgendämmerung über dem jeweiligen Untergangs- oder Aufgangshorizont der Sonne und zeigt er eine sehr bleiche gelbliche Farbe, kann es sich um Merkur handeln. Ein aufregend helles und weißes Gestirn abends oder morgens im Westen oder Osten könnte Venus sein. Mars erscheint deutlich rot, kann aber ganz unterschiedliche Stellungen im Tierkreis einnehmen. Befindet er sich der Sonne etwa gegenüber, zeigt er sich am hellsten. Steht er mehr im Sonnenbereich, könnte er mit Merkur oder Saturn verwechselt werden. Ein ebenfalls heller und weißer Planet, jedoch nicht ganz so hell wie Venus, könnte Jupiter sein. Aber er ist nicht allein auf eine Abend- oder Morgen-

Die wichtigsten Stellungen der Venus (Fortsetzung)

30. 3. 1990 größte westl. Elongation
1. 11. 1990 obere östliche Konjunktion
13. 6. 1991 größte östliche Elongation
22. 8. 1991 untere Konjunktion
2. 11. 1991 größte westl. Elongation
13. 6. 1992 obere Konjunktion
19. 1. 1993 größte östliche Elongation
30. 10. 1998 obere Konjunktion
11. 6. 1999 größte östliche Elongation
20. 8. 1999 untere Konjunktion
30. 10. 1999 größte westl. Elongation
11. 6. 2000 obere Konjunktion
17. 1. 2001 größte östliche Elongation

Planet	Mittlere Entfernung von der Sonne in Mill. km	siderische Umlaufszeit in Tagen	synodische Umlaufszeit in Tagen	Bahnexzentrizität
Merkur	57,9	87,969	115,88	0,2056
Venus	108,2	224,701	583,92	0,0068
Erde	149,6	365,256	–	0,0167
Mars	227,9	686,980	779,94	0,0934
Jupiter	778,3	4 332,71	398,88	0,0485
Saturn	1 429,4	10 759,5	379,09	0,0556
Uranus	2 875,0	30 685	369,66	0,0472
Neptun	4 504,3	60 190	367,49	0,0086
Pluto	5 900,1	90 800	366,73	0,250

Planet	Masse (Erde = 1)	Äquatorradius in km	Abplattung	mittlere Dichte in g/cm^3	siderische Rotationszeit	Äquatorneigung gegen Bahnebene
Merkur	0,0558	2 439	0,0	5,42	58,65^d	0°
Venus	0,8150	6 052	0,0	5,25	243,01^d(r)	2°
Erde	1,0000	6 378	0,0034	5,52	23,9345^h	23,44°
Mars	0,1074	3 398	0,0059	3,94	24,6229^h	25,20°
Jupiter	317,89	71 398	0,0637	1,32	9,841^h	3,08°
Saturn	95,15	60 330	0,102	0,69	10,233^h	29°
Uranus	14,54	25 400	0,024 ?	1,19 ?	15,5^h ? (r)	97,9°
Neptun	17,23	24 300	0,027 ?	1,66 ?	15,8^h ?	28,8°
Pluto	0,002 ?	1 500 ?	?	0,9 ?	6,39^d	üb. 50° ?

r = die Rotation erfolgt rückläufig (retrograd); ? = die Angabe ist unsicher sichtbarkeit beschränkt. Saturn schließlich ist mehr von bleicher Farbe und gegenüber den anderen mit bloßem Auge sichtbaren Planeten verhältnismäßig schwach. Allerdings kann er, in der Nachbarschaft der Sonne, wiederum mit Merkur oder Mars verwechselt werden.

Wenden wir uns nun den Beobachtungsmöglichkeiten der Planeten mit Hilfe kleiner Fernrohre zu. Der sonnennächste Planet **Merkur** steht selbst in seinen günstigen Sichtbarkeitsperioden so nahe am Horizont, daß Dunst und Luftunruhe in der Regel nur zu einer sehr schlechten Bildqualität führen. Einige routinierte Beobachter suchen Merkur bei Tage auf, wenn er noch genügend hoch über dem Horizont steht. Dazu bedarf es aber einiger Übung. Außerdem zeigt Merkur im Fernrohr nur ein kleines Scheibchen zwischen 4,8 und 13,3 Bogensekunden Durchmesser. Mit kleineren Fernrohren werden wir auf dieser Scheibe kaum irgendwelche Oberflächeneinzelheiten wahrnehmen. Dies gelingt erst mit Geräten über etwa 10 cm Öffnung und auch da nur mit viel Geduld. Heute wissen wir nach den Aufnahmen der Raumsonde Mariner 10 in den Jahren 1974/75, daß Merkur der Oberfläche unseres Mondes sehr stark ähnelt. Es gibt auf ihm praktisch alle Oberflächendetails, die wir auch von unserem Erdtrabanten kennen. Ferner verfügt auch Merkur über keine Atmosphäre. Auf seiner Tagseite herrscht eine Temperatur bis zu maximal +450° C, auf der Nachtseite sind es etwa −180° C.

Auch bei **Venus** können wir mit Fernrohren nicht viel ausrichten. Ist doch dieser Planet von einer lückenlosen hellen Wolkenschicht überzogen, die wir selbst mit großen Fernrohren nicht durchdringen können. Die verschiedenen Venus-Sonden sowie radartechnische Untersuchungen zeigen, daß die Venusoberfläche glatter ist als die Erdoberfläche. Trotzdem gibt es auf der Venus Berge und Gebirge, wahrscheinlich auch Vulkane bzw. Vulkankrater. Ob der Vulkanismus auf der Venus aber heute noch tätig ist, bleibt umstritten. Auf der Venusoberfläche herrscht fast durchweg eine Temperatur von etwa +470° C sowie ein atmosphärischer Druck von 95 bar. Der Hauptbestandteil der Venusatmosphäre ist mit über 95% Kohlendioxid. Dagegen können wir bei Merkur und Ve-

Die wichtigsten Stellungen von Mars, Jupiter und Saturn 1985–2000

Fortsetzung Seite 218 und 220

Mars

in Klammern Abstand Mars–Erde in Millionen km

18. 7. 1985	Konjunktion
10. 7. 1986	Opposition
16. 7. 1986	Erdnähe (60)
25. 8. 1987	Konjunktion
22. 9. 1988	Erdnähe (59)
28. 9. 1988	Opposition
29. 9. 1989	Konjunktion
20. 11. 1990	Erdnähe (77)
27. 11. 1990	Opposition
8. 11. 1991	Konjunktion
3. 1. 1993	Erdnähe (94)
7. 1. 1993	Opposition
27. 12. 1993	Konjunktion
11. 2. 1995	Erdnähe (101)
12. 2. 1995	Opposition
4. 3. 1996	Konjunktion
17. 3. 1997	Opposition
20. 3. 1997	Erdnähe (99)
12. 5. 1998	Konjunktion
24. 4. 1999	Opposition
1. 5. 1999	Erdnähe (87)
1. 7. 2000	Konjunktion

Zur Erklärung der Phasen von Merkur und Venus (oben), Merkur und Venus im Fernrohr (unten links und rechts)

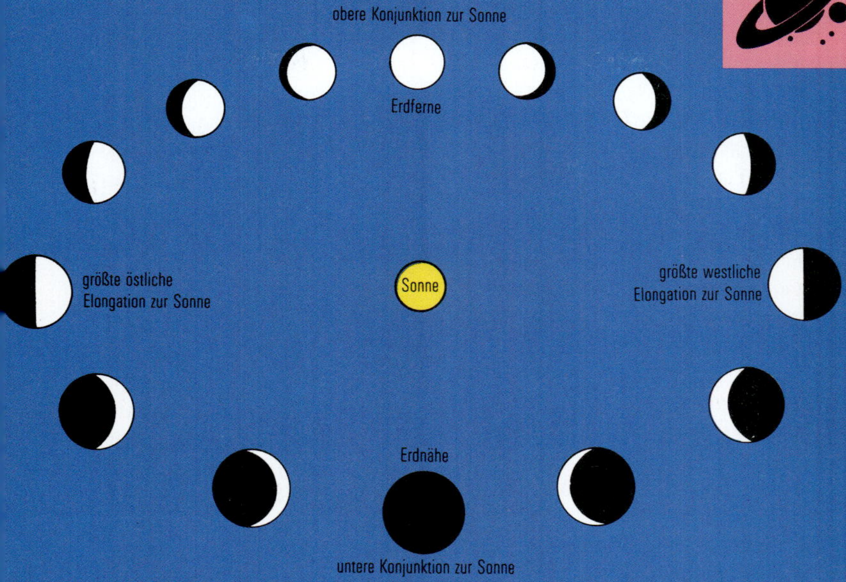
obere Konjunktion zur Sonne
Erdferne
größte östliche
Elongation zur Sonne
Sonne
größte westliche
Elongation zur Sonne
Erdnähe
untere Konjunktion zur Sonne

nus, vor allem aber bei Venus, deutlich die Phasengestalten im Fernrohr beobachten. Stehen diese Planeten in oberer Konjunktion zur Sonne, so ist ihre helle Tagseite unserer Erde zugekehrt. In der unteren Konjunktion blicken wir dagegen von der Erde aus auf die Nachtseite von Merkur und Venus. Etwa zur Zeit der östlichen und westlichen Elongation zur Sonne erscheinen die Planeten halb beleuchtet. Der genaue Zeitpunkt der Halbphase (oder Dichotomie) weicht allerdings vom genauen Datum der größten Elongation etwas ab. Daran ist die Elliptizität der Planetenbahnen beteiligt. Aber auch die Venusatmosphäre wirkt daran mit.

Am schönsten erscheint die Venus in einem Fernrohr wenige Tage oder Wochen vor und nach der unteren Konjunktion zur Sonne. Dabei zeigt sie sich als eine schmale Sichel. Wie schon erwähnt, ist sie in dieser Zeitspanne am hellsten. Sie kommt dabei auf ungefähr — $4\overset{m}{,}4$ und ist dann so hell, daß sie sogar mit bloßem Auge am Taghimmel aufgefunden werden kann. Gelegentlich erkennt man mit einem guten Fernrohr, daß die schmale Sichel übergreifende Hörnerspitzen besitzt. Von unserem Mond sind wir eine derartige Erscheinung nicht gewohnt. Seine Sichel umfaßt genau einen Halbkreis. Die übergreifenden Hörnerspitzen der Venussichel sind ein Werk der Strahlenbrechung innerhalb der Venusatmosphäre. Wegen der recht unterschiedlichen Entfernungen der Venus von unserer Erde schwankt auch ihr scheinbarer Durchmesser erheblich, nämlich zwischen 10 und 64 Bogensekunden. Ihre schmale Sichel hat einen Durchmesser von rund 1 Bogenminute. Das ist immerhin 1/30 des Durchmessers der Vollmondscheibe. Trotzdem erscheint Venus für das bloße Auge auch bei dieser Gelegenheit nicht als Sichel. Ein ordentlicher Feldstecher genügt bereits, um sie zu dieser Zeit in ihrer Phasengestalt zu erfassen.

Jupiter
in Klammern Abstand Jupiter–Erde in Millionen km

14. 1. 1985	Konjunktion
4. 8. 1985	Opposition (608)
18. 2. 1986	Konjunktion
10. 9. 1986	Opposition (594)
27. 3. 1987	Konjunktion
18. 10. 1987	Opposition (592)
2. 5. 1988	Konjunktion
23. 11. 1988	Opposition (603)
9. 6. 1989	Konjunktion
27. 12. 1989	Opposition (623)
15. 7. 1990	Konjunktion
29. 1. 1991	Opposition (644)
17. 8. 1991	Konjunktion
29. 2. 1992	Opposition (660)
17. 9. 1992	Konjunktion
30. 3. 1993	Opposition (666)
18. 10. 1993	Konjunktion
30. 4. 1994	Opposition (662)
17. 11. 1994	Konjunktion
1. 6. 1995	Opposition (647)
18. 12. 1995	Konjunktion
4. 7. 1996	Opposition (626)
19. 1. 1997	Konjunktion
9. 8. 1997	Opposition (606)
23. 2. 1998	Konjunktion
16. 9. 1998	Opposition (593)
1. 4. 1999	Konjunktion
23. 10. 1999	Opposition (593)
8. 5. 2000	Konjunktion
28. 11. 2000	Opposition (606)

Bieten also Merkur und Venus auf ihrer Oberfläche praktisch keine Einzelheiten, so verhält sich das bei unserem roten Nachbarplaneten **Mars** ganz anders. Er ist sogar der einzige Planet, auf dem wir von der Erde aus schon mit kleinen Fernrohren

Mars- und Erdbahn um die Sonne mit den Marsoppositionen 1986 bis 1999. Unten ist die Scheibengröße in den einzelnen Oppositionen dargestellt.

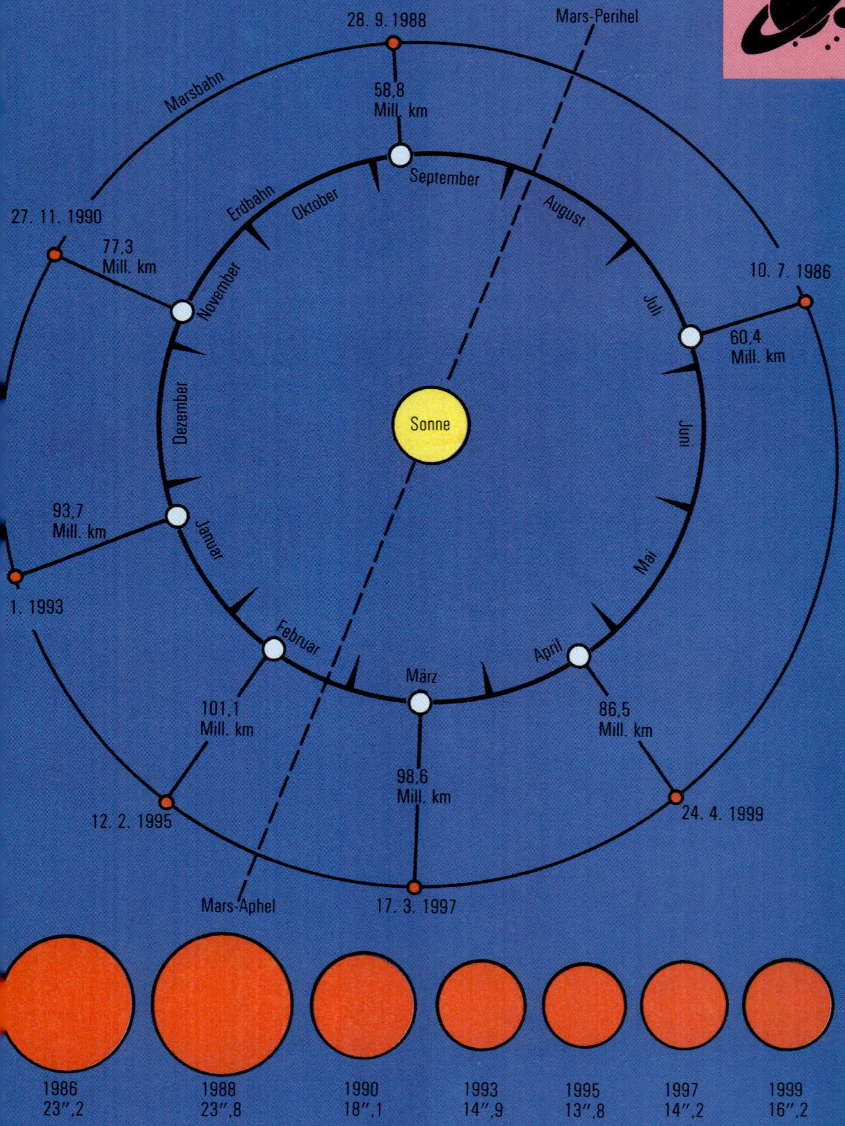
28. 9. 1988
Mars-Perihel
Marsbahn
58,8
Mill. km
September
August
Oktober
Erdbahn
27. 11. 1990
77,3
Mill. km
November
10. 7. 1986
Juli
60,4
Mill. km
Dezember
Sonne
Juni
93,7
Mill. km
Januar
Mai
1. 1993
Februar
April
März
101,1
Mill. km
86,5
Mill. km
98,6
Mill. km
12. 2. 1995
24. 4. 1999
Mars-Aphel
17. 3. 1997
1986
23″,2
1988
23″,8
1990
18″,1
1993
14″,9
1995
13″,8
1997
14″,2
1999
16″,2

Oberflächengebilde erkennen. Natürlich sind wir dabei auf den Zeitraum nahe der Oppositionsstellungen angewiesen. Entfernt sich nämlich Mars sehr weit von unserer Erde, erscheint seine Scheibe nur in einer Größe von etwa 4 Bogensekunden. In einer ungünstigen Aphel-Opposition wächst ihr Durchmesser wenigstens auf 14 Bogensekunden, in einer günstigen Perihel-Opposition aber auf 25 Bogensekunden an. Einigermaßen günstige Perihel-Oppositionen sind im Jahre 1986 und 1988. In diesen beiden Fällen steigt der Scheibendurchmesser des Mars auf 23,2 bzw. 23,8 Bogensekunden an. 1990 sind es nur noch 18,1 Bogensekunden und 1993 14,9 Bogensekunden. 1995 und 1997 folgen ganz ungünstige Aphel-Oppositionen mit 13,8 bzw. 14,2 Bogensekunden Scheibendurchmesser. Dann wird es wieder besser: 1999 klettert die Scheibengröße des Mars auf 16,2 Bogensekunden. Eine besonders günstige Perihel-Opposition tritt am 28. August 2003 ein: Der Scheibendurchmesser wächst auf 25,1 Bogensekunden an.

Selbst in den weniger günstigen Aphel-Oppositionen werden wir Mars aber mit einem Fernrohr von etwa 5 oder 6 cm Öffnung als eine orangefarbene Scheibe erfassen. Haben wir Glück, so sehen wir auch eine der beiden weißlichen Polarkappen. Dabei ist zu beachten, daß uns bei Oppositionen, die im Frühling der Nordhalbkugel unserer Erde stattfinden, der Marsnordpol und bei Oppositionen im Spätsommer und Frühherbst der Marssüdpol ein wenig zugekippt ist.

Da es aber auch regelrechte Jahreszeiten auf Mars gibt, kann man sogar das Abschmelzen und Wiederanwachsen der Polarkappen verfolgen. Im Jahre 1986 beginnt zum Beispiel am 1. 6. für die Südhalbkugel des Mars der Frühling. Da einige Wochen später die Oppositionsstellung erfolgt, kann man während dieser Zeit den Abschmelzprozeß ganz gut verfolgen. Im Jahre 1988 beginnt der Frühling auf der Südhalbkugel schon am 18. 4. und der Sommer am 11. 9. Zum Zeitpunkt der Opposition wird also die Polarkappe

Saturn
in Klammern Abstand Saturn–Erde
in Millionen km

15. 5. 1985	Opposition (1335)
23. 11. 1985	Konjunktion
28. 5. 1986	Opposition (1343)
4. 12. 1986	Konjunktion
9. 6. 1987	Opposition (1348)
16. 12. 1987	Konjunktion
20. 6. 1988	Opposition (1351)
26. 12. 1988	Konjunktion
2. 7. 1989	Opposition (1350)
6. 1. 1990	Konjunktion
14. 7. 1990	Opposition (1345)
18. 1. 1991	Konjunktion
27. 7. 1991	Opposition (1338)
29. 1. 1992	Konjunktion
7. 8. 1992	Opposition (1329)
9. 2. 1993	Konjunktion
19. 8. 1993	Opposition (1316)
21. 2. 1994	Konjunktion
1. 9. 1994	Opposition (1302)
6. 3. 1995	Konjunktion
14. 9. 1995	Opposition (1287)
17. 3. 1996	Konjunktion
26. 9. 1996	Opposition (1271)
30. 3. 1997	Konjunktion
10. 10. 1997	Opposition (1255)
13. 4. 1998	Konjunktion
23. 10. 1998	Opposition (1241)
27. 4. 1999	Konjunktion
6. 11. 1999	Opposition (1228)
10. 5. 2000	Konjunktion
19. 11. 2000	Opposition (1217)

Zwei Fernrohrdarstellungen des Mars (oben). Eine mit Fernrohren von der Erde aus erstellte Marskarte (unten).

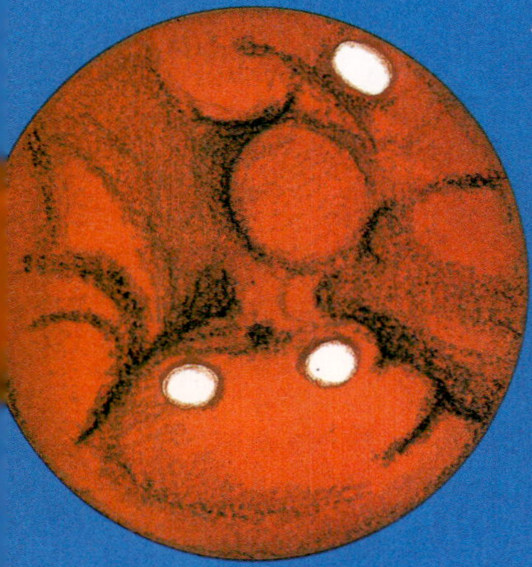

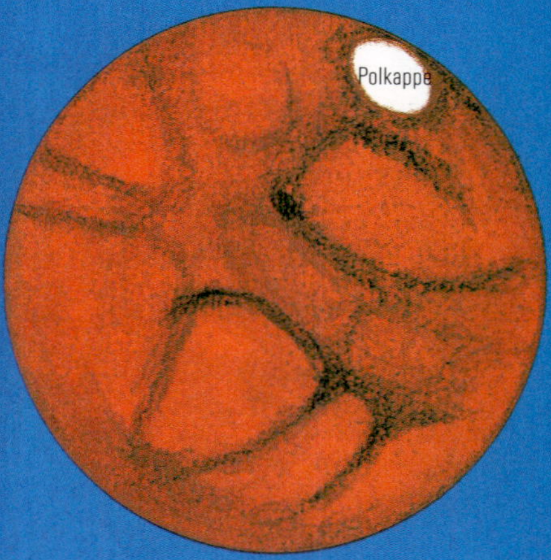
Polkappe

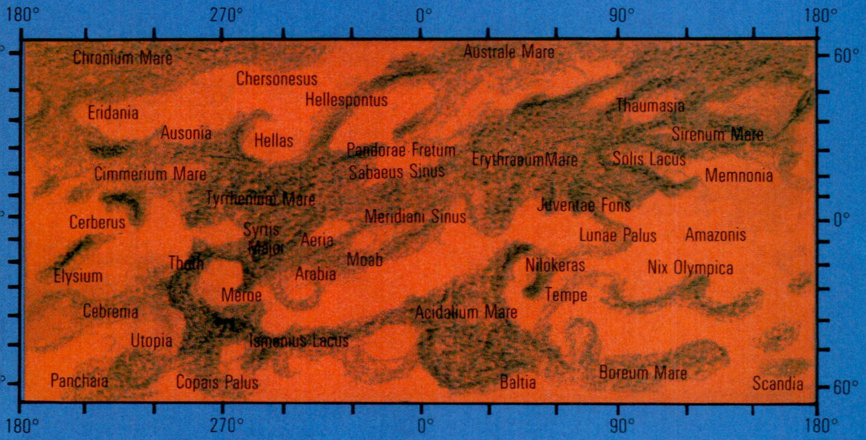
180°
270°
0°
90°
180°
60°
0°
60°
Chronium Mare
Australe Mare
Chersonesus
Hellespontus
Eridania
Thaumasia
Ausonia
Hellas
Sirenum Mare
Pandorae Fretum
Erythraeum Mare
Solis Lacus
Cimmerium Mare
Sabaeus Sinus
Memnonia
Tyrrhenum Mare
Juventae Fons
Cerberus
Meridiani Sinus
Syrtis Major
Aeria
Lunae Palus
Amazonis
Elysium
Thoth
Moab
Arabia
Nilokeras
Nix Olympica
Meroe
Tempe
Cebrenia
Acidalium Mare
Utopia
Ismenius Lacus
Panchaia
Copais Palus
Baltia
Boreum Mare
Scandia

schon stark zusammengeschrumpft sein. Neben den Polarkappen entdecken wir aber vielleicht auch noch andere Oberflächengebilde. Am dunkelsten erscheint Syrtis maior, die »Große Syrte«. Im umkehrenden astronomischen Fernrohr taucht sie als ein nahezu dreieckiges Gebilde auf, dessen Spitze nach unten weist. Allerdings muß die betreffende Seite des Mars gerade unserer Erde zugedreht sein.

Er dreht sich in etwas über 24½ Stunden einmal um seine Achse. Dies ist für den Beobachter eine gute Gelegenheit, nach und nach alle Seiten dieses Planeten mit dem Fernrohr zu verfolgen.

Neben einigen dunkleren und hellen Gebieten erkennen wir auf Mars mit kleinen Fernrohren nichts weiter. Die berühmten »Marskanäle«, die 1877 von Schiaparelli entdeckt wurden, erwiesen sich längst als optische Täuschung. Die modernen Raumsonden enthüllten uns eine phantastische Welt, von der wir uns früher kaum etwas träumen ließen. Viking 1 und 2 landeten 1976 auf der Marsoberfläche und übermittelten Aufnahmen und Messungen zu unserer Erde. Auch einige sowjetische Sonden gingen auf dem roten Planeten nieder. Heute wissen wir, daß die Atmosphäre des Mars weniger als $1/100$ so dicht ist wie die der Erde. An seinem Boden herrscht im mittleren Niveau ein Luftdruck von etwa 6 bis 7 Millibar. Hauptbestandteil der Marsatmosphäre ist Kohlendioxid. Am Äquator steigen die Temperaturen zur Mittagsstunde auf etwa + 20° C an, fallen aber schon nachts auf etwa − 70° C ab. In den mittleren Breiten des Mars wird selbst an einem Sommermittag der Gefrierpunkt des Wassers kaum überschritten. Die tiefsten Temperaturen im Polarwinter sinken auf − 130° C. Die Polarkappen bestehen aus Kohlendioxid- und Wasserschnee.

Die Oberfläche ist von zahlreichen Aufsturzkratern übersät, wie wir sie auch von Mond und Merkur kennen. Daneben gibt es aber gewaltige Schildvulkane, die heute nicht mehr in Tätigkeit sind. Am auffallendsten ist Nix Olympica oder Olympus Mons. Dieser Schildvulkan hat einen Basisdurchmesser von etwa 600 km und eine Höhe von 26 km. Er ist am ehesten mit dem auf Hawaii gelegenen Mauna Loa zu vergleichen, wenn man ihn sich ohne den Ozean denkt. Dann würde Mauna Loa immerhin rund 8 km über dem Grund des Pazifischen Ozeans stehen und hätte eine ähnliche Form. Auf dem Gipfel von Olympus Mons befindet sich eine Caldera mit einem Durchmesser von etwa 50 km. Knapp südlich des Marsäquators verläuft ein großer Canyon: Valles Marineris mit einer Länge von über 4000 km. Schließlich gibt es auch eine Reihe von trockenen Flußbetten auf Mars, die darauf hinweisen, daß früher einmal flüssiges Wasser auf seiner Oberfläche existiert haben dürfte. Heute finden wir am Marsboden kein flüssiges Wasser mehr. Möglicherweise verbirgt es sich unter Dauerfrost (Permafrost) im Boden. Organisches Leben wurde bisher auf Mars nicht gefunden, obwohl die beiden Viking-Sonden ein automatisches biologisches Labor mitführen, das nach Lebensäußerungen, zum Beispiel Stoffwechselvorgängen, möglicher Kleinstlebewesen in Bodenproben fahndete.

Mars verfügt über zwei Satelliten, Phobos und Deimos, die allerdings in kleinen Fernrohren nicht zu beobachten sind. Aufnahmen der Mars-Sonden zeigten recht unregelmäßige Körper. Phobos hat einen Durchmesser von 28 × 20 km, Deimos von 16 × 12 km. Der innere Satellit Phobos ist nur 9380 km, Deimos 23 500 km vom Marsmittelpunkt entfernt. Ihre Um-

Bahnen verschiedener Kleinplaneten (oben) und Strichspuren von Kleinplaneten bei einer längeren Belichtungszeit (unten)

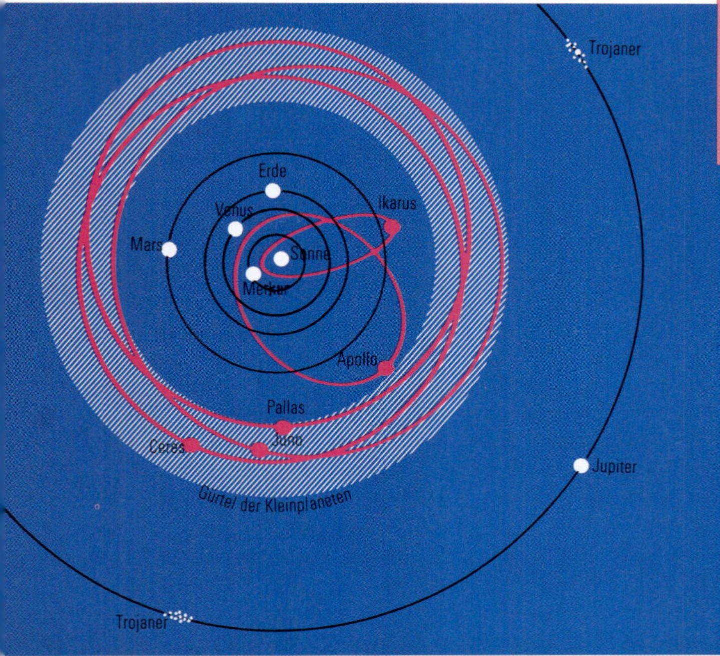
Trojaner
Erde
Ikarus
Venus
Mars
Sonne
Merkur
Apollo
Pallas
Ceres
Juno
Jupiter
Gürtel der Kleinplaneten
Trojaner

laufszeiten betragen 0,32 bzw. 1,26 Tage. Hinter der Marsbahn erstreckt sich die Zone der **Kleinplaneten**. Bisher wurden rund 2500 derartige Körper entdeckt und mit Namen versehen. Ihre Gesamtzahl dürfte 50 000 überschreiten. Der größte Kleinplanet, Ceres, der in der Neujahrsnacht 1800/1801 als erster Körper dieser Art entdeckt wurde, ist mit 1000 km Durchmesser am größten. Allein Ceres enthält etwa 30% der Gesamtmasse aller Kleinplaneten. Die beiden nächstgrößeren sind Vesta mit 500 km und Pallas mit 600 km Durchmesser. Nur 33 Kleinplaneten kommen auf einen Durchmesser über 200 km. Ähnlich wie die beiden Mars-Satelliten Phobos und Deimos sind auch die Kleinplaneten meist ziemlich unregelmäßig geformt. Einige von ihnen überkreuzen die Marsbahn nach innen und können auch unserer Erde gelegentlich recht nahe kommen. Ein berühmtes Beispiel war der Vorübergang des Kleinplaneten Hermes im Oktober 1937 in einer Distanz von 600 000 km. Hermes hat allerdings nur einen Durchmesser von etwa 1 km. Am weitesten nach innen gelangt der Kleinplanet Ikarus. Er kann sich unserer Sonne auf 30 Millionen km nähern. Im sonnenfernsten Punkt seiner Bahn bewegt sich Ikarus zwischen Mars und Jupiter.

Für den Sternfreund haben die Kleinplaneten keine große Bedeutung. Am hellsten wird gelegentlich Vesta. In einer günstigen Perihel-Opposition erreicht sie die 6. Größenklasse; dann ist sie theoretisch sogar mit bloßem Auge erkennbar. Pallas kommt gelegentlich auf $6^m_{,}3$, Juno auf $6^m_{,}9$ und Ceres auf $7^m_{,}0$. In diesen Fällen kann man die Körper mit einem Opernglas oder Feldstecher entdecken. Allerdings benötigen wir zum Aufsuchen genaue Karten, wie sie hin und wieder in astronomischen Jahrbüchern veröffentlicht werden.

Auf fotografischen Aufnahmen irgendwelcher Himmelsfelder, die mit Belichtungszeiten von einer halben, einer ganzen Stunde oder darüber gewonnen wurden, zeigen sich Kleinplaneten häufig als kurze Striche. Voraussetzung ist allerdings, daß die Kamera oder das Fernrohr während der Aufnahme dem Lauf der Sterne von Ost nach West nachgeführt wurde, so daß die Fixsterne als exakte Punkte erscheinen. Während der Belichtungszeit hat sich ein Kleinplanet bereits etwas weiter bewegt und zeigt deshalb einen »verschmierten« Punkt. Nach dieser Methode wurden neue Kleinplaneten entdeckt. Auch die heutigen Methoden unterscheiden sich nicht wesentlich von diesem Verfahren.

Einer der schönsten Planeten für Beobachter mit kleinen Instrumenten ist **Jupiter**. Bereits mit einem Feldstecher entdecken wir seine vier größten Satelliten. Da sie bereits 1610 von Galilei aufgefunden wurden, bezeichnet man sie häufig auch als Galileische Monde. Die nachstehende Tabelle bringt die wichtigsten Daten. Heute kennt man schon 16 Jupitersatelliten. Die restlichen 12 sind so lichtschwach, daß sie nur mit sehr großen Fernrohren oder mit Hilfe der Raumsonden wahrnehmbar werden.

Das Spiel der vier hellen Jupitersatelliten ist sehr reizvoll. Können wir doch bereits innerhalb weniger Stunden einen Ortswechsel erkennen, vor allem bei den inne-

Name	**mittl. Abstand von Jupiter in km**	**sider. Umlaufszeit in Tagen**	**Durchmesser in km**
Io	412 600	1,769	3 632
Europa	670 900	3,551	3 126
Ganymed	1 070 000	7,155	5 276
Kallisto	1 880 000	16,689	4 820

Jupiter mit seinem System von Wolkenstreifen (oben) und zwei Jupiterzeichnungen (unten)

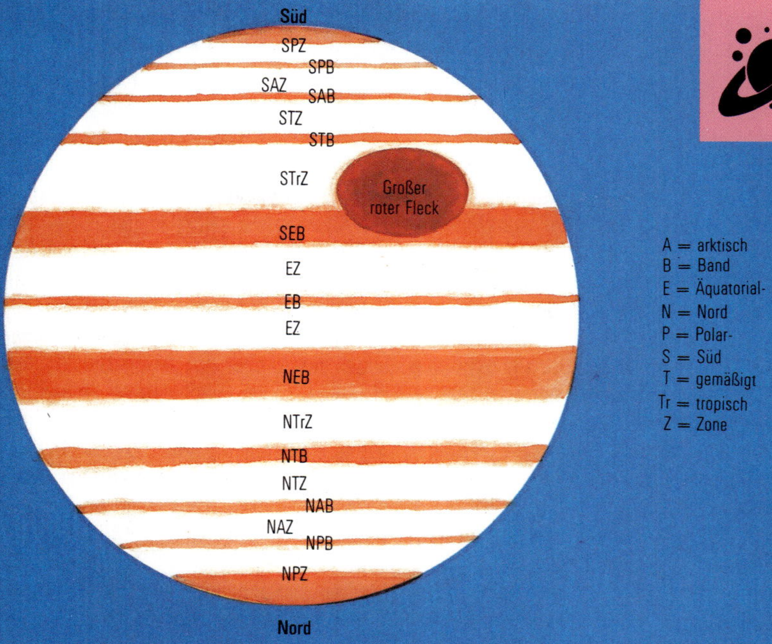
Süd
SPZ
SPB
SAZ
SAB
STZ
STB
STrZ
Großer roter Fleck
SEB
EZ
EB
EZ
NEB
NTrZ
NTB
NTZ
NAB
NAZ
NPB
NPZ
Nord
A = arktisch
B = Band
E = Äquatorial-
N = Nord
P = Polar-
S = Süd
T = gemäßigt
Tr = tropisch
Z = Zone

ren, schnelleren. Da sich die Satelliten ziemlich genau in der Äquatorebene des Jupiters bewegen und wir von der Erde aus fast genau auf die Kante seiner Äquatorebene blicken, pendeln die Satelliten nach links und rechts. Sie zeigen also keine ebenmäßigen Kreis- oder Ellipsenbahnen. Aus der bloßen Stellung der Satellitenbahnen können wir nicht entnehmen, ob sie sich mehr auf der Hinter- oder auf der Vorderseite des Planeten Jupiter aufhalten. So kommt es häufig zu engen Begegnungen zwischen einzelnen Satelliten. Oft stehen die praktisch punktförmig erscheinenden Monde so eng beieinander, daß sie mit einem kleineren Fernrohr kaum mehr getrennt werden können. Häufiger und reizvoller sind aber folgende Schauspiele:

Ein Satellit verschwindet hinter der Planetenscheibe des Jupiter oder zieht – was meist unsichtbar ist – vor der Jupiterscheibe vorbei. Oder ein Satellit wandert in den Schatten des Planeten Jupiter ein – wir beobachten also eine regelrechte Mondfinsternis. Die Zeitpunkte für diese Ereignisse sind ebenfalls in astronomischen Jahrbüchern verzeichnet.

Die beiden Raumsonden Voyager 1 und 2 zeigten uns, daß die vier klassischen Galileischen Jupitersatelliten jeweils ganz verschieden aufgebaut sind. Der Satellit Io wurde von vulkanischen Prozessen geprägt. Den Jupitermond Europa überzieht ein dicker Eispanzer mit Rissen. Auf Ganymed erkennen wir Krater ähnlich wie auf unserem Mond, wenn auch nicht in so großer Häufigkeit. Die Oberfläche von Kallisto ist von einer Unmenge von Kratern übersät.

Jupiter selbst zeigt bereits in sehr kleinen Fernrohren deutlich eine Scheibe. Während der Opposition steigt der Scheibendurchmesser (gemessen am Äquator) auf 44,2 bis 49,8 Bogensekunden an. Ein Fernrohr von 5 bis 6 cm Durchmesser zeigt uns zumindest die beiden kräftigen Wolkenstreifen, die parallel zum Jupiteräquator verlaufen. Man bezeichnet sie auch als das nördliche bzw. südliche Äquatorialband. Mit etwas größeren Geräten entdecken wir noch andere Wolkenstreifen, die sich ebenfalls meist parallel zum Jupiteräquator erstrecken, während die Äquatorzone selbst in der Regel hell ist. Bei genauerem Hinsehen und höherer Auflösung bemerken wir noch feinere Strukturen. Besonders fällt der sogenannte Große Rote Fleck auf der Südhalbkugel des Jupiter auf – ein Gebilde mit über 40 000 km Durchmesser. Es handelt sich um eine antizyklonale Störung in der Jupiteratmosphäre. Alle Erscheinungen, die wir auf Jupiter sehen, sind atmosphärischer Art. Die Atmosphäre besteht im wesentlichen aus Wasserstoff und Helium sowie aus Beimengungen von Ammoniak, Methan und einigen Schwefel- und Phosphorverbindungen. Besonders auffallend ist die Abplattung des Planeten von 1 : 16. Man bemerkt sie bereits in kleinen Fernrohren. Ferner ist Jupiter der Planet, der sich am schnellsten um seine eigene Achse dreht. Am Äquator beträgt die Rotationszeit 9 Stunden 50 Minuten, in höheren Breiten 9 Stunden 55 Minuten. In einer klaren Nacht können wir eine ganze Rotation des Planeten verfolgen. Voraussetzung ist, daß wir mit einem besseren Amateur-Fernrohr genügend viele Einzelheiten wahrnehmen und daß eine Jupiteropposition in das Winterhalbjahr fällt.

Ein anderer schöner Planet für Beobachtungen mit dem Fernrohr ist **Saturn**. Mit einem Gerät von etwa 5 cm Öffnung und 30- bis 40facher Vergrößerung erkennen wir zumindest andeutungsweise seinen Ring. Er hat einen Durchmesser von

Der Ringplanet Saturn (oben) und die Ringöffnung des Planeten bei seinem Umlauf um die Sonne

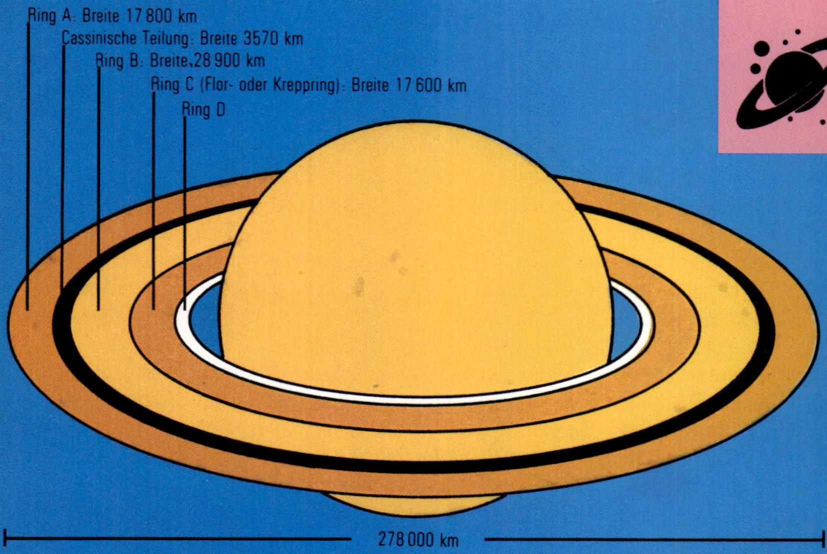
Ring A: Breite 17 800 km
Cassinische Teilung: Breite 3570 km
Ring B: Breite 28 900 km
Ring C (Flor- oder Kreppring): Breite 17 600 km
Ring D
278 000 km

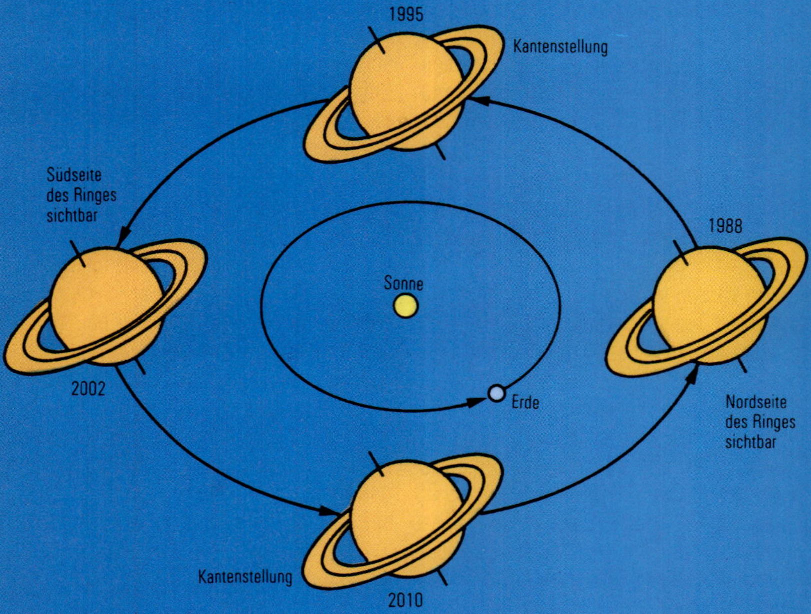
1995
Kantenstellung
Südseite des Ringes sichtbar
1988
Sonne
2002
Erde
Nordseite des Ringes sichtbar
Kantenstellung
2010

278 000 km. Im Fernrohr erscheint die Planetenscheibe (am Äquator) mit einem Maximaldurchmesser von 20,7 Bogensekunden, der Ring von etwa 47 Bogensekunden. Der Ring ist um etwa 28 Grad gegen die Bahnebene geneigt. So blicken wir einmal von der Erde aus mehr auf die Nordseite des Rings und dann wieder auf die Südseite. Während des Saturnumlaufs um die Sonne innerhalb von 29½ Jahren kommt es auch zweimal zu »Kantenstellungen« des Rings. Bei dieser Gelegenheit können wir ihn zumindest in kleineren Fernrohren nicht mehr sehen. Zwischen den Jahren 1980 und 1995 blicken wir von der Erde aus auf die Nordseite des Rings. 1988 wird die »größte Ringöffnung« erreicht, das heißt, der Ring zeigt von uns aus gesehen die stärkste Neigung. 1995 tritt eine Kantenstellung auf. In der folgenden Zeit sehen wir auf die Südseite des Rings. Seine größte Öffnung wird im Jahre 2002 wieder erreicht.

Mit einem Fernrohr ab etwa 8 cm Öffnung und wenigstens 150facher Vergrößerung sehen wir auf dem Ring auch die sogenannte Cassinische Teilungslinie. Einzelheiten auf Saturn selbst sind etwas schwieriger zu beobachten als auf Jupiter. Die Abplattung beträgt 1 : 10, die Rotationszeit am Äquator 10 Stunden 14 Minuten, in höheren Breiten einige Minuten länger.

Heute wissen wir, daß der Saturnring aus einzelnen Teilchen, vor allem Eispartikeln zusammengesetzt ist. Neben dem von der Erde aus sichtbaren Ringsystem gibt es aber noch zusätzliche Ringe weiter außen und innen. Sie wurden vor allem mit den Raumsonden entdeckt. Die Zahl der Saturnsatelliten ist inzwischen auf 21 bis 23 angewachsen. Einige bedürfen noch näherer Aufklärung. Am hellsten ist mit etwa 8. Größe Titan. Man kann mit einem Fernrohr von etwa 5 cm Öffnung gut verfolgen, wie er in knapp 16 Tagen einmal um Saturn läuft. Seine mittlere Entfernung von Saturn beträgt 1 221 860 km. Sein Durchmesser mißt 5150 km. Am zweithellsten ist Rhea mit einem Abstand von 527 100 km und einer Umlaufszeit von etwa 4½ Tagen. Sie ist 1530 km groß. Auch sie kann mit einem kleineren Fernrohr von 6 cm Öffnung noch ganz gut verfolgt werden. Zur Beobachtung der anderen Satelliten benötigen wir etwas größere Fernrohre. Mehrere Satelliten wurden neuerdings unter Mithilfe der Raumsonden entdeckt.

Die äußeren Planeten **Uranus**, **Neptun** und **Pluto** sind eigentlich typische Planeten für Fernrohre. Doch kann Uranus zur Zeit seiner Opposition unter günstigen Verhältnissen durchaus noch mit bloßem Auge oder zumindest mit einem Opernglas aufgefunden werden. Er kommt dann auf eine Helligkeit von 6^m und etwas darüber. Ähnlich wie bei dem hellsten Kleinplaneten, so benötigen wir auch hier zum Aufsuchen eine Karte in Verbindung mit einem astronomischen Jahrbuch. Im Fernrohr erscheint Uranus als ein grünlich-bläuliches Gebilde. Dasselbe trifft auch auf Neptun zu. Seine Helligkeit steigt allerdings nur knapp über die 8. Größenklasse. Hier ist also ein Fernrohr von etwa 5 cm Öffnung erforderlich. Pluto liegt in der Regel außerhalb der Reichweite kleinerer Amateur-Fernrohre. Dasselbe gilt auch für die Satelliten dieser drei Planeten. Bisher wurden bei Uranus 15 Satelliten, bei Neptun zwei und bei Pluto ein Satellit entdeckt.

Sternschnuppen oder **Meteore** sind gar nicht so selten, wie häufig angenommen wird. Sie stellen außerdem ein reizvolles Beobachtungsobjekt für den Naturfreund dar. Genaue Statistiken zeigen übrigens, daß in den Abendstunden bedeutend we-

Der Radiant des Sternschnuppenschwarms der Perseiden (oben). Aufnahme einer Sternschnuppenspur (unten).

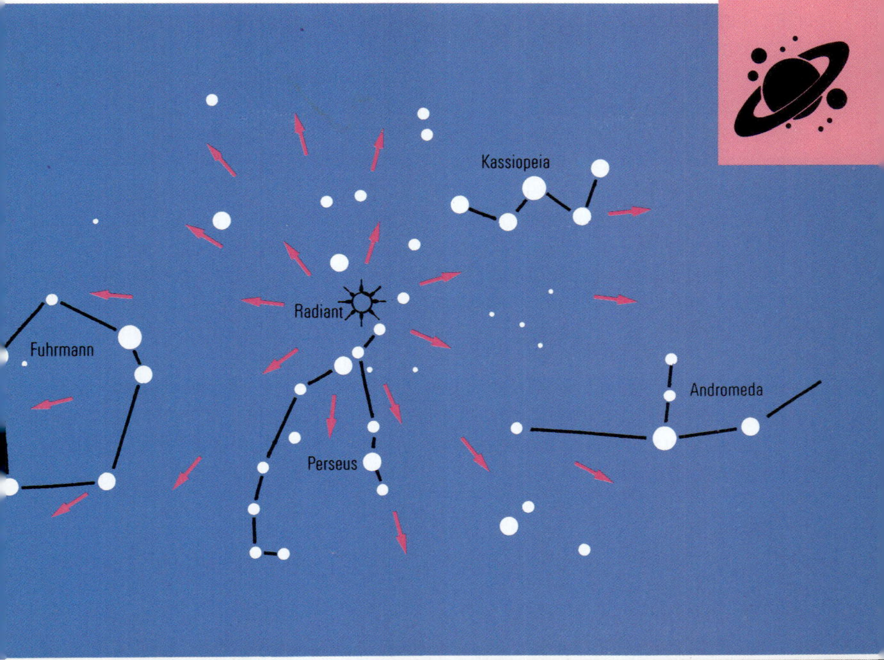
Kassiopeia
Radiant
Fuhrmann
Perseus
Andromeda

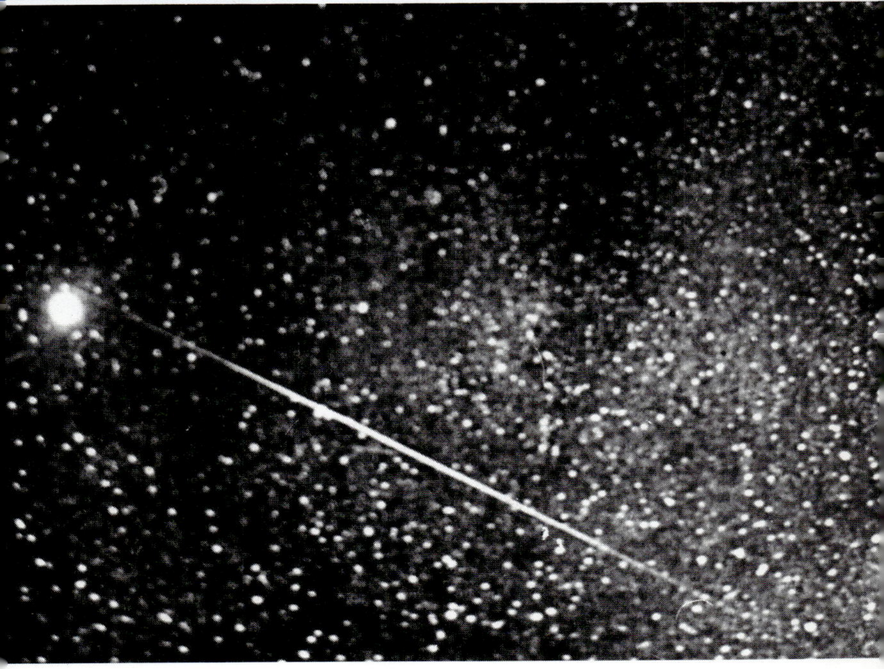

niger Sternschnuppen auftreten als in den Morgenstunden. Während abends pro Stunde nur etwa fünf Sternschnuppen zu verzeichnen sind, treten gegen Morgen etwa 15 auf. Dabei handelt es sich allerdings um die Zahl von Sternschnuppen, die am gesamten Himmelsgewölbe auftauchen. Selbst ein aufmerksamer Beobachter wird gleichzeitig aber nur etwa ¼ oder ⅓ des ganzen Himmelsgewölbes überblikken. Ihm entgehen also Sternschnuppen, die gewissermaßen hinter seinem Rücken auftreten.

Setzen wir aber drei oder vier Beobachter in verschiedene Himmelsrichtungen, so ergibt sich ein recht guter Überblick über alle auftretenden Meteore.

Wie aber ist die Zunahme von Sternschnuppen zum Morgen hin erklärbar? Das hängt mit dem Umstand zusammen, daß sich die Erde um unsere Sonne bewegt. In den Abendstunden befinden wir uns auf der Rückseite der Erde, in den Vormittagsstunden auf der Vorderseite. Wir erhalten also in den Morgenstunden mehr »Schüsse« aus dem Weltall als etwa zwölf Stunden vorher oder später. Damit ist aber auch schon erklärt, um was es sich bei Meteoren handelt: kleine Staubteilchen, die in langgestreckten Ellipsenbahnen die Sonne umkreisen. Kommt es zufälligerweise zu einem Zusammenstoß mit unserer Erde, dringt ein solches Teilchen mit hoher Geschwindigkeit in unsere Atmosphäre ein und bringt die umgebenden Luftschichten zum Leuchten. Was wir also sehen, ist eigentlich nicht das einfliegende Teilchen selbst – dieses ist viel zu klein –, sondern es sind leuchtende Luftschichten. Das wird auch dadurch verständlich, daß häufig nachleuchtende Meteorschweife gesehen werden können.

Die erwähnte Häufigkeit von Meteorauftritten bezieht sich nur auf eine »normale Nacht«. Zu bestimmten Zeiten des Jahres treten regelrechte Meteorströme oder Sternschnuppen-Schwärme auf. Am bekanntesten sind die Perseiden, die ihren Höhepunkt in den Nächten zwischen dem 10. und 14. August zeigen. Gelegentlich können bis zu 100 Perseiden pro Stunde gesehen werden. Viele Sternschnuppen-Schwärme sind Auflösungsprodukte bestimmter Kometen. So gehen die Perseiden beispielsweise auf den Kometen 1862 III zurück. Die Namen der Sternschnuppen-Schwärme leiten sich von dem Sternbild ab, aus dem die einzelnen Sternschnuppen herauszuströmen scheinen. Mit anderen Worten: Verlängert man die Flugbahn der Meteore nach rückwärts, gelangen wir ungefähr in das betreffende Sternbild. Natürlich handelt es sich dabei nur um einen perspektivischen Effekt. Die Lage des Ausstrahlungspunktes oder Radianten hängt einmal von der Flugrichtung der Teilchen um unsere Sonne sowie der Bewegungsrichtung unserer Erde ab. Mehrere Sternschnuppen-Schwärme treten alljährlich in nahezu gleicher Häufigkeit auf, andere sind in der Regel schwächer oder zeigen nach bestimmten Perioden deutliche Höhepunkte. Dazu gehören vor allem die Leoniden und Draconiden. In diesen Fällen haben sich die Auflösungsprodukte der jeweiligen Kometen noch nicht gleichmäßig genug längs der gesamten Kometenbahn verteilt, sondern sind noch in der Nähe des Kometen selbst versammelt. Nur dann dürfen wir einen stärkeren Meteorschwarm erwarten, wenn auch der Komet selbst zur Stelle ist, wenn er sich also im inneren Teil unseres Planetensystems aufhält. Dies ist bei den Draconiden in Abständen von 6 oder 7 Jahren, bei den Leoniden meist in Abständen von 33 oder 34 Jahren der Fall.

Zum Sprachgebrauch: Unter einem Meteor versteht man ein am Himmel sichtba-

Ein Eisenmeteorit (oben) und der Meteoritenkrater in Arizona (unten)

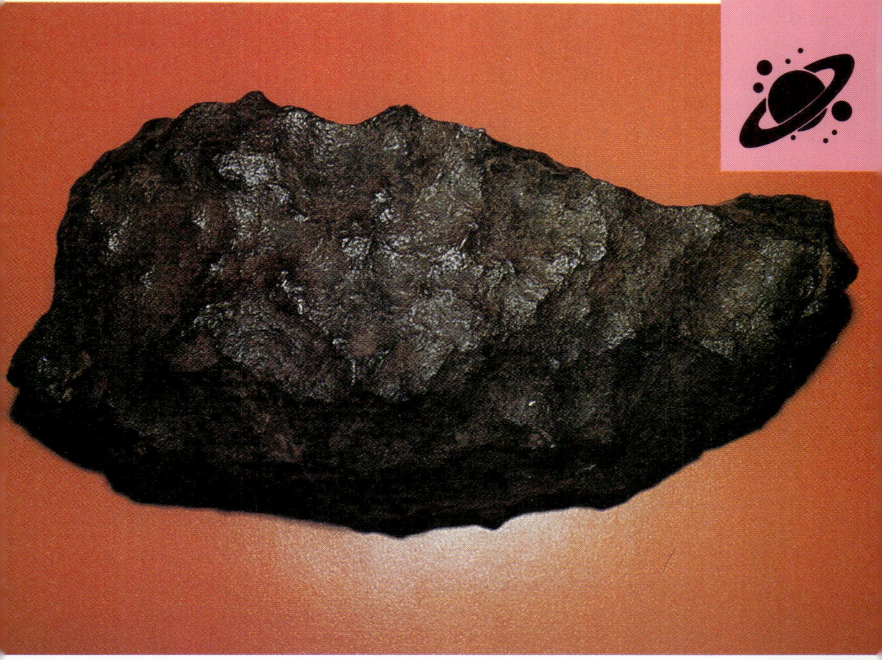

res, leuchtendes Objekt, also das, was wir volkstümlich auch als Sternschnuppe bezeichnen. Ein Meteoroid ist ein Objekt, das um die Sonne läuft, bevor es mit unserer Erde zusammenstößt. Ein Meteorit dagegen ist der Körper, der unter Umständen bis auf die Erdoberfläche gelangt. Man unterscheidet im wesentlichen Eisen- und Steinmeteorite. Pro Tag erreicht unsere Erde eine meteoritische Gesamtmasse von 1000 bis 10 000 t. Der überwiegende Teil entfällt allerdings auf unsichtbare Mikrometeoriten. Größere Meteorite sind seltener. Doch gibt es auf der Erde auch eine Anzahl beachtlicher Meteoritenkrater.

Mehrfach wurde in den vorangegangenen Abschnitten von Kometen als Ursprungsobjekt bestimmter Meteorströme berichtet. Kometen sind zunächst »schmutzige Schneebälle« mit einem Durchmesser von wenigen Kilometern. Sie bestehen aus Wassereis, Methaneis, gefrorenem Ammoniak, Kohlendioxid usw. sowie Staubteilchen. Vermutlich wird unser Sonnensystem von einer gewaltigen »zirkumsolaren Kometenwolke« mit Millionen einzelner Kometen umgeben. Nur wenige von ihnen gelangen auf langgestreckten Ellipsenbahnen in das Innere unseres Planetensystems und werden dann sichtbar. Bei ihrer Annäherung an die Sonne verdampft ein Teil der Eismaterie des Kometenkerns und bildet eine gasförmige Hülle, die sogenannte Koma, mit einem Durchmesser von 10 000 km und mehr. Erst wenn der Komet noch weiter in das Innere unseres Sonnensystems vordringt, entsteht der Schweif. Elektrisch geladene Teilchen, die von der Sonne ausgeschleudert werden (»Sonnenwind«), drücken die Teilchen des Kometenkopfes bzw. der Koma weg. Deswegen ist ein Kometenschweif stets von der Sonne abgewandt. Allerdings können wir zwei verschiedene Schweiftypen unterscheiden: einen ziemlich geradlinigen und genauer von der Sonne abgewandten Gas- oder Plasmaschweif sowie einen etwas gekrümmten Staubschweif. Manche Kometen zeigen nur die eine oder andere Form dieser Schweife, viele Kometen aber auch beide Formen gleichzeitig.

Wandert ein Komet bei seinem Eindringen in unser Planetensystem nahe an einem größeren Planeten vorbei, so kann seine Bahn so gestört werden, daß er fortan eine kurzperiodische Umlaufbahn um die Sonne beschreibt. Er tritt dann immer wieder in regelmäßigen Abständen im Innern unseres Sonnensystems auf. Am berühmtesten ist dafür der Halleysche Komet mit einer Umlaufszeit von 76 Jahren. Am 9. 2. 1986 wanderte der Halleysche Komet wieder durch seinen sonnennächsten Bahnpunkt (Perihel). Einige Monate vorher und nachher war er von der Erde aus mit bloßem Auge oder kleinen Instrumenten zu sehen. Für unsere Nordhalbkugel waren die Bedingungen ihn zu beobachten, allerdings weniger günstig als für die Südhalbkugel. Die besten Möglichkeiten ergaben sich für Mitteleuropa Anfang und Mitte Januar 1985 abends über dem West- bis Westsüdwesthorizont sowie von Mitte April bis Anfang Mai 1986 ebenfalls abends, zunächst im Süden bis Südsüdosten, später im Südwesten. Die Helligkeit war nicht spektakulär. Vor allem von Städten aus war es nicht leicht, den Kometen mit bloßem Auge zu finden.

Helle Kometen sind in der Regel nur abends kurz nach Sonnenuntergang im Westen oder morgens vor Sonnenaufgang im Osten zu sehen. Sie zeigen also ähnliche Sichtbarkeitsverhältnisse wie Merkur oder Venus, da sich helle Kometen wie diese im innersten Bereich unseres Sonnensystems aufhalten, also innerhalb der Erdbahn. Es gibt auch Ausnahmen. Weniger helle Kometen sind meist schwieriger zu beobachten.

Der Komet West aus dem Jahre 1976

Sterne und Sternsysteme

Das erste, was uns bei einer flüchtigen Betrachtung der Sterne auffällt, ist ihre unterschiedliche **Helligkeit**. Mit bloßem Auge können wir am gesamten Himmelsgewölbe etwa 6000 Sterne beobachten. Über dem Horizont stehen an der jeweils sichtbaren Halbkugel also etwa 3000 mit bloßem Auge erkennbare Sterne. Darin sind allerdings auch diejenigen eingeschlossen, die wir nur gerade noch, also mit Mühe, und unter günstigen atmosphärischen Sichtbedingungen erkennen.
Seit dem großen Astronomen Hipparch von Nicäa (etwa 190–125 v. Chr.) teilt man die Helligkeit der mit bloßem Auge sichtbaren Sterne in 6 sogenannte *Größenklassen* ein. Die Sterne 1. Größe sind die hellsten, die Sterne 6. Größe sind gerade noch zu sehen. Da das lateinische Wort für Größe magnitudo heißt, fügt man an die Zahl, welche die Helligkeit der Sterne kennzeichnen soll, ein m an, also zum Beispiel 1^{m}, 2^{m} usw. Diese grobe Einteilung mußte später erweitert und verfeinert werden. So wurde vor allem der Intensitätsunterschied zwischen zwei Größenklassen genau festgelegt. Ein Stern 1^{m} soll 2,512mal heller sein als ein Stern 2^{m}, dieser wieder 2,512mal heller als ein Stern 3^{m} usw. So ist also zum Beispiel ein Stern der 6. Größenklasse 100mal schwächer als ein Stern 1. Größe. Um noch feinere Unterschiede zu erfassen, führte man auch Dezimalstellen ein, also zum Beispiel $3\overset{m}{.}41$ oder $5\overset{m}{.}23$. Auf der anderen Seite mußte man aber nach Erfindung des Fernrohrs auch die Skala der Größenklassen zu schwächeren Sternen hin erweitern, also 7^{m}, 8^{m} usw. Die Sterne, die man gerade noch mit einem bestimmten Fernrohr beobachten kann, liegen an der sogenannten Grenzgröße. Mit einem Fernrohr von 5 cm Öffnung können wir Sterne bis zur 9. Größenklasse beobachten. Ein Fernrohr mit 10 cm Öffnung reicht bis zur Helligkeit $10\overset{m}{.}7$, ein Fernrohr mit 20 cm Öffnung bis $12\overset{m}{.}3$. Diese Werte gelten für die praktische Grenzhelligkeit. Die theoretische Grenzhelligkeit liegt etwas tiefer.
Vor allem mit Hilfe langbelichteter fotografischer Aufnahmen können die Grenzhelligkeiten stark erweitert werden. Das gilt auch für Bildverstärker und ähnliche elektronische Einrichtungen, wie sie in den letzten Jahren häufig in Gebrauch gekommen sind. So kann man mit der gegenwärtigen Technik von der Erdoberfläche aus durchaus noch Sterne der 24. oder sogar 25. Größenklasse nachweisen. Mit Hilfe des Space Telescope, das 1986 in eine Umlaufbahn um die Erde gebracht wird, kommt man vermutlich bis zur 29. Größenklasse. Auch wenn der Spiegel dieses Teleskops einen Durchmesser von nur 2,4 m hat und damit bedeutend kleiner ist als der der größten Teleskope, ist es außerhalb der Erdatmosphäre doch bedeutend leistungsfähiger.
Die Skala der Größenklassen mußte auf der anderen Seite aber auch für besonders helle Objekte erweitert werden. Dies konnte nur durch Einführung der 0. Größenklasse und negativer Größenklassenwerte geschehen, also 1^{m}, 0^{m}, -1^{m}, -2^{m} usw. So kann der hellste Planet Venus auf $-4\overset{m}{.}4$ gelangen, der Vollmond ist $-12\overset{m}{.}55$ und unsere Sonne (im visuellen, also sichtbaren Bereich) $-27\overset{m}{.}74$ hell.
Da es hier nur auf relative Werte ankommt, gewöhnt man sich als Sternfreund sehr schnell an die zunächst kompliziert erscheinende Skala der Größenklassen für Himmelskörper. Mit bloßem Auge können wir übrigens noch etwa eine Zehntel Größenklasse unterscheiden. Bei längerem

Die Helligkeitsskala (Größenklassen) der Sterne und die Sternparallaxe als Folge der Erdbewegung um die Sonne

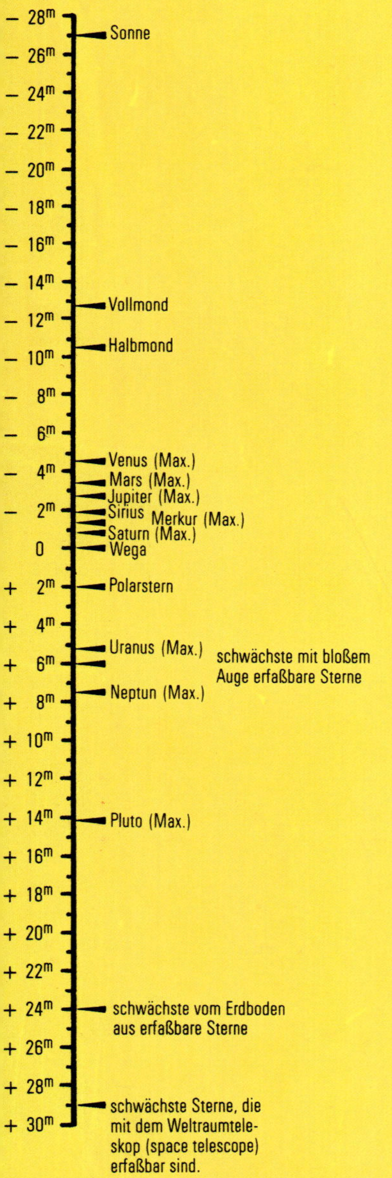

– 28m
– 26m
– 24m
– 22m
– 20m
– 18m
– 16m
– 14m
– 12m
– 10m
– 8m
– 6m
– 4m
– 2m
0
+ 2m
+ 4m
+ 6m
+ 8m
+ 10m
+ 12m
+ 14m
+ 16m
+ 18m
+ 20m
+ 22m
+ 24m
+ 26m
+ 28m
+ 30m
Sonne
Vollmond
Halbmond
Venus (Max.)
Mars (Max.)
Jupiter (Max.)
Sirius
Merkur (Max.)
Saturn (Max.)
Wega
Polarstern
Uranus (Max.)
schwächste mit bloßem Auge erfaßbare Sterne
Neptun (Max.)
Pluto (Max.)
schwächste vom Erdboden aus erfaßbare Sterne
schwächste Sterne, die mit dem Weltraumteleskop (space telescope) erfaßbar sind.

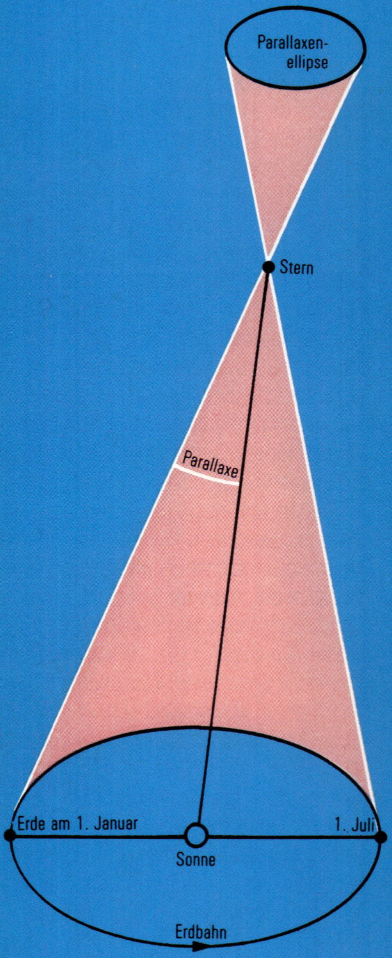

Parallaxen-ellipse
Stern
Parallaxe
Erde am 1. Januar
1. Juli
Sonne
Erdbahn

Vergleich zweier Sterne, die zum Beispiel eine Helligkeit von $4^{m}1$ und $4^{m}2$ haben, können wir gerade noch einen Unterschied feststellen. Bei dem Vergleich der Helligkeit von Gestirnen verschiedener Tabellen und Kataloge müssen wir aber noch etwas anderes berücksichtigen: Es können ganz verschiedene Helligkeitswerte herauskommen, je nachdem mit welchen Mitteln diese Helligkeiten gemessen worden sind, ob zum Beispiel mit dem bloßen Auge geschätzt oder mit Hilfe der fotografischen Platte, die für ganz verschiedene Farbbereiche empfindlich sein kann usw. Deswegen dürfen wir uns nicht wundern, wenn wir für die Helligkeiten von Sternen, aber auch von anderen Objekten, gelegentlich etwas unterschiedliche Werte angegeben finden. Für eine genaue Erforschung der Sterne ist dies natürlich von besonderer Wichtigkeit. Die unterschiedlichen Bezugssysteme, mit denen die Messungen erfolgten, müssen dabei berücksichtigt werden. Als Anfänger unter den Sternfreunden brauchen wir uns dadurch aber nicht verwirren zu lassen.

Zunächst wird man meinen, daß uns helle Sterne auch verhältnismäßig nahe stehen, schwächere dagegen größere Entfernungen haben. In vielen Fällen werden wir mit dieser Annahme in die Irre gehen. Die *tatsächliche Leuchtkraft* (absolute Helligkeit) der Sterne ist nämlich sehr unterschiedlich. So kann uns ein verhältnismäßig schwacher Stern durchaus sehr nahe stehen und ein starker weit entfernt sein.

Wie bestimmt man überhaupt **Sternentfernungen?** Hierzu nutzt man den Umlauf der Erde um unsere Sonne aus. Die Sterne scheinen im Laufe eines Jahres ein wenig hin und her zu schwanken, sie spiegeln die Erdbewegung um die Sonne in Form einer kleinen Ellipse wider. Diese Verschiebung nennt man auch trigonometrische Parallaxe. Kennt man den Halbmesser der Erdbahn und bestimmt man die Parallaxen, so lassen sich daraus die Entfernungen der Sterne berechnen. Ein Stern, der eine Parallaxe von 1 Bogensekunde zeigt, steht 1 parsec (1 Parallaxensekunde) von uns entfernt. Das sind 30,857 Billionen km oder das 206 265fache der mittleren Entfernung Erde–Sonne. Ein Stern mit einer Parallaxe von 0,1 Bogensekunden ist demgemäß 10 parsec oder 308,57 Billionen km entfernt. »parsec« wird in der wissenschaftlichen Literatur regelmäßig verwendet. Für den Sternfreund hat sich mehr die Entfernungseinheit »Lichtjahr« eingebürgert. Ein Lichtjahr ist die Strecke, die das Licht bei einer Geschwindigkeit von fast 300 000 km/Sek. in einem Jahr zurücklegt. Das sind 9,4605 Billionen km. Zur Umrechnung: 1 Lichtjahr = 0,307 parsec oder 1 parsec = 3,26 Lichtjahre.

Unser nächster Stern, α Centauri oder Toliman, ist 4,3 Lichtjahre entfernt. Eigentlich steht uns ein Begleiter dieses Sterns mit der Bezeichnung Proxima Centauri am nächsten. Der Unterschied ist aber nur sehr gering. Proxima Centauri ist nur 0,000052mal so hell wie unsere Sonne und erscheint trotz seiner Nähe nur als ein Stern der Helligkeit $10^{m}7$.

Astronomische Entfernungen sind so gewaltig, daß sich selbst der Fachmann diese Abstände nicht vorstellen kann. Man »gewöhnt« sich eben an derartige Zahlen. Trotzdem soll hier der Versuch unternommen werden, diese Entfernungen ein wenig zu veranschaulichen. Auf Seite 208 benutzten wir den Flugzeugvergleich, um die Strecken innerhalb unseres Sonnensystems zu verdeutlichen. Bei einer Geschwindigkeit von 1000 km/Std. benötigt ein Flugzeug 675 Jahre, um von der

Die Entfernung der Planeten und nächsten Sterne (schematisch). Die Eigenschaften (Zustandsgrößen) der Sterne im Verhältnis zur Sonne.

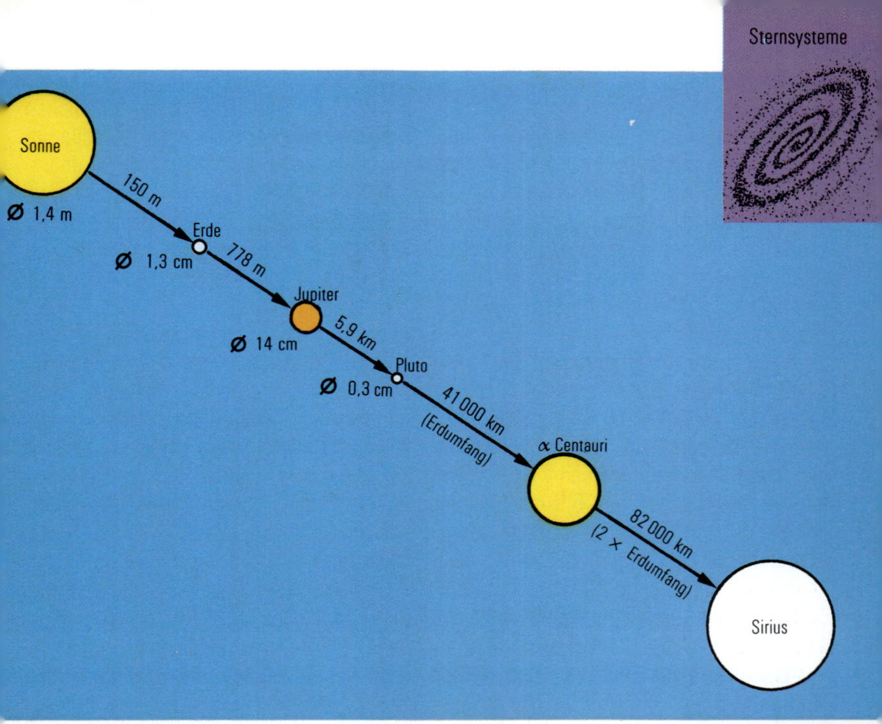
Sternsysteme
Sonne
Ø 1,4 m
150 m
Erde
Ø 1,3 cm
778 m
Jupiter
Ø 14 cm
5,9 km
Pluto
Ø 0,3 cm
41 000 km
(Erdumfang)
α Centauri
82 000 km
(2 × Erdumfang)
Sirius

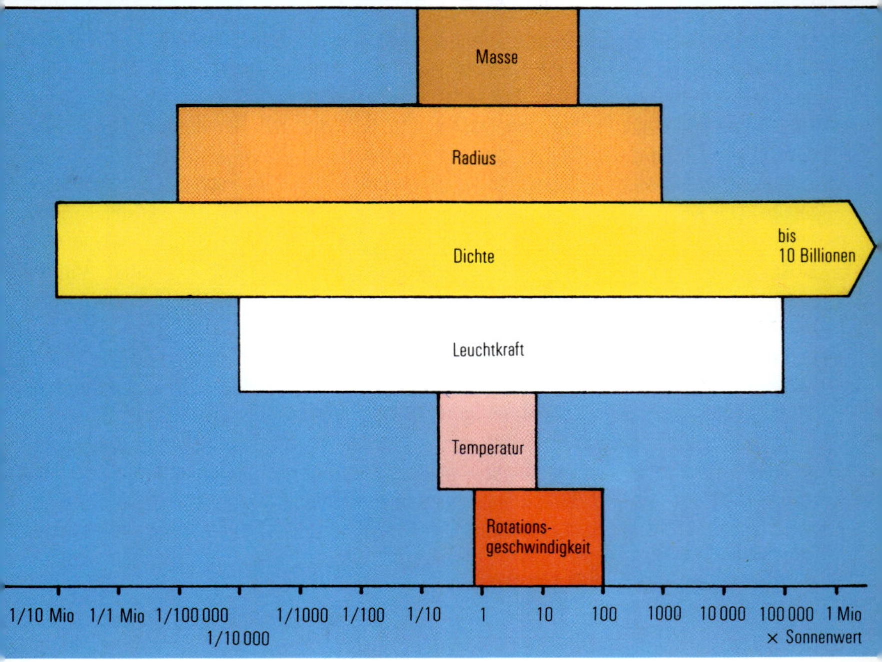
Masse
Radius
Dichte
bis
10 Billionen
Leuchtkraft
Temperatur
Rotations-
geschwindigkeit
1/10 Mio
1/1 Mio
1/100 000
1/10 000
1/1000
1/100
1/10
1
10
100
1000
10 000
100 000
1 Mio
× Sonnenwert

Sonne zum äußersten Planeten Pluto zu fliegen. Könnte man mit einem Flugzeug den nächsten Stern α Centauri erreichen, so wären wir bereits über 4½ Millionen Jahre unterwegs. Da sich aber niemand eine Flugreise solcher Dauer vorstellen kann, greifen wir zu einem anderen Mittel: Wir stellen uns vor, unsere Sonne sei eine Kugel von 1,4 m Durchmesser. Bei diesem Maßstab wäre unsere Erde auf 1,3 cm zusammengeschrumpft und etwa 150 m von der Sonne entfernt. Der Riesenplanet Jupiter wäre ein Kügelchen von 14 cm Durchmesser. Seine Entfernung von der Sonne betrüge dann 778 m. Pluto müßte im Durchschnitt 5,9 km von der Sonne entfernt sein und hätte einen Durchmesser von 3 mm. Dieser Maßstab beträgt 1:1 Milliarde. In einigen Landschaften und Städten gibt es übrigens Modelle, die uns das Planetensystem in einem solchen oder ähnlichen Maßstab vorführen. Am bekanntesten ist das Hagener Planetenmodell, das man sich einmal anschauen sollte. In der Stadtmitte befindet sich auf dem Rathausturm die Sonnenkugel, und in entsprechenden Abständen sind in den Fußboden Platten eingelassen, welche die Größe der Planeten, die Umlaufbahn ihrer jeweiligen Satelliten usw. zeigen. Um allerdings den äußersten Planeten Pluto zu erreichen, muß man schon einen Fußmarsch von 1½ Stunden unternehmen.

Wir behalten den Maßstab von 1:1 Milliarde bei, um auch die nächsten Sterne »unterzubringen«. α Centauri wäre dann schon 41 000 km von der Sonne entfernt. Dies ist eine Zahl, die wir uns noch ganz gut vorstellen können. Sie entspricht nämlich ziemlich genau dem Erdumfang. Der zweitnächste Stern, Barnards Pfeilstern im Sternbild Schlangenträger oder Ophiuchus, ist in unserem Modell 5,9 Lichtjahre oder 56 000 km von der Sonne entfernt. Bei Sirius im Großen Hund würde die Modellentfernung 82 000 km, bei 61 Cygni 105 000 km und bei Prokyon im Kleinen Hund 107 000 km betragen. Kapella im Fuhrmann ist 45 Lichtjahre entfernt. In unserem Model wären dies etwa 425 000 km. Das heißt: Kapella wäre im Maßstab 1:1 Milliarde etwas weiter von uns entfernt als der Mond im Maßstab 1:1.

Aber Stern ist nicht gleich Stern. Es gibt beachtliche Unterschiede in den physikalischen Daten der Sterne. Zunächst fallen uns deutliche **Farbunterschiede** auf. Sie können in vielen Fällen sogar mit bloßem Auge gesehen werden. Vergleichen wir etwa die beiden Sterne Beteigeuze und Rigel im Orion, so sehen wir, daß Beteigeuze orangefarben bis rötlich ist, während Rigel bläulichweiß erscheint. Dabei dürfen wir allerdings die Sterne nicht zu nahe am Horizont beobachten. Dort erscheinen sie nämlich, ähnlich wie unsere Sonne oder der Mond, durch die Wirkung unserer Erdatmosphäre leicht rötlich. Weitere typisch bläulichweiße oder weiße Sterne sind Sirius im Großen Hund, Spika in der Jungfrau, Wega in der Leier, Deneb im Schwan und Regulus im Löwen. Typisch gelbe Sterne sind Kapella im Fuhrmann, Algenib im Perseus, der Polarstern und natürlich unsere eigene Sonne. Rote (oder wenigstens orangerote) Sterne sind unter anderem Aldebaran im Stier, Antares im Skorpion, Arktur im Bärenhüter und Ras Algethi im Herkules.

Die Farben der Sterne lassen Rückschlüsse zu auf ihre **Oberflächentemperatur**. Weiße und bläulichweiße Sterne sind heißer, rote Sterne kühler. Dabei können die Oberflächentemperaturen der heißesten Sterne bis an 100 000° C herankommen. Dies sind allerdings Ausnahmen. Die weißen und bläulichweißen Sterne,

Wie ein Sternspektrum entsteht (oben). Die Spektralklassen der Sterne (unten).

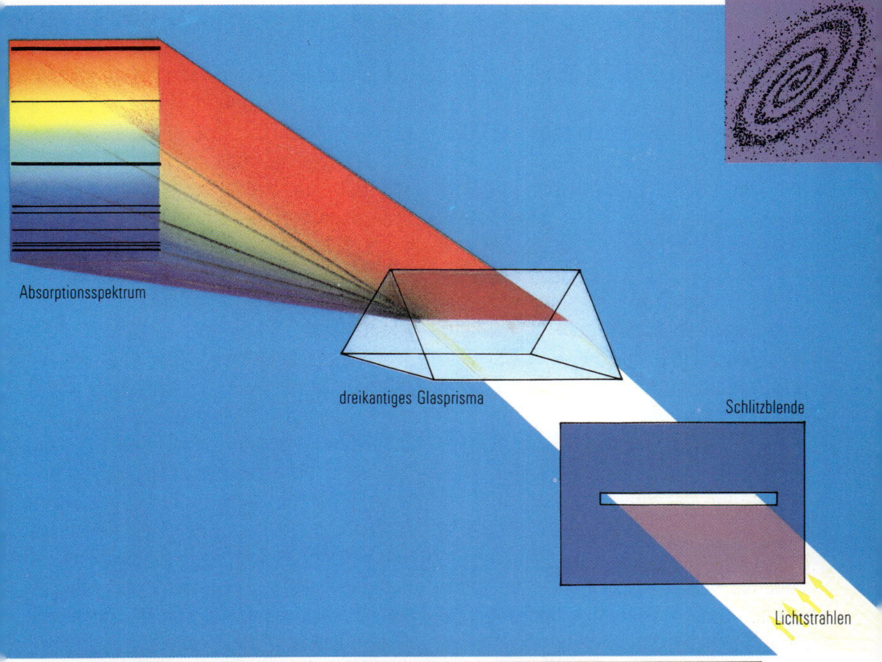
Absorptionsspektrum
dreikantiges Glasprisma
Schlitzblende
Lichtstrahlen

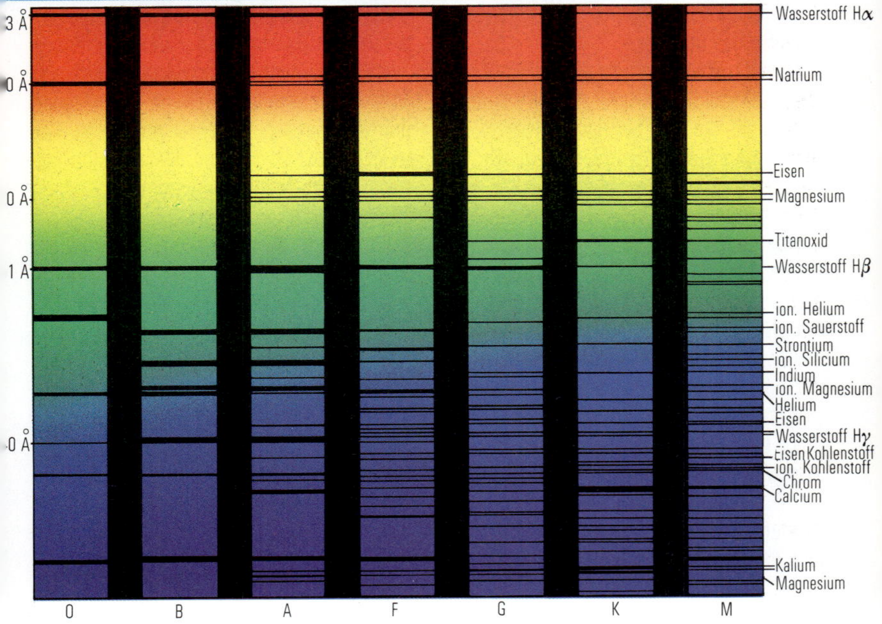
3 Å
0 Å
0 Å
1 Å
0 Å
Wasserstoff Hα
Natrium
Eisen
Magnesium
Titanoxid
Wasserstoff Hβ
ion. Helium
ion. Sauerstoff
Strontium
ion. Silicium
Indium
ion. Magnesium
Helium
Eisen
Wasserstoff Hγ
Eisen Kohlenstoff
ion. Kohlenstoff
Chrom
Calcium
Kalium
Magnesium
O
B
A
F
G
K
M

die wir am Himmel sehen, haben meist Oberflächentemperaturen zwischen etwa 10 000° und 20 000°. Gelbe Sterne sind 5000° bis 7000° heiß, während rote Sterne Temperaturen zwischen 2000° und 4000° aufweisen.

Die **tatsächliche Leuchtkraft** (absolute Helligkeit) der Sterne ist in sehr weiten Grenzen unterschiedlich. Es gibt Sterne, die 100 000- bis 1 000 000mal heller sind als unsere Sonne, während andere – denken wir nur an den schon erwähnten Proxima Centauri – nur auf 1/100000 der Sonnenleuchtkraft kommen. Die Leuchtkraft kann man direkt in Einheiten der Sonnenleuchtkraft angeben. Häufig benutzt man aber auch die Skala der Größenklassen und gibt die Helligkeit des betreffenden Sterns an, wie er aus einer Entfernung von 10 parsec oder 32,6 Lichtjahren erscheinen würde. Unsere eigene Sonne wäre in diesem Falle nur noch $+ 4^{m}{,}6$ hell. Die hellsten Sterne haben eine absolute Helligkeit von $- 9^{m}$, die schwächsten Sterne von $+ 17^{m}$.

Eine andere wichtige Kennzahl der Sterne ist ihre **Masse**. Sie kann genügend genau eigentlich nur dort bestimmt werden, wo man den Schwerkrafteinfluß eines benachbarten Sterns nachweisen kann, also vor allem in Doppelsternsystemen. Die massereichsten Sterne kommen auf 50 Sonnenmassen (vielleicht auch noch etwas darüber), die masseärmsten liegen bei etwa 7% der Sonnenmasse. Zwischen der Masse und der absoluten Leuchtkraft der Sterne gibt es eine strenge Beziehung (Masse-Leuchtkraft-Beziehung). Sie zeigt uns, daß ein Stern, der zum Beispiel 10mal mehr Masse hat als unsere Sonne, nicht lediglich 10mal heller ist als sie, sondern etwa 1000- bis 10 000mal heller. Andererseits ist ein Stern von 1/10 Sonnenmasse nur etwa 1/1000 so hell.

Ohne tiefer in astrophysikalische Probleme eindringen zu wollen, sei hier erwähnt, daß die meisten Sterne tief in ihrem Inneren, bei Temperaturen von vielen Millionen Grad, Wasserstoff in Helium verwandeln. Bei diesem Aufbau wird Masse in Energie verwandelt. Dies ist das große Geheimnis der Energieerzeugung der Sterne. Lediglich bei den älteren von ihnen können noch andere atomare Kernprozesse in Betracht kommen. Dann wird Helium zu etwas schwereren Elementen aufgebaut. Im Zentrum unserer Sonne herrscht eine Temperatur von 15 Millionen Grad C. Sterne großer Masse verfügen aber über höhere Zentraltemperaturen. Sie verwandeln dadurch ihren Wasserstoff wesentlich schneller in Helium. Daher leitet sich ihre bedeutend größere Leuchtkraft ab. Massereichere Sterne haben etwas niedrigere Zentraltemperaturen. Sie verwandeln ihren Wasserstoff langsamer in Helium.

Bemerkenswerte Unterschiede gibt es auch bei der Größe von Sternen. Auch hier bildet unsere Sonne eine Art mittleren Maßstab. Die sogenannten roten Riesensterne, wie Beteigeuze und Antares, haben Durchmesser vom Mehrhundertfachen des Sonnendurchmessers. Einige rote Riesen sind sogar über 1000mal größer als unsere Sonne. Bedeutend kleiner sind die massearmen roten Zwergsterne mit einem Durchmesser von nur wenig über 100 000 km, also etwa 1/10 des Sonnendurchmessers. Es gibt aber noch kleinere Sterne: Die weißen Zwergsterne, deren Größe an Planeten erinnern, aber auch die merkwürdigen Neutronensterne mit einem Durchmesser von etwa 20 km. Dabei handelt es sich um am Ende ihrer Entwicklung stehende, zusammengebrochene Sterne.

Die mittlere **Dichte** der Sterne ist ebenfalls recht unterschiedlich. Während sie

Das Sternbild Orion in südwestlicher Stellung (oben). Sternfeld im Perseus mit dem Doppelsternhaufen h und χ Persei (unten, Norden links)

bei unserer Sonne etwa 1,3 g/cm³ beträgt, erreicht sie in den blauweißen Überriesen ein Mehrfaches davon. Unvorstellbar dicht sind aber die weißen Zwerge und Neutronensterne. Bei ihnen belaufen sich die Mittelwerte auf etwa 1 Million bzw. 10 Billionen g/cm³ (= 10 Mill. t/cm³; das entspricht dem 30fachen Gewicht des Empire State Building auf 1 cm³ verdichtet). Eine besonders niedrige mittlere Dichte zeigen dagegen die roten Riesensterne.

Einen guten Aufschluß über die **chemische Zusammensetzung** der Sterne erhält man mit Hilfe des *Spektrums*. Man zerlegt mit Hilfe eines dreikantigen Glasprismas (oder eines Beugungsgitters) das Licht der Sonne oder eines Sterns in seine einzelnen Farb- oder Wellenlängenbereiche. Dieses Farbband kennen wir in vereinfachter Form in Gestalt des Regenbogens. Die Farben folgen in der Reihenfolge Rot, Orange, Gelb, Grün, Blau, Violett aufeinander. Rot ist das langwellige Licht, Violett ist kurzwellig. Das rote Licht hat eine Wellenlänge von 8/10 000 mm, das violette Licht von 4/10 000 mm. In diesem Farbband, das wir auch Spektrum nennen, sieht man eine Vielzahl meist dunkler Linien. Sie verraten uns die Anwesenheit ganz bestimmter chemischer Elemente. Dazu gehören vor allem Wasserstoff, Helium, Calcium sowie einige Metalle. Je nach der Stärke der jeweils auftretenden Linien teilt man die Sterne in verschiedene Spektralklassen ein. Die wichtigsten tragen die Buchstaben O, B, A, F, G, K und M. Diese Folge entspricht auch einer Farb- bzw. Oberflächentemperaturfolge. Die O- und B-Sterne sind heiß, die G-Sterne haben eine mittlere Temperatur (wie unsere Sonne), und die K- und M-Sterne sind rote, kühle Sterne. Gleichzeitig zeigen die an der Spitze stehenden Spektralklassen meist starke Wasserstoff- und Heliumlinien, die in den späteren Spektralklassen zurücktreten. Dafür gibt es hier mehr Metallinien. Bei den kühlsten Sternen können sogar Molekülbanden, wie Titanoxid, gefunden werden. Die Stärke der jeweiligen Linien weist aber nicht unbedingt darauf hin, daß die betreffenden Stoffe häufiger oder weniger häufig vorhanden sind. Im großen und ganzen ist die Häufigkeit der chemischen Elemente bei allen Sterntypen ziemlich gleich – von besonderen Ausnahmen einmal abgesehen. Die Stärke der Linien hängt nämlich weitgehend von der Oberflächentemperatur ab. Trotzdem ist es sehr nützlich, die Spektralklassen (Spektraltypen) der Sterne zu kennen. Man unterteilt diese Klassen übrigens noch feiner in zehn Unterabteilungen, zum Beispiel A0, A1, A2 . . . A8, A9, F0, F1 usw. Unsere Sonne vertritt die Spektralklasse G1. Dem Spektrum eines Sterns können aber noch viele andere Informationen entnommen werden. Dazu gehört zum Beispiel die Oberflächentemperatur, aber auch die Frage, wie schnell sich ein Stern um seine Achse dreht, ob er ein Magnetfeld besitzt usw.

Die beiden Astronomen E. Hertzsprung und H. N. Russell entwickelten in den Jahren 1905 bis 1913 ein großes Sterndiagramm, das in der heutigen Forschung eine grundlegende Rolle spielt. Wir nennen es auch das *Hertzsprung-Russell-Diagramm* oder *Farben-Helligkeits-Diagramm*. In ihm sind von links nach rechts die Farben der Sterne aufgeschrieben. Links außen finden wir die blauweißen, nach der Mitte hin die gelben und rechts die roten Sterne. Da aber die Farben der Sterne eng mit ihren Oberflächentemperaturen zusammenhängen und diese mit ihren Spektralklassen, könnten wir von links nach rechts auch diese Werte anschreiben. Senkrecht von unten nach oben ist die Leuchtkraft

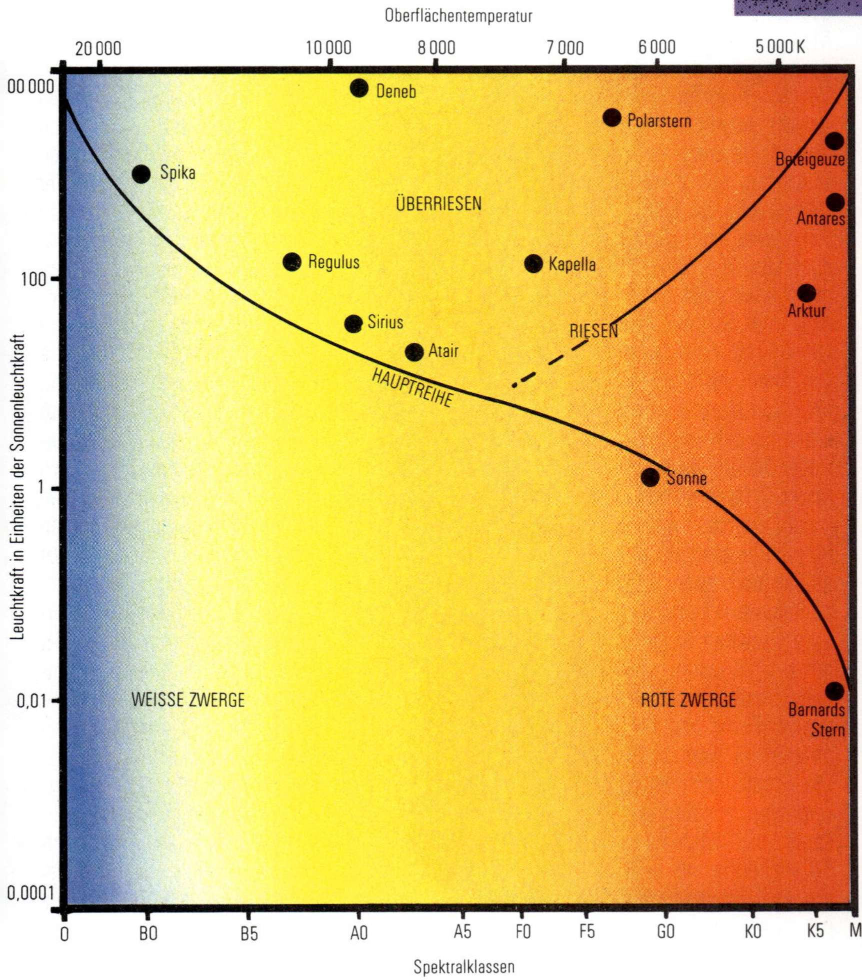
Oberflächentemperatur
20 000
10 000
8 000
7 000
6 000
5 000 K
Leuchtkraft in Einheiten der Sonnenleuchtkraft
00 000
100
1
0,01
0,0001
Deneb
Polarstern
Spika
Beteigeuze
ÜBERRIESEN
Antares
Regulus
Kapella
Arktur
Sirius
RIESEN
Atair
HAUPTREIHE
Sonne
WEISSE ZWERGE
ROTE ZWERGE
Barnards Stern
O
B0
B5
A0
A5
F0
F5
G0
K0
K5
M0
Spektralklassen

oder absolute Helligkeit eingetragen, entweder in Einheiten der Sonnenleuchtkraft oder als absolute Helligkeit, wie wir sie oben beschrieben haben. Unten finden sich die schwachen, oben die hellen Sterne.

Man machte damals die erstaunliche Entdeckung, daß es bei den Sternen keine beliebigen Kombinationen zwischen absoluter Leuchtkraft und Farbe gibt. Vielmehr ordnen sie sich im Hertzsprung-Russell-Diagramm vor allem in zwei Ästen oder Reihen an: So zieht sich ein schmales Band von links oben nach rechts unten quer über das Diagramm hinweg. Es beginnt links oben bei blauweißen Überriesen, mit Sternen großer Masse, hoher Leuchtkraft und Oberflächentemperatur. Das Band geht weiter über sonnenähnliche Sterne und erstreckt sich nach rechts unten zu den roten Zwergsternen mit geringer Masse, kleiner Leuchtkraft und geringer Oberflächentemperatur. Dieses Band bezeichnet man auch als Hauptreihe. Im rechten oberen Teil gibt es ein Feld von gelben und roten Riesensternen, den sogenannten Riesenast. Er ist jedoch nicht ganz so scharf ausgebildet wie die Hauptreihe. Links unten tummeln sich noch verhältnismäßig lichtschwache Sterne mit weißer Farbe und hoher Oberflächentemperatur. Es sind die weißen Zwerge.

Die Sterne kommen häufig nicht als Einzelgänger, sondern als **Doppelsterne** oder sogar als **Mehrfachsterne** vor. Rund 50% aller Sterne im Weltall zählen zu derartigen Systemen. Aber nur wenige Doppel- oder Mehrfachsterne können bereits mit kleinen Fernrohren gesehen werden. In unserem Sternbilderteil geben wir viele Beispiele für derartige Doppelsterne.

Grundsätzlich teilt man die Doppelsterne in folgende Typen ein: Unter einem *optischen Doppelstern* versteht man zwei Sterne, die räumlich nichts miteinander zu tun haben. Sie stehen also im Raum hintereinander und erscheinen nur rein zufällig aus unserer Erdsicht in geringer Distanz am Himmelsgewölbe. Unter einem *physischen Doppelstern* versteht man ein echtes Sternpaar: die beiden Sterne umkreisen sich also. In vielen Fällen ist aber die Umlaufszeit so groß, daß innerhalb von Jahren, Jahrzehnten oder selbst Jahrhunderten keine Veränderungen wahrgenommen werden können. Schließlich seien noch die *spektroskopischen Doppelsterne* zu erwähnen, die nur mit Hilfe spektroskopischer Untersuchungen nachgewiesen werden können und im Fernrohr nicht als zwei getrennte Punkte erscheinen. *Astrometrische Doppelsterne* schließlich sind einzeln erscheinende Sterne mit einer periodisch gestörten Bewegung, die auf einen unsichtbaren Begleiter hinweist.

Für den praktischen Sternfreund sind also nur die optischen und physischen Doppelsterne bemerkenswert. Zu ihrer Charakterisierung ist vor allem die gegenseitige *Winkeldistanz* wichtig. Je enger die beiden Partner (Komponenten) beieinanderstehen, desto größere Fernrohre benötigen wir zur Trennung des Doppelsterns. Darüber wird noch ausführlich auf Seite 266 gesprochen. In unserem Sternbilderteil sind für die jeweils beschriebenen Doppelsterne die gegenseitigen Distanzen mitgeteilt. Meist wird auch beschrieben, mit welchen optischen Geräten eine Trennung möglich ist. Zur vollständigen Kennzeichnung eines Doppelsternsystems ist neben der Distanz aber auch noch der *Positionswinkel* erforderlich. Er gibt an, in welcher

Zur Unterscheidung von optischen und physischen Doppelsternen (links oben). Die Bewegung in dem optischen Doppelstern δ Herculis (rechts oben). Zur Erklärung von Positionswinkel und Distanz bei Doppelsternen (links unten). Die Bewegung in dem physischen Doppelstern ξ Ursae maioris (rechts unten).

1
2
1
2
A

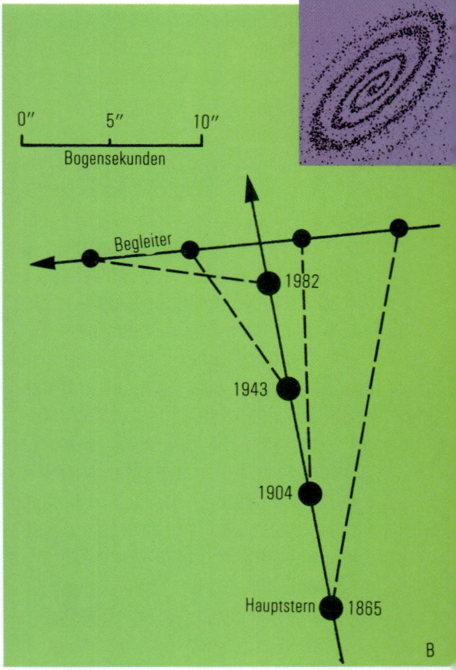
0″
5″
10″
Bogensekunden
Begleiter
1982
1943
1904
Hauptstern
1865
B

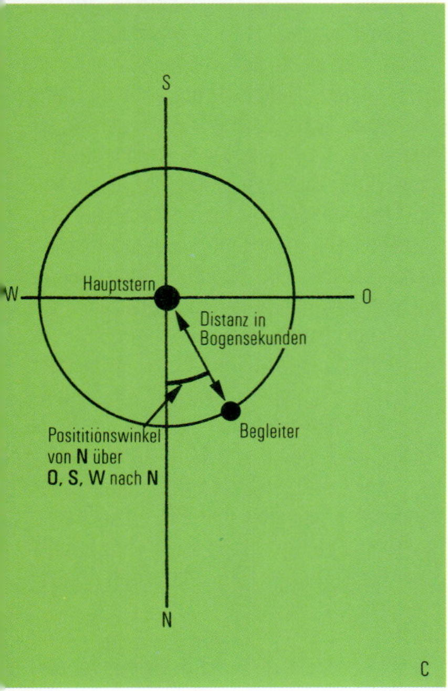
S
W
O
N
Hauptstern
Distanz in Bogensekunden
Begleiter
Posititionswinkel von N über O, S, W nach N
C

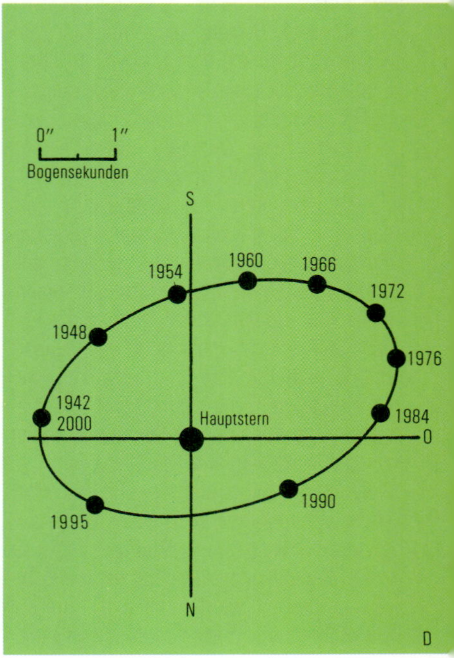
0″
1″
Bogensekunden
S
1954
1960
1966
1972
1948
1976
1942
2000
Hauptstern
1984
O
1990
1995
N
D

Richtung vom Hauptstern aus gesehen der Begleiter steht. Aus Platzgründen haben wir diese Angabe im Sternbilderteil weggelassen, da sie zur Trennung der Doppelsterne nicht unbedingt nötig ist. Der Positionswinkel wird von der Nordrichtung über Osten, Süden, Westen nach Norden zurück von 0 Grad bis 360 Grad gezählt. Handelt es sich um einen Doppelstern mit kurzer Periode, so verändert sich natürlich nicht nur die gegenseitige Winkeldistanz, sondern auch der Positionswinkel.

Für die Trennung eines Doppelsterns mit einem Fernrohr ist aber nicht allein der gegenseitige Winkelabstand ausschlaggebend, sondern auch der *Helligkeitsunterschied* der beiden Komponenten oder Partner. Am leichtesten wird die Auflösung gelingen, wenn die beiden Komponenten gleiche und mittlere Helligkeit haben, also zum Beispiel 5. Größe. Zwei sehr helle Komponenten überstrahlen sich gegenseitig, während eine sehr schwache von einer hellen Komponente »zugedeckt« wird. So ist zum Beispiel der Begleiter des Sterns Sirius meist erst in etwas größeren Fernrohren sichtbar, obwohl die gegenseitige Winkeldistanz eigentlich darauf hinweist, daß eine Trennung bereits mit einem 5-cm-Fernrohr möglich sein müßte. Die Komponenten eines Doppelsterns können übrigens physikalisch ganz verschieden ausfallen. Es kommt gar nicht so selten vor, daß ein roter Stern von einem bläulichen umgeben wird. Stehen die beiden Sterne dann sehr eng beieinander, kommt es durch eine Kontrastwirkung gelegentlich zu scheinbaren Farbverschiebungen. Im eben genannten Fall erscheint der bläuliche Begleiter häufig grün.

Viele Sterne zeigen auch deutliche *Helligkeitsveränderungen*; man nennt sie **veränderliche Sterne** oder **Variable**. Es gibt so viele Möglichkeiten, daß hier nicht alle Typen aufgezählt werden können. Nur auf die wichtigsten Klassen sei hingewiesen:

Die *Bedeckungsveränderlichen* sind eigentlich gar keine echten veränderlichen Sterne. Es sind enge Doppelsterne, deren Umlaufbahnen gerade so im Raum liegen, daß es von der Erde aus gesehen zu gegenseitigen Bedeckungen oder Verfinsterungen kommt. Ähnlich wie die Sonne bei einer Finsternis durch den Mond verdeckt wird und sich selbst nicht verändert, so ist es auch in diesem Falle: Die Helligkeitsveränderungen sind nur vorgetäuscht. Sie ereignen sich, wenn der eine Stern vor oder hinter den anderen tritt. Stehen dagegen beide Sterne nebeneinander, so summiert sich die Helligkeit der beiden Komponenten und der zu einem Punkt verschmolzene Doppelstern erscheint im Helligkeitsmaximum. Ein typischer Fall für einen Bedeckungsveränderlichen ist Algol im Sternbild Perseus. Andere Beispiele sind β Lyrae und ε Aurigae. Die Bedeckungsveränderliche sind auch gleichzeitig spektroskopische Doppelsterne.

Als zweite wichtige Klasse sind die *pulsierenden Veränderlichen* zu erwähnen. Dazu zählen vor allem die *Cepheiden*, benannt nach ihrem Hauptvertreter, dem Stern δ Cephei. Diese Sterne blähen sich regelmäßig auf und ziehen sich wieder zusammen. Ihre Perioden betragen höchstens 50 Tage, mindestens aber etwa einen Tag. Daneben gibt es noch die sogenannten *RR Lyrae-Sterne*, die ebenfalls pulsierende Sonnen sind, deren Perioden aber unter einem Tag liegen.

Auch die sogenannten *Mira-Sterne* sind im wesentlichen pulsierende Veränderliche. Ihr Hauptvertreter ist Mira im Walfisch. Die Perioden der Mira-Sterne betragen meist etwa 100 bis 400 Tage. Während die Cepheiden und RR Lyrae-Sterne gelbe und weiße Sterne hoher Leuchtkraft darstellen, zählen die Mira-Sterne aus-

β Lyrae (oben und Mitte) und δ Cephei (unten)

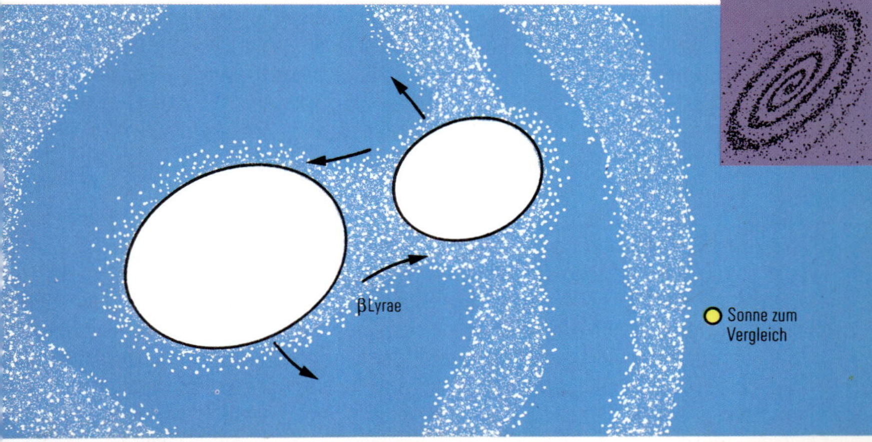
βLyrae
Sonne zum Vergleich

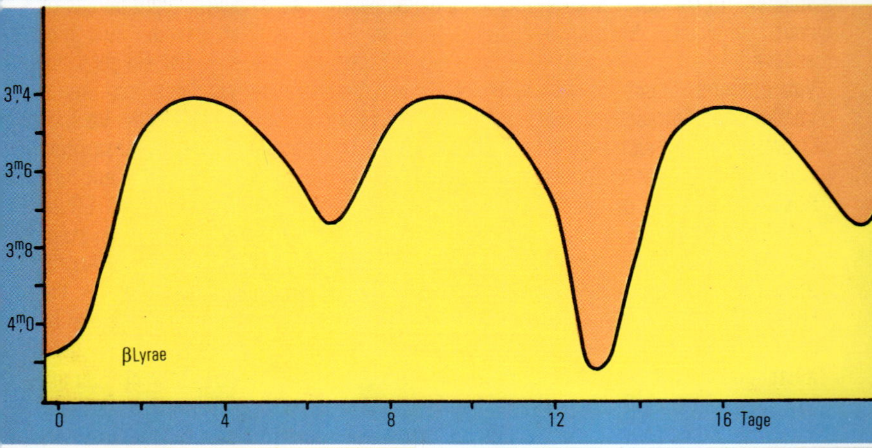
$3^m,4$
$3^m,6$
$3^m,8$
$4^m,0$
βLyrae
0
4
8
12
16 Tage

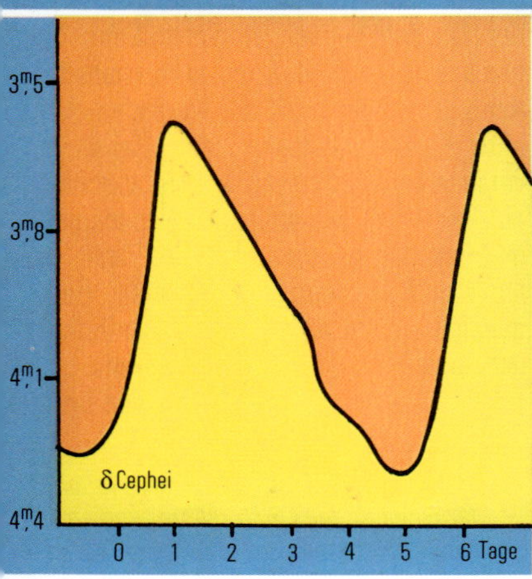
$3^m,5$
$3^m,8$
$4^m,1$
$4^m,4$
δCephei
0
1
2
3
4
5
6 Tage

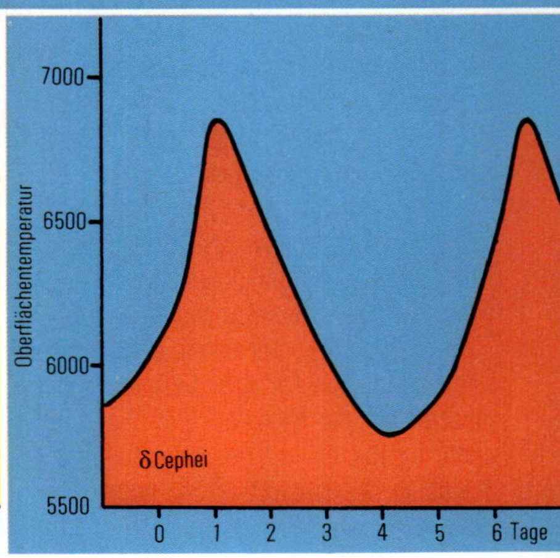
Oberflächentemperatur
7000
6500
6000
5500
δCephei
0
1
2
3
4
5
6 Tage

schließlich zu den roten Riesensternen. Überhaupt gibt es kaum einen Riesenstern, der nicht irgendwelche Helligkeitsveränderungen zeigt. Sie müssen allerdings nicht so schön periodisch sein wie bei den Mira-Sternen. Viele rote Riesen zeigen halbregelmäßige oder ganz unregelmäßige Helligkeitsschwankungen. Dazu zählen zum Beispiel Beteigeuze im Orion, Antares im Skorpion oder der berühmte »Granatstern« μ Cephei.

Von geringerer Bedeutung für den Sternfreund sind die sogenannten *Flackersterne* (Flare stars). Es sind bestimmte rote Zwergsterne, die in unregelmäßigen Abständen Helligkeitsausbrüche zeigen, die meist nur wenige Minuten oder Stunden andauern.

Von größerem Interesse kann aber gelegentlich das Auftauchen einer *Nova* sein. Dabei handelt es sich eigentlich nicht um wirklich neue Sterne, sondern um den Ausbruch eines bereits vorhandenen Sterns. Die Helligkeit steigt dabei um 11 bis 13 Größenklassen an. Leider kann man Novae nicht voraussagen. Man ist daher auf Mitteilungen astronomischer Zeitschriften oder vielleicht auch der Tageszeitungen angewiesen.

Noch seltener sind die *Supernovae*, die einen Helligkeitszuwachs von 20 Größenklassen aufweisen. In der Regel treten sie nur in anderen Galaxien auf und sind entsprechend verhältnismäßig lichtschwach. In unserem eigenen Milchstraßen-System sind diese Erscheinungen so selten, daß wir pro Jahrtausend nur mit einigen wenigen Exemplaren dieser Art rechnen dürfen.

Man kann die Helligkeitsschwankungen veränderlicher Sterne teilweise schon mit bloßem Auge oder mit einem wiederholten Blick durch das Fernrohr verfolgen. Dazu müssen wir die Helligkeit des Veränderlichen nur mit der einiger unveränderlicher Sterne in der Nachbarschaft vergleichen. So suchen wir beispielsweise in der Umgebung von Algol im Perseus einige unveränderliche Sterne auf. Empfehlenswert sind vor allem Algenib (α Persei) mit einer Helligkeit von $1\overset{m}{.}9$, Alamak in der Andromeda (γ Andromedae) mit $2\overset{m}{.}2$, β Trianguli mit $2\overset{m}{.}7$, ε Persei mit $3\overset{m}{.}0$, δ Persei mit $3\overset{m}{.}1$ und ν Persei mit $3\overset{m}{.}9$. Immer wieder werden wir Algol mit diesen Sternen vergleichen: Bemerken wir bei längerer Gegenüberstellung gerade noch einen Unterschied, so beträgt dieser etwa $0\overset{m}{.}1$ oder eine Stufe. Sehen wir den Unterschied nicht sofort, aber doch ohne besondere Schwierigkeiten, so beträgt er $0\overset{m}{.}2$ oder 2 Stufen. Ist der Unterschied schnell bemerkbar, so ist die Differenz bereits $0\overset{m}{.}3$ oder 3 Stufen. Dies ist eine sehr grobe Abschätzung, die aber bei einiger Übung und mehrfachem Vergleich mit Sternen, die heller und schwächer als der Veränderliche sind, brauchbare Ergebnisse bringt. Der Astronom F. W. Argelander führte diese Methode bereits vor rund 150 Jahren zur Schätzung von Sternhelligkeiten ein. Man nennt sie deswegen die Argelandersche Stufenschätzungs-Methode. Viele Amateurastronomen benutzen diese Methode, die noch etwas genauer ausgefeilt werden kann, um veränderliche Sterne zu verfolgen, und erzielen dabei Resultate, die vor Fachastronomen standhalten können. Die Zahl der veränderlichen Sterne ist nämlich so groß, daß die professionellen Astronomen gar nicht alle Veränderlichen unter Kontrolle halten können. Bei vielen veränderlichen Sternen ist es durchaus nützlich, auch weiterhin ihre Periodenlängen und den genauen Zeitpunkt ihrer Minima und Maxima zu bestimmen. Gelegentlich kommt es nämlich zu Verfrühungen oder Verspätungen der Maxima und Minima, die für den Theoretiker von Inter-

Lichtkurven von Mira (oben), der Nova Cygni 1975 (Mitte) und einer Supernova im Andromedanebel (unten)

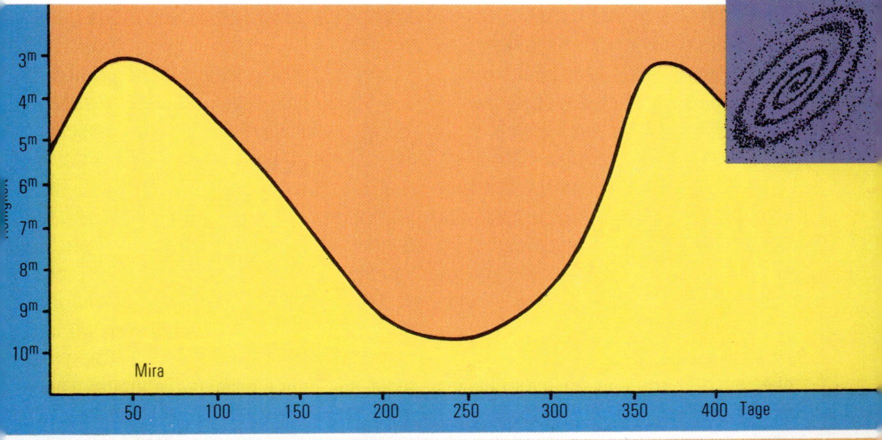
3m
4m
5m
6m
7m
8m
9m
10m
Mira
50
100
150
200
250
300
350
400
Tage

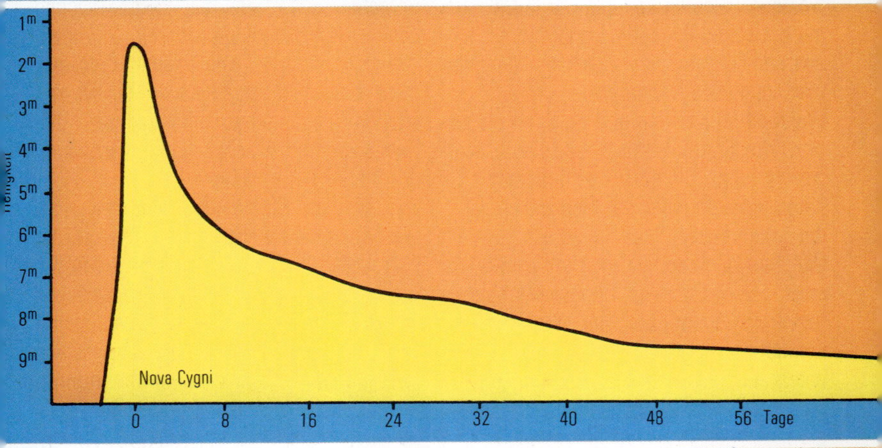
1m
2m
3m
4m
5m
6m
7m
8m
9m
Nova Cygni
0
8
16
24
32
40
48
56
Tage

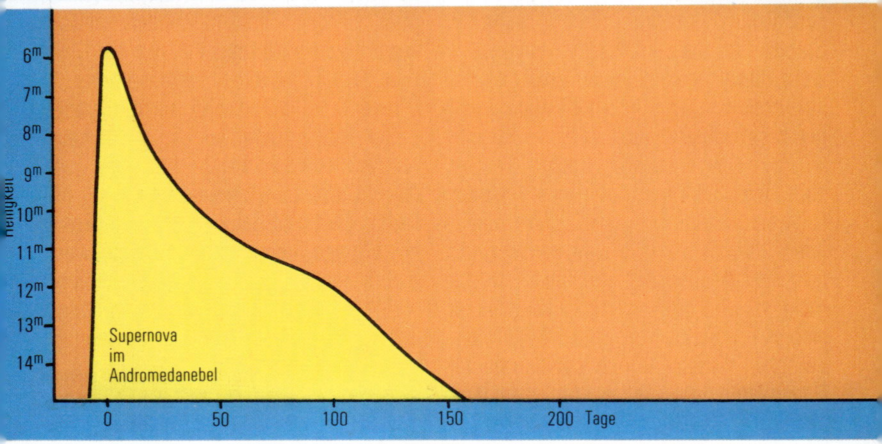
6m
7m
8m
9m
10m
11m
12m
13m
14m
Supernova
im
Andromedanebel
0
50
100
150
200
Tage

esse sind. Wer sich mit diesem interessanten Gebiet näher beschäftigen möchte, sei auf die speziellere Literatur verwiesen.
Zu den veränderlichen Sternen im weiteren Sinne gehören aber zum Beispiel auch die bekannten *Pulsare*. Hierbei handelt es sich um alte, zusammengebrochene Sterne, die im wesentlichen nur noch aus Neutronen bestehen und deswegen als *Neutronensterne* bezeichnet werden. In der Regel erfaßt man die Pulsare allerdings nur radioastronomisch: In Abständen von maximal 3 oder 4 Sekunden, häufig aber auch unter einer Sekunde, geben diese Objekte Radiopulse ab. Bei einigen wenigen Pulsaren konnten die Pulse auch mit optischen Fernrohren und darüber hinaus mit Röntgenteleskopen von Satelliten usw. festgestellt werden.
Während es sich bei den Pulsaren um extrem alte Sterne handelt, sind die *T Tauri-Sterne* jung; sie haben sich gerade erst durch Verdichtungen aus Gaswolken gebildet und noch keinen mechanischen Gleichgewichtszustand erreicht wie heute unsere Sonne. In ihrer Umgebung schweben interstellare Gas- und Staubwolken, die den Stern gelegentlich verdüstern oder wieder freigeben. Eine andere Gruppe sind Sterne mit veränderlichen Magnetfeldern, die sich auch in Helligkeitsschwankungen ausdrücken können. Eine besondere Gruppe von Sternen, die man als *Hüllensterne* bezeichnen kann, verdankt ihre Helligkeitsschwankung dem mehr oder weniger regelmäßigen Abstoßen von Gashüllen. Die Novae besitzen noch »Geschwister«, die man als novaähnliche Veränderliche bezeichnet. Es sind Sterne, die in ihrem Verhalten den Novae durchaus ähneln. Der Anstieg ihrer Helligkeit ist aber geringer, und die Ausbrüche wiederholen sich in Abständen von 20 bis 600 Tagen. Zwischen diesen Sternen und den echten Novae liegen die sogenannten wiederkehrenden Novae. Sie besitzen Perioden von Jahren oder unter Umständen bis zu Jahrzehnten.
Zu den schönsten stellaren Objekten für den Sternfreund zählen die **Sternhaufen**. Im wesentlichen gibt es zwei verschiedene Typen: Die sogenannten *offenen* oder *galaktischen Sternhaufen* und die *kugelförmigen Sternhaufen*, kurz *Kugelhaufen* genannt. Schöne Beispiele für offene Sternhaufen sind die Plejaden und Hyaden im Stier sowie Präsepe im Krebs. Die Bezeichnung »offen« rührt daher, daß wir bereits mit kleinen Fernrohren – gelegentlich sogar mit bloßem Auge – in der Lage sind, diese Sternhaufen aufzulösen. Sie enthalten etwa zehn bis einige tausend Sterne. Meist sind die offenen Sternhaufen nicht allzuweit von unserer Erde entfernt. Die typischen Beispiele, die wir mit kleinen Fernrohren aufsuchen können, haben Abstände zwischen hundert und einigen tausend Lichtjahren.
Alle offenen Sternhaufen befinden sich, wie weiter unten beschrieben, längs der Spiralarme unseres Milchstraßen-Systems. Deswegen erscheinen sie auch von unserem Sonnensystem her beobachtet stets etwa im Verlauf der Milchstraße oder jedenfalls nicht weit von ihr entfernt. Es gibt keine offenen Sternhaufen in einem Sternbild, das ungefähr 90 Winkelgrad von der Milchstraßenebene entfernt liegt; etwa in Sternbildern wie der Große Bär, der Drache oder der Bärenhüter.
Offene Sternhaufen sind verhältnismäßig junge Sternansammlungen. Viele haben ein Alter von nur wenigen Millionen Jahren, die ältesten kommen auf etwa 1 Milliarde Jahre. Die Schwerkraft im Innern eines offenen Sternhaufens ist so schwach, daß dieser sich im Laufe der Zeit auflösen muß. Viele offene Sternhaufen zeigen auch eine gemeinschaftliche Bewegungs-

Karte der Hyaden (oben), der Kugelhaufen M 13 (links unten), die Plejaden (rechts unten)

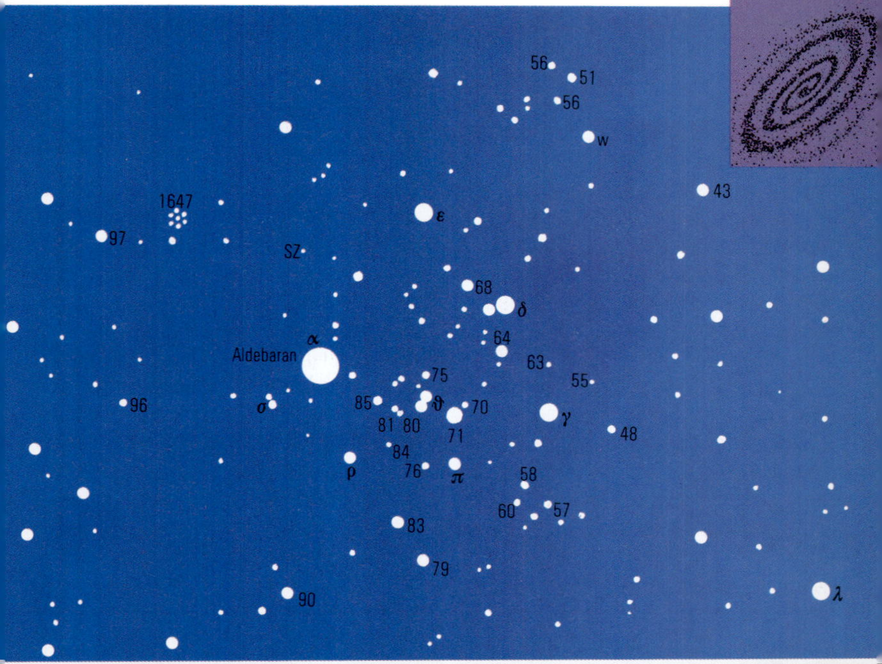
56
51
56
w
43
1647
97
ε
SZ
68
δ
64
α
Aldebaran
63
75
55
96
σ
85
ϑ
70
γ
81
80
71
48
84
ρ
76
π
58
60
57
83
79
90
λ

richtung im Weltall. Man spricht dann von Bewegungs-Sternhaufen oder Sternströmen. Auch hierfür sind wieder die Hyaden und Plejaden besonders schöne Beispiele. Die Sterne der Hyaden, die nur rund 130 Lichtjahre von uns entfernt sind, bewegen sich etwa nach Osten auf einen Punkt zu, der in der Nachbarschaft von Beteigeuze im Orion liegt. Ein anderes bekanntes Beispiel für einen Sternstrom ist der sogenannte Bärenstrom. Er heißt so, weil mehrere Sterne des Großen Bären zu ihm zählen, und zwar β, γ, δ, ε und ζ Ursae maioris. Neben diesen fünf Sternen gibt es aber einige Dutzend weiterer Sterne dieses Sternstroms, die zum Teil an ganz anderen Stellen des Himmelsgewölbes stehen. Sogar der von uns nur 8,7 Lichtjahre entfernte Sirius gehört dazu.

Stern-Assoziationen sind jüngere Sternansammlungen. Sie kommen fast ausschließlich in Sternentstehungsgebieten vor. Bekannt sind die Stern-Assoziationen im Rosetten-Nebel im Sternbild Einhorn und im Gebiet des Orion-Nebels. Diese Stern-Assoziationen zeigen meist expansive Bewegungen.

Die kugelförmigen Sternhaufen sind verhältnismäßig eng gedrängte, meist nahezu kugelsymmetrische Gebilde, obwohl gelegentlich eine geringfügige Abplattung vorkommt. Die Kugelhaufen haben in der Regel viel größere Entfernungen als die offenen Sternhaufen. Die bekanntesten Kugelhaufen, die wir am Himmel beobachten können, haben Entfernungen zwischen 15 000 und 50 000 Lichtjahren. Da die kugelförmigen Sternhaufen einen sphärischen Raum um den Mittelpunkt des Milchstraßen-Systems herum erfüllen, können sie von uns aus prinzipiell an den verschiedensten Stellen des Himmelsgewölbes auftauchen, also nicht nur längs des Milchstraßenbandes wie die offenen Sternhaufen. Allerdings zeigen sie eine Konzentration in Richtung Zentrum unseres Milchstraßen-Systems (Schütze). Kugelhaufen haben ein Alter von etwa 10 bis 15 Milliarden Jahren und gehören damit zu den ältesten kosmischen Objekten überhaupt. In ihrem Innern sind 100 000 bis 1 Million Sterne so dicht aneinandergedrängt, daß es die Schwerkraftverhältnisse einem Stern kaum erlauben, nach außen zu entweichen. Kugelhaufen sind also wesentlich stabilere Systeme als offene Sternhaufen. In kleinen Fernrohren wird man nur einen verwaschenen, rundlichen Nebelfleck mit einer zentralen Verdichtung wahrnehmen. Erst mit Fernrohren über etwa 10 cm Öffnung erkennt man wenigstens bei den nächstgelegenen Kugelhaufen die hellsten Sterne über diesen »Nebel« verteilt.

Die **Milchstraße** zieht sich als ein wolkiges Band über das gesamte Himmelsgewölbe. Leider kann sie von den lichterfüllten Großstädten aus heute kaum mehr wahrgenommen werden. Um so eindrucksvoller tritt uns dieses wohl großräumigste Phänomen des Himmels entgegen, wenn wir es von entlegeneren Gebieten oder von Bergen aus betrachten; es ist bereits mit bloßem Auge zugänglich. Tatsächlich stellt die Milchstraße fast exakt einen Großkreis am Himmelsgewölbe dar, dessen eine Hälfte oberhalb des Horizonts und dessen andere Hälfte unterhalb davon verläuft. Doch können wir auch von Europa aus im Laufe des Jahres ganz unterschiedliche Teile der Milchstraße beobachten. Lediglich ihre südlichsten Gebiete bleiben uns von diesen geographischen Breiten aus verschlossen.

Die Zahl der Sterne längs des Bandes der Milchstraße (oben).
Die räumliche Bewegung eines Sterns, abgeleitet aus Eigenbewegung und Radialbewegung bzw. Radialgeschwindigkeit (unten)

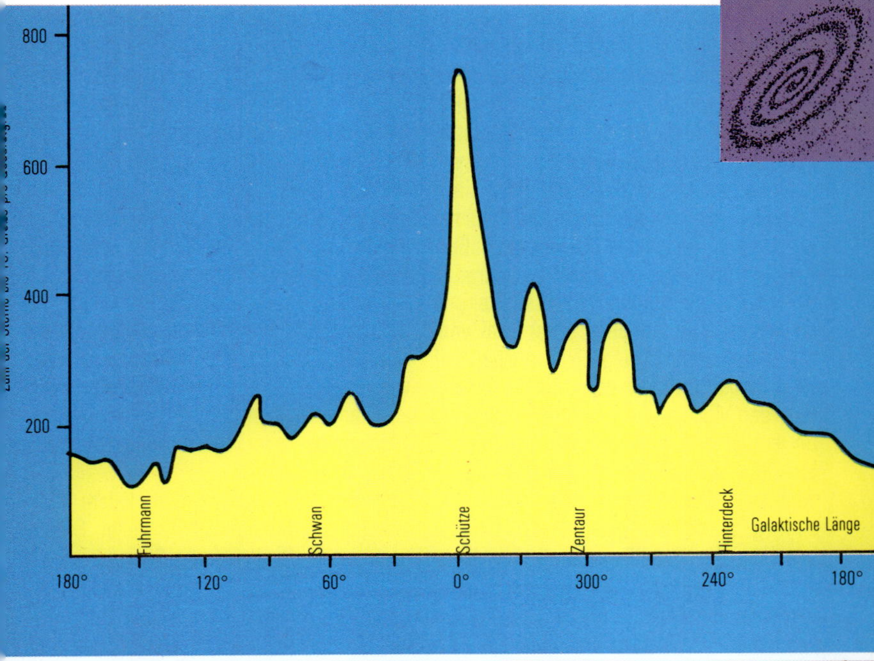
800
600
400
200
Fuhrmann
Schwan
Schütze
Zentaur
Hinterdeck
Galaktische Länge
180°
120°
60°
0°
300°
240°
180°

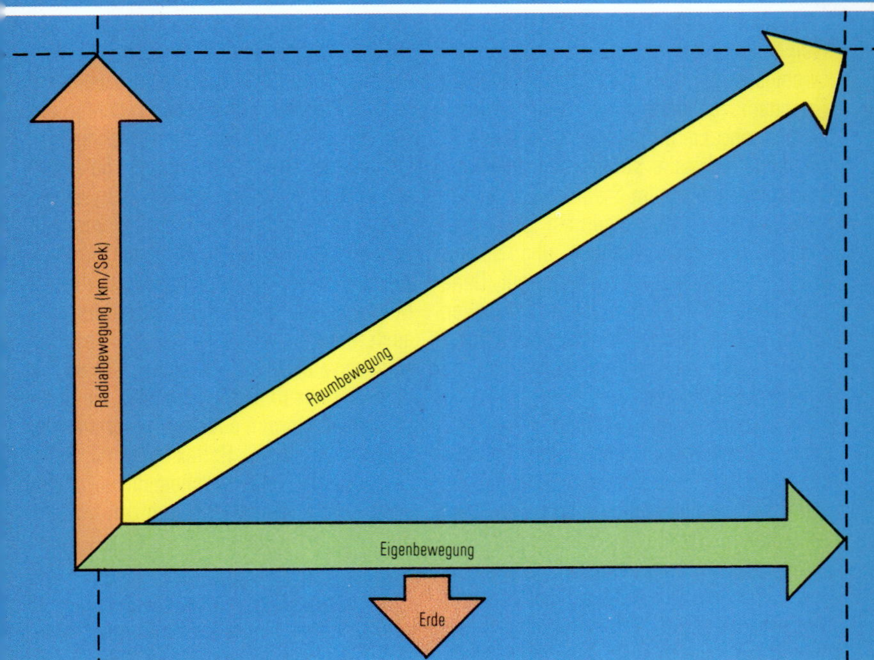
Radialbewegung (km/Sek)
Raumbewegung
Eigenbewegung
Erde

Die Auflösung der Milchstraße in Einzelsterne gelingt weitgehend schon mit einem einfachen Feldstecher. Überhaupt erhalten wir von der Fülle der Sterne innerhalb der Milchstraße mit einem lichtstarken Feldstecher oder Doppelglas ein viel eindrucksvolleres Bild als mit Hilfe eines Fernrohrs, das uns nur einen verhältnismäßig kleinen Ausschnitt überblicken läßt.
Deutlich erkennen wir eine Konzentration der Sterne in Richtung Milchstraße und umgekehrt eine Abnahme ihrer Zahl vom Milchstraßenband weg in Richtung auf zwei Punkte hin, die man als die beiden Pole der Milchstraße bezeichnet. Abgeleitet vom Griechischen spricht man von der Milchstraße auch als der Galaxis und so vom galaktischen Nord- und Südpol und dem galaktischen Äquator, der weitgehend mit der Mittellinie durch die Milchstraße identisch ist. Die Zahl der Sterne innerhalb der Milchstraße schwankt. Ein deutliches Maximum erkennen wir im Sternbild Schütze sowie in den benachbarten Sternbildern Schild und Skorpion. Am wenigsten Eindruck macht die Milchstraße in dem gegenüberliegenden Sternbild Fuhrmann. Es gibt aber auch innerhalb kleinerer Bereiche starke Schwankungen. So entdecken wir im Sternbild Schwan einen dunklen Fleck innerhalb der Milchstraße. Zwischen Schwan und Schütze zeigt sie sich außerdem zweigeteilt. Daneben treten begrenzte Gebiete mit besonders hoher Sternzahl (Milchstraßenwolken) hervor. Am bekanntesten ist die sogenannte Schildwolke.
Die unregelmäßigen Strukturen innerhalb der Milchstraße und die dunklen »Schluchten« und »Höhlen« sind auf den Umstand zurückzuführen, daß der Raum zwischen den einzelnen Sternen nicht vollständig leer ist. Dazwischen breitet sich vielmehr eine dünne gas- und staubförmige Materie aus, die interstellare Materie. In der Regel enthält diese in einem Kubikzentimeter nur etwa 1 Atom und innerhalb eines Würfels von etwa 100 m Kantenlänge rund 200 Staubteilchen. Doch gibt es auch etwas dichtere Gebiete. Sind diese dunkel, so versperren sie uns den Blick in die dahintergelegenen Teile des Weltalls. Diese *Dunkelnebel* zeigen sich besonders im Verlauf der Milchstraße. In einer typischen Dunkelwolke, wie zum Beispiel dem »südlichen Kohlensack« im Sternbild des südlichen Kreuzes, ist die Staubdichte etwa 100mal größer als im Normalfeld der interstellaren Materie. Was wir in einer derartigen Dunkelwolke noch an Sternen sehen, sind entweder Vordergrundsterne oder stark abgeschwächte Hintergrundsterne.
Befinden sich dichtere interstellare Wolken in der Nachbarschaft heller Sterne oder ganzer Gruppen von Sternen, sehen wir helle, *diffuse Nebel*. Das wohl berühmteste Beispiel dafür ist der Orion-Nebel. In seinem Innern kommen bis zu 10 000 Atome pro Kubikzentimeter vor. Solche Nebel sind Geburtsstätten von Sternen. Die Gase werden hier von den heißen Sternen zum eigenen Leuchten angeregt, während die Staubteilchen das Licht dieser Sterne reflektieren. So unterscheidet man häufig zwischen *Emissions-* und *Reflexions-Nebel*. Häufig kommen aber weder die einen noch die anderen Nebel rein vor. In der Regel treten beide Möglichkeiten gleichzeitig auf. Dies trifft auch auf den Orion-Nebel zu. Dagegen sind beispielsweise die Nebel, die wir in dem Sternhaufen der Plejaden mit lichtstarken Fernrohren oder auf fotografischen Aufnahmen sehen, Reflexionsnebel.
Die diffusen Nebel erscheinen bei einem Blick durch das Fernrohr einfach »grau«. Sie sind zu lichtschwach, als daß unser

Weitwinkelaufnahme der Milchstraße vom Sternbild Adler (oben) bis zum Schild und Schützen (unten)

Auge in ihnen noch Farben unterscheiden könnte. Auf fotografischen Aufnahmen, die mit modernem Farbfilmmaterial entstanden, werden aber durchaus Farben hervorgerufen. Die Astronomen wußten allerdings auch schon früher, daß diese Nebel farbig sind. Dies konnte man daraus entnehmen, daß sie unterschiedliche Strukturen und Helligkeiten zeigten, je nachdem, ob man die Aufnahmen mit Hilfe von Blau-, Gelb- oder Rotfiltern gewann oder entsprechend sensibilisiertes Schwarzweiß-Filmmaterial benutzte.
Unser Buch gibt mehrere Beispiele von Farbaufnahmen heller Nebel. Sie sollen nicht den Eindruck erwecken, als ob man die Nebel bei einem Blick durchs Fernrohr genau so erkennen würde. Selbst die größten Fernrohre zeigen die Vielgestaltigkeit und Farbigkeit dieser Nebel keineswegs so, wie sie auf Aufnahmen hervortreten, die mit wesentlich kleineren Fernrohren bzw. Kameras hergestellt wurden. Um Enttäuschungen vorzubeugen und andererseits einen besseren Vergleich mit den eigenen Beobachtungen zu bekommen, zeigen wir in diesem Buch im allgemeinen keine Aufnahmen, die allzu stark vom visuellen Anblick abweichen – abgesehen von der Farbigkeit der Bilder.
Ferner sei darauf hingewiesen, daß der in Städten auftretende aufgehellte Untergrund des Himmels gerade die Sichtbarkeit diffuser Nebel besonders erschwert. Gelegentlich werden sogenannte Nebelfilter angeboten, die einen großen Teil der Strahlung absorbieren, die von den städtischen Lichtquellen erfahrungsgemäß abgestrahlt werden. Mit ihnen soll der Kontrast der Nebel gegenüber dem dann schwärzer erscheinenden Untergrund des Himmels verstärkt werden. Doch ist der Erfolg dieser Nebelfilter nicht überall gleich, weil die Art der jeweiligen Beleuchtung innerhalb unserer Städte unterschiedlich ist.

Das Milchstraßenband erlaubt dem Astronomen Aussagen über die Form des Sternensystems, in dem wir leben, unserem Milchstraßen-System oder **galaktischen System**. In der Richtung, in der sich das Milchstraßenband zeigt, erstreckt sich unser galaktisches System am tiefsten in den Raum hinaus. In einer Richtung senkrecht dazu, also zum galaktischen Nord- und Südpol hin, nimmt unser System weniger Raumtiefe ein. Unser galaktisches System kann in etwa mit einer abgeflachten Linse verglichen werden. Würden wir im Zentrum des Milchstraßen-Systems sitzen, so müßte die Milchstraße nach allen Richtungen hin ungefähr gleich hell sein. Die Asymmetrie in der Helligkeit und Sternzahl innerhalb der Milchstraße deutet auf eine asymmetrische Stellung der Sonne und ihres Planetensystems hin.
Heute wissen wir, daß der Durchmesser unseres galaktischen Systems mindestens 100 000 Lichtjahre beträgt. Seine Dicke beträgt in Kernnähe rund 16 000 Lichtjahre. Unser Planetensystem ist etwa 30 000 Lichtjahre vom Zentrum entfernt, das in der Richtung zum Sternbild Schütze liegt.
Das linsenförmige Gebilde zeigt aber eine weitere Struktur: Um einen Kern sind einzelne Spiralarme angeordnet. Unser Milchstraßen-System ist ein riesiger Spiralnebel. Wir selbst befinden uns an der Innenseite eines Spiralarms, den man als Orionarm bezeichnet. Näher zum Zentrum hin liegt der sogenannte Sagittariusarm (»Schützearm«), weiter nach außen der Perseusarm. Längs der Spiralarme gibt es verhältnismäßig viel interstellare Materie. Demgemäß dürfen wir auf den Spiralarmen die hellen, diffusen Nebel in größerer Zahl erwarten. Auch die offenen Sternhaufen und Stern-Assoziationen sind längs der

Unser Milchstraßensystem von oben und von der Seite gesehen

Perseusarm
Sonne
Orionarm
Sagittariusarm
Kern

Kern
Sonne
Kugelsternhaufen
Dunkelwolken

Spiralarme angeordnet. Anders ist es mit den kugelförmigen Sternhaufen, die eine Art Gerüst um unser Milchstraßen-System bilden. Sie sind, wie man sagt, im sogenannten Halo des Milchstraßen-Systems, in seinem »Vorhof«, angeordnet.

Da die interstellare Materie fast ausschließlich längs der Äquatorebene des flachen spiralförmigen Milchstraßen-Systems vorkommt, ist es auch nicht weiter verwunderlich, daß wir vor allem in der Richtung des Milchstraßenbandes helle und dunkle Nebel beobachten. Die Dunkelwolken sind in dieser Ebene so dicht angeordnet, daß wir von unserem Planetensystem aus mit normalen Fernrohren, also optisch, gar nicht ins Zentrum des Milchstraßen-Systems blicken können. Unsere Sicht reicht in dieser Richtung nur etwa 10 000 Lichtjahre weit. Trotzdem konnte man in den letzten Jahren die zentralen Regionen unseres Milchstraßen-Systems mit Hilfe der Radio-Astronomie und Infrarot-Astronomie genauer erforschen. Dort finden wir mehrere Gasringe um das Zentrum herum angeordnet, während sich im Zentrum selbst ein sehr dichtes Gebilde verbergen muß. Es ist entweder ein sogenanntes schwarzes Loch oder ein Paket zahlreicher, massereicher und eng beieinanderstehender Sterne. Alle Sterne bewegen sich um das Zentrum unseres Milchstraßen-Systems. Die Geschwindigkeit unserer Sonne beträgt dabei etwa 250 km/Sek. Ihre Umlaufszeit beläuft sich auf 200 Millionen Jahre. Aus den Umlaufsbewegungen der Sterne um das Zentrum kann auch die Masse unseres galaktischen Systems abgeleitet werden: Sie beträgt etwa 200 Milliarden Sonnenmassen. Da die Sterne kleinerer Masse als unsere Sonne überwiegen, beträgt die Zahl der Sterne innerhalb unseres Milchstraßen-Systems vermutlich 1 Billion und darüber. Die großräumige Bewegung unserer Sonne mit ihren Planeten um das Zentrum der Milchstraße läßt sich aus mühsamen Analysen individueller Bewegungen der Sterne ableiten Diese zeigen sich zunächst als sogenannte Eigenbewegung am Himmelsgewölbe, also eine Seitwärtsverschiebung der Sterne. Sie ist natürlich meist winzig und läßt sich erst nach Tausenden von Jahren mit bloßem Auge bemerken. Nur einige wenige Sterne sind schneller. Am schnellsten ist Barnards Pfeilstern im Sternbild Schlangenträger oder Ophiuchus. Dieser Stern legt pro Jahr schon etwa 10 Bogensekunden zurück. Aber die Eigenbewegungen allein sagen noch nichts über die tatsächlichen Raumbewegungen der Sterne aus. Dazu müssen wir auch noch wissen, ob sich ein Stern auf die Erde zubewegt oder sich von ihr entfernt. Dies nennt man auch Radialbewegung. Sie kann dem Spektrum der Sterne entnommen werden. Die Linien im Spektrum sind nämlich in systematischer Weise nach Rot hin verschoben, wenn sich ein Himmelskörper von uns entfernt. Nähert sich der Stern, so verlagern sich die Linien nach der anderen, violetten Seite. Diese Erscheinung nennt man den *Doppler-Effekt*. Erst Radialgeschwindigkeit und Eigenbewegung zusammen erlauben uns Aussagen über die tatsächliche Raumbewegung eines Sterns.

Neben der großräumigen Bewegung der Sonne um das Zentrum des Milchstraßen-Systems findet man noch eine Bewegung der Sonne im Verhältnis zu ihren nächsten Nachbarsternen. Dabei beträgt die Geschwindigkeit nur etwa 19 km/Sek., und zwar in der Richtung zum Sternbild Herkules. Stellen wir uns die Bewegung eines Vogelschwarms vor: Dann entspricht die »langsame« Bewegung unserer Sonne der

Der Spiralnebel M 106 im Sternbild Jagdhunde (oben) und die Galaxie NGC 5128 im Sternbild Zentaur, identisch mit Radiogalaxie Centaurus A

individuellen Bewegung eines einzelnen Vogels gegenüber seinen Nachbarn. Die »schnelle« Bewegung der Sonne um die Mitte der Milchstraße entspricht der Flugrichtung und -geschwindigkeit des gesamten Vogelschwarms.

Unser Milchstraßen-System ist nur eine **Galaxie** unter Milliarden anderen Galaxien oder »Welteninseln«. Während aber unser eigenes Milchstraßen-System einen Spiralnebel darstellt, sind die meisten anderen Galaxien elliptisch oder unregelmäßig geformt. Statistisch treten zwar die Spiralnebel deutlicher hervor. Da sie aber im Durchschnitt zu den größeren und helleren Systemen zählen, finden sie bevorzugt Beachtung. Die Mehrheit der Galaxien hat keine Spiralstruktur; das gilt vor allem für die kleinen Systeme. Einige der nächstgelegenen Galaxien können sogar mit bloßem Auge beobachtet werden. Dabei handelt es sich zunächst um die Kleine und Große Magellansche Wolke (»Kap-Wolken«), die noch als Begleiter unseres Milchstraßen-Systems gelten. Sie sind etwa 165 000 Lichtjahre von uns entfernt und haben einen Durchmesser von 21 000 bzw. 10 000 Lichtjahren. Die beiden unregelmäßig geformten Galaxien können von Europa aus nicht beobachtet werden. Die Große Magellansche Wolke befindet sich an der Grenze der Sternbilder Schwertfisch und Tafelberg, die Kleine Magellansche Wolke liegt im Sternbild Tukan.

Auch der Andromeda-Nebel kann mit bloßem Auge beobachtet werden; er steht etwa 2,3 Millionen Lichtjahre entfernt im Sternbild Andromeda. Hier handelt es sich um einen Spiralnebel, der große Ähnlichkeit mit unserem eigenen galaktischen System aufweist. Ein anderer Spiralnebel, nur 2,3 Millionen Lichtjahre entfernt, liegt im Sternbild des nördlichen Dreiecks. Er trägt die Katalogbezeichnung M 33. Allerdings kann er nicht mehr mit bloßem Auge gesehen werden.

Sehen wir einmal von der Großen und Kleinen Magellanschen Wolke ab, dann ist es selbst im Andromeda-Nebel und in anderen Mitgliedern der lokalen Nebelgruppe erst mit sehr großen Geräten möglich, dort einzelne Sterne zu entdecken. Dies gilt erst recht für noch weiter entfernte Galaxien. Jenseits von etwa 60 bis 80 Millionen Lichtjahren gelingt keine Auflösung mehr in einzelne Sterne, mögen wir auch noch so große Instrumente heranziehen.

Die Beobachtung von Galaxien ist für den Sternfreund, der nur über kleine Geräte verfügt und womöglich von Städten aus beobachten muß, kein sehr »einträgliches Geschäft«. Um so erstaunter ist man, wenn man außerhalb von Städten mit einem Fernrohr über etwa 20 cm Öffnung Jagd auf sie macht. Dabei treten bereits Hunderte bis Tausende von einzelnen Galaxien auf.

Auch die entfernteren Galaxien zeigen die Neigung, sich zu Gruppen oder Haufen zusammenzuschließen. Man spricht von Nebelhaufen oder Galaxienhaufen. Am berühmtesten sind die Galaxienhaufen in den Sternbildern Jungfrau und Haar der Berenike. Man bezeichnet sie auch als Virgo- bzw. Coma-Haufen.

Die fernsten Galaxien, die mit Hilfe langbelichteter Aufnahmen oder modernster Verstärkerelektronik gefunden werden können, haben eine Entfernung von einigen Milliarden Lichtjahren. *Quasare* können bis in noch größere Weiten hinaus nachgewiesen werden. Bei ihnen handelt es sich wahrscheinlich um besonders aktive und helle Kerne von Galaxien. Die größten Entfernungen liegen bei etwa 15 Milliarden Lichtjahren, in Grenzfällen sogar noch etwas darüber.

Galaxienhaufen im Herkules (oben), Auflösung eines Randgebiets des Andromedanebels in Einzelsterne (unten)

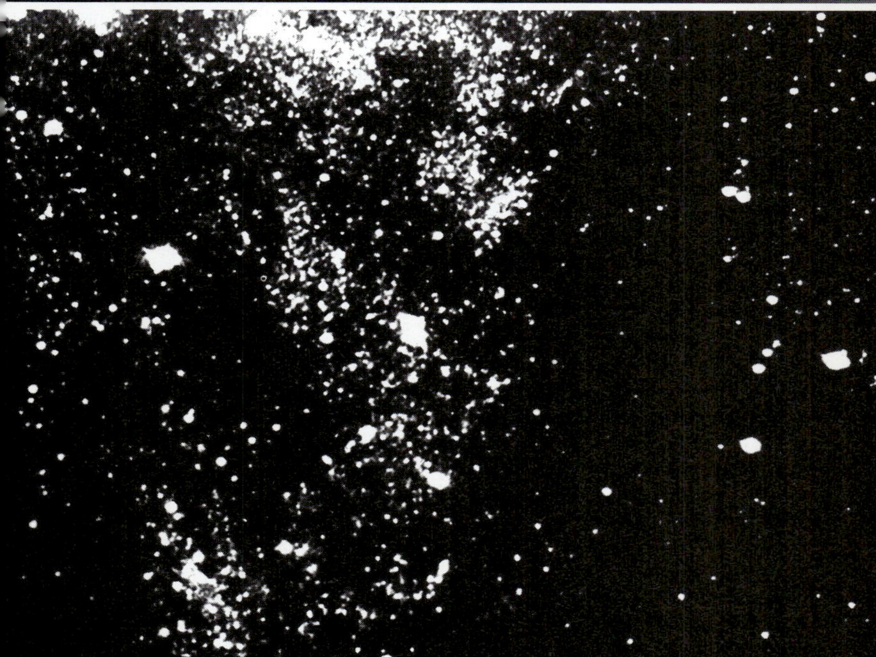

Künstliche Satelliten

Seit dem 4. Oktober 1957, als mit Sputnik 1 der erste künstliche Satellit erfolgreich gestartet wurde, sind viele Jahre vergangen. Inzwischen gibt es Tausende von Satelliten, welche die verschiedensten Aufgaben erfüllen: Nachrichtenübertragung, Erderkundung, meteorologische Messungen und Datenübermittlung zur astronomischen Erforschung bestimmter Strahlungen wie Röntgenstrahlung und militärische Zwecke.

Nur sehr wenige Satelliten können mit bloßem Auge oder kleinen optischen Hilfsmitteln beobachtet werden. Da es nämlich in den letzten Jahren möglich wurde, elektronische Geräte immer kleiner zu bauen, war es nicht mehr notwendig, besonders große Satelliten in eine Umlaufbahn um die Erde zu schießen. Außerdem bewegen sich sehr viele Satelliten in so großen Entfernungen von uns, daß sie optisch praktisch nicht zu beobachten sind. Dazu gehören vor allem solche, die auf einer sogenannten Synchronbahn innerhalb von 24 Stunden in etwa 36 000 km Entfernung um die Erde ziehen. Am ehesten hat man heute noch Chancen bei der Beobachtung von Satelliten, die sich auf einer niedrigen Umlaufbahn befinden. Dazu gehören zum Beispiel der amerikanische Raumtransporter (Space shuttle), aber auch verschiedene militärische Aufklärungssatelliten. Die meisten Lichtpunkte aber, die wir am nächtlichen Himmelsgewölbe dahinziehen sehen, sind schlicht Flugzeuge. Hier müssen wir uns vor Verwechslungen hüten. Die Satelliten ziehen verhältnismäßig langsam am Himmel dahin und benötigen mehrere Minuten von Horizont zu Horizont. Gelegentlich können sie auch im Schatten unserer Erde verschwinden. Sie sind ja nur dann sichtbar, wenn sie noch von der Sonne beleuchtet werden. Deswegen werden wir in der Regel keine Satelliten in der Zeit um Mitternacht erwarten dürfen – mit Ausnahme um die Sommer-Sonnenwende herum. Vielmehr erscheinen die meisten Satelliten in den frühen Abendstunden, und zwar mehr in westlicher Himmelsrichtung. Nach Osten hin liegt die Möglichkeit nahe, daß sie in den Erdschatten laufen. Umgekehrt können wir morgens vor Sonnenaufgang Satelliten eher in östlicher Himmelsrichtung erwarten.

Am günstigsten sind die Fälle, in denen ein Satellit eine Bahnneigung von etwa 90 Grad gegen den Erdäquator zeigt. Dabei spricht man von einer Pol-zu-Pol-Bahn. Der Satellit fliegt also sowohl über den Nord- wie über den Südpol. Von einem bestimmten Beobachtungsort aus gesehen fliegt er entweder von Süd nach Nord oder von Nord nach Süd über das Himmelsgewölbe hinweg. Allerdings wird er nicht bei jedem Umlauf um die Erde unseren Beobachtungsort überfliegen. Da eine Satellitenbahn gewissermaßen im Raum »feststeht« (von langfristigen Veränderungen abgesehen), dreht sich die Erde unter der Satellitenbahn von West nach Ost hinweg. So verlagert sich die Flugbahn des Satelliten, auf die Erdkarte projiziert, systematisch von Umlauf zu Umlauf umgekehrt in Richtung Ost–West.

Unsere kurzen Hinweise auf die Beobachtungsmöglichkeiten von künstlichen Satelliten sollen vor allem Verwechslungen vorbeugen. Wer sich für ihre Beobachtung besonders interessiert, sei auf die Spezialliteratur verwiesen.

Beispiele verschiedener Satellitenbahnen (oben). Beleuchtungsverhältnisse eines Satelliten (Mitte). Ein Satellit ist nur sichtbar, wenn er von der Sonne beleuchtet wird und sich gegen den dunklen Himmel abhebt. Der Zusammenhang zwischen Umlaufszeit und Flughöhe eines Satelliten (unten).

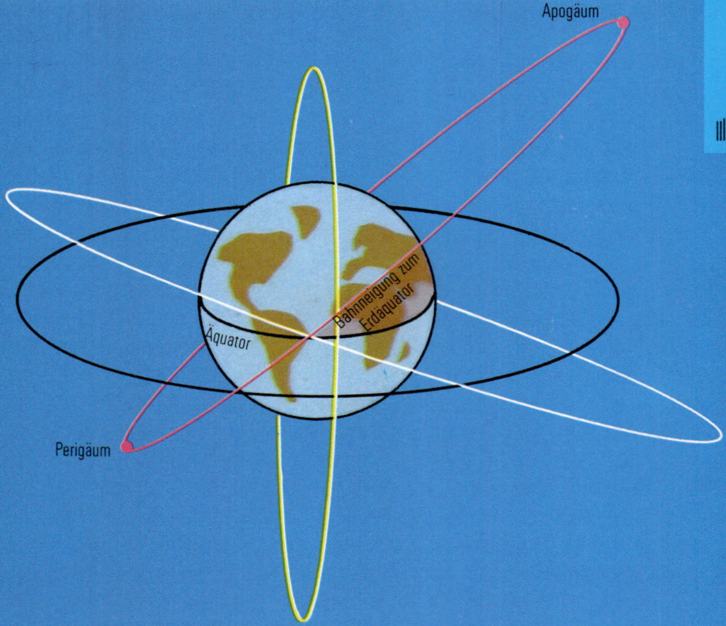
Apogäum
Bahnneigung zum Erdäquator
Äquator
Perigäum

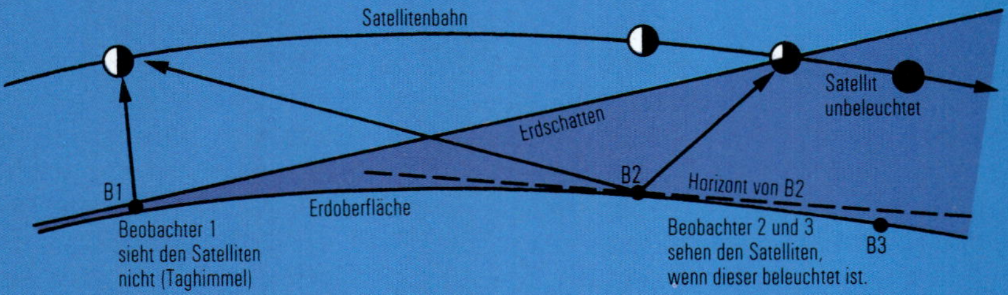
Satellitenbahn
Satellit unbeleuchtet
Erdschatten
B1
B2
Horizont von B2
Erdoberfläche
Beobachter 1 sieht den Satelliten nicht (Taghimmel)
Beobachter 2 und 3 sehen den Satelliten, wenn dieser beleuchtet ist.
B3

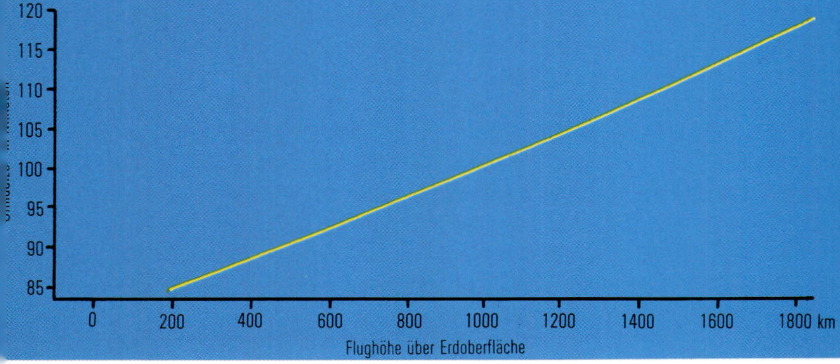
120
115
110
105
100
95
90
85
0
200
400
600
800
1000
1200
1400
1600
1800 km
Flughöhe über Erdoberfläche

Atmosphärische Erscheinungen

Einige atmosphärische Erscheinungen beschäftigen auch den Sternfreund. An erster Stelle sind die *Polarlichter* zu erwähnen, rühren sie doch von Vorgängen auf unserer Sonne her. Elektrisch geladene Teilchen der Sonne (die zuvor meist innerhalb der Strahlungsgürtel der Erde gespeichert wurden) fallen in die Hochatmosphäre unserer Erde ein, stoßen mit den Atomen zusammen und bringen diese zum Leuchten. In der Regel sind die Polarlichter in den Polarzonen zu beobachten. Es gibt eine ausgeprägte Polarlichtzone, die sich auf der Nordhalbkugel von der Südspitze Grönlands, über Island, Nordskandinavien, Nordsibirien nach Alaska und Labrador erstreckt. Aber auch von Mitteleuropa aus können diese Leuchterscheinungen gelegentlich beobachtet werden, vor allem zu Zeiten erhöhter Sonnenaktivität. Während man aber vom hohen Norden aus besonders farbenprächtige und vielgestaltige Polarlichter sieht (Polarlichtstrahlen, Draperien, Nordlichtkronen usw.), fallen die Polarlichter der mittleren Breiten bescheidener aus. Am häufigsten zeigen sich hier rötliche Vorhänge über dem nördlichen oder nordwestlichen Horizont. Selbst vom Mittelmeerraum aus wurden diese Erscheinungen gelegentlich wahrgenommen.

Polarlichter treten in der Regel in Höhen um etwa 100 km über der Erdoberfläche auf. In einer Höhe um etwa 85 km zeigen sich hin und wieder die sogenannten *leuchtenden Nachtwolken.* Es sind entweder Staubwolken oder Wolken aus Eisteilchen, an denen die Sonnenstrahlen noch reflektiert werden können, während an der Erdoberfläche bereits Dunkelheit herrscht. Die leuchtenden Nachtwolken zeigen sich als silbrige Streifen und treten bevorzugt in den Nächten um die Sommersonnenwende auf.

Zu den häufigen atmosphärischen Vorgängen zählen die *Halos.* Hierbei handelt es sich um echte Wettervorgänge. Halos sehen wir als Ringe um Sonne und Mond, die durch die Brechung und Spiegelung der Lichtstrahlen an hochschwebenden Eiskristallwolken auftreten. Dazu zählen vor allem die Cirrus- und Cirrostratuswolken. Sie zeigen sich als federförmige Wölkchen oder milchige Wolkenschleier. Sonnenhalos sind etwa 7mal häufiger als Mondhalos. Trotzdem fallen letztere den meisten Menschen eher auf, zeigen sie sich doch gegen den dunklen Nachthimmel, während die Sonnenhalos oft nur schwer gegen den helleren Taghimmel auszumachen sind, zumal man dann meist etwa in Richtung Sonne blicken muß.

Bei den Mondhalos tritt in der Regel nur der sogenannte kleine Ring auf, mit einem Halbmesser von 22 Winkelgrad. Bei den Sonnenhalos kommen häufig auch der große Ring mit 46 Winkelgrad Durchmesser vor sowie die sogenannten oberen und unteren Berührungsbogen. Nicht selten sieht man auch *Nebensonnen.* Sie stehen in der gleichen Winkelhöhe über dem Horizont wie die Sonne und in einem Abstand von 22 bzw. 46 Winkelgrad von ihr. Mitunter zeigt sich auch ein weißlicher Horizontalkreis, der durch die Sonne und die beiden Nebensonnen verläuft. Auch Gegensonnen und Neben-Gegensonnen sind möglich, wie überhaupt die Sonnenhalos noch viele andere Sonderformen zu bieten haben. Die Halo-Erscheinungen dürfen nicht mit einem Regenbogen verwechselt werden, der ja der Sonne gegenübersteht und andere optische Entstehungsursachen hat. Halos kommen immerhin an 50 bis 70 Tagen im Jahr vor. Von den erwähnten Haloformen sieht man häufig auch nur Bruchstücke. Gerade diese Erscheinungen werden am ehesten übersehen.

Polarlicht (oben), Sonnenhalos (unten)

Draperie
Polarlichtkrone
Polarlichtstrahlen

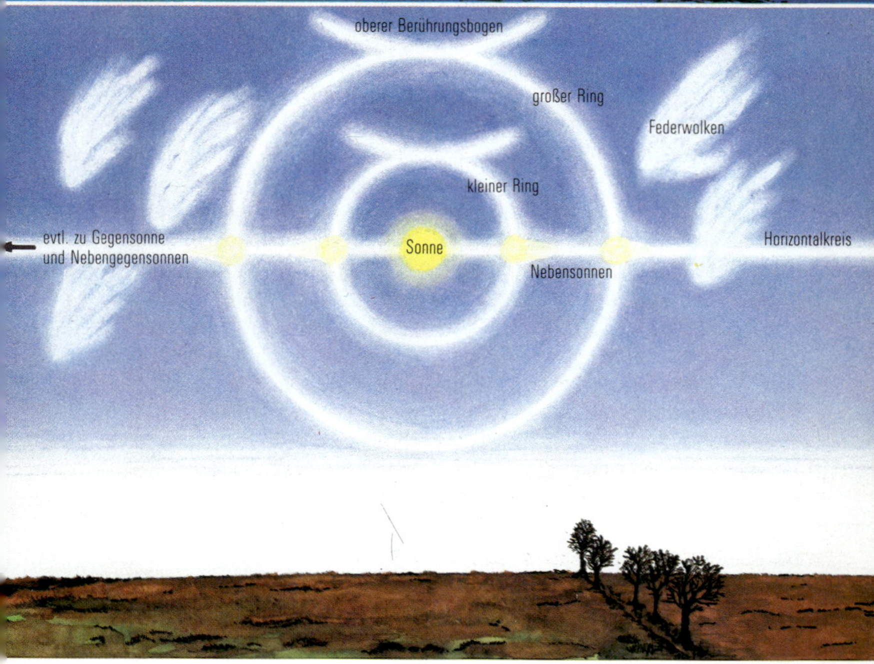
oberer Berührungsbogen
großer Ring
Federwolken
kleiner Ring
evtl. zu Gegensonne
und Nebengegensonnen
Sonne
Horizontalkreis
Nebensonnen

Feldstecher und Fernrohr

Bereits mit einem einfachen *Feldstecher* können wir erstaunliche Himmelsbeobachtungen anstellen. Da aber kleine *Fernrohre* – vor allem durch Billigimporte aus Japan und teilweise auch aus den USA – in den letzten Jahren selbst für den kleineren Geldbeutel erschwinglich wurden, wollen wir an dieser Stelle ein wenig auf die Möglichkeiten derartiger Geräte eingehen. Auch für Auswahl und Kauf von Feldstechern und Fernrohren sollte man über einige wichtige Kenntnisse der optischen Gesetzmäßigkeiten verfügen.

Sehen wir einmal vom sogenannten Opernglas ab, so sind alle Feldstecher und Linsenfernrohre nach dem Prinzip des Keplerschen oder astronomischen Fernrohrs aufgebaut. An seinem vorderen Ende befindet sich das Objektiv, ganz entsprechend dem Objektiv einer Foto- oder Filmkamera. Das Objektiv erzeugt von einem unendlich weit entfernten Objekt (und dies dürfen wir in der Astronomie stets annehmen) in der Brennebene ein umgekehrtes, also auf dem Kopf stehendes sogenanntes reelles Bild. Wollen wir mit einer Fotokamera ein Objekt aufnehmen, das nicht unendlich weit entfernt ist, zum Beispiel eine in 3 m Abstand befindliche Personengruppe, so wird das Bild in einem etwas größeren Abstand vom Objektiv erzeugt. Deswegen müssen wir ja auch bei Kameras stets die Entfernung einstellen. Diese Probleme kennt die Astronomie nicht.

Das in der Brennebene entstandene Bild des kosmischen Objekts könnte man dort bereits auf Film bannen. Doch wir wollen das Fernrohr zu einem Durchblick benutzen. Deswegen setzt man hinter die Brennebene ein Okular (Augenlinse) an. Dieses wirkt wie eine Art Lupe. Bei einer Beobachtung durch das Okular sehen wir das Brennpunktbild stark vergrößert.

Den Abstand des Brennpunkts oder der Brennebene vom Objektiv bezeichnet man als Brennweite des Objektivs. Auch das Okular besitzt natürlich eine Brennweite. Die Vergrößerung unseres Fernrohrs errechnet sich ganz einfach daraus, daß wir die Objektivbrennweite durch die Okularbrennweite dividieren. Hat also zum Beispiel das Objektiv eine Brennweite von 1 m (1000 mm) und beträgt die Okularbrennweite 1 cm (10 mm), so beträgt die Vergrößerung $1000 : 10 = 100$fach.

Der Anfänger läßt sich leicht durch allzu üppige Vergrößerungsangaben blenden. Die Vergrößerungsfähigkeit eines Fernrohrs ist aber nur von untergeordneter Bedeutung. Maßgebend ist der Durchmesser des Objektivs: Je größer er ist, desto mehr Licht kann unser Fernrohr sammeln. Die menschliche Augenpupille hat nach vollständiger Anpassung an die Dunkelheit höchstens einen Durchmesser von 8 mm. Meist ist es sogar etwas weniger, vor allem bei älteren Menschen. Selbst bei einem kleinen Fernrohr von nur 5 oder 6 cm Öffnung ist also der Lichtgewinn gegenüber dem Auge ganz beträchtlich. Er macht etwa das Fünfzigfache aus. Gerade bei Himmelsbeobachtungen kommt es aber darauf an, noch möglichst lichtschwache Sterne sehen zu können. Dies ist also keine Frage der Vergrößerungsfähigkeit eines Gerätes, sondern seiner Lichtstärke.

Auch das sogenannte Auflösungsvermögen oder die Trennschärfe hängt allein von der Größe des Objektivs ab. Unter Auflösungsvermögen versteht man die Möglichkeit, zwei eng beieinander befindliche Objekte noch trennen zu können. Sie ist bei astronomischen Beobachtungen ganz wesentlich, etwa bei der Trennung von Dop-

Strahlengang im astronomischen Fernrohr (links). Chromatische Aberration (rechts oben). Achromatisches Objektiv (rechts unten).

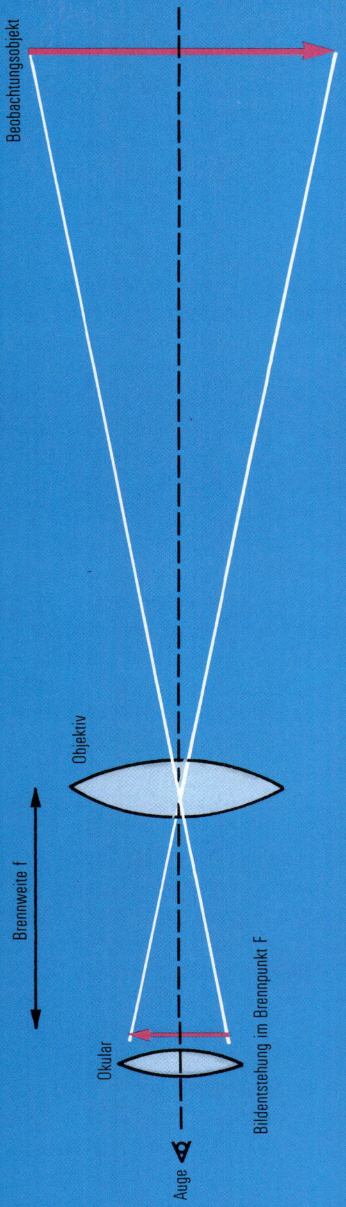
Beobachtungsobjekt
Objektiv
Brennweite f
Okular
Bildentstehung im Brennpunkt F
Auge

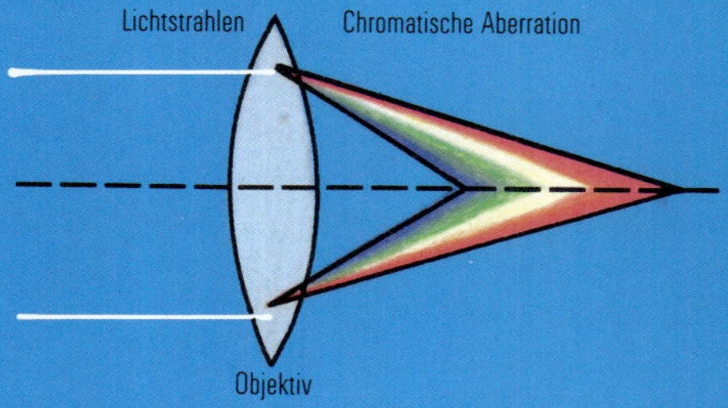
Lichtstrahlen
Chromatische Aberration
Objektiv

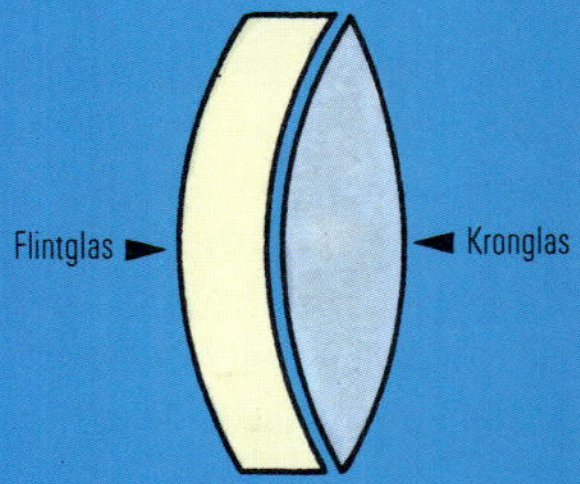
Flintglas
Kronglas

pelsternen oder der Auflösung feiner Strukturen auf der Mondoberfläche. Ganz grob kann man davon ausgehen, daß die Trennschärfe in Bogensekunden gleich 13 dividiert durch die Objektivöffnung in Zentimeter ist. Mit einem Fernrohr von 6 cm Objektivöffnung erzielen wir also eine Trennschärfe von etwa 2,2 Bogensekunden. Dies gilt allerdings bei der Trennung von Doppelsternen nur für zwei gleich helle Sterne der 5. oder 6. Größenklasse. Unterscheiden sich die Sterne in ihrer Helligkeit deutlich voneinander, gilt für die Trennschärfe ein entsprechend größerer Wert.

Die Vergrößerung läßt sich nicht beliebig nach oben erweitern. Wohl könnte man mit Hilfe eines Okulars von 2 mm Brennweite und einem Fernrohrobjektiv von 1500 mm Brennweite theoretisch eine 750fache Vergrößerung erzielen. In der Praxis hat das aber wenig Sinn. Zwar würde sich das Bild vergrößern, aber keine zusätzliche Information hergeben. Es wäre eine »leere« Vergrößerung, ähnlich der einer zu starken Vergrößerung aus einem Kleinbildnegativ. Theoretisch können wir aus einem solchen Negativ auch ein Bild mit einem Format von 13 × 18 m herstellen. Aber dabei würden die einzelnen Körner der Filmschicht so stark heraustreten, daß wir keine Freude mehr an dem Bild hätten, vor allem aber keine zusätzlichen Einzelheiten gewinnen würden.

Als größte, noch sinnvolle Vergrößerung gilt für kleinere Fernrohre die Regel, daß sie das Doppelte der Objektivöffnung in Millimetern nicht überschreiten sollte. Mit einem Fernrohr von 60 mm Öffnung wäre also die maximale sinnvolle Vergrößerung 120fach. Selbst diese Vergrößerung werden wir nur bei einigermaßen günstigen Wetterverhältnissen benutzen. Luftunruhe und andere atmosphärische Vorgänge verschlechtern die Bildqualität sehr stark.

Die heutigen Fernrohrobjektive und -okulare bestehen nicht aus einer einzelnen Linse, sondern sind meist aus zwei oder mehreren Linsen zusammengesetzt. Eine Einzellinse würde nämlich zu störenden Farbsäumen führen (chromatische Aberration oder Farbabweichung). Die Fernrohrobjektive bestehen meist aus zwei Einzellinsen aus Kron- und Flintglas; Okulare können auch mehrere Linsen enthalten.

Astronomische Fernrohre liefern umgekehrte Bilder. Norden liegt also unten, Süden oben, Westen links und Osten rechts. Daran gewöhnt man sich sehr schnell. Es ist nicht ratsam, zusätzliche Linsensätze einzubauen, die das Bild wieder aufrichten (terrestrische Umkehrsätze). Für Erdbeobachtungen mag dies von Vorteil sein. Der erhebliche Licht- und Schärfeverlust solcher Einrichtungen wird aber bei Himmelsbeobachtungen durch den Vorteil aufrechter Bilder nicht wettgemacht. Anders ist es bei den Feldstechern. Da sie bevorzugt für irdische Beobachtungen herangezogen werden, enthalten sie von vornherein zwei Prismen, welche die Bildaufrichtung ohne besondere Qualitätsverluste bewirken. Daher spricht man auch von Prismenfeldstechern. Operngläser sind optisch etwas anders aufgebaut. Sie beruhen auf dem Prinzip des sogenannten Galileischen Fernrohrs. Diese Geräte liefern bereits ohne Prismen oder andere Zusatzlinsen aufrechte Bilder, sind aber bei größeren Öffnungen und Brennweiten nicht mehr brauchbar.

Die wichtigsten optischen Daten eines Prismenfeldstechers lesen sich meist so: Prismenglas 10 × 50. Dies bedeutet, daß der Feldstecher 10fach vergrößert. Der Objektivdurchmesser beträgt 50 mm. Die gängigsten Typen sind 6 × 30, 7 × 50, 8 × 50 und 10 × 50. Es gibt aber auch

Schema eines Prismenfeldstechers und die feste Anbringung eines Feldstechers auf einem Stativ

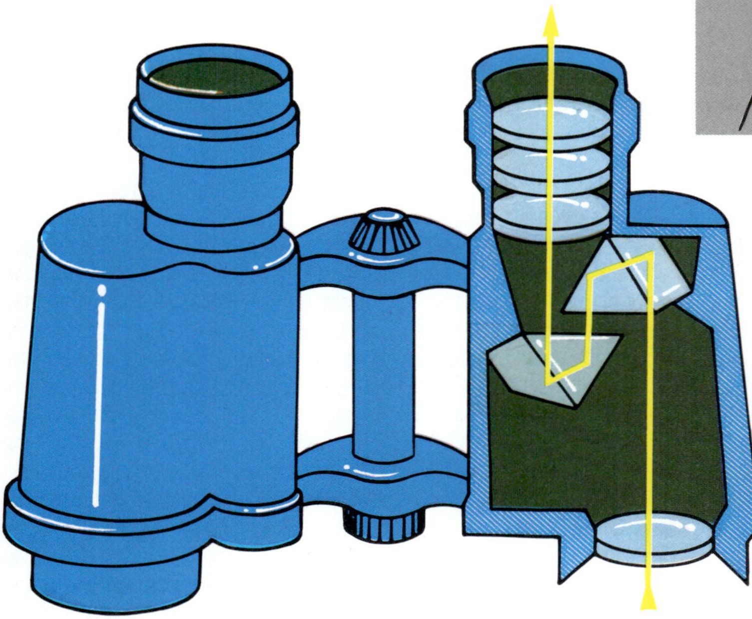

größere Feldstecher oder Doppelgläser mit 13 × 60 usw. Für astronomische Beobachtungen sind Feldstecher oder Doppelgläser mit großem Objektivdurchmesser besonders reizvoll. Da aber mit der Vergrößerungsfähigkeit auch das Gewicht solcher Geräte zunimmt, sind sie nicht mehr ruhig in der Hand zu halten. Man sollte sie auf ein sicheres Stativ stellen. Die meisten Menschen werden schon bei einer 10fachen Vergrößerung Probleme haben, das Instrument noch ruhig in der Hand zu halten. 10fache Vergrößerung bedeutet deshalb die obere Grenze für freihändiges Beobachten mit einem Feldstecher. Doch ist es nicht schwierig, einen Feldstecher mittels einer besonderen Klemme, die man meist als Zubehör bestellen kann, auf ein normales Foto- oder Filmstativ aufzuschrauben. Mit diesem einfachen Hilfsmittel kann man den Sternhimmel ohne Verwackeln betrachten.

Der große Vorteil eines Feldstechers oder Doppelglases gegenüber einem Fernrohr mit langer Brennweite besteht darin, daß wir damit ein viel größeres Himmelsfeld gleichzeitig überblicken. Das liegt an der geringen Brennweite und Vergrößerung der Feldstecher. Man bezeichnet das Verhältnis zwischen Objektivdurchmesser und Objektivbrennweite als Öffnungsverhältnis. Es liegt bei Feldstechern etwa im Bereich von 1:4, bei den meisten Linsenfernrohren dagegen bei 1:12 bis 1:18.

Der Einbau von Prismen bewirkt aber nicht nur eine Umkehrung des Bildes, sondern auch eine Verkürzung der Feldstecher. Sie bleiben deshalb in einer handlichen Größe. Mit einem durchschnittlichen Feldstecher überblicken wir ein Feld von mehreren Winkelgraden, während wir selbst bei geringer Vergrößerung mit einem 60-mm-Fernrohr nur ein Feld von etwa 1 Winkelgrad erfassen, entsprechend etwa zwei nebeneinandergereihten Vollmondscheiben.

Zur Bauweise der Okulare:

Die dem Objektiv zugekehrte Einzellinse des Okulars bezeichnen wir als Feldlinse, die dem Auge zugekehrte als Augenlinse. Einfache Okulare, die aus zwei Einzellinsen bestehen, sind zum Beispiel das sogenannte Huygensche und Ramsdensche Okular. Daneben gibt es Okulare, die aus mehreren Linsen zusammengesetzt sind, wie zum Beispiel bestimmte Weitwinkel-Okulare und achromatische Okulare, welche die Farbabweichung weiter herabdrükken sollen.

In der Grundausrüstung vieler kleiner Fernrohre befinden sich auch ein oder mehrere Sonnenfilter. Man schraubt sie auf das Okular auf, sie sollen eine ungefährliche Beobachtung der Sonne gewährleisten. Dies ist aber nicht immer der Fall. Bei starker Sonneneinstrahlung und längerer Beobachtung können derartige Blendgläser platzen, was für das Auge des Beobachters nicht ungefährlich ist. Dies gilt besonders für Fernrohre mit einer größeren Objektivöffnung. In diesen Fällen können wir mittels einer einfachen Pappblende die Objektivöffnung auf vielleicht 5 bis 8 cm Durchmesser verringern. Daneben gibt es aber auch einfache, mit Aluminium beschichtete Kunststoffolien, die man über das Objektiv des Fernrohrs spannt und die über 99% des auftreffenden Sonnenlichts zurückhalten. Solche Folien werden z. B. für Autofahrer und Bergsteiger als »Rettungsfolien« angeboten. Bei ihrer Anwendung sind zusätzliche Dämpfgläser nur noch in seltenen Fällen erforderlich.

Außer der genannten Direktbeobachtung der Sonne gibt es aber eine noch viel ungefährlichere und gleichzeitig bequemere Beobachtungsmöglichkeit: Man hält hinter

Das Auflösungsvermögen (Trennschärfe) eines Fernrohrs (oben) und die schwächsten mit einem bestimmten Fernrohr gerade noch sichtbaren Sterne (unten)

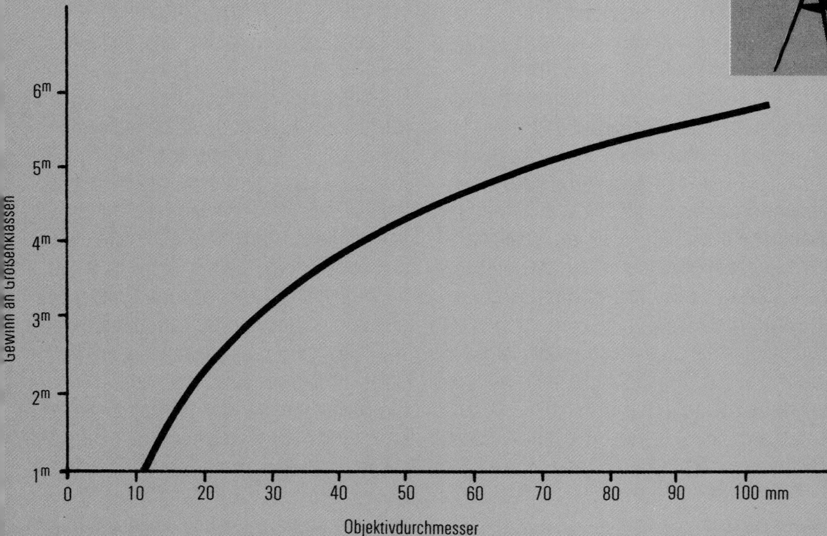

Gewinn an Größenklassen
6m
5m
4m
3m
2m
1m
0
10
20
30
40
50
60
70
80
90
100 mm
Objektivdurchmesser

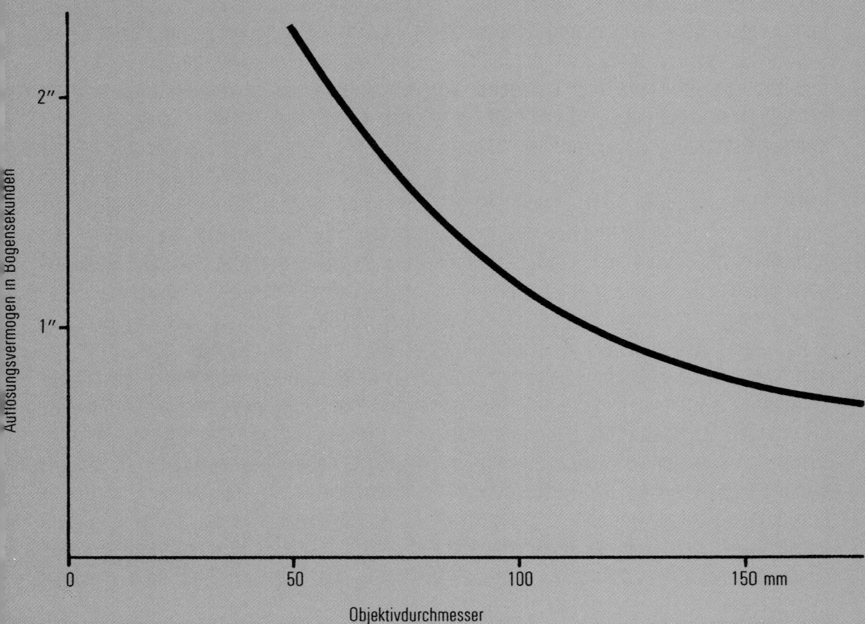

Auflösungsvermögen in Bogensekunden
2″
1″
0
50
100
150 mm
Objektivdurchmesser

das Okularende des Fernrohrs einen weißen Projektionsschirm. Im einfachsten Fall ist dies ein Stück weißer Glanzkarton. Auf ihm bildet sich die Sonne mehr oder weniger groß ab, je nachdem, wie groß der Abstand der Projektionsfläche vom Okularende des Fernrohrs ist. Vielleicht müssen wir auch noch ein wenig am Okularauszug unseres Fernrohrs drehen, um ein scharfes Sonnenbild zu erhalten. Störendes seitliches Sonnenlicht läßt sich ausschalten, wenn wir außerdem über den Okularstutzen unseres Fernrohrs einen Karton stülpen, damit der Projektionsschirm im Schatten liegt.

Natürlich können wir schon ein Fernrohr von nur 5 cm Öffnung nicht mehr ruhig in der Hand halten. Es muß sicher und fest auf einem Stativ befestigt werden. Dabei sollte man nicht sparen. Ein wackeliges Fernrohr bereitet auch einem geduldigen Beobachter keine Freude. Ein zierliches dreibeiniges Holzstativ eignet sich allenfalls für sehr kleine Fernrohre, die an einem ruhigen, windstillen Tag eingesetzt werden. Ansonsten sollten wir ein stabileres Holz- oder Metallstativ, vielleicht sogar eine feste Betonsäule, die wir im Garten verankern, für unser Fernrohr benutzen.

Im einfachsten Fall ist unser Fernrohr so montiert, daß wir es um seine senkrechte und seine horizontale Achse drehen können. Man nennt diese Aufstellung auch eine *azimutale* Montierung. Sie ist billig herzustellen, hat aber einen entscheidenden Nachteil: Alle Gestirne bewegen sich – sehen wir einmal von Beobachtern an den beiden Erdpolen oder am Äquator ab – schräg gegenüber dem Horizont. Verfolgen wir beispielsweise die Sonne nach ihrem Aufgang, so bewegt sie sich nicht nur aufwärts, sondern auch nach rechts. Wir müßten also bei einer längeren Beobachtung unser Fernrohr um beide Achsen drehen, um die vertikale und die horizontale Achse. Das kann sehr mühsam sein. Deswegen erfand man für astronomische Fernrohre eine besondere Aufstellung, die man als *parallaktische* Montierung bezeichnet. Dabei weist die eine Achse des Fernrohrs auf den nördlichen Himmelspol. Mit anderen Worten: Diese Achse verläuft parallel zur Erdachse. Wir bezeichnen sie auch als Pol- oder Stundenachse. Senkrecht dazu steht die zweite Achse, die Deklinationsachse.

Ein parallaktisches Fernrohr muß allerdings erst einmal richtig aufgestellt werden. Am einfachsten benutzen wir einen Kompaß und bestimmen die Nordrichtung. Die Polachse muß genau in der Nord-Süd-Richtung angeordnet sein. Ferner muß sie gegenüber der Horizontebene einen Winkel haben, welcher der geographischen Breite und damit der Polhöhe entspricht. Auf 50 Grad nördlicher Breite müßte also die Polachse gegenüber der Horizontebene einen Winkel von 50 Grad bilden. Wir können aber auch bei einer nächtlichen Beobachtung die Polachse auf den Polarstern einjustieren. Dies sind zwar nur einige grobe Hilfsmittel zur Aufstellung eines parallaktischen Fernrohrs, doch mögen sie für den Anfang genügen. Haben wir dann irgendein astronomisches Objekt eingestellt und wollen es im Laufe der folgenden Minuten weiter beobachten, so müssen wir nur um die Pol- oder Stundenachse drehen, um das Objekt weiter im Gesichtsfeld zu halten. Die Deklinationsachse bleibt festgeklemmt.

Bei vielen, auch einfachen parallaktisch montierten Fernrohren sind biegsame Wellen vorgesehen, mit deren Hilfe man vom Beobachterplatz aus das Fernrohr um die Deklinations- und Stundenachse drehen kann. Damit ist eine langsame und ziemlich gleichförmige Nachführung möglich. Noch etwas komfortabler sind mechani-

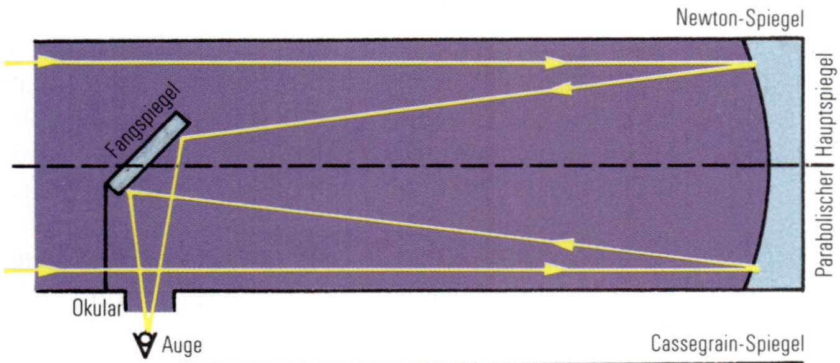
Newton-Spiegel
Fangspiegel
Parabolischer Hauptspiegel
Okular
Auge

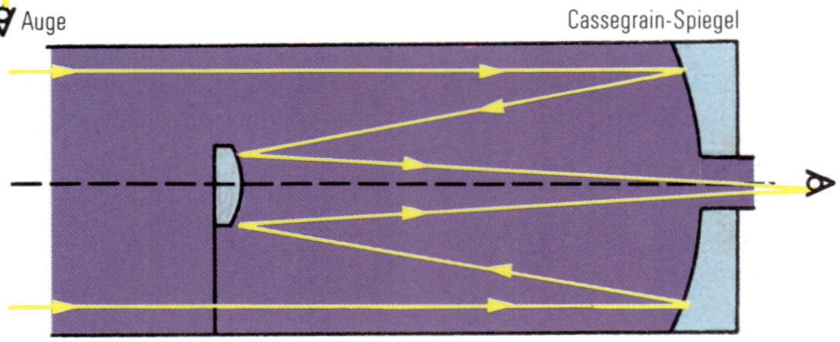
Cassegrain-Spiegel

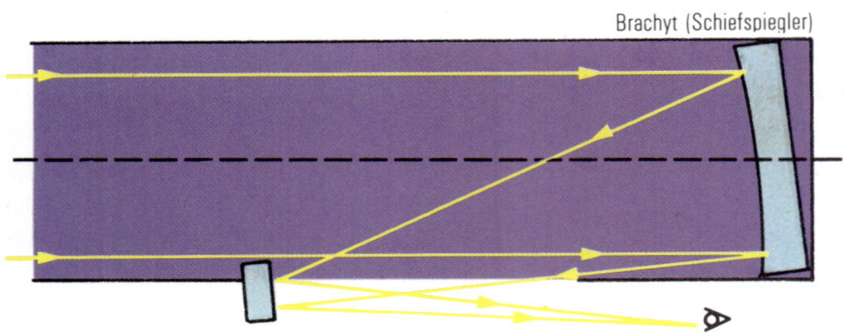
Brachyt (Schiefspiegler)

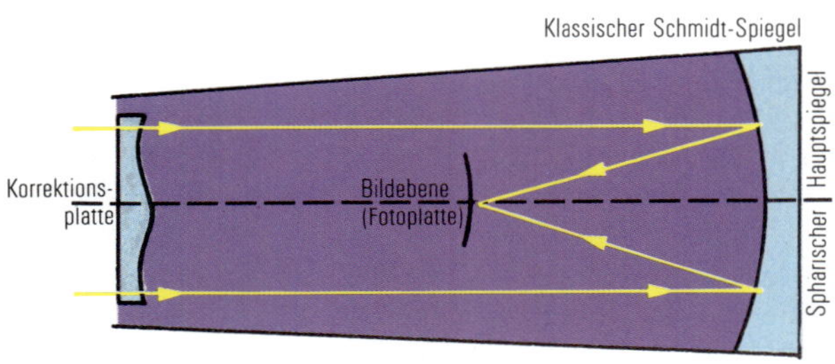
Klassischer Schmidt-Spiegel
Korrektions-
platte
Bildebene
(Fotoplatte)
Sphärischer Hauptspiegel

sche oder elektrische Nachführeinrichtungen. Diese müssen mit einem entsprechenden Untersetzungsgetriebe so aufgebaut sein, daß das Fernrohr einmal in 24 Stunden (genauer in einem Sterntag oder 23 Stunden 56 Minuten mittlerer Sonnenzeit) um 360 Grad um die Polachse gedreht wird. Dann können wir uns nach Auffindung eines astronomischen Objektes einfach an das Okularende des Fernrohrs setzen und alles andere dem Nachführmotor überlassen, weil das Fernrohr automatisch der Bewegung des Gestirns folgt. Für fotografische Aufnahmen mit einer Belichtungszeit von mehreren Minuten sind derartige Nachführmechanismen ohnedies unumgänglich.

Bisher war ausschließlich von Linsenfernrohren die Rede. Mehr und mehr setzen sich aber auch *Spiegelteleskope* durch. Da die Bilderzeugung bei einem Linsenfernrohr durch die Brechung oder Refraktion der Lichtstrahlen innerhalb von Linsen erfolgt, nennt man solche Geräte auch *Refraktoren.* Bei einem Spiegelteleskop erfolgt die Bilderzeugung durch Reflexion der Lichtstrahlen an einem Spiegel. So nennen wir Spiegelteleskope auch *Reflektoren.*

Der optische Aufbau eines Spiegelteleskops ist im Grundsatz dem eines astronomischen Linsenfernrohrs ähnlich. Der Spiegel selbst ist in der Regel parabolisch geschliffen und besitzt einen Aluminiumüberzug. An diesem Hohlspiegel werden die Lichtstrahlen des unendlich weit entfernten Objekts reflektiert und im Brennpunkt bzw. in der Brennebene zu einem reellen, umgekehrten Bild vereinigt. Auch hier haben die Begriffe Brennweite und Öffnungsverhältnis denselben Sinn wie bei einem Linsenfernrohr.

Der Nachteil eines Spiegelteleskops liegt aber darin, daß Brennebene und Bildebene inmitten des Fernrohrtubus liegen. Wollten wir das Brennpunktbild mit einem Okular betrachten, so müßte es im oberen mittleren Teil des Fernrohrtubus befestigt werden. Wir müßten also vorn in das Fernrohr hereinschauen. Unser Kopf würde den Strahleneinfall abdecken und unser Bild zum Verschwinden bringen. Man muß also dafür Sorge tragen, daß der Lichtstrahl aus dem Haupttubus des Fernrohrs herausgelenkt wird. Im einfachsten Falle geschieht dies dadurch, daß wir an einer Stelle des Tubus, die nicht mehr weit vom Brennpunkt des Hauptspiegels entfernt ist, einen kleinen ebenen Spiegel (Planspiegel oder Fangspiegel) mit einem Neigungswinkel von 45 Grad gegen die optische Achse des Fernrohrs anbringen. Die Lichtstrahlen werden dann rechtwinklig auf die Seite des Fernrohrtubus reflektiert. Dort ist er durchbohrt, so daß der Okulartubus eingesetzt werden kann. Bei einem derartigen Spiegelteleskop schauen wir also nicht von hinten in das Gerät, sondern von vorn seitlich. Diese Bauweise bezeichnet man auch als Newtonsches Spiegelteleskop.

Viele kleine und verhältnismäßig billige Spiegelteleskope werden auch heute noch in dieser Bauweise handelsüblich angeboten. Sie haben meist einen Spiegeldurchmesser von etwa 10 bis 20 cm oder auch größer. Die längere Bauweise größerer Newtonscher Spiegel führt dazu, daß man schließlich Treppen, Leitern oder Gerüste benötigt, um das Okularende des Fernrohrs mit den Augen zu erreichen – vor allem bei Beobachtungen von Objekten, die fast senkrecht über dem Betrachter in der Nähe des Zenits stehen. Deswegen wurden noch andere Konstruktionen ersonnen. Zu ihnen zählen Spiegelteleskope wie etwa die Cassegrain-Systeme, in die man wie bei einem Linsenfernrohr am hinteren Ende des Fernrohrs hineinschauen kann.

Verschiedene Okulare (oben). Die Beobachtung der Sonne mit Hilfe der Sonnenprojektion (unten).

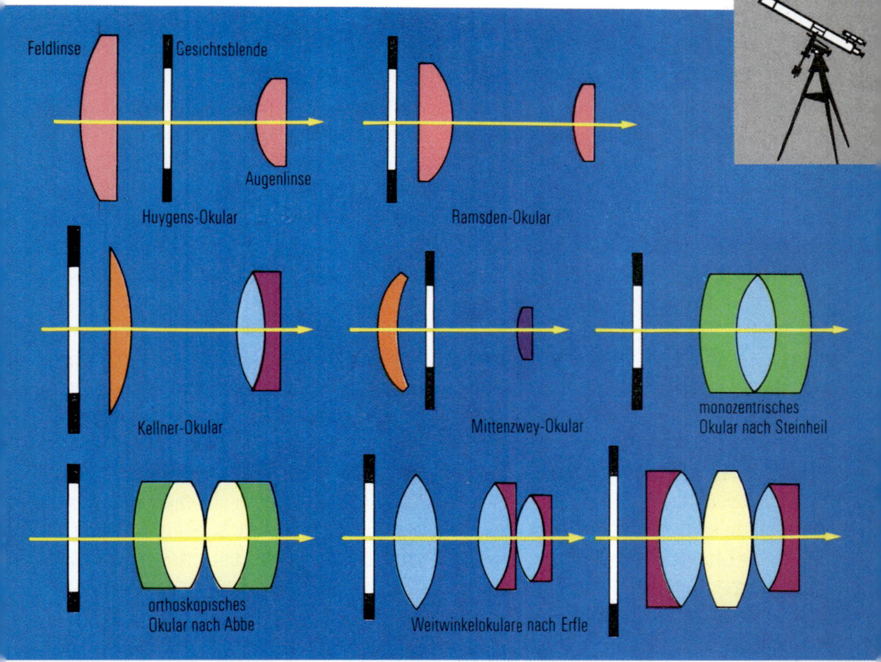
Feldlinse
Gesichtsblende
Augenlinse
Huygens-Okular
Ramsden-Okular
Kellner-Okular
Mittenzwey-Okular
monozentrisches
Okular nach Steinheil
orthoskopisches
Okular nach Abbe
Weitwinkelokulare nach Erfle

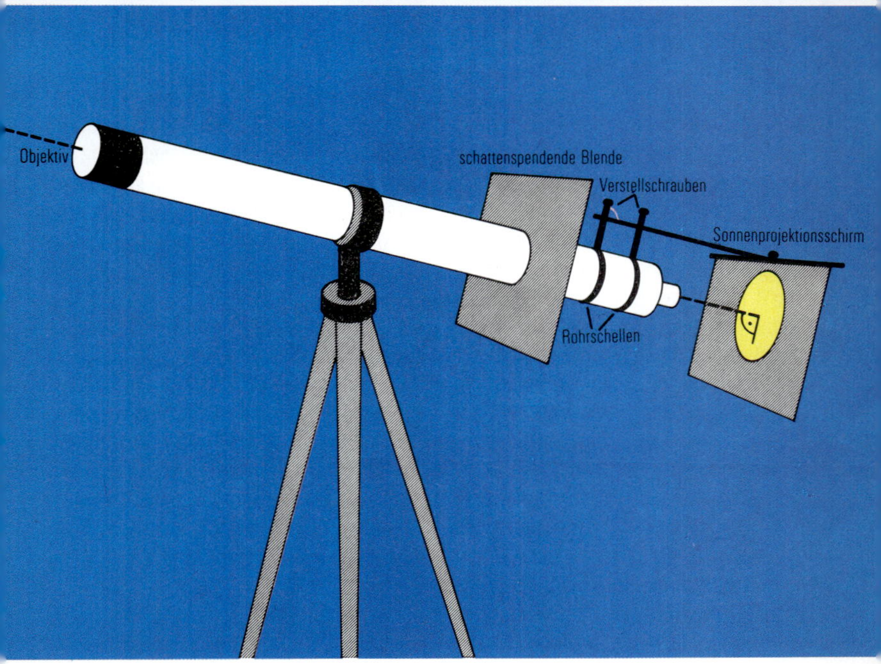
Objektiv
schattenspendende Blende
Verstellschrauben
Sonnenprojektionsschirm
Rohrschellen

Der Fangspiegel ist in diesem Fall so gebaut, daß er die ankommenden Lichtstrahlen wieder zum Hauptspiegel zurückwirft. Dieser besitzt in seiner Mitte eine Durchbohrung, an deren hinterem Ende das Okular sitzt. Derartige Systeme sind, da der Strahlengang gleichsam gefaltet wird, verhältnismäßig kurz. Sie verbinden eine große Öffnung und lange Brennweite mit einer kompakten Bauweise und eignen sich auch für den Transport über größere Strecken, etwa auf Urlaubsreisen. Neuerdings gibt es interessante Abwandlungen und Weiterentwicklungen der Cassegrain-Teleskope auf dem Markt, die sich ebenfalls für den Amateur eignen. Es handelt sich dabei um die sogenannten Katadioptrischen Systeme.

Vielleicht mag es manchem Leser, der zum ersten Mal etwas über den Bau von Spiegelteleskopen erfährt, überraschen, daß sich in der Mitte des Fernrohrtubus ein Fangspiegel befindet, der doch eigentlich ein »Loch« im Blickfeld erzeugen müßte. Dem ist aber nicht so. Vielmehr ergeben sich vergleichbare Verhältnisse wie bei einem Fotoapparat. Selbst wenn wir einen kleineren Wert einstellen, etwa Blende 1:22, erhalten wir nachher kein Foto, das nur noch in der Mitte ein kleines Bild zeigt, sondern ein formatfüllendes Motiv. Die kleine Blende bedeutet nur einen Lichtverlust, der in vielen Fällen erwünscht ist (helles Bildobjekt), um Überbelichtungen zu vermeiden oder eine größere Schärfentiefe zu erzielen.

Die Fangspiegel der Spiegelteleskope machen flächenmäßig gegenüber dem Hauptspiegel nur wenig aus. Meist beträgt der durch sie bedingte Lichtverlust nur etwa 5 bis 10%. Soll sich ein Anfänger nun unter den Sternfreunden ein Linsenfernrohr oder ein Spiegelteleskop zulegen? Die Antwort ist nicht ganz einfach. Hier sind einige Entscheidungshilfen zusammengestellt:

Linsenfernrohre sind bei gleicher Öffnung teurer als Spiegelteleskope, selbst wenn man berücksichtigt, daß zum Beispiel ein 15-cm-Spiegel nicht ganz mit einem 15-cm-Linsenfernrohr konkurrieren kann. Die Leistungsfähigkeit eines Spiegelteleskops gegenüber einem Linsenfernrohr gleicher Öffnung ist nicht nur wegen der Abschattung des Fangspiegels, sondern auch aus anderen Gründen geringer. Trotzdem ist beispielsweise ein 20-cm-Spiegelteleskop immer noch billiger als ein 10-cm-Linsenfernrohr.

Die kompaktere Bauweise vor allem der Cassegrain-Teleskope und katadioptrischen Systeme machen aus derartigen Geräten typische »Reise-Fernrohre«. Schon ein Linsenfernrohr von 15 cm Öffnung ist für solche Zwecke nicht mehr transportabel. Spiegelsysteme bleiben dagegen oft noch bei 30 bis 40 cm Öffnung transportfähig. Andererseits sind Linsenfernrohre in der Bedienung einfacher. Bei Spiegelteleskopen müssen die einzelnen Spiegel häufig in ihrer Lage nachjustiert werden, damit sie ein sauberes Bild geben. Nach einem Zeitraum von etwa 10 Jahren ist unter Umständen auch eine Neualuminisierung des Hauptspiegels erforderlich. Bei Newton-Spiegeln tritt für viele Anfänger oft die Schwierigkeit ein, vorn seitlich einblicken zu müssen. Beim Aufsuchen von Himmelsobjekten ist das oft lästig. Dies gilt auch, wenn zusätzlich kleine Suchfernrohre, die man auf das Spiegelteleskop aufsetzt, mitgeliefert werden. Solche Sucher sind übrigens auch bei Linsenfernrohren empfehlenswert. Kurzum: Am Anfang sollte man vielleicht doch zunächst einmal zu einem kleineren 60-mm-Linsenfernrohr greifen. Hat man damit genügend Erfahrung gesammelt und Spaß am Beobachten gefunden, mag man sich an ein größeres Spiegelteleskop wagen, vor allem wenn

Azimutale (oben) und parallaktische Montierung (unten)

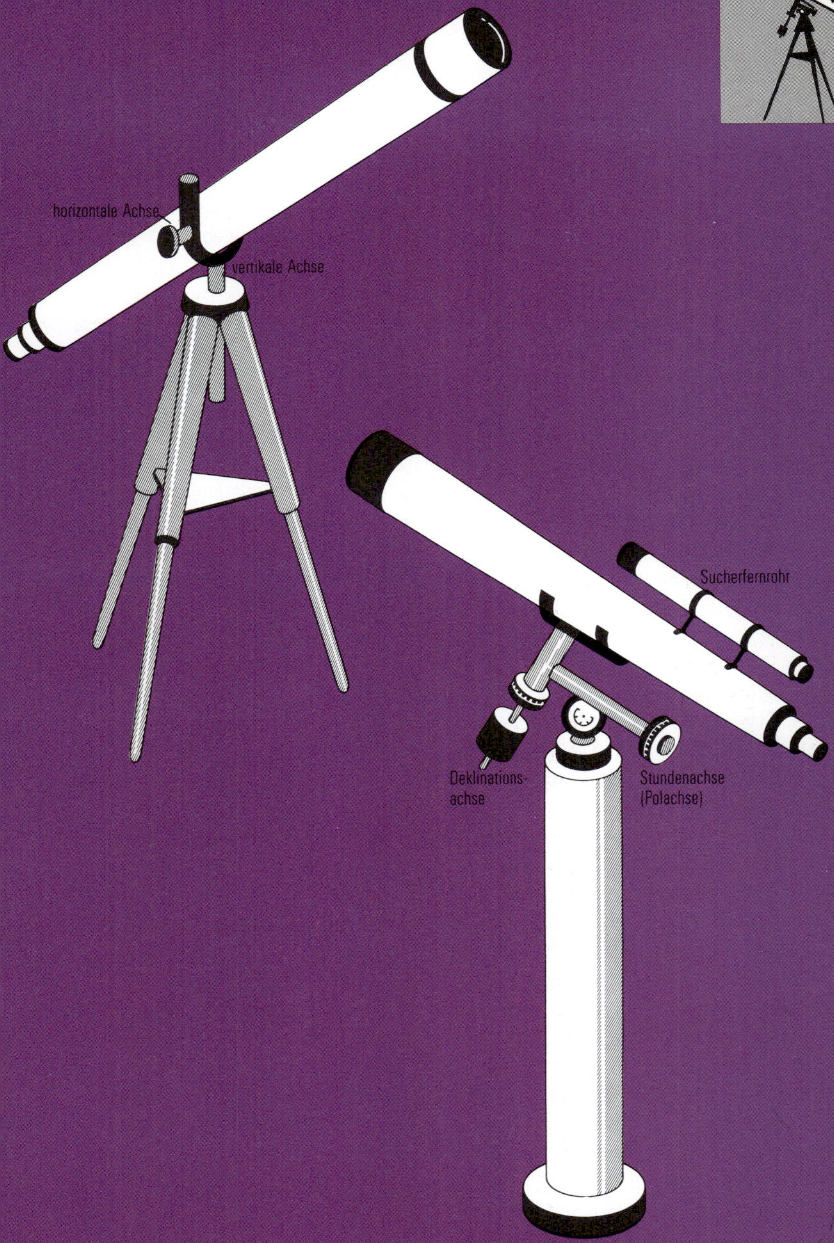
horizontale Achse
vertikale Achse
Sucherfernrohr
Deklinations-
achse
Stundenachse
(Polachse)

man über einen günstigen Beobachtungsplatz verfügt oder das Fernrohr auf Reisen mitnehmen kann.
Grundsätzlich hat jedes Fernrohr seinen Himmel, um einen alten Spruch des Astronomen Friedrich Wilhelm Argelander auf unseren Fall anzuwenden. Bedenken wir weiter: Je größer ein Fernrohr ist, desto stärker machen sich die Störungen der Erdatmosphäre bemerkbar und desto umständlicher ist seine Bedienung.
In den letzten Jahren kam bei vielen Sternfreunden auch das Fotografieren des Himmels in Mode. Neben Kurzzeitaufnahmen der Sonne, des Mondes und der Planeten bieten sich Langzeitbelichtungen des Sternhimmels an. Man sollte hierzu die empfindlichsten Filme heranziehen, die es gibt. Auch Farbfilme zeigen heute schon eine beachtliche Empfindlichkeit. Belichten wir ein bestimmtes Himmelsfeld mit einer normalen Kamera von 50 mm Brennweite eine Stunde lang, so zeigen sich die Sterne natürlich als Strichspuren. Besonders reizvoll sind dabei Himmelsaufnahmen in Richtung zum nördlichen Himmelspol. Dabei erscheinen die Strichspuren der Sterne als Kreisbogen. Klar zeichnet sich die Lage des nördlichen Himmelspols ab, und wir erkennen, daß der Polarstern tatsächlich ein wenig von diesem Punkt, auf den unsere Erdachse zeigt, abweicht.
Die hohe Empfindlichkeit heutiger Filme erlaubt aber auch Kurzzeitaufnahmen von wenigen Sekunden, welche die Sterne als Punkte erscheinen lassen. Selbst in diesen Fällen zeigt das Bild meist wesentlich mehr Sterne, als wir mit bloßem Auge in einer klaren Nacht beobachten können. Versuche lohnen die Mühe. Um auch bei längeren Belichtungszeiten die Sterne als Punkte wiedergeben zu können, setze man die Kamera auf die parallaktische Montierung eines Fernrohrs und führt das Fernrohr mit Hand oder mit Hilfe eines Nachführmotors dem Lauf der Sterne nach.

Sternwarten und Planetarien

Dem Sternfreund sei empfohlen, einmal eine Volkssternwarte oder ein Planetarium aufzusuchen. Volkssternwarten sind Einrichtungen, die öffentliche Sternführungen und Fernrohrbeobachtungen veranstalten. Planetarien dagegen zaubern den Sternhimmel auf künstlichem Wege mit Hilfe von zum Teil weit über 100 Projektoren an eine große Projektionskuppel. Dabei lassen sich zahlreiche Bewegungsvorgänge des Himmels und eine Fülle moderner astronomischer Forschungsprobleme in verblüffend anschaulicher Weise darstellen. Viele Planetarien verfügen über ein abwechslungsreiches, stets sich änderndes Programm. Nachstehend sind (ohne Anspruch auf Vollständigkeit) einige der wichtigsten Volkssternwarten und Planetarien im deutschsprachigen Raum zusammengestellt, die regelmäßige Veranstaltungen durchführen:

Aachen *Volkssternwarte*
Am Hangweiher, 5100 Aachen
Augsburg *Volkssternwarte*
8901 Diedorf bei Augsburg
Berlin *Wilhelm-Foerster-Sternwarte und Planetarium*
Munsterdamm 90, 1000 Berlin 41
Bochum *Planetarium und Sternwarte*
Castroper Straße 67, 4630 Bochum 1
Bonn *Volkssternwarte Bonn e. V.*
Poppelsdorfer Allee 47, 5300 Bonn 1
Bremen *Planetarium und Sternwarte der Olbersgesellschaft*, Hochschule für Nautik
Werderstraße 73, 2800 Bremen
Darmstadt *Volkssternwarte e. V.*
Helfmannstraße 26, 6100 Darmstadt
Erkrath *Sternwarte und Stellarium*
Neanderhöhe Hochdahl,
Hildener Straße 17, 4006 Erkrath 2

Auf der Volkssternwarte Recklinghausen (oben). Im Planetarium Stuttgart (unten)

Essen *Walter-Hohmann-Sternwarte*
Wallneyerstraße 159, 4300 Essen 1
Frankfurt a. M.
Sternwarte des Physikalischen Vereins
Robert-Mayer-Straße 2 a, 6000 Frankfurt
Freiburg
Richard-Fehrenbach-Planetarium
Gewerbeschule II, Friedrichstraße 51, 7800 Freiburg
Glücksburg *Planetarium und Sternwarte*
Fördestraße 35, 2392 Glücksburg
Hamburg *Planetarium*
Wasserturm im Stadtpark
2000 Hamburg 60
Hannover
Planetarium der Bismarckschule
An der Bismarckschule 5, 3000 Hannover
Volkssternwarte
Am Lindener Berg 27, 3000 Hannover 91
Hof *Volkssternwarte Hof*
Egerländerstraße 25, 8670 Hof
Kiel *Planetarium*
Knooper Weg 62, 2300 Kiel 1
Köln *Volkssternwarte*
Nikolausstraße 55, 5000 Köln
Laupheim *Sternwarte*
Carl-Lämmle-Weg 5, 7958 Laupheim
Mannheim *Planetarium*
München *Bayerische Volkssternwarte und Planetarium*
Anzingerstraße 1, 8000 München 80
Planetarium im Deutschen Museum
Museumsinsel 1, 8000 München 26
Münster *Planetarium des Museums für Naturkunde*
Neumarkt *Bayerische Volkssternwarte*
Höhenberg 9, 8430 Neumarkt
Nordenham *Planetarium*
Bahnhofstraße 52, 2890 Nordenham
Nürnberg
Nicolaus-Copernicus-Planetarium
Am Plärrer 41
Sternwarte
Regiomontanusweg 1, 8500 Nürnberg
Paderborn *Sternwarte*
Hohefeld 24, 4790 Paderborn
Recklinghausen *Westfälische Volkssternwarte und Planetarium*
Stadtgarten Cäcilienhöhe
4350 Recklinghausen
Regensburg *Volkssternwarte*
Ägidienplatz 2, 8400 Regensburg
Reutlingen *Planetarium und Sternwarte*
Karlstraße 40, 7410 Reutlingen
Solingen *Sternwarte*
Sternstraße 5, 5650 Solingen 19
Stuttgart *Planetarium*
Neckarstraße 47
Schwäbische Sternwarte
Zur Uhlandshöhe 47, 7000 Stuttgart 1
Violau *Sternwarte*
Bruder-Klaus-Heim, 8900 Violau 84
Wetzlar *Sternwarte Burgsolms*
Lindenstraße 1, 6336 Solms
Wolfsburg *Raumflugplanetarium*
Uhlandweg 2, 3180 Wolfsburg.

In der **Schweiz** befindet sich in Luzern das *Planetarium Longines* im Verkehrshaus der Schweiz, Lidostraße 5, 6000 Luzern. Zürich verfügt über die *Urania-Sternwarte* in der Uraniastraße 9, 8000 Zürich. In Carona/Tessin liegt die *Feriensternwarte Calina*. Sie ist erreichbar über Postfach 331, 9004 St. Gallen.

In **Österreich** sei vor allem auf die *Kuffner-Sternwarte* in 1160 Wien, Johann-Staud-Straße 10, verwiesen. Das *Wiener Planetarium* liegt am Oswald-Thomas-Platz 1, 1020 Wien, in der Nähe des Praters. Die *Urania-Sternwarte* liegt in der Uraniastraße 1, 1010 Wien. Auch Klagenfurt verfügt über ein *Planetarium* in der Villacher Straße 239, 9020 Klagenfurt, sowie über die *Sternwarte Kreuzbergl*.

Eine große Sternwarte der Gegenwart: Kitt-Peak-Observatorium in Arizona. Links oben: Mehrere Beobachtungskuppeln. Rechts oben: 4-m-Teleskop. Links unten: Sonnenteleskop. Rechts unten: Im Schacht des Sonnenteleskops, das Coelostaten-Spiegelsystem am oberen Ende

Kleines Lexikon der Fachbegriffe

Äquator, ein Großkreis rings um unsere Erde, der die Erdkugel in die Nord- und Südhalbkugel teilt. Jeder Punkt auf dem Äquator ist vom Nord- und Südpol der Erde gleich weit entfernt. Entsprechend teilt der Himmelsäquator das Himmelsgewölbe in eine nördliche und südliche Halbkugel. Auch hier ist jeder Punkt auf dem Himmelsäquator gleich weit vom Himmelsnord- und -südpol entfernt.

Astronomische Einheit (AE), die mittlere Entfernung Erde–Sonne beträgt 149 597 870 km.

Azimut, der Winkelabstand eines Gestirns vom → Meridian. In der Regel wird das Azimut von Süden über Westen, Norden, Osten bis Süden 0° bis 360° gezählt. Neuerdings findet man auch andere Zählweisen, die vom Norden ausgehen.

Bedeckungsveränderlicher, ein → veränderlicher Stern, dessen Helligkeitsveränderungen darauf zurückzuführen sind, daß sich zwei umeinander kreisende Sterne gegenseitig bedecken oder verfinstern.

Bogengrad, der 360. Teil eines Vollkreises. Zum Vergleich: Die Sonnen- oder Mondscheibe hat eine Breite von etwa ½ Bogengrad.

Bogenminute, der 60. Teil eines → Bogengrades. Mit bloßem Auge kann man unter günstigen Verhältnissen gerade noch zwei Sterne voneinander trennen, die 3 oder 4 Bogenminuten voneinander entfernt sind.

Bogensekunde, der 60. Teil einer → Bogenminute oder 3600. Teil eines → Bogengrades. Zwei Sterne, die eine Bogensekunde voneinander entfernt sind, können selbst unter günstigen Verhältnissen erst mit einem Fernrohr über etwa 12 cm Öffnung getrennt werden.

Dämmerung, die Übergangszeit zwischen Sonnenuntergang und der vollständigen Dunkelheit bzw. umgekehrt der vollständigen Dunkelheit und Sonnenaufgang. Man unterscheidet die bürgerliche Dämmerung (Sonne steht 6 Grad unter dem Horizont, erste Sterne werden sichtbar), die mittlere oder nautische Dämmerung (Sonne steht 12 Grad unter dem Horizont, mittelhelle Sterne sind sichtbar) und die astronomische Dämmerung (Sonne steht 18 Grad unter dem Horizont, vollständig dunkel.

Deklination, der Winkelabstand eines Gestirns vom Himmelsäquator. Wird positiv vom → Äquator Richtung nördlicher Himmelspol, negativ vom Äquator Richtung südlicher Himmelspol gezählt.

Distanz, in der Regel versteht man darunter den Winkelabstand zweier Sterne am Himmelsgewölbe voneinander, vor allem bei Doppelsternen. Wird in → Bogengrad, → Bogenminuten oder → Bogensekunden angegeben. Distanz im allgemeinen Sinne heißt Entfernung.

Doppelstern, zwei nahe beieinanderstehende Sterne. Unter einem optischen Doppelstern versteht man zwei Sterne, die räumlich nichts miteinander zu tun haben, sondern nur zufälligerweise von der Erde aus gesehen etwa in der gleichen Blickrichtung stehen. Bei einem physischen Doppelstern umkreisen sich die beiden Partner gegenseitig, stehen also in einer räumlichen Beziehung zueinander.

Ekliptik, ein Großkreis am Himmelsgewölbe, den die Sonne im Laufe eines Jahres scheinbar durchwandert – infolge des Erdumlaufs um die Sonne. Eigentlich bedeutet »Ekliptik« Finsternislinie. Tatsächlich können Sonnen- und Mondfinsternisse nur dann entstehen, wenn sich der Neumond bzw. der Vollmond in unmittelbarer Nachbarschaft der Ekliptik aufhält. Die Ekliptik zieht sich längs der zwölf Tierkreis-Sternbilder hin (zusätzlich des sogenannten 13. Tierkreis-Sternbilds Schlangenträger oder Ophiuchus zwischen Skorpion und Schütze).

Extinktion, die Verminderung der Helligkeit eines Gestirns in der Nähe des Horizonts durch die Wirkung der Erdatmosphäre.

Geographische Breite, der Winkelabstand eines Beobachtungsorts vom Erdäquator. Sie ist gleichbedeutend mit der → Polhöhe, also der Winkelhöhe des jeweiligen Himmelspols über dem Horizont. Geographische Breite und Polhöhe bestimmen somit die Zone der → Zirkumpolarsterne.

Grad, Bezeichnung für eine Einteilung, die bei verschiedenen Instrumenten und physikalischen Systemen eine unterschiedliche Bedeutung haben kann. In diesem Zusammenhang spielt vor allem der → Bogengrad oder Winkelgrad eine Rolle, der 360. Teil des Kreisumfangs.

Griechische Buchstaben (Kleinbuchstaben) dienen nach internationalem Übereinkommen zur Bezeichnung der Sterne eines Sternbildes.

Name	Zeichen	Name	Zeichen
Alpha . . .	α	Ny	ν
Beta	β	Xi	ξ
Gamma . .	γ	Omikron . .	o
Delta	δ	Pi	π
Epsilon . .	ε	Rho	ρ
Zeta	ζ	Sigma . . .	σ, ς
Eta	η	Tau	τ
Theta	ϑ	Ypsilon . .	υ
Iota	ι	Phi	φ
Kappa . . .	κ	Chi	χ
Lambda . .	λ	Psi	ψ
My	μ	Omega . . .	ω

Größenklasse, ein Maß für die Helligkeit eines Gestirns (lat. magnitudo oder Abk. m). Die Größenklasse hat also nichts mit der tatsächlichen Größe eines Gestirns zu tun. Mit bloßem Auge beobachtet man Sterne bis zur 6. Größenklasse (6^m). Schwächere Sterne haben eine größere Maßzahl für ihre Helligkeit, hellere Sterne eine kleinere. Auf die Sterne 6^m folgen die schwächeren Sterne 7^m, 8^m usw. Die hellsten Sterne haben eine Helligkeit von 1^m. Um aber auch noch hellere Gestirne unterzubringen, führt man die Skala der Größenklassen über 0^m, -1^m, -2^m usw. fort. Der hellste Stern des ganzen Himmels ist Sirius im Großen Hund. Er hat eine Helligkeit von $-1\overset{m}{.}5$. Die Größenklassen werden zusätzlich dezimal unterteilt. Für einfachere Zwecke genügt die Angabe der ersten Dezimalstelle nach dem Komma. Feinere Messungen, wie sie heute möglich sind, erlauben auch noch Angaben der zweiten Stelle hinter dem Komma. Das Helligkeitsverhältnis zwischen zwei aufeinanderfolgenden Größenklassen ist etwa 1 : 2,5. Mit anderen Worten: Ein Stern der ersten Größe ist 2,5mal heller als ein Stern zweiter Größe, dieser wieder 2,5mal heller als ein Stern dritter Größe usw. Unter der Grenzgröße versteht man die schwächsten Sterne, die ein bestimmtes Fernrohr noch zu beobachten erlaubt. Sie liegt zum Beispiel bei einem Fernrohr von 5 cm Öffnung zwischen der 9. und 10. Größenklasse, für ein Fernrohr von 10 cm Öffnung nahe der 11. Größenklasse.

Helligkeit, die Helligkeit eines Sterns wird in → Größenklassen angegeben.

Höhe, die Winkelhöhe eines Gestirns über dem Horizont.

IC, Abkürzung für den Index Catalogue, eine Ergänzung des New General Catalogue of Nebulae and Clusters of Stars (NGC).

K (Kelvin), eine Maßeinheit zur Temperaturmessung, die vom absoluten Nullpunkt bei $-273{,}15°$ C nach oben gezählt wird. 0° C entspricht 273,15 K. Um die Kelvin-Skala in Celsiusgrade umzurechnen, zieht man jeweils rund 273 Grad ab.

Koordinaten, Angaben über die Position eines Gestirns am Himmelsgewölbe (zum

Beispiel in → Rektaszension und → Deklination oder → Azimut und → Höhe) oder eines Punktes auf der Erdoberfläche (in geographischer Länge und Breite).

Kulmination, der Durchgang eines Gestirns durch den → Meridian. Bei den meisten Gestirnen beobachtet man nur die obere Kulmination, die sich häufig im Süden abspielt, gelegentlich aber auch zwischen dem nördlichen Himmelspol und dem Zenit. Bei den → Zirkumpolar-Sternen kann aber auch die untere Kulmination zwischen dem nördlichen Himmelspol und dem Nordpunkt am Horizont beobachtet werden. Entsprechendes gilt für Kulminationen, die von der Südhalbkugel der Erde aus beobachtet werden.

Lichtjahr, die Strecke, die ein Lichtstrahl in einem Jahr zurücklegt. Bei einer Lichtgeschwindigkeit von 299 792,458 km/Sek. beträgt ein Lichtjahr 9,4605 Billionen km (= 9 460 500 000 000 km).

M, Abkürzung für Charles Messier (1730–1817) und damit eine Nummer aus dem Messier-Katalog von Sternhaufen und Nebeln.

Meridian, ein Großkreis am Himmelsgewölbe, der vom Südpunkt über den Zenit, den nördlichen Himmelspol, den Nordpunkt, den Nadir (der dem Zenit gegenüberliegende Punkt der Himmelskugel) und den südlichen Himmelspol verläuft. Auf dem Meridian erreichen die Gestirne ihre → Kulmination.

NGC, Abkürzung für New General Catalogue of Nebulae and Clusters of Stars, ein von J. Dreyer im vergangenen Jahrhundert aufgestellter Katalog von Sternhaufen und Nebeln.

parsec, der Abstand eines Sterns, in dem dieser eine jährliche Parallaxe von 1 Bogensekunde zeigt. Oder anders ausgedrückt: Die Entfernung, von der aus beobachtet der Halbmesser der Erdbahn unter einem Winkel von 1 Bogensekunde erscheint. 1 parsec = 3,26 Lichtjahre.

Polhöhe, die Winkelhöhe des nördlichen (südlichen) Himmelspols vom Nordpunkt (Südpunkt) am Horizont. Die Polhöhe entspricht der geographischen Breite des Beobachtungsorts.

Positionswinkel, bei einem → Doppelstern die Richtung, in der sich der lichtschwächere Begleiter bezüglich seines Hauptsterns befindet. Der Positionswinkel wird von Nord über Ost, Süd, West nach Norden von 0 Grad bis 360 Grad gezählt. Auch der Rand eines scheibenförmigen Himmelskörpers (Beispiel Mond) kann entsprechend eingeteilt werden.

Rektaszension, der Winkelabstand eines Gestirns vom Frühlingspunkt. Der Frühlingspunkt ist die Stelle auf dem Himmelsäquator, an der sich die Sonne zur Zeit der Frühlings-Tagundnachtgleiche der Nordhalbkugel der Erde, also etwa am 21. März, befindet. Die Rektaszension wird in östlicher Richtung meist im Zeitmaß gezählt. Dabei bedeutet:

1^h (1 Stunde) = 15°,

4^m (4 Minuten) = 1° usw.

Tierkreis, die Zone am Himmelsgewölbe, durch die Sonne, Mond und Planeten ziehen. Es gibt 12 Tierkreis-Sternbilder. Hinzu kommt als 13. Tierkreis-Sternbild der südliche Teil des Schlangenträgers oder Ophiuchus. Durch die Tierkreiszone verläuft auch die → Ekliptik.

Veränderlicher Stern, ein Stern, der seine Helligkeit mehr oder weniger regelmäßig verändert.

Zirkumpolar-Sterne, Sterne, die für einen bestimmten Beobachtungsort so nahe am Himmelspol stehen, daß sie während einer Erdrotation nicht unter den Horizont tauchen. Zirkumpolar-Sterne sind also das ganze Jahr hindurch sichtbar.

Begriffe, die hier nicht aufgeführt sind, können mit Hilfe des Registers ab Seite 286 über die betreffende Stelle im Buchtext nachgeschlagen werden.

Literatur

Die hier aufgenommenen Hinweise auf weiterführende Literatur umfassen nur leicht erreichbare deutschsprachige Werke der Gegenwart.

Gesamtdarstellungen

dtv-Atlas zur Astronomie
8. Auflage, München 1985

Cambridge Enzyklopädie der Astronomie
Gütersloh, 1978

Meyers Handbuch über das Weltall
6. Auflage, Mannheim 1984

Herrmann, J.: *Großes Lexikon der Astronomie*
2. Auflage, München 1982

Praktische Handbücher, Atlanten

Schurig/Götz: *Himmelsatlas*
8. Auflage, Mannheim 1960

Herrmann, J.: *Der Amateurastronom*
5. Auflage, Stuttgart 1985

Roth, G. D.: *Handbuch für Sternfreunde*
3. Auflage, Berlin 1981

Astronomische Jahrbücher

Ahnert, P.: *Kalender für Sternfreunde*
Leipzig

Keller, H.-U.: *Das Himmelsjahr* Stuttgart

Wichtige Anschrift:

Vereinigung der Sternfreunde e.V.,
Geschäftsstelle: Anzinger Straße 1
(Volkssternwarte) 8000 München 80

Die Vereinigung der Sternfreunde ist eine im gesamten deutschsprachigen Raum verbreitete Amateurvereinigung.
Die Mitgliedschaft schließt die Lieferung der Zeitschrift *Sterne und Weltraum* ein.

Bildautoren

Arbeitsgemeinschaft Astrofotografie (AGN): S. 65 u., 103 u., 131u., 143 u., 177 o., 177 u., 225, 259 o., 259 u.; **Arbeitskreis Volkssternwarte Recklinghausen (AVR)**: D. Markfort: S. 241u.; K. Pellinger: S. 9, 147 o., 159 u.r., 205 u.r., 241 o.; V. Robering: S. 91u., 107 o., 111o., 129 o.; E. Stewermüer: S. 143 o.; **Archiv J. Herrmann**: J. Herrmann: S. 231o., 231u., 281o.l., 281o.r., 281u.l., 281u.r.; Mt. Palomar Observatory: S. 47 u., 75 o., 75 u.l., 251u.l., 261o., 261u.; Mt. Wilson Observatory: S. 95 o.; M. Wolf Sternwarte Königstuhl Heidelberg: S. 95 u., 223 u.; US Naval Observatory: S. 147 u., 185 u.; Kiepenheuer-Institut Freiburg i.B.: S. 187 o.; NASA, Skylab: S. 189 o., 207 o., 207 u.; Yerkes-Obs.: S. 229 u.; Westf. Volkssternwarte Recklinghausen: S. 279 o.; Planetarium Stuttgart: S. 279 u.; **P. Stättmayer**: S. 87 u., 91o., 99 u., 129 u., 165, 205 o.l., 205 o.r., 205 u.l.; Bayer. Volkssternwarte München: S. 233, 251u.r.; **Dr. H. Vehrenberg**: S. 47 o., 53 o., 53 u., 57 o., 57 u., 63 o., 63 u., 71o., 75 u.r., 79 u., 103 o., 107 u., 151, 155, 159 u., 167 u., 179 o., 179 u., 181o., 181u.; **W. Weigel**: S. 189 u.

Register

Das Register enthält Sternbilder, deutsch und *lateinisch*, sowie allgemeine Begriffe der Sternkunde. Die Namen von Sternen und die Katalogbezeichnungen von Sternhaufen und -nebeln wurden aus Umfanggründen nicht aufgenommen.
Die Beschreibung von Sternen und besonderen Himmelsobjekten steht im Text unter ihrem jeweiligen Sternbild.

Steinbachs Naturführer

Weitere Bände

Säugetiere · Landvögel · Süßwasserfische
Insekten (außer Schmetterlingen) · Schmetterlinge
Bäume · Strauchgehölze · Wildblumen
Pilze · Orchideen · Alpenblumen · Mineralien
Beeren, Wildgemüse, Heilkräuter
Lurche und Kriechtiere · Leben in Bach und Teich
Gesteine · Pflanzen des Mittelmeerraums · Gräser
Versteinerungen · Flechten, Moose, Farne
Wasservögel

Der Autor

Joachim Herrmann, geboren 1931, ist seit 1962 Leiter der Westfälischen Volkssternwarte und des Planetariums Recklinghausen. Er veröffentlichte zahlreiche allgemeinverständliche Bücher über Astronomie und Weltraumforschung, darunter das »Große Lexikon der Astronomie«, den »dtv-Atlas zur Astronomie«, das »Astronomie-Basiswissen aktuell« und »Meyers Großes Sternbuch für Kinder«. Sie erschienen in neun Fremdsprachen. Joachim Herrmann ist ständiger Mitarbeiter der Zeitschrift »Kosmos«.

Die Illustratorin

Sabine Ramona Herrmann-Ikram, geboren 1958 in Berlin, ist Dipl. Grafik-Designerin und freiberuflich tätig. Sie lebt in Münster/Westfalen und veröffentlichte bislang Kinderbuchillustrationen, Karikaturen und Sachgrafiken.

Der Herausgeber

Gunter Steinbach, geboren 1938, hat sich in zahlreichen Publikationen über die heimische Tier- und Pflanzenwelt einen Namen gemacht. Nach zwei Jahrzehnten Verlagstätigkeit lebt er heute auf seinem Einödhof im Westallgäu. Dort widmet er sich artgerechter Tierhaltung, dem biologischen Gartenbau in Höhenlagen und seinen Veröffentlichungen im Themenkreis Natur.